普通高等教育电气信息类系列教材

微机原理与接口技术

第 2 版

主　编　吉海彦
副主编　刘　彤
参　编　张　漫　陈　昕　刘云玲

机 械 工 业 出 版 社

本教材是为电子信息类或其他工科类的专业基础课程“微机原理与接口技术”的教学而编写的，目的是使学生掌握微型计算机的工作原理、汇编语言程序设计、微型计算机的接口技术，使学生具有汇编语言编程和硬件接口电路开发的初步能力，达到学懂、学通，能实际应用。教材的主要内容和重点是：微型计算机概论、8086/8088 微处理器、指令系统、汇编语言程序设计、微型计算机存储器接口技术、输入输出和中断技术、常用可编程数字接口电路、模拟量的输入输出接口技术、总线技术、高性能微处理器、微机接口技术应用等。

教材的特色是：突出重点，循序渐进，力求通俗易懂；例题丰富，形式多样；注重实用，使学生达到学懂、学通，能实际应用；专用一章介绍微机接口技术在自动控制系统、数据采集和自动测量中的应用。

本教材可作为本科生电类专业（电子信息工程、自动化、电子信息科学技术、通信工程、电气工程及其自动化等）和其他工科类专业“微机原理与接口技术”课程的教材，也可供专科类各专业选用。为方便教师教学，本书配有教学课件，欢迎选用该书作为教材的老师登录 www.cmpedu.com 注册下载。或发邮件索取，索取邮箱：llm7785@sina.com。

图书在版编目（CIP）数据

微机原理与接口技术/吉海彦主编. —2 版. —北京：机械工业出版社，2015.1（2022.8 重印）
ISBN 978-7-111-48888-0

Ⅰ.①微… Ⅱ.①吉… Ⅲ.①微型计算机-理论-高等学校-教材②微型计算机-接口技术-高等学校-教材
Ⅳ.①TP36

中国版本图书馆 CIP 数据核字（2014）第 293341 号

机械工业出版社（北京市百万庄大街 22 号 邮政编码 100037）
策划编辑：刘丽敏 责任编辑：刘丽敏
责任校对：李锦莉 刘秀丽 责任印制：郜 敏
北京盛通商印快线网络科技有限公司印刷
2022 年 8 月第 2 版·第 4 次印刷
184mm×260mm·20 印张·487 千字
标准书号：ISBN 978-7-111-48888-0
定价：39.80 元

电话服务
客服电话：010-88361066
010-88379833
010-68326294

网络服务
机 工 官 网：www.cmpbook.com
机 工 官 博：weibo.com/cmp1952
金 书 网：www.golden-book.com
机工教育服务网：www.cmpedu.com

第2版前言

本书第1版出版以来，微型计算机技术又有了新的发展。为适应微机的发展趋势及使本书更适合于教学，对第1版内容进行了补充及修改。在第2版中，主要进行了以下一些修改和补充：

在第一章，补充了微机的最新发展；其他章，修改了部分表述方法。对第二章、第五章、第六章的习题，重新进行了改写，分为填空题、选择题、计算题、分析题、简答题等多种形式。

教学建议：各学校可根据教学学时的多少，对教材内容进行适当地取舍。建议重点进行第一~八章的教学（其中：第七章第四节的可编程串行输入/输出接口Ins8250，可只介绍基本概念，而不具体讲授芯片内部结构及编程方法），简单介绍第九章的内容，而将第十章及第十一章作为学生自学内容。

编　者

第1版前言

本书是为电子信息类（非计算机专业）或其他工科类的专业基础课程“微机原理与接口技术”的教学而编写的，目的是使学生掌握微型计算机的工作原理、汇编语言程序设计、微型计算机的接口技术，具有汇编语言编程和硬件接口电路开发的初步能力，达到学懂、学通，能实际应用。

本书的特色是：突出重点，循序渐进，力求通俗易懂；例题丰富，形式多样；注重实用；专用一章介绍微机接口技术在自动控制系统、数据采集与自动测量中的应用。

本书共分十一章，在内容的安排上注重系统性、实用性和先进性。第一章介绍了微型计算机的产生和发展、特点和分类、系统组成和基本结构以及微型计算机的工作过程。第二章介绍了8086/8088微处理器的内部逻辑结构、外部引脚及功能、存储器组织、系统配置和工作时序。第三章介绍了8086/8088的指令系统。第四章介绍了汇编语言源程序、伪指令、DOS功能调用以及汇编语言程序设计的基本方法。第五章介绍了存储器的接口技术。第六章介绍了微机输入输出的简单接口电路、输入输出的控制方式、中断技术以及可编程中断控制器8259A。第七章介绍了常用可编程数字接口电路，包括定时器/计数器Intel8253、并行接口芯片Intel8255A、串行输入输出接口芯片Ins8250。第八章是关于模拟量的输入输出接口技术，对D-A和A-D转换器的工作原理、主要参数、典型的转换芯片、与主机的连接以及芯片的应用进行了介绍。第九章是总线技术，主要介绍了ISA、EISA、PCI等系统总线以及USB、IEEE 1394等外部总线。第十章是高性能微处理器，对80286、80386、80486、Pentium微处理器以及当前流行的微处理器及发展趋势进行了介绍。第十一章介绍了微机接口技术在自动控制系统、数据采集和自动测量系统中的应用。

本书由吉海彦任主编，刘彤任副主编。其中第一、二章由刘云玲编写，第三、四章由吉海彦编写，第五、六章由张漫编写，第七、八章由刘彤编写，第九～十一章由陈昕编写，由吉海彦负责全书的统稿和定稿。

本书可作为本科生电类专业（电子信息工程、自动化、电子信息科学技术、通信工程、电力系统及其自动化等）和其他工科类专业“微机原理与接口技术”课程的教材，也可供专科类各专业选用。

本书是作者在长期从事微机原理与接口技术教学与研究的基础上，并参考了大量相关的文献资料编写而成。在此，特向有关作者表示感谢。

由于作者水平有限，错误与不妥之处在所难免，敬请读者批评指正。

编　者

2007年3月于北京

目　录

第一章　微型计算机概论

第一节　微型计算机的产生和发展

一、电子计算机的产生和发展

人类所使用的计算工具是随着生产的发展和社会的进步，从简单到复杂、从低级到高级发展起来的，计算工具相继出现了如算盘、计算尺、手摇机械计算机、电动机械计算机等。1946年在美国宾夕法尼亚大学建成了世界第一台电子数字计算机ENIAC(Electronic Numerical Integrator And Calculater)。ENIAC是一个庞然大物，采用十进制数，输入和更换程序的过程非常繁琐。这台计算机共由18000多个电子管组成，占地170m^2，总重量为30t，耗电140kW，运算速度达到每秒能进行5000次加法、300次乘法。

电子计算机在近70年里经过了电子管、晶体管、集成电路和超大规模集成电路、智能化5个阶段的发展，使计算机的体积越来越小，功能越来越强，价格越来越低，应用越来越广泛，目前正朝巨型化、微型化、网络化、智能化、多媒体化方向发展。

计算机技术的发展规模、应用水平已成为衡量一个国家现代化、多媒体化水平的重要标志。

二、微机的产生和发展

自1946年ENIAC产生之后，在约15年的一段时期内，计算机的体积都很大，还没有今天我们使用的台式机、笔记本电脑等体型很小的计算机。因为在这段时期内的计算机都是电子管计算机或是晶体管计算机，所以它们不可能体积很小，价格也非常贵。直到集成电路出现及微处理器芯片产生以后，计算机的体积才得以减小、价格才得以降低，才出现了微型计算机。微型计算机的出现与发展，发起了世界范围的计算机大普及浪潮。

微型计算机是电子计算机的一个重要分支，是以大规模、超大规模集成电路为基础发展起来的。微处理器的产生开创了微型计算机的时代。进入20世纪80年代以后CPU(中央处理器)平均1~3年更新一代，芯片集成度1~1.5年翻一番，地址空间每年增长1~1.5位，且功能一代比一代强，不仅可做文字处理，还能进行绘图、设计，加上多媒体功能，就可以听音乐、看光盘、打电话、看电视、玩游戏等。

现今社会，随处可见“电脑”二字，这里说的电脑指的就是微型电子计算机，简称为“微机”(MicroComputer)。微处理器品质的高低直接决定了一个微机系统的档次。

以微处理器为核心的微型计算机(简称微机)的发展大致经历了五个阶段：

第一阶段是1971~1973年，4位或8位低档微处理器。1971年，美国Intel公司成功发明了世界上最早的微处理器Intel 4004(如图1-1所示)，1972年推出Intel 8008(如图1-2所示)，字长分别为4位和8位，集成度约为每片2000个器件，主频为1MHz。在此基础上Intel公司研制出S4型微机微机(微处理器为4040，4位机，4040是4004的改进型)。后来又推出S8型微机(微处理器为8008，8位机)。

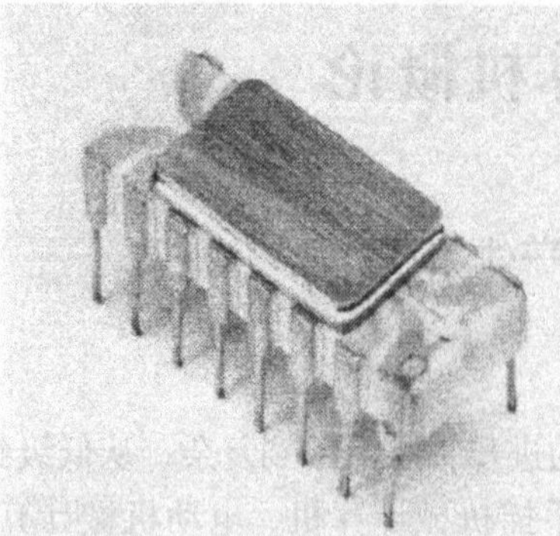

图 1-1 Intel 4004 微处理器

图 1-2 Intel 8008 微处理器

第二阶段是 1973 ~ 1977 年，这也是微型计算机的发展和改进阶段。中、高档 8 位微处理器出现，这种微处理器问世后，由于其体积小，使用方便等优点，受到用户的普遍欢迎，众多公司纷纷研制相类似产品，逐步形成以 Intel 公司、Motorola 公司、Zilog 公司产品为代表的三大系列微处理器。中档 8 位微处理器以 Intel 8080(如图 1-3 所示)、Motorola 公司的 MC6800 为代表；高档 8 位微处理器的典型产品为 Intel 8085、Z80 和 MC6809。它们的集成度为每片 5000 ~ 10000 个器件，主频为 2 ~ 5 MHz。微机产品有 Intel 公司的微机 S80 型(微处理器为 8080，8 位机)。后期有 TRS-80 型微机(微处理器为 Z80)，在 20 世纪 80 年代初期曾一度风靡世界。

第三阶段是 1978 ~ 1983 年，16 位微处理器。三大公司陆续推出 16 位微处理器芯片，如 Intel 8086(如图 1-4 所示)，其集成度为 29000 晶体管/片，Z8000 的集成度为 17500 晶体管/片，MC68000 的集成度为 68000 晶体管/片。这些微处理器比第二代微处理器提高了很多，已达到或超过原来中、低档小型机的水平。用这些芯片组成的微型机除了有丰富的指令系统外，还配备功能较强的系统软件。

图 1-3 Intel 8080 微处理器

图 1-4 Intel 8086 微处理器

为方便原 8 位机用户，Intel 公司很快推出了 8088(如图 1-5 所示)，其指令系统完全与 8086 兼容，内部结构仍为 16 位，而外部数据总线是 8 位。IBM 公司成功地以 8088 为 CPU 组成了 IBM PC、PC/XT 等准 16 位机，由于其性能价格比高，所以很快占领了世界市场。此后，Intel 公司在 8086 基础上研制出性能更优越的 16 位微处理器芯片 80286，以 80286 为微处理器的 IBM PC/AT 机为高档 16 位机。它们的集成度都在每片 1 万个晶体管以上，主频大于 5 MHz。

这一时期在软件方面也取得了重大进展，出现了操作系统，使得操作更为简便，可靠性也大大加强，应用范围更为广泛，计算机技术的应用进入到许多科学技术领域。

第四阶段是 1983 ~ 1992 年，32 位微处理器。1983 年，Zilog 公司推出 32 位 Z80000。1984 年，Motorola 公司推出 MC68020，接着又推出 MC68030/MC68040。1985 年，Intel 公司推出了 32 位微处理器芯片 80386(如图 1-6 所示)。80386 有两种结构：80386SX 和 80386DX，这两者的关系类似于 8088 和 8086 的关系。80386SX 内部结构为 32 位，外部数据总线为 16 位，采用 80387 作为协处理器；80386DX 内部结构与外部数据总线皆为 32 位，也采用 80387 作为协处理器。1989 年，Intel 公司在 80386 基础上研制出新一代 32 位微处理器芯片 80486，它相当于把 80386、80387 及 8 KB 高速缓冲存储器集成在一块芯片上，性能比 80386 大大提高。

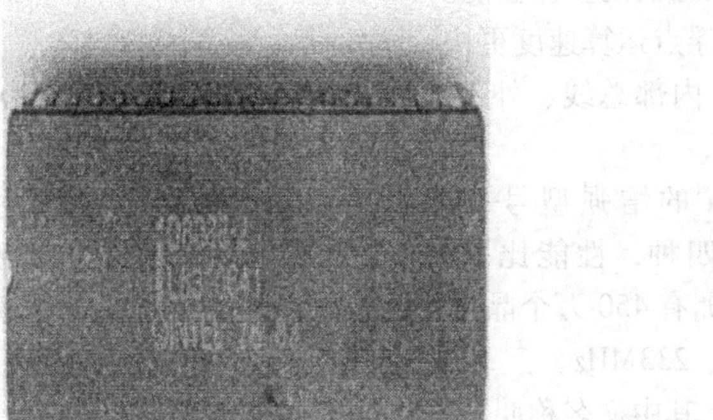

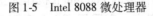

图 1-5 Intel 8088 微处理器

图 1-6 80386 微处理器

这一代微机的微处理器的集成度更高，如 Intel 80386 的集成度已达每片约 27 万个器件，时钟频率为 16 ~ 25 MHz；Intel 80486(如图 1-7 所示)的集成度已达每片约 120 万个器件，时钟频率可达到 100 MHz。此外，软件也越来越丰富，给用户使用计算机带来了更大的方便。

第五阶段是 1993 ~ 1998 年，64 位高档微处理器。1993 年，由于 CPU 市场的竞争越来越激烈，Intel 公司觉得不能再让 AMD 公司和其他公司用同样的名字来抢自己的饭碗了，于是提出了商标注册，由于在美国的法律里是不能用阿拉伯数字注册的，于是 Intel 用拉丁文去注册商标。1993 年 3 月，Intel 公司推出 64 位 Pentium(80586，如图 1-8 所示)微处理器芯片，或称 P5(中文译名为“奔腾”)，Pent 在希腊文中表示“5”，—ium 看上去是某化学元素的词尾，用在这里可以表示处理器的强大处理能力和高速性能。它的外部数据总线为 64 位，工作频率为 60 MHz。早期的奔腾 75 ~ 120MHz 使用 0.5μm 的制造工艺，后期 120MHz 频率以上的奔腾则改用 0.35μm 工艺。Pentium 处理器与之前的 32 位处理器相比，有以下技术特点：

图 1-7 80486 微处理器

图 1-8 Pentium 微处理器

1）采用超标量双流水线技术（Pentium 处理器技术的核心），使 Pentium 在每个时钟周期内可同时执行两条指令。

2）采用动态分支预测技术，使得不管是否发生转移，所需指令都能在执行前预取好。

3）采用分离型 Cache（双 Cache），一个用于缓存指令，另一个用于缓存数据。可减少争用 Cache 所造成的冲突或等待，提高处理器的整体性能。

4）采用更快的浮点运算单元，使浮点运算速度更快。

5）外部数据总线宽度增至 64 位（内部总线、外部地址总线宽度仍与 80386、80486 相同），提高读/写存储器的速度。

1995 年 Intel 公司推出了 Pentium 的增强型号——Pentium Pro（高能奔腾），主频有 150MHz/166MHz/180MHz 和 200MHz 四种，性能比 Pentium 更胜一筹。1996 年底发布了 Pentium MMX（多能奔腾）。多能奔腾拥有 450 万个晶体管，功耗 17W。支持的工作频率有：133MHz、150MHz、166MHz、200MHz、233MHz。

PentiumⅡ微处理器如图 1-9 所示，其中文名称叫"奔腾二代"，采用 Klamath 核心，即为 Pentium Pro + MMX，也就是 Pentium Pro 加上了 MMX 多媒体指令集功能的 CPU 内部集成 750 万个晶体管，核心工作电压为 2.8V。1997 年以来，更高性能的 PentiumⅡ机作为主流机被广泛使用，它比传统的 Pentium 处理器在性能上有较大的提高。它采用 Slot 1 构架，时钟频率可达到 500 MHz。

在 PentiumⅡ获得成功之际，Intel 公司将全部力量都集中在了高端市场上，从而给 AMD 公司、CYRIX 公司等其他公司制造了不少乘虚而入的机会，这样 Intel 公司的产品在性能价格比上就没有了优势，而且低端市场也被对手公司不断蚕食，Intel 不能眼看着自己的发家之地就这样落入他人手中，于是在 1998 年推出了全新的面向低端市场的性能价格比很高的 Celeron CPU，即赛扬处理器，如图 1-10 所示。

1999 年 2 月，Intel 公司推出了 PentiumⅢ处理器（如图 1-11 所示），其集成度达每片 2810 万个以上器件，主频为 500 MHz 以上。进入 21 世纪以后，CPU 进入了更高速发展的时代，以往可望而不可及的 1GHz 大关被轻松突破了，在市场分布方面，仍然是 Intel 公司、AMD 公司两雄争霸。2000 年 11 月，Intel 公司发布了新一代的 PentiumⅣ处理器，Pentium

Ⅳ(Socket478)处理器如图 1-12 所示，Pentium Ⅳ集成度更高，主频达到 2.8GHz 以上。2002 年 Intel 推出了第二个 P 4 核心，代号为 Northwood，400MHz/533MHz 的前端总线，Socket 478 接口，同样支持多媒体指令集 SSE2，2004 年 2 月 Intel 推出了 P 4 家族的第三代——代号为 Prescott。2006 年双核处理器开始普及，2006 年 7 月 21 日，Intel 公司为 Pentium 系列处理器画下了句号，Core 2 双核处理器(酷睿 2，如图 1-13 所示)诞生了。Core 2 处理器采用 Intel 公司最新的 Core 2 微架构，比 Pentium Ⅳ处理器不仅在性能方面提升了 40%，在功耗方面也降低了 40%。2008 年，Intel 新一代 Core i7 四核处理器(如图 1-14 所示)如约而至，Core i7 成功接替 Intel 自家的 Core 2，成为新旗舰产品。2010 年，Intel 公司继续书写摩尔定律的神话，带来更为强大的 Core i7 980X Extreme。CPU 持续不断有新产品问世，性能不断攀升。

图 1-9　Pentium Ⅱ处理器

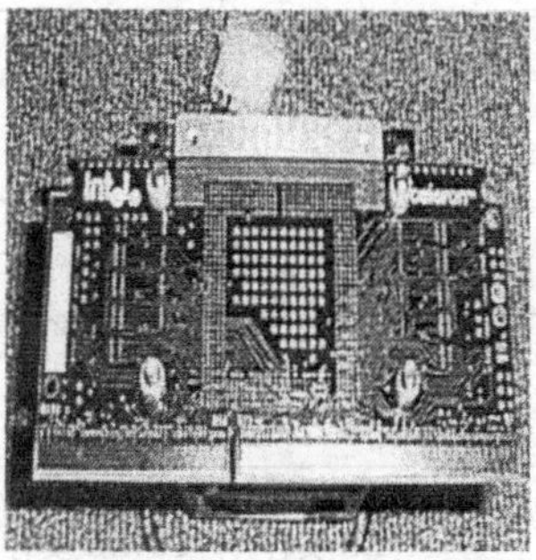

图 1-10　Slot 1 插座 Celeron 处理器

图 1-11　Pentium Ⅲ处理器

图 1-12　Pentium Ⅳ(Socket478)处理器

图 1-13　Core2 双核处理器

图 1-14　Core i7 四核处理器

为了对以上各代微机有更形象的认识，在表 1-1 中列出了各代微型计算机的基本特征。

表 1-1 各代微型计算机的基本特征

年代 指标 比较项	第一代	第二代	第三代	第四代	第五(六)代
	1971 ~ 1973	1973 ~ 1977	1978 ~ 1983	1983 ~ 1992	1993 至今
CPU	Intel 4004 4040	Intel 8080 8085 Motorola 6800 Zilog Z-80	Intel 8086/8088 80186 80286 Motorola 68000 Zilog Z-8000	Intel 80386 80486 Motorola 68020 Zilog Z-80000	Intel Pentium Ⅱ、Ⅲ AMD K6/K7…
字长/bit	4/8	8	16	16/32	32/64
CPU 工作频率/MHz	0.5 ~ 1.0	2.0 ~ 4.0	4.0 ~ 8.0	10.0 ~ 100.0	100.0 ~ 1000.0
数据总线宽度/bit	4 ~ 8	8	16	16 ~ 32	64
地址总线宽度/bit	4 ~ 14	16	20 ~ 24	24 ~ 32	36
内存容量/KB、MB、GB	≤16KB 实存	≤64KB 实存	≤1MB 实存	≤4GB 实存 ≤64TB 虚存	≤64GB 实存 ≤64TB 虚存
基本指令执行时间/μs	10 ~ 20	1 ~ 2	0.5	0.1	≤ 0.01
系统设置	PMOS 工艺 用于计算器	NMOS 工艺 形成以 CPU 为核心的简单控制器 单片式微型机 S-100 总线	CMOS 工艺 CPU 设计兼顾软件的实现，流水线、多处理器、并行处理技术逐步成熟 IBM PC/XT、STD 总线	CHMOS 工艺 CPU 设计兼顾软件及操作系统，超流水线、多媒体、网络技术迅速发展，高速缓存、虚拟存储实用化 IBM PC/AT (ISA)、EISA、VESA 总线	BiCMOS，亚微米工艺 超流水线、超标量设计技术、高速缓存、虚拟存储进一步发展，乱序执行技术、RISC 技术、适应了新 CPU 的设计 PCI 总线
软件水平	机器语言，汇编语言	汇编语言，高级语言，操作系统	汇编语言，高级语言，操作系统 (DOS)	汇编语言，高级语言，操作系统 (DOS、Windows 3.X)	汇编语言，高级语言，操作系统 (Windows 95、NT、98、2000、XP)

三、我国计算机产研现状

当代大学生承担着国家兴旺发达的历史性任务，非常有必要了解我国计算机产研现状，因为毕竟在国际科技竞争日益激烈的今天，高性能计算机技术及应用水平已成为展示综合国力的一种标志。

我国计算机产业的发展是从中华人民共和国成立后开始的。中华人民共和国成立后国家领导人非常重视计算机的产研工作，但由于各方面的原因，很长一段时间内，我国仍然停留在科研和试生产阶段。1977 年 4 月，清华大学、四机部六所、安庆无线电厂联合研制成功我国第一台微型机 DJS 050。从此揭开了我国微型计算机的发展历史。1982 年之后，国家进一步加强了计算机产研的工作力度，终于在 1984 年，经过相当紧张的工作，生产出了我国第一款中文化、工业化、规模化的 PC——长城 0520CH(与 IBM PC 兼容)。1985 年6 月，在全国计算机应用展览会上，长城 0520CH 与 APPLE Ⅱ、IBM PC 8088 并排出现在了展台上，这也是世界上第一台能处理汉字的微型计算机。1987 年，第一台国产的 286 微机——长城 286 正式推出。1988 年，第一台国产 386 微机——长城 386 推出。1995 年，当我国生产的金长城 Pentium PRO 在 Intel 公司的 Pentium PRO 微处理器发布会上与全球 100 多家 PC 整机并肩出现时，国产微机与国外品牌微机终于站在了同一起跑线上，时间滞后的问题解决了。也是在 1995 年，市场调查表明，国产品牌微机所占市场份额第一次超过了国外品牌微机。2000 年 1 月，中科院计算技术研究所研制的 863 项目曙光 2000-II 超级服务器通过鉴定，其峰值速度达到 1100 亿次，机群操作系统等技术进入国际领先行列。2001 年 7 月，北京中芯微系统技术有限公司宣布研制成功第一块 32 位 CPU 芯片“方舟-1”，其主频为 200MHz。2002 年 9 月，中科院计算技术研究所宣布中国第一个可以批量投产的通用 CPU“龙芯 1 号”芯片研制成功，标志着我国在现代通用微处理设计方面实现了零的突破。“龙芯 1 号”芯片的指令系统与国际主流系统 MIPS 兼容，定点字长 32 位，浮点字长 64 位，最高主频可达 266MHz。此芯片的逻辑设计与版图设计具有完全自主的知识产权。采用该 CPU 的曙光“龙腾”服务器同时发布。2005 年 4 月，我国首款 64 位通用高性能微处理器“龙芯二号”正式亮相，最高频率为 500MHz，功耗仅为 3 ~ 5W，已达到 Pentium Ⅲ的水平。

我国的微机生产近几年基本与世界水平同步，诞生了联想、长城、方正、同创、同方、浪潮等一批国产微机品牌，它们正稳步向世界市场发展。今天的我国微机市场已基本上是国产微机品牌的天下，其市场份额已超过 90%，国产品牌微机的性能价格比也已远远超过了国外品牌微机。

在取得可喜成绩的同时，我们还必须看到，我国计算机产研方面仍然存在一些不足。目前存在的问题主要有以下几方面：一是在利润丰厚的国内服务器市场和网络产品市场仍然以国外品牌为主；二是计算机的一些核心配件，我国仍然无法生产或产品技术达不到国际先进水平；三是我国的国际一流 IT 企业仍然太少。值得提到的一点是，我国台湾地区是著名的计算机零配件的出口地区，目前能生产大部分的计算机配件(包括一些核心配件)，并且计算机零配件以质量较好、价格较低受到了各个国家的欢迎。

第二节　微型计算机的特点和分类

一、微型计算机的特点

微型计算机(简称微机)有许多突出的特点和优点：

第一，体积小，功耗低。微处理器采用大规模和超大规模集成电路，比如集成度为 68000 晶体管/片的 MC68000 CPU 芯片的尺寸为 5.2cm × 5.4cm，16 位的 M68000 芯片为 42.25cm^2；Pentium Ⅱ CPU 采用 0.35μm 工艺，芯片面积为 5.6cm × 5.6cm。300MHz 以上的

PentiumⅡ微处理器都采用0.25μm工艺。CPU加上封装的外壳，重量也只有十几克。把各种芯片组装在一块印制电路板上，就可以构成一台微机，这样，整个计算机的功耗也只有几到十几瓦而已，这样的优点对微机的普及有很重要的作用。

第二，更新快，生命力强。微型计算机的更新换代速度惊人。1969年8月设计、1970年4月第一代微型计算机问世，1973年第二代微型计算机问世，1978年第三代微型计算机问世。之后，其性能、质量迅速提高，微型计算机产业迅猛发展。不断发展的新技术、新工艺导致产品花样翻新，层出不穷。美国加州出现了以计算机为主导的电子产业基地"硅谷"，它的发展速度，远远超过了美国当年的汽车工业。

第三，品种多、产量多。从1970～1985年，微型计算机的产量增加了30倍。现在的微机市场上有很多不同厂家的诸多品牌机，产品类型不仅有普通微机，还有笔记本式计算机、掌上电脑等，以适应不同用户的需求。用户还可以根据自己的需求定制自己的组装机，以达到最佳的性价比。

第四，价格便宜。随着微机制造工艺和技术的不断进步，也由于市场竞争的日趋激烈，使得性能价格比高的新产品不断涌现，价格不断下降。不夸张地说，可能每天的价格都不一样。整体来说，平均每两年会降价一半左右。

第五，用途广。现在，微型计算机已广泛应用于信息处理、人工智能、工业生产过程控制、计算机辅助设计与制造、商业财政、办公自动化、家庭娱乐等科研、生产和社会生活领域中，尤其随着网络的普及，微机已成为位于世界各地的人们之间通信和交流的重要工具。可以说微机已渗透到社会生活的各个方面，无处不在。

第六，结构灵活，性能可靠。微机结构非常灵活，可以根据实际需要构成不同的应用系统，扩充起来也很方便，新的外部设备只要连接到微机上并安装相应的驱动程序就可以使用。由于大规模集成电路技术的发展和芯片制作工艺的进步，微机系统内组件的数目和体积在不断下降，使得整个微机系统的可靠性不断提高，微机完全可以工作数千小时不出故障，而且对其工作环境的要求也很低。

二、微型计算机的分类

可以从不同的角度对微机进行分类：

1. 按微机的组成分类

(1) 位片机　若将1位或数位的算术逻辑部件等电路集成在一块芯片上，即成为位片式微处理器。多个位片及控制电路连接而成的微型计算机叫做位片机。位片一般采用双极型工艺制成，因此速度比较高，比一般MOS芯片高1～2个数量级。用户可根据需要灵活组成各种不同字长的位片机。位片机不具备系统软件，软件需由专门人员开发。

(2) 单片机　将CPU、RAM(随机读写存储器)、ROM(只读存储器)、I/O(输入输出)接口集成在一个超大规模芯片上，称之为单片微型计算机，简称单片机。它广泛用于测控系统、仪器仪表、工业控制、通信设备、家用电器等。因单片机广泛用于嵌入式系统，亦常被称为微控器(Micro Controller)。它的最大优点是体积小，可放在仪表内部；缺点是存储量小，输入输出接口简单，功能较低。

(3) 单板机　单板机是微机各组成部分装配在一个印制电路板上的微型计算机，包括微处理器、存储器、输入输出接口，以及简单的七段发光二极管显示器、小键盘、插座等。单板机功能比单片机强，适于进行生产过程的控制；可以直接在实验板上操作，所以也适用于教学。

(4) 多板机　多板机是将包含微机各组成部分的主板和其他如存储器扩展板、外部设备接口板等若干块印制电路板以及电源等，组装在一个机箱内，构成功能更强的微型计算机系统。这类系统中，一般还配有外部存储器(软盘、硬盘、光盘等)、键盘、鼠标、显示器、打印机等外部设备，并有丰富的软件支持。如PC(Personal Computer)，即个人计算机。

2. 按微处理器的字长分类

这是最常见的分类标准。

(1) 4位机　4位微处理器的代表产品是Intel 4004及由它构成的S4型微型计算机。其时钟频率为0.5~0.8MHz，数据线和地址线均为4~8位，主要应用于家用电器、计算器和简单的控制等。

(2) 8位机　8位微处理器的代表产品是Intel 8080、8085，Motorola公司的MC6800，Zilog公司的Z80，MOSTechnology公司的6502微处理器。较著名的微型计算机有以6502为中央处理器的APPLEⅡ微型机，以Z80为中央处理器的System-3。这一代微型机的时钟频率为1~2.5MHz，数据总线为8位，地址总线为16位，主要应用于教学和实验、工业控制和智能仪表中。

(3) 16位机　16位微处理器的代表产品为Intel 8086及其派生产品Intel 8088等，由16位微处理器构成的微型机足以和20世纪70年代的中档小型机相媲美，16位机既是8位机的发展，又是小型机微型化的产物。16位机中以Intel 8086或8088为中央处理器的IBM PC系列微机最为著名，它们也是更高档微机的设计基础，此后的高档微机都尽量保持对其的兼容。Intel 8086/8088微处理器也是本书的讲述重点。国内是在20世纪90年代初开始引入这一类型微机的。这一代微机的时钟频率为5~10MHz，数据总线为8位或16位，地址总线为20~24位，应用领域扩展到实时控制、实时数据处理和企业信息管理等方面。

(4) 32位机　32位微处理器的代表产品是Intel 80386、80486、初期的Pentium系列。由它们组成的32位微型计算机，时钟频率达到16~100MHz，数据总线32位，地址总线24~32位。这类微机亦称超级微型计算机，其应用扩展到计算机辅助设计、工程设计、排版印刷等方面。

(5) 64位机　64位微处理器的主要代表有Intel的Pentium系列、AMD的Athlon 64系列等。由它们组成64位微型计算机，其中Pentium III内部工作频率最高可达1133MHz，对外前沿总线主频为100MHz或133MHz。Pentium IV采用了超长流水线技术，它的起始频率为1.4GHz。

另外，也可以按微机的生产厂家及其型号把微机分为品牌机和兼容机，我国著名的微机品牌有"联想"、"方正"、"浪潮"等。根据微机所用的微处理器芯片可分为Intel系列和非Intel系列两类：IBM PC中使用的微处理器芯片就是Intel系列芯片，主要有Intel 8088/8086、80286、80386、80486以及Pentium(奔腾)、PentiumⅡ、PentiumⅢ、Pentium IV；非Intel系列的有AMD和CYRIX等公司的产品。按微机的外形和使用特点可分为台式机和笔记本式计算机等。

三、微型计算机系统的主要技术性能指标

1. 字长

计算机中把CPU能一次并行处理的一组二进制数称为一个字(Word)，字是CPU与存储

器或I/O设备之间传输数据的基本单位，字中包含的二进制数的位数叫字长。字长越长，一个字所代表的数值越大，能表示的数值的有效位数越多，计算机的精度也就越高，当然需要的硬件线路也越复杂。

字长是计算机的重要技术性能指标，也是计算机的分类标准之一。如8位的CPU代表CPU能处理的字长为8位二进制数。同理，32位的CPU就能在单位时间内处理字长为32位的二进制数据。

计算机中一般使用字节(Byte)为单位。一个字节由8位(bit)二进制数组成。位是计算机中存储数据的最小单位。这样，8位的CPU一次只能处理1B，而32位的CPU一次就能处理4B，同理字长为64位的CPU一次可以处理8B。可见，字长位数的增加提高了并行处理速度。

一台计算机的字长决定于它的通用寄存器、内存储器、ALU的位数和内部数据总线的宽度。一般情况下，CPU的内、外数据总线宽度是一致的。但有的CPU为了改进运算性能，加宽了CPU的内部总线宽度，致使内部字长和对外数据总线宽度不一致。如Intel 8088/80188的内部数据总线宽度为16位，外部为8位，对这类芯片，称之为“准XX位”CPU，因此Intel 8088/80188被称为“准16位”CPU，而Pentium微机CPU的外部数据总线宽度却是内部字长的两倍。

2. 存储器容量

计算机运行的程序和数据都存放在存储器中，存储器由若干存储单元组成，一般存储单元是以字节为单位的，即一个存储单元存放一个字节的数据，数据的读出和写入也以字节为单位。

存储器容量就是存储器能存储数据的最多字节数。它是衡量计算机存储二进制信息量大小的一个重要指标。微型计算机中通常以字节为单位表示存储容量，并且将1024B(Byte)简称为1KB(千字节)，1024KB简称为1MB(兆字节)，1024MB简称为1GB(吉字节)，1024GB简称为1TB(太字节)。286以上的微机一般都具有1MB以上的内存容量和40MB以上的外存容量。目前市场上的微机大多具有8~512MB内存容量和2~60GB外存容量，甚至更高。

3. 运算速度

CPU的速度有以下几个制约因素：时钟频率、字长、高速缓冲存储器(Cache)以及指令集的大小等。

运算速度用每秒能执行百万条指令(Million Instructions Per-Second，MIPS)来表示。但指令的类别有定点加法、浮点加法之分，为了统一标准，过去一般用每秒执行定点加法指令的条数作为衡量运算速度的标准，现在用各种指令的平均执行时间及相应的指令运行比例综合计算。根据此标准，目前微机的运算速度一般可达到每秒几亿次，大型机可达每秒几百亿次，巨型机可达每秒万亿次。

4. 主频

主时钟频率简称主频，也就是CPU正常工作时的时钟频率，在很大程度上决定着计算机的运行速度，决定了计算机在一定时间内所能够执行的指令数。主频的单位是兆赫兹(MHz)，更高性能的CPU的出现使得主频已开始用吉赫兹(GHz)来衡量。从理论上讲CPU的主频越高，它的速度也就越快，因为频率越高，单位时钟周期内完成的指令就越多，从而速度也就越快了。但是由于各种CPU内部结构的差异(如缓存、指令集等)，并不是时钟频率相同速度就相同，比如 P4 和赛扬，在相同主频下性能都不同程度地存在着差异。目前主流 CPU 的主频都在 1GHz 以上，P4 的主频达到 1.7GHz 和 2.4GHz，CPU 的主频一直在不断提升。

外频是外部总线频率，它的单位也是兆赫兹(MHz)，外频越高说明微处理器与系统内存数据交换的速度越快，因而微型计算机的运行速度也越快。外频因受主板芯片组和内存工作频率的制约，提升较慢，目前为 133～300MHz。

早期微处理器的主频与外频相同，从 80486DX2 开始，主频 = 外频 × 倍频系数。倍频系数是微处理器的主频与外频之间的相对比例系数。通过提高外频或倍频系数，可以使微处理器工作在比标称主频更高的时钟频率上，这就是所谓的超频。

5. 存取周期

存储器完成一次读(取)或写(存)信息操作所用的时间称为存储器的存取(或访问)时间，而连续完成读(写)所需的最短时间间隔，称为存储器的存取周期。微型机的内存大都由大规模集成电路构成，其存取周期一般都很短，目前可达 10ns 以下。

6. 系统配置

计算机要能够高效、灵活地运作，还必须配备各种外部设备和软件。一台计算机允许配接多少外部设备，对于系统接口和软件研制都有重大影响，在微型计算机系统中，打印机型号、显示器分辨率、外存储器容量等，都是外设配置中需要考虑的问题。另一方面，软件是计算机系统必不可少的重要组成部分，它配置是否齐全，直接关系到计算机性能的好坏和效率的高低。例如是否有功能很强，能满足应用要求的操作系统和高级语言、汇编语言，是否有丰富的、可供选用的应用软件等，都是在购置计算机系统时需要考虑的。

7. 性价比

性价比是用户选购计算机时考虑的主要因素，用户可以根据自己的实际需要，仔细考虑性能和价格两方面的因素，选择性价比相对较高的产品，而不必一味地追求最新配置。

除了以上的各项指标外，评价计算机还要考虑到机器的兼容性，兼容性强有利于计算机的推广；系统的可靠性，也是一项重要性能指标，它是指平均无故障工作时间；还有系统的可维护性，它是指故障的平均排除时间；机器允许配置的外部设备的最大数目等。对于我国的用户来说，计算机系统的汉字处理能力也是个重要技术性能指标。

第三节　微型计算机的系统组成和基本结构

一、微处理器、微型计算机、微型计算机系统

通常所说的“微电脑”、“微机”都是简称，准确的称谓应是“微型计算机系统”。微型计算机系统中共有三个层次的概念：微处理器、微型计算机、微型计算机系统。这三个概念看似相近，实则完全不同，必须区分开，不能混淆。

1. 微处理器

人们通常把运算器和控制器看作一个整体称为中央处理器(Central Processing Unit, CPU)。随着大规模、超大规模集成电路技术的发展，在微型计算机中已将 CPU 集成为一个芯片，称为微处理器(Microprocessor)，也常称为微处理机。它并不是微型计算机，但它是微型计算机的核心部件。微处理器包括运算器、控制器两个基本部分和寄存器组（Registers)、

内部总线。微处理器的职能主要是执行算术、逻辑运算和控制整个计算机自动协调地完成操作。

微处理器本身不构成独立地工作系统，它不能独立地执行程序，只有和适当容量的存储器、输入输出接口电路及其他辅助电路有机地结合在一起，才能完成计算机的功能。

2. 微型计算机

微型计算机(MicroComputer)是以微处理器为核心，加上由大规模集成电路制作的存储器芯片(ROM 和 RAM)、I/O 接口和系统总线组成的。该层次就是已安装了 CPU 和内存条的主板。

3. 微型计算机系统

微型计算机系统是以微型计算机为核心，再配以相应的外部设备、电源、辅助电路和控制微型计算机工作的软件系统而构成的完整的计算机系统。软件系统包括系统软件和一系列的应用软件。操作系统是最核心和基层的系统软件。只有安装了软件系统后，微机才能发挥其强大的功能。

要注意，在上述的三个层次中，单纯的微处理器不是计算机，单纯的微型计算机也不是完整的微型计算机系统，它们都不能独立工作，只有微型计算机系统才是完整的数据处理系统，才具有实用意义。

二、微型计算机系统组成

微型计算机是由硬件系统和软件系统组成的整体，硬件和软件是密不可分的。只有在计算机硬件的基础之上配上丰富的软件，才能发挥其硬件的优良性能，为用户使用计算机提供方便。图 1-15 是微机系统组成示意图。

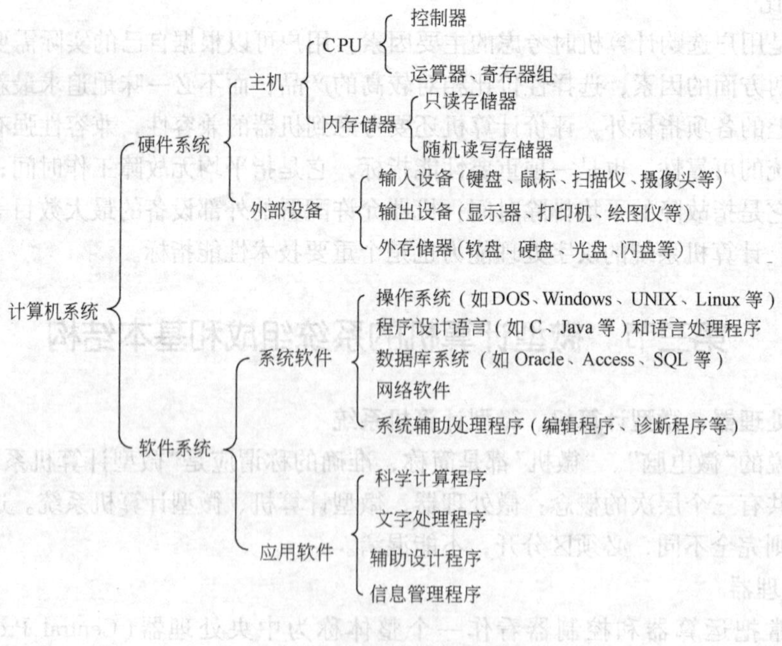

图 1-15 微机系统组成示意图

1. 计算机的硬件系统

硬件系统是指计算机实际的物理设备，它包括运算器、控制器、存储器、输入接口和输出接口这五个基本部分以及相应的外部设备。

计算机种类繁多，各种类型的计算机硬件的结构是不尽相同的，即使在同一类型的机器中，其结构也不是完全相同的。另外随着计算机的不断发展，它的硬件结构及软件和硬件的界面也在不断地发生变化。例如，早期计算机的运算器只能进行加法操作，乘法、除法运算是通过程序来实现的，现在的计算机已可以用硬件来实现如向量、数组等一些复杂数据结构的运算。但是其基本结构是相似的，都是主要包括主机和外部设备。

主机由微处理器和内存储器组成，其芯片安装在一块印制电路板上，叫主板，或母板。主板放置在主机箱内，是机箱内最大的一块电路板。外部设备主要有输入设备、输出设备、外部存储器等。输入设备是把程序与数据转换为计算机能识别和处理的数据形式的设备。常见的输入设备有键盘、鼠标、扫描仪、摄像机、传声器等。输出设备把计算机处理的数据转换成用户需要的形式送出，或者传给某种存储设备保存起来，以便今后再用，常用的输出设备有显示器、打印机、绘图仪等。外存储器是相对于内存而言的，它可以永久地保存数据和信息，包括软盘、硬盘、光盘、U 盘等。

(1) 微处理器(CPU) CPU 是计算机系统的核心组成部件。

1) 控制器。以人为例，人的大脑是控制其所有活动的司令部，在大脑皮层中，有一百多亿个神经细胞，这些细胞各有各的专门任务，有的掌管人的运动，有的掌管呼吸，有的专管记忆等。当大脑细胞通过人的外部感觉器官得到信息后，立即发布命令将信息通过其他神经传给相应的身体部位，比如手脚碰到太烫的东西会急忙缩回来，胳膊、身体被东西挡住了会挪到别处等，总之能做出相应的反应和动作。神经中枢的作用就是对输入的信息进行分析、综合、储存和处理，并发出指令对身体各部分适当调控。电子计算机中这样的“神经中枢”就是控制器，它能使存储器、运算器以及输入、输出设备有秩序地工作。

控制器的功能包括：

- 取指令：首先根据程序入口取出第一条指令，为此要发出指令地址及控制信号。然后不断取出第 2，3，…条指令。
- 分析指令(即指令译码)：对当前的指令进行分析，指出它要求做什么操作，并产生相应的操作控制命令，如果参与操作的数据在存储器中，还需要形成操作数地址。
- 执行指令：根据分析指令时产生的操作命令和操作数地址形成相应的操作控制信号序列，通过 CPU、存储器及输入输出设备的执行，实现每条指令的功能，其中还包括对运算结果的处理以及下条指令地址的形成。
- 控制程序和数据的输入与结果输出：根据程序的安排或人的干预，在适当的时候向输入输出设备发出一些相应的命令来完成 I/O 功能，这实际上也是通过执行程序来完成的。
- 对异常情况和某些请求的处理：如算术运算的溢出、数据传送的奇偶错、磁盘上的成批数据需送存储器、程序员从键盘送入命令等。

举例来说，当计算机从输入设备接收到“2 ×10 + 12”的运算命令后，控制器立即命令存储器将“10”、“2”、“12”三个数据保存起来，然后从存储器中取出“2”和“10”，送到运算器中相乘，或者说以极快的速度相加，得出结果 20 后，将其仍放在运算器中，再从存储器提取“12”，送往运算器，与积“20”相加，得出答案“32”，又返回存储器保存起来，最后控制器命令输出设备将结果输出，再执行下一个指令。

控制器完全像人类的神经系统，对每一条信息进行分析、判断，然后发出各种控制信号，协调计算机各个部件的工作。没有控制器，计算机就无法正常工作。

2）运算器。计算机，顾名思义，是进行计算的机器。在它的内部，也有一个进行运算的器件，叫运算器。不过运算器只会做加法运算，那么对于其他更复杂的运算，如何通过运算器完成呢？其实并不难，加、减、乘、除都可以转化为加法运算。比如 3 减去 2，可以变成 $3+(-2)$，3×2 可以变为 $3+3$；$6\div2$ 可以变为 $6+(-3)$；其他复杂的计算在电子计算机里也可变成加法运算。而计算机在做加法运算时的速度奇快无比，有的 1s 可运算上亿次，比人要快千万倍，甚至上亿倍。假如一个人用算盘一天可运算 5000 次，那么每秒运算上亿次的计算机运算 1s，相当于这个人计算 54 年，或者两万人不停地运算一整天。算术逻辑单元(Arithmetic Logic Unit，ALU)是运算器的核心。以全加器为基础，配之以移位寄存器及相应控制逻辑组合而成的电路，在控制信号的作用下可完成加、减、乘、除四则运算和各种逻辑运算。注意，有时传输数据的操作(MOV)也经过全加器的运算通道，只是不作任何运算。因此，ALU 是数据运算和数据传输的必经之路。

3）寄存器组。寄存器组实质上是微处理器的内部 RAM，因受芯片面积和集成度所限，其容量很小。寄存器组可分为专用寄存器和通用寄存器。专用寄存器的作用是固定的，如堆栈指针寄存器、程序计数器寄存器、标志寄存器(FR)即为专用寄存器。通用寄存器用途广泛并可由程序员规定其用途。通用寄存器的数目因微处理器而异，如 8086 有 AX、BX、CX、DX、BP、SP、SI、DI 共 8 个 16 位通用寄存器，80386/80486 有 EAX、EBX、ECX、EDX、ESI、EDI、EBP、ESP 共 8 个 32 位通用寄存器等。由于有了这些寄存器，在需要重复使用某些操作数或中间结果时，就可将它们暂时存放在寄存器中，避免对存储器的频繁访问，从而缩短指令长度和指令执行时间，加快 CPU 的运算处理速度，同时也给编程带来方便。因此，高档微机 CPU 的设计中无不对通用寄存器进行精心设计，比如 80x86 CPU 的通用寄存器全部设计为具备累加功能。除了上述两类程序员可用的寄存器外，微处理器中还有一些不能直接为程序员所用的寄存器，如前述累加锁存器、暂存器和后面将讲到的指令寄存器等，它们仅受内部逻辑的控制。

（2）存储器　存储器是计算机用来存储二进制数据的重要部件，对它的功能要求是不仅能保存大量的二进制信息，而且能快速读出信息进行处理，或者把新的信息快速写入存储器。所以存储器设计的主要目标就是在尽可能低的价格下，提供尽可能高的速度及尽可能大的存储容量。为此，计算机中的存储器是分层次结构的，这种层次结构在不同类型的计算机中是不同的，所谓存储层次是在综合考虑容量、速度、价格的基础上建立的存储组合，以便满足系统对存储器在性能与经济两方面的要求。

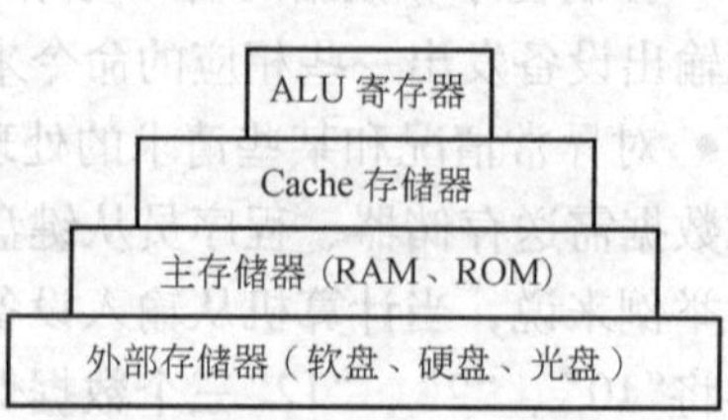

图 1-16　一种典型的存储层次结构

在微型机中存储器分为内存和外存，微型机的内存都是采用半导体存储器。外存则用于存放暂时不用的较大的程序和数据。外存一般被看作是一种外设，它的编址与内存的编址无关，外存中的信息不能直接被处理，必须预先被送入内存，才能被处理。在大型机中一般都配有多种存储器，构成多层的存储层次，称为存储体系。图 1-16 所示是一种典型的存储层次结构。它是以存取速度为主要标准依次排列的，寄存器的存取速度最快，它是在 CPU 内部的，是 CPU 的组成部分，它与主存之间的信息传输是通过指令实现的，也可不把它视为一级存储组织。高速缓冲存储器采用速度很高的半导体存储器，现在的高档微机系统往往把它与微处理器集成在一起。采用 Cache 后，CPU 对主存的平均访问时间可接近对于 Cache 的访问时间，因而使主存在速度上与 CPU 相匹配，使 CPU 的速度能得以充分发挥。高速缓冲存储器中保存着主存中一批数据的副本，是 CPU 使用频率较高的一组数据。在 Cache 中存储的内容在主存中照常保存。主存的速度较高，目前通常采用的是半导体存储器，而外存则主要采用软、硬磁盘及光盘等。

主存是计算机存储器的主要部分，它的好坏直接影响到整个系统的性能。存储器的性能主要包括以下几个方面：

1）存储容量。这是衡量存储器的一个重要指标，主存的存储容量要受地址线宽度的限制。基本存储元是组成存储器的基础和核心，它用来存储一位二进制数，用存储器中可以存放的字节数来描述存储容量。存放一个机器字的存储单元，通常称为字存储单元，相应的单元地址叫字地址。而存放一个字节的存储单元，称为字节存储单元，相应的地址称为字节地址。如果计算机中可编址的最小单位是字存储单元，则该计算机称为按字编址的计算机。如果计算机中可编址的最小单位是字节，则该计算机称为按字节编址的计算机。一个机器字可以包含数个字节，所以一个存储单元也可以包含数个能够单独编址的字节地址。多数计算机是按照字节来进行编址的，即每个地址对应一个字节，这样做一是便于与外设交换信息，二是便于对字符进行处理。随着存储器不断扩大，人们采用了更大的单位：千字节(KB)、兆字节(MB)、吉字节(GB)及太字节(TB)。

2）存取时间与存储周期。存取时间又称存储器访问时间，是指从启动一次存储器操作到完成该操作所经历的时间。具体地讲，从一次读操作命令发出到该操作完成，将数据读入数据缓冲寄存器为止所经历的时间，即为存储器存取时间；存储周期是指连续启动两次独立的存储器操作(如连续两次读操作)所需间隔的最小时间。通常，存储周期略大于存取时间，其时间单位为纳秒(ns)。存取时间和存储周期是反映主存速度的重要指标。

存储器有各种不同的分类方法：按存储介质的不同可分为半导体存储器、磁表面存储器(如磁盘存储器与磁带存储器)、光介质存储器；按存取方式的不同可分为随机存储器、顺序存储器、半顺序存储器；按存取功能的不同可分为只读存储器(ROM)、随机存储器(RAM)；按信息的可保存性可分为非永久性记忆存储器、永久性记忆存储器；按其在计算机系统中的作用的不同可分为主存储器、辅助存储器、缓冲存储器和控制存储器等。

(3) 总线　计算机各部分之间的信息传递主要是通过总线(BUS)来实现的，所谓总线就是指能为多个功能部件提供服务的一组公用信息线。在一个计算机系统中的总线大致可以分为 3 类：

1）在 CPU 内部连接各寄存器及运算器部件之间的总线，称为内部总线。

2）同一台计算机系统的各部件，如 CPU、内存、通道及各类 I/O 接口间互相连接的总线，称为系统总线(又称外部总线)。

3）多台处理机之间互相连接的总线，称为多机系统总线。

2. 计算机软件系统

软件系统一般是指在计算机上运行的各类程序及其相应的文档的集合。计算机的一个基本特点就是程序存储和程序控制，可以说计算机的任何工作都有赖于程序的运行，离开了软件系统，计算机的硬件系统也就变得毫无意义了。因此只有配备了软件系统的计算机才能称为一个完整的计算机系统。软件系统通常可以分为系统软件和应用软件两大类。

（1）系统软件　系统软件是管理、维护计算机资源、支持应用软件的开发与运行的软件。系统软件主要包括：操作系统、程序设计语言的编译解释系统、维护服务性程序和数据库管理系统等。

操作系统是系统软件中最重要的部分，是运行其他各种软件的基础，只有配备操作系统软件，计算机才能有条不紊地使用各种资源，充分发挥计算机的功能。操作系统的主要功能就是对计算机的各种资源如 CPU、存储器、外部设备等进行管理。因此，通俗地讲，操作系统就是计算机进行自我管理的软件，操作系统为用户提供了一整套的操作命令，用户通过这些命令可以非常方便地使用计算机的各种资源。目前比较常用的操作系统有 DOS、Windows、UNIX、Linux 等。

另外，随着计算机网络的出现和发展，又出现了一些适应于计算机网络运行环境的网络操作系统，如 Netware、Windows NT 等。这些网络操作系统在单机操作系统功能的基础上又增加了网络管理的功能。

语言编译解释系统主要是用来将用户编写的各种语言的源程序转换成计算机所能识别的机器语言。计算机的运行是通过程序来完成的，而这些存储的程序实质上是一系列二进制代码的组合，被称为机器语言。机器语言是唯一能被计算机识别和执行的语言，由它编制的程序执行速度快、占用内存少，但机器语言很不直观，很难辩认和记忆，编写程序易出错而且不易阅读和修改。为此人们开发出了多种更接近于人类自然语言的高级语言，这种人们容易理解和掌握的高级语言计算机是不认识的，必须将它们转换成计算机所能识别的机器语言，这种转换就是由编译解释系统来完成的。编译和解释是两种不同的转换过程。编译是将源程序一次性转换成由机器语言组成的程序，这种转换的过程叫编译，负责编译的系统软件称为编译软件或编译程序，经过编译的机器语言程序在运行时可以脱离开源程序和编译程序，直接控制计算机的运行，目前大多数高级语言程序都是采用这种编译方式。解释是将源程序逐条进行转换，转换一条执行一条，这种转换的过程叫解释，负责转换的系统软件叫解释软件或解释程序，用这种高级语言编写的程序在运行时不能脱离解释程序，因此它占用的内存空间较大，且运行的速度也较慢，但这种方法容易进行错误检查和程序的调试，并可以方便地设置程序运行的断点，因此多用来作为程序设计的入门语言，如 DBASE、FOXBASE 等。

服务性程序主要包括一些诊断程序、检测调试程序、各种软件工具、各种开发制作平台及各种设备驱动程序等。

数据库管理系统主要是用于对数据库进行组织、整理、查询、修改等工作。

另外，还有一些专门用于网络管理的网络软件等。

（2）应用软件　应用软件是为了解决应用领域中各种实际问题而编制的软件。它主要包括用户用各种语言编写的实用程序、用各种开发制作平台和工具开发出的各种软件及各种专用软件如文字处理软件、财会软件、计算机辅助设计与制造软件（CAD/CAM）、各种计算机辅助教学软件（CAI）等。

三、微型计算机硬件基本结构

目前的各种微型计算机系统，无论是简单的单片机、单板机系统，还是较复杂的 PC 系统，从硬件体系结构来看，采用的基本上是计算机的经典结构——冯·诺依曼（John Von Neumann）结构。冯·诺依曼是美籍匈牙利数学家，虽然随着计算机科学技术的不断进步，相继出现了各种结构形式的计算机，但它们本质上都遵循着冯·诺依曼的计算机组成体系。这种结构的特点如下：

1）计算机由运算器、控制器、存储器、输入设备和输出设备五大部分组成。

2）存储器不但可以存放数据，也可以存放程序，数据和程序均以二进制代码形式存储，存放位置由地址指定，地址码也为二进制形式，计算机能够自动区分指令和数据。

3）编写好的指令序列即程序事先存入到存储器，并由一个程序计数器（即指令地址计数器）控制指令的执行。

由此可见，任何一个微型机系统都是由硬件和软件两大部分组成的。而其中硬件又由运算器、控制器、存储器、输入设备和输出设备五部分组成。图 1-17 给出了微型计算机的结构框图。微处理器（CPU）中包含了上述的运算器和控制器；RAM 和 ROM 为存储器；I/O 外设及接口是输入输出设备的总称。各组成部分之间通过系统总线（地址总线 AB、数据总线 DB、控制总线 CB）联系在一起。

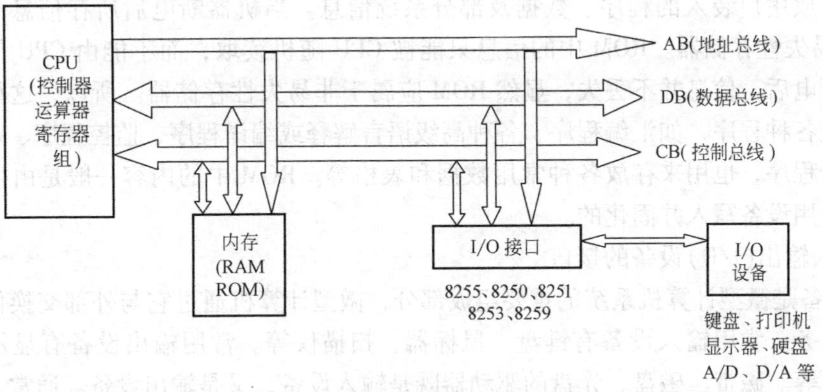

图 1-17　微型计算机的结构框图

1. 微处理器

微处理器（CPU）是微型计算机的运算和指挥控制中心。不同型号的微型计算机，其性能的差别首先在于其微处理器性能的不同，而微处理器性能又与它的内部结构、硬件配置有关。每种微处理器有其特有的指令系统。但无论哪种微处理器，其内部基本结构总是相同的，都有控制器、运算器和内部总线三大部分。其中运算器主要完成各种算术运算（如加、减、乘、除）和逻辑运算（如逻辑加、逻辑乘和非运算）；而控制器不具有运算功能，它只是读取各种指令，并对指令进行分析，作出相应的控制。通常，在 CPU 中还有若干个寄存器，它们可直接参与运算并存放运算的中间结果。

CPU 一般具有下列几个方面的功能：

1）数据运算。包括对数据进行算术运算和逻辑运算，这也是 CPU 的根本任务。

2）程序流向控制。由于程序是一个指令序列，这些指令的相互顺序不能任意颠倒，必须严格按程序规定的顺序进行，因此，保证机器按顺序执行是 CPU 的首要任务。

3）指令译码和执行指令规定的相应操作。一条指令的功能往往是由若干个操作信号的组合来实现的。因此，CPU 管理并产生由内部取出的每条指令的操作信号，把各种操作信号送往相应的部件，从而控制这些部件按指令的要求进行动作。

4）提供系统的控制信号。CPU 负责提供系统的各种控制信号，如读、写、中断响应信号等。

5）提供系统的时钟信号。在计算机中，各种指令的操作信号均受到时间的严格控制，信号的出现有一定的时序，就像一个乐队要演奏曲目时，要有一个指挥一样，计算机各个部件的协调工作，也要在一个节拍的控制之下，这就是时钟信号。只有这样，整个计算机才能有条不紊地协调自动工作。

6）与存储器、I/O 设备交换数据。CPU 可以从存储器或 I/O 设备中读取数据，也可以把运算结果存入存储器或 I/O 设备。

2. 内存储器

内存储器是微型计算机的主要存储和记忆部件，用以存放即将使用或正在使用的数据（包括原始数据、中间结果和最终结果）和程序。

按工作方式不同，内存储器可分为两大类：随机读写存储器（Random Access Memory，RAM）和只读存储器（Read Only Memory，ROM）。RAM 可以被 CPU 随机地读和写。这种存储器用于存放用户装入的程序、数据及部分系统信息。当机器断电后所存信息消失，因此 RAM 归于易失性存储器。ROM 中的信息只能被 CPU 随机读取，而不能由 CPU 任意随机写入。机器断电后，信息并不丢失，显然 ROM 应属于非易失性存储器。所以，这种存储器主要用来存放各种程序，如汇编程序、各种高级语言解释或编译程序、监控程序、基本 I/O 程序等标准子程序，也用来存放各种常用数据和表格等。ROM 中的内容一般是由生产厂家或用户使用专用设备写入并固化的。

3. 输入输出（I/O）设备的接口

I/O 设备是微型计算机系统的重要组成部分，微型计算机通过它与外部交换信息，完成实际工作任务。常用输入设备有键盘、鼠标器、扫描仪等。常用输出设备有显示器、打印机、绘图仪等。磁带、磁盘、光盘的驱动器既是输入设备，又是输出设备。通常，把它们统称为外部设备，简称外设。

外部设备的种类繁多，结构、原理各异，有机械式、电子式、电磁式等。与 CPU 相比，外部设备的工作速度相差悬殊，处理的信息从数据格式到逻辑时序一般不可能直接兼容，因此，微型计算机与外部设备间的连接与信息交换不能直接进行，而必须通过一个接口电路。其中用于系统本身的接口电路已做在主板芯片组中，其余的接口电路又叫“适配器”（Adaptor），可供用户选择，连接于系统总线的插槽中，控制和驱动外设，如连接显示器的接口电路板叫显示适配器，或称显卡；连接网线的接口电路板叫网络适配器，或称网卡。

4. 总线

总线实际上是一组导线，是用来在微机的各部件之间提供数据、地址和控制信息的传输通道。有了它之后，系统中的各个功能部件之间的相互关系就变为各个部件面向总线的单一关系。一个部件只要符合总线标准，就可以连接到采用这种总线标准的系统中，使系统功能得到扩展。在计算机系统中，总线及其信号必须完成以下功能：①和存储器之间交换信息；②和 I/O 设备之间交换信息；③为了系统工作而接收和输出必要的信号，如输入时钟脉冲、复位信号、电源和接地等。

通常总线包括地址总线、数据总线和控制总线。

（1）地址总线　地址总线（Address Bus，AB）用于传送 CPU 发出的地址信息，是单向传输线。地址总线的位数决定了 CPU 可直接寻址的内存范围。如地址总线为 16 位，则可直接

寻址范围为 2^{16} =64KB。传送地址信息的目的是指明与 CPU 交换信息的内存单元或 I/O 端口。

（2）数据总线　数据总线（Data Bus，DB）用来在 CPU 和存储器或 I/O 接口之间传送数据信息，是双向传输线。它的条数决定了 CPU 和存储器或 I/O 设备一次能交换数据的位数，是区分微处理器是多少位的依据。如 8086 CPU 的数据总线是 16 条，称 8086 CPU 是 16 位微处理器；80386 CPU 则是 32 位微处理器。CPU 既可通过 DB 从内存或输入设备读入数据，又可通过 DB 将内部数据送至内存或输出设备。

（3）控制总线　控制总线（Control Bus，CB）用来传送控制信号、时序信号和状态信息等。其中有的是 CPU 向内存和外设发出的信息，如读、写、中断响应信号等；有的则是内存或外设向 CPU 发出的信息，如时钟、中断请求、准备就绪信号等。可见，CB 中每一根线的方向是确定的，但作为一个整体则是双向的。也有少数 CB 是双向分时使用。所以在各种结构框图中，凡涉及控制总线 CB，均以双向线表示。

5. 总线结构

有时也将微型计算机的这种系统结构称为单套总线结构，简称总线结构。采用总线结构，可使微型计算机的系统构造比较简单，并且具有更大的灵活性和更好的可扩展性、可维护性。根据系统总线组织方法的不同，可把总线结构分为单套总线、双套总线、双重总线三类。图 1-18 所示的是单套总线结构。图 1-17 所示的实际上就是这种结构，在单总线结构中，系统存储器和 I/O 接口使用唯一的一套信息通路，因而微处理器对存储器和 I/O 的读写只能分时进行。大部分中低档微机都是采用这种结构，因为它的逻辑结构简单、成本低廉、实现容易。

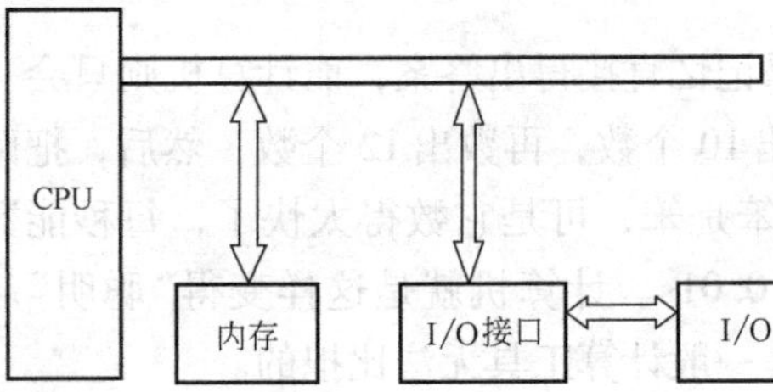

图 1-18　单套总线结构图

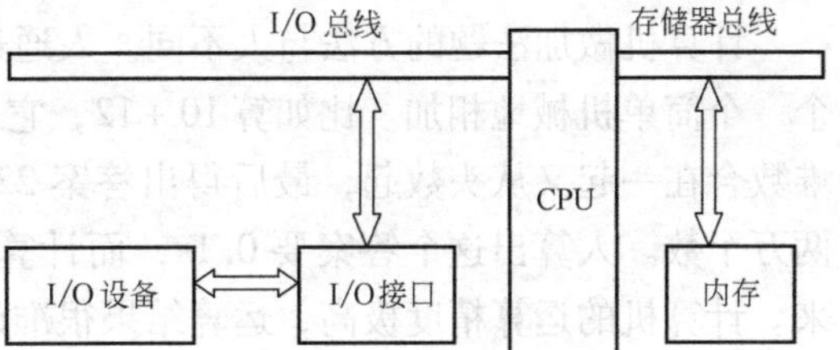

图 1-19　双套总线结构图

图 1-19 是双套总线结构图，存储器和 I/O 接口各自具有到 CPU 的总线通路，这种结构的 CPU 可以分别在两套总线上同时与存储器和 I/O 接口交换信息，相当于拓宽了总线带宽，提高了总线的数据传输速率。目前有的单片机和微机就是采用这种结构。不过在这种结构中，CPU 要同时管理与存储器和 I/O 接口的通信，这势必加重 CPU 在管理方面的负担，为此，现在通常采用专门的 I/O 处理芯片即所谓的智能 I/O 接口，来履行 I/O 管理任务，以减轻 CPU 的负担。

图 1-20 所示是双重总线结构，在这种结构中，主 CPU 通常通过局部总线访问局部内存和局部 I/O，这时的工作方式与单总线情况是一样的，也经常作为主设备访问全局内存和 I/O。当其他并列微处理器需要对全局内存和全局 I/O 访问时，必须由总线控制逻辑统一安排才能进行，这时该微处理器就是系统的主控设备。比如图中的 DMA 控制器也可成为系统的主控设备，全局 I/O 外设和全局内存之间便可利用系统总线进行 DMA 操作。在其他处理器

进行全局I/O的同时，主CPU还可以通过局部总线对局部内存或局部I/O进行访问。显然，这种结构可以实现双重总线上并行工作，并且对等效总线带宽的增加、系统数据处理和数据传输效率的提高效果更明显。目前各种微机和工作站基本上都是采用这种双重总线结构。

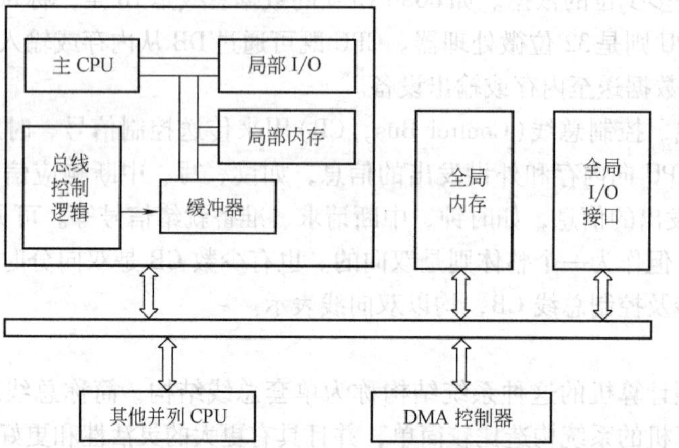

图1-20 双重总线结构图

第四节 微型计算机的工作过程

计算机做加法题的方法与人不同。人通过心算靠记忆直接得出答案，而计算机则只会一个一个简单机械地相加。比如算10+12，它会先数出10个数，再数出12个数，然后，把两堆数合在一起又从头数起，最后得出答案22。方法笨是笨，可是它数得太快了，每秒能数两万个数。人算出这个答案要0.1s，而计算机只要0.01s。计算机就是这样变得"聪明"起来。计算机的运算精度极高，运算结果很准确，这是一般计算工具无法比拟的。

硬件是组成计算机的物质基础。但是光有硬件只具备了计算的可能性，要使计算机真正脱离人的直接干预"自动"地进行计算，必须把人编制好的解决问题的步骤，预先存放到计算机(存储器)中。人只要给计算机发一个执行命令，计算机就会自动根据解题步骤完成计算，人的任务只是编制程序和操作计算机。计算的全过程是在程序作用下依次发出各种控制命令，由控制器操纵着计算过程一步步进行。计算机之所以能在没有人直接干预的情况下，自动地完成各种信息处理任务，正是因为人们事先为它编制了各种工作程序，计算机的工作过程，就是执行程序的过程。

一、程序存储和程序控制原理

当然，要让计算机进行运算，描述解决问题的步骤必须以计算机能"认识"的形态存在。让计算机能识别并能执行的基本操作命令称作指令(Instruction)。能解决某个问题并反映解题步骤的指令序列就称作程序。把执行一项信息处理任务的程序代码，以字节为单位，按顺序存放在存储器的一段连续的存储区域内，这就是程序存储。美籍匈牙利数学家冯·诺依曼提出的著名的存储式程序(Stored Program)概念，即将程序的指令与指令所操作的数据均以二进制数的形式存于存储器内。这也成为了后来计算机工作的基本机理。

计算机工作时，CPU 中的控制器部分，按照程序指定的顺序(由代码段寄存器 CS 及指令指针寄存器 IP 指引)，到存放程序代码的内存区域中去取指令代码，在 CPU 中完成对代码的分析，然后，由 CPU 的控制器部分依据对指令代码的分析结果，适时地向各个部件发出完成该指令功能的所有控制信号，这就是程序控制的概念。

计算机工作的第一步是程序存储，简言之：操作意图→指令序列→存放到存储器；计算机工作的第二步是程序控制，简言之：取指令→执行→取指令→…→执行(最后)指令→停机。这就是迄今为止，电子计算机共同遵循的程序存储和程序控制原理——冯·诺依曼计算机工作原理。

特别要弄清楚以下两点：

1) 计算机为什么能识别和执行指令序列呢？在设计计算机(硬件)时，就规定了一套计算机能实现各种基本操作的指令系统。也就是说，一种计算机有它固有的一套指令系统。人的操作意图，不论用什么形式的程序描述，最终都必须分解成对应于所规定的指令系统的一个指令序列，这样才能被计算机识别，从而加以执行。

2) 计算机在执行时，为什么能按序取出指令呢？指令序列是按序存放在存储器的一个连续区域的单元中，有一个电路能自动跟踪指令存放在存储器中的地址，这个跟踪电路叫程序计数器(Program Counter，PC)。开始执行时，PC 中存放着第一条指令所存放单元的地址，然后每取出一条指令(确切地说是每取出一个指令字节)，PC 中的内容自动加 1，指向下一条指令地址，从而保证了自动地按顺序取指令和执行指令。

二、程序执行过程

用户编写好的程序经过计算机翻译程序的翻译后，会成为计算机能够接收的一系列机器指令。这些指令都存放在存储器上。

首先，指令指针寄存器 IP 会通知 CPU 即将要执行的指令在内存中的存放位置，即指令在内存中的地址，然后通过地址总线送到控制单元中，根据这个地址取出指令放到指令寄存器 IR 中，指令译码器从指令寄存器 IR 中拿来指令，翻译成 CPU 可以执行的形式，然后决定完成该指令需要哪些必要的操作，它将告诉算术逻辑单元(ALU)什么时候计算，告诉指令译码器什么时候翻译指令等。假如数据被送往算术逻辑单元，数据将会执行指令中规定的算术运算和其他各种运算。当数据处理完毕后，回到寄存器中，通过不同的指令将数据继续运行或者通过 DB 总线送到数据缓存器中。基本上，CPU 就是这样去执行读出数据、处理数据和往内存写数据三项基本工作。但在通常情况下，一条指令可以包含按明确顺序执行的许多操作，CPU 的工作就是执行这些指令，完成一条指令后，CPU 的控制单元又会从内存中读取下一条指令来执行。这个过程不断快速地重复，快速地执行一条又一条指令，产生在显示器上所看到的结果。我们很容易想到，在处理这么多指令和数据的同时，由于数据转移时差和 CPU 处理时差，肯定会出现处理混乱的情况。为了保证每个操作准时发生，CPU 需要一个时钟，时钟控制着 CPU 所执行的每一个动作。时钟就像一个节拍器，它不停地发出脉冲，决定 CPU 的步调和处理时间，这就是 CPU 的主频。主频数值越高，表明 CPU 的工作速度越快。

综上所述，微型计算机每执行一条指令都是分成三个阶段进行：取指令(Fetch)、分析指令(Decode)和执行指令(Execute)。

取指令阶段的任务是：根据程序计数器(PC)中的值从存储器中读出现行指令，送到指令寄存器IR，然后PC自动加1，指向下一条指令地址。

分析指令阶段的任务是：将IR中的指令操作码译码，分析其指令性质。如指令要求操作数，则应形成寻找操作数的地址。

执行指令阶段的任务是：取出操作数，执行指令规定的操作。根据指令不同还可能写入操作结果。

微机程序的运行过程，实际上就是周而复始地完成这三个阶段操作的过程，直至遇到停机指令时才结束整个机器的运行，如图1-21所示。

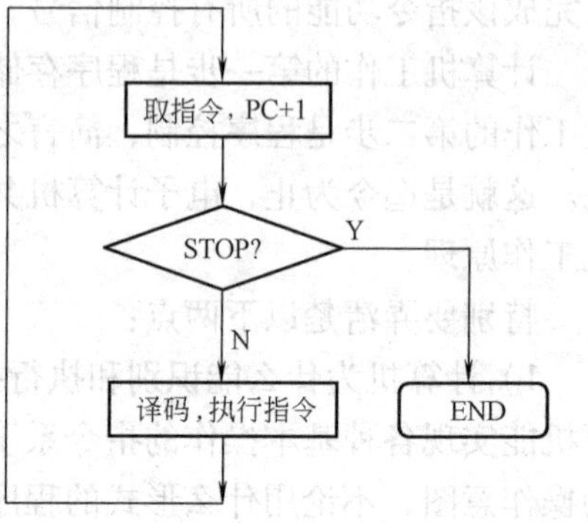

图1-21　指令执行过程示意图

当然，这三个阶段操作并非在各种微处理器中都是串行完成的，除了早期的8位微处理器外，各种16位机、32位机都可将这几段操作分配给两个或两个以上的独立部件并行完成。例如，8088 CPU内有总线接口部件BIU和执行部件EU，因而在EU中执行一条指令的同时，BIU就可以取下一条指令，它们在时间上是重叠的。至于80386和80486，其并行处理能力则更强，它们采用了六级流水线结构。

由于有了流水线结构，不同指令的取指、分析、执行三个阶段可并行处理，因而处理器在执行程序过程中基本上不需要等待指令执行。

本章小结

本章系统地讲述了以下四方面的内容：微型计算机的产生和发展、微型计算机的特点和分类、微型计算机的系统组成和基本结构、微型计算机的工作过程。通过本章的学习，要对微处理器的几个发展阶段有清晰的认识，了解微型计算机的主要特点、分类及主要技术指标，了解微型计算机的结构和组成，理解微型计算机的工作原理。

习　题

1-1　什么是微处理器？什么是微型计算机？什么是微机系统？它们之间的关系如何？

1-2　微型计算机有哪几个主要组成部分，各自的基本功能是什么？

1-3　什么是微处理器总线？总线由哪几类传输线组成？

1-4　简述CPU执行指令的工作过程。

1-5　试说明程序存储及程序控制的概念。

第二章　8086/8088 微处理器

Intel 公司在 1978 年推出 16 位微处理器 8086，与此同时，还推出了一种准 16 位微处理器 8088。8086/8088 CPU 是 Intel 系列微处理器中最具代表性的高性能 16 位微处理器。之后 Intel 公司不断推陈出新，相继推出了 80286、80386、80486。1993 年推出全新的 Pentium，即 80586。近年来，又研制出 Pentium Ⅱ、Pentium Ⅲ、Pentium Ⅳ等一系列更高新能的微处理器。这些微处理器都保持了对 8086 的兼容。所以学习 8086/8088 CPU 是进一步学习和应用其他高档微处理器的基础。

8086 和 8088 的内部结构基本相同，两者的软件完全兼容。内部总线都是 16 位，主要区别在于外部总线，8086 是 16 位外部总线，而 8088 是 8 位外部总线。所以称 8088 为准 16 位 CPU。

8086 为 16 位微处理器；采用高速运算性能的 HMOS 工艺制造，芯片上集成了 2.9 万只晶体管；使用单一的 5V 电源，40 条引脚双列直插式封装；时钟频率为 5 ~ 10MHz，基本指令执行时间为 0.3 ~ 0.6ms，有 16 根数据线和 20 根地址线，可寻址的地址空间达 1MB。8086 可以和浮点运算器、I/O 处理器或其他处理器组成多处理器系统，从而极大地提高系统的数据吞吐能力和数据处理能力。

第一节　微处理器的内部逻辑结构

图 2-1 是 8086/8088 的内部结构框图，从中可以看出 8086/8088 微处理器由两个既相互独立，又相互配合的重要部件组成，一个是总线接口部件（Bus Interface Unit，BIU），另一个是执行部件（Execution Unit，EU）。

一、流水线操作

计算机都采用程序存储和程序控制的运行方式，也就是程序指令顺序地存放在存储器中，当执行程序时，这些指令被逐条取出并执行，简单地说，计算机 CPU 的一个操作过程就是反复地取指令和执行指令的过程。

传统的计算机工作模式采用串行运行方式，即取指令和执行指令是串行进行的，这样做的优点是控制简单，缺点是计算机各部分有时会处于等待空闲状态致使利用率不高。

随着超大规模集成电路技术的出现和发展，使得过去在大、中、小型计算机中使用的一些技术下移到微机系统中，特别是流水线技术，使 CPU 的串行运行模式改为并行运行模式，很大地提高了 CPU 的工作效率。流水线技术是一种同时进行若干操作的并行处理方式。

图 2-2 中可以看出，在同样的时间间隔中，非流水线操作执行了两条指令；而在理想情况下，流水线操作可以执行三条指令。

BIU 和 EU 的流水线操作可以使 BIU 的取指令操作和 EU 的执行指令操作同时进行，EU 和 BIU 可独立工作，BIU 在保证 EU 与外部传送数据的前提下，进行指令预取，与 EU 可重

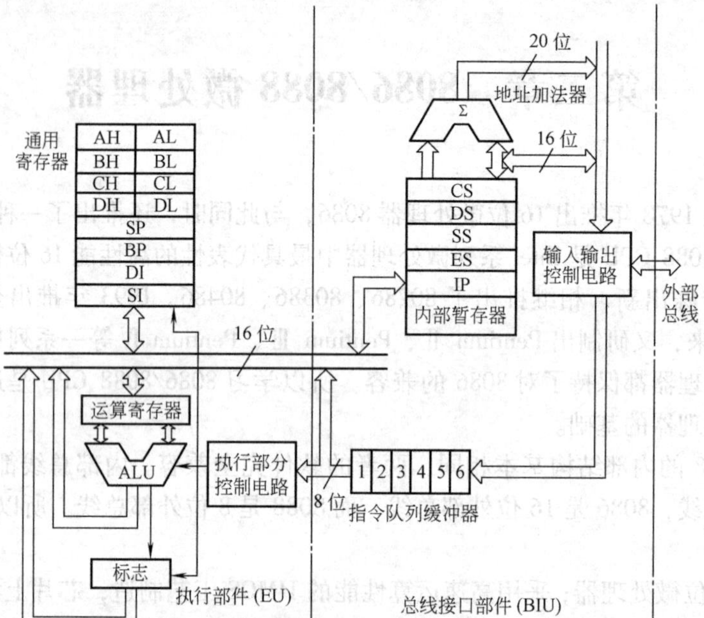

图 2-1 8086/8088 的内部结构框图

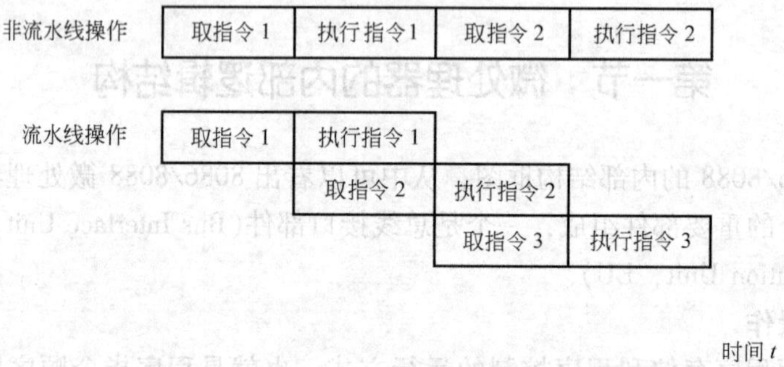

图 2-2 流水线和非流水线操作过程示意图

叠操作，如图 2-3 所示。在 EU 执行一条指令的同时，BIU 可以去取另一条或若干条指令。程序中的指令仍是顺序执行，但可以预先取下几条指令。这样的并行操作可以使得总线始终处于忙状态，充分利用了总线，加快了程序的运行过程，提高了系统的利用率。

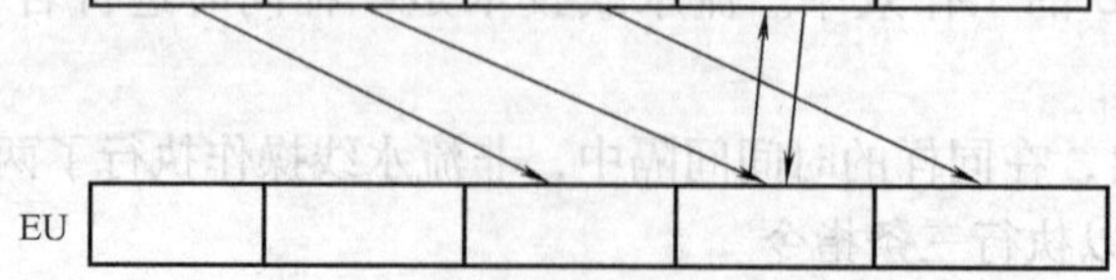

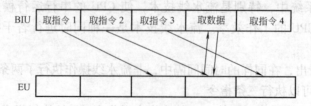

图 2-3 BIU 与 EU 并行操作示意图

二、总线接口部件

1. 总线接口部件的功能

总线接口部件(BIU)是联系微处理器内部与外部的重要通道，其主要功能是负责微处理器内部与存储器和I/O接口之间的数据传送。

总线接口部件(BIU)主要包括：4个16位段地址寄存器，一个16位指令指针寄存器IP，一个6B指令队列缓冲器，20位地址加法器，总线控制电路。

BIU的主要功能是根据执行部件EU的请求，负责完成CPU与存储器或I/O设备之间的数据传送。具体地讲，BIU完成以下几个主要任务：

(1) 取指令和预取指令　BIU从内存取出指令送到指令队列中(这时EU可以取其中的指令来执行)。只要指令队列中不满，即6B指令队列的8086空2B以上，4B指令队列的8088空1B以上时，BIU即通过总线控制逻辑从内存单元中取指令代码往指令队列中送，这个过程叫预取指令。直到把指令队列填满。BIU要保证指令队列始终是满的。

如果指令队列已满，而EU没有向BIU提出总线访问请求，则BIU不执行任何操作，处于空闲状态。

当EU执行转移类指令、子程序调用或中断指令时，BIU将指令队列立即清除，并按照EU提供的新地址重新开始从内存中取指令代码送往指令队列，重新填满指令队列。

(2) 配合EU执行的指令，传送数据　EU在执行指令过程中如果需要从外部(内存或I/O端口)取操作数或把运算结果传送到外部，EU就向BIU发总线请求，并提供操作数的有效地址。此时如果BIU空闲(即没有取指令操作)，则BIU会立即响应EU的总线请求，根据EU所提供的有效地址，在物理地址加法器中形成20位物理地址，从指定的内存单元或I/O端口读出数据送到EU或将运算结果存入指定内存单元或I/O端口；如果此时BIU正在忙于取指令，则BIU在完成当前的取指令操作后才去响应EU的总线请求。

(3) 形成物理地址　BIU无论是取指令，还是传送数据，都必须指示内存单元或I/O端口，这就需要指明具体的实际物理地址。因为8086 CPU的内部寄存器都是16位的，只能存放16位的地址信息。而其外部地址总线有20位，可以寻址 2^{20}B，即1MB的内存空间。为了解决这个矛盾，利用BIU的地址加法器来进行16位/20位地址的变换，即逻辑地址/物理地址变换。

2. 总线接口部件的组成

BIU由段寄存器、指令指针、指令队列和地址加法器组成，可以完成BIU的上述功能。这些组成部分的含义及用途说明如下：

(1) 4个16位的段地址寄存器　段寄存器用来存放段的起始地址，即段基地址。CPU访问内存或I/O接口的地址码由段地址和段内偏移地址两部分组成，共有以下4个段寄存器，它们都是16位的。

1) 代码段寄存器(Code Segment，CS)。存放当前程序代码段的基地址。CS寄存器的内容左移4位后加上指令指针IP的内容就是下一条要取出的指令的物理地址。

2) 数据段寄存器(Data Segment，DS)。存放当前程序所用数据段的基地址。通常数据段用来存放数据和变量。DS寄存器的内容左移4位再加上按指令寻址方式计算出来的偏移量地址，就是要存取数据的地址。

3) 堆栈段寄存器(Stack Segment，SS)。存放当前程序所用堆栈段的段基地址。对堆栈进行压入和弹出的栈顶物理地址由 SS 的内容左移 4 位再加上 SP 的内容得到。

在计算机中广泛使用堆栈作为数据的一种暂存结构。堆栈由栈区和堆栈指针构成。堆栈是一个特殊的存储空间，数据的入栈和出栈操作遵循这样的原则："先进后出"或"后进先出"。如果堆栈由微处理器内部的寄存器组构成，叫硬件堆栈；如果它是由软件在内存中开辟的一个特定 RAM 区构成，则叫软件堆栈。目前绝大多数微处理器都支持软件堆栈。在堆栈操作中，将数据存入栈区称为"压入"(PUSH)；从栈区中取出数据称为"弹出"(POP)。堆栈主要用于中断处理与子程序调用。保证执行完中断处理程序或子程序时，能够返回到主程序中的正确断点位置继续执行。以后将会看到，堆栈"先进后出"操作方式给中断处理和子程序调用/返回(特别是多重中断与多重调用)带来很大方便。

4）扩展段寄存器(Extended Segment，ES)。存放辅助数据所在段的段基地址。DI 寄存器存放目的区的偏移地址，段寄存器(ES)的内容左移 4 位后，加上 DI 寄存器的内容就得到操作数在扩展段中的物理地址。扩展段寄存器在进行串操作时存放目的区的起始地址。

DS 和 ES 寄存器的初值由用户设定，如果 DS 和 ES 寄存器的初值相同，则数据段和扩展数据段重合。

(2) 一个 16 位的指令指针　指令指针(Instruction Pointer，IP)的功能类似于 8 位微处理器中程序计数器(PC)的功能。正常运行时，IP 的内容是总线接口部件要取的下一条指令的偏移地址。由代码段寄存器(CS)和 IP 一起经过地址加法器的运算后得出指令的实际物理地址。遇到转移指令、调用指令或返回指令时，CS 和 IP 的内容将被指令中指出的转移地址、调用地址或程序断点位置所取代。程序不能直接对 IP 的内容进行存取，但 IP 的内容会进行自加 1 操作，使它指向下一条要取的指令。IP 不能作为一般寄存器使用。

(3) 20 位的地址加法器　负责把 16 位的段基地址和偏移地址合成 20 位的物理地址。BIU 将 16 位段基地址左移 4 位形成 20 位(相当于乘以 16)后，再与 EU 送来的 16 位偏移地址(有效地址)通过地址加法器相加得到 20 位物理地址(实际地址)，物理地址的产生过程如图 2-4 所示。最后通过总线控制逻辑与外部相连。如果段基地址为 1200H，而偏移地址为 2450H，则合成后的 20 位物理地址为 12000H + 2450H = 14450H。

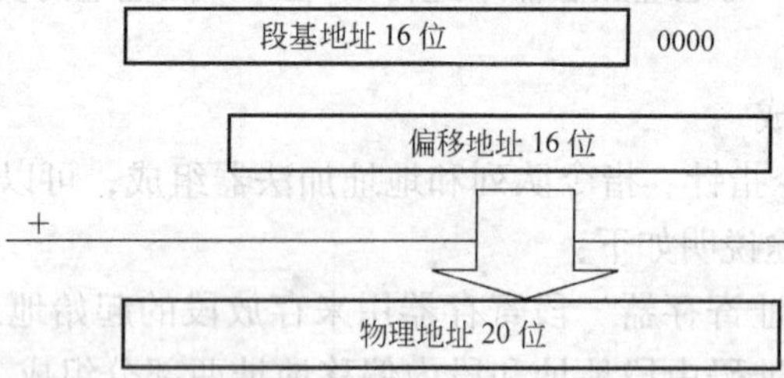

图 2-4　物理地址的产生过程

(4) 指令队列　指令队列(Queue)存放预取的指令，是用来暂时存放从存储器取出的指令的一组寄存器。采用预取指令的方法将减少微处理器的等待时间，提高运行效率。8086 的指令队列为 6B，8088 为 4B。它们均采用"先进先出"的原则顺序存放，并依次被取到执行部件中执行。指令队列的工作遵循以下原则：

1）取指令时，从存储器取出的指令放到指令队列中。队列中只要有一条指令，执行部件就开始执行。

2) 8088 的指令队列只要有 1B 未装满或 8086 的指令队列有 2B 未装满，总线接口单元就自动执行取指令操作，保证指令队列总是满的。

3) 在执行部件执行指令的过程中，如果需要对存储器或 I/O 接口存取数据，因为 EU 不能直接和外部交流，所以它会请求 BIU 进入总线周期去完成到指定的存储单元或 I/O 接口中的端口进行存取操作。传送的数据经总线接口部件送到执行部件去处理。如果总线接口部件处于空闲状态，则立即响应执行部件的请求。

4) 当指令队列已满，且执行部件对总线接口部件又没有总线访问请求时，总线接口部件进入空闲状态。

5) 当执行部件执行转移指令、调用指令和返回指令时，则要清除指令队列，并要求总线接口部件从新的地址重新开始取指令。新取出的第一条指令直接送到执行部件去执行，随后取出的指令填入指令队列。

(5) 总线控制逻辑　产生总线控制信号，如访问内存或 I/O 端口的读写控制信号等。

三、执行部件

执行部件(EU)是执行指令并对各个硬件部分进行控制的部件，包含一个 16 位的算术逻辑单元(ALU)，8 个 16 位的通用寄存器，一个 16 位的状态标志寄存器，一个数据暂存寄存器和 EU 控制电路。它的主要功能简单地说就是执行全部指令。

1. EU 的功能

从 BIU 的指令队列中取出指令代码，经指令译码器译码后执行指令所规定的全部功能。执行指令所得结果或执行指令所需的数据，都由 EU 向 BIU 发出命令，对存储器或 I/O 接口进行读/写操作。具体地讲，EU 完成以下几个主要任务：

(1) 指令译码　由于 BIU 送到指令队列中的指令代码是没有翻译的原代码，因此，为了执行指令，事先要由 EU 控制系统将指令翻译成 EU 可直接执行的指令代码。

(2) 执行指令　译码后的指令，通过 EU 控制系统向各个相关部件发出与指令一致的控制信号，完成指令的执行。执行指令包括具体的运算，由 ALU 及相关的寄存器负责。

(3) 向 BIU 传送偏移地址信息　在执行指令的过程中，如果要与外部打交道，则会向 BIU 发总线请求，而 EU 此时就会自动算出偏移地址并传送给 BIU，以便 BIU 的地址加法器能求出物理地址。

(4) 管理通用寄存器和标志寄存器　在执行指令时，需要通用寄存器的参与，运算时产生的状态标志将记录在标志寄存器中，这些寄存器都由 EU 统一管理。

2. EU 的组成

EU 的各组成部分的具体含义及主要用途如下：

(1) 算术逻辑运算单元(ALU)　ALU 的功能是：执行算术和逻辑运算；按照指令的寻址方式计算出被寻址单元的偏移地址，并将此偏移地址送到总线接口部件中与相应的段寄存器的内容相结合形成 20 位的物理地址。

(2) 通用寄存器　EU 中有 8 个 16 位的通用寄存器 AX、BX、CX 和 DX 以及 BP、SP、SI、DI。其中 AX、BX、CX 和 DX 既可以作为 16 位寄存器用，也可以单独拆成两个 8 位的寄存器用，分别为 AH、AL、BH、BL、CH、CL、DH、DL。SP、BP、SI 和 DI 除了作为通用寄存器存放数据外，这 4 个 16 位的寄存器还专门用来存放特定段的偏移地址，有时也称它们为地址寄存器。这8个寄存器除了可以存放数据外，还有另外的用途，如下：

1）AX又称为累加器(Accumulator Register)。AX一般作为数据寄存器用，当作为16位寄存器使用时，还可进行按字乘、除操作、字的输入输出及其他字传送操作；当作为8位寄存器使用时，可以进行按字节乘、除操作、字节输入输出操作以及十进制运算。AX实际上是通用寄存器中使用最频繁、功能最强的一个。由于它总是提供送入ALU的两个运算操作数之一，且运算后的结果又总是送回AX之中，这就决定了它与ALU的联系特别紧密。因而有时也把它和ALU一起归入运算器中，而不归在通用寄存器组中。

2）BX是基址寄存器(Base Register)。BX除可作为16位或8位的数据寄存器外，还可以存放偏移地址。

3）CX计数器(Counter)。CX计数器又称计数寄存器，CX除作为通用的数据寄存器外，通常在字串操作中用于存放字串的初值。

4）DX数据寄存器(Data Register)。DX除了作为通用的数据寄存器外，还可以在乘除运算中，用于存放一个乘数的高字或除法中被除数的高字，以及乘法中积的高字或除法中的余数部分。

5）SP堆栈指针(Stack Pointer)。SP是用来指示栈顶地址的寄存器，存放堆栈操作地址的偏移量，指示当前数据存入或取出的位置。对应段的段地址存放在SS中。

对堆栈的操作，无论是压入还是弹出，只能在栈顶进行。每当压入或弹出一个堆栈元素时，栈指针均会自动修改，以便自动跟踪栈顶位置。

6）BP基址指针(Base Pointer)。在有些间接寻址中，BP用于存放段内偏移地址的一部分或全部，对应段的段地址由SS提供。

7）SI源变址寄存器(Source Index)。在间接寻址中，SI用于存放段内偏移地址的一部分或全部，在字符串操作中，指定其存放源操作数的段内偏移地址，也可存放一般的数据。

8）DI目标变址寄存器(Destination Index)。在间接寻址中，DI用于存放段内偏移地址的一部分或全部，在字符串操作中，指定其存放目标操作数的段内偏移地址，也可存放一般的数据。

以上8个通用寄存器在一般情况下都具有通用性，因而提高了指令系统的灵活性。在某些指令中规定了某些通用寄存器的专门用法，这样可以缩短指令代码长度；或使这些寄存器的使用具有隐含的性质，以简化指令的书写形式(即在指令中不必写出使用的寄存器名称)。通用寄存器的隐含用法见表2-1。

表2-1 通用寄存器的隐含用法

寄存器	执行操作
AX	整字乘法，整字除法，整字I/O
AL	字节乘法，字节除法，节字I/O。换码操作，十进制算术运算
AH	字节乘法，字节除法
BX	换码操作
CX	字符串操作，循环
CL	变量的移位和循环移位

（续）

寄存器	执行操作
DX	整字乘法，整字除法，间接 I/O
SP	堆栈操作
SI	字符串操作
DI	字符串操作

（3）标志寄存器（Flags Register，FR）　FR 用于存放 ALU 中运算结果的重要状态或特征，如是否溢出、是否为零、是否为负、是否有进位、是否有偶数个“1”等，每种状态或特征用一个标志位。由于 ALU 的操作结果存放在累加器 A 中，因而 FR 也反映了累加器 A 中所存放数据的特征。FR 中的状态标志常为 CPU 执行后续指令时所用，例如，根据某种状态标志来决定程序是顺序执行还是跳转执行。

在 80386 以后的处理器中，FR 除存放状态标志外，还存放控制处理器工作方式的控制标志和系统标志。

标志寄存器也是 16 位的，但真正有效的只有 9 位。这 9 位中有 6 个状态标志（CF、AF、SF、PF、OF 和 ZF）和 3 个控制标志（DF、IF 和 TF）。状态标志表示执行某种操作后 ALU 所处的状态，它们会影响后面的具体操作。控制标志是人为设置的，每个控制标志都对某种特定的功能起控制作用。8086/8088 中的标志寄存器格式如图 2-5 所示。

15							8	7							0
				OF	DF	IF	TF	SF	ZF		AF		PF		CF

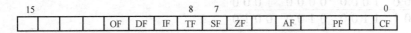

图 2-5　8086/8088 中的标志寄存器格式

标志寄存器各标志位的具体含义如下：

1）CF 进位标志（Carry Flag）。当进行加法运算时结果使最高位产生进位，或在减法运算时结果使最高位产生借位，则 CF = 1，否则 CF = 0。此外，CF 标志可以通过 STC 指令置“1”，通过 CLC 指令置“0”，通过 CMC 指令取反。

2）AF 辅助进位标志（Auxiliary Carry Flag）。当加法运算时，如果低 4 位向高位有进位（即第三位向第四位进位）；或减法运算时，如果低 4 位向高位借位（即第三位向第四位借位），则 AF = 1，否则 AF = 0。AF 常用于 BCD 码的算术运算结果的十进制调整。

3）PF 奇偶标志（Parity Flag）。如果运算结果的低 8 位所含 1 的个数为偶数，则 PF = 1，否则 PF = 0。

4）ZF 全零标志（Zero Flag）。当运算结果使有效位数的各位全为零时，ZF = 1，否则 ZF = 0。例如，两个 16 位数相加 1234H + EDCCH，如果和放在 AX 中，实际结果应为 10000H，但由于是 16 位数操作，AX = 0，所以 ZF = 1，但此时 CF = 1。

5）SF 符号标志（Sign Flag）。当运算结果为负时，SF = 1，否则 SF = 0。SF 的值就是有符号数的最高位（符号位）。

6）OF 溢出标志（Overflow Flag）。当运算结果超出了机器所能表示的范围时，则 OF = 1，表示溢出；否则 OF = 0，表示不溢出。

对于 n 位字长（对应于微处理器中通用寄存器的位数）有符号数，数的表示范围为：

$-2^{n-1} \sim 2^{n-1}-1$，如果运算结果超出了这个范围，则产生溢出，从而使 OF =1。常用有符号数表示的范围如下：

8 位：$-2^7 \sim 2^7-1$，即 $-128 \sim 127$

16 位：$-2^{15} \sim 2^{15}-1$，即 $-32768 \sim 32767$

32 位：$-2^{31} \sim 2^{31}-1$，即 $-2147483648 \sim 2147483647$

显然，要真正判断是否溢出，靠这种方法太繁琐了。可以证明，当产生溢出时，运算结果的最高位进位位与次高位进位位的异或值为1；没有溢出时为0。进行加法运算时，如果判断出次高位向最高有效位产生进位，而最高位没有再向前进位时，说明运算发生了溢出；进行减法运算时，如果判断出最高位需要借位，而次高位没有向最高位借位时，表示有溢出，或者当判断出次高位从最高位有借位，而最高位不需要从更高位借位时，表示有溢出，这几种情况下，都会使 OF =1。

例如：执行一条加法指令

```
  0101 0010 0001 1000
+ 0010 0011 0100 0101
---------------------
  0111 0101 0101 1101
```

则执行完这次加法运算后，各标志位的情况是 SF =0，ZF =0，PF =0，AF =0，CF =0，OF =0。

```
  0101 0100 0011 1010
+ 0100 1000 0000 1000
---------------------
  1001 1100 0100 0010
```

则执行完这次加法运算后，各标志位的情况是 SF =1，ZF =0，PF =1，AF =1，CF =0，OF =1。

```
  0100 0001 0011 1010
- 1000 0000 0011 1000
---------------------
  1100 0001 0000 0010
```

则执行完这次减法运算后，各标志位的情况是 SF =1，ZF =0，PF =0，AF =0，CF =1，OF =1。

当然，在绝大多数情况下，一次运算的结果并不对所有的标志位进行改变，程序也不需要对所有的标志位进行检测，一般只需要对其中一个或几个进行检测。

以下是3个控制标志：

1）DF 方向标志(Direction Flag)。串操作的控制方向标志。串操作中，如果 DF =0，则地址自动递增；若 DF =1，则地址自动递减。可用 CLD 指令使 DF 清0，用 STD 指令使 DF 置1。

2）IF 中断允许标志(Interrupt Enable Flag)。如果 IF =1，则允许 CPU 响应外部可屏蔽中断；IF =0，则禁止响应可屏蔽中断。可用 STI 指令使 IF 置1，用 CLI 指令使 IF 清0。

3）TF(Trap Flag)。如果 TF =1，则 CPU 按单步方式执行指令，每执行一条指令就产生一次类型为1的内部中断(单步中断)，因此有时称之为跟踪标志。该标志若用在调试程序过程中，可使用户逐条跟踪程序。TF =0 时，CPU 正常执行指令。该标志没有对应的指令操作，只能通过堆栈操作改变 TF 状态。

控制标志一旦设置，就会对处理器的操作产生控制作用。

至此，介绍了8086 CPU中所有的寄存器，图2-6为8086的寄存器结构图。

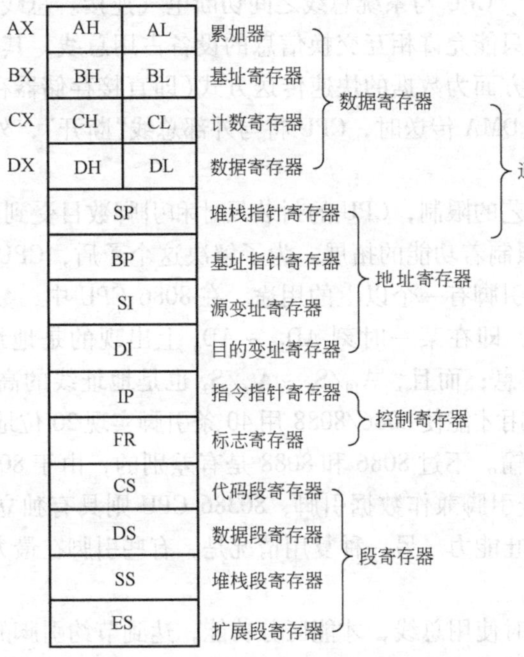

图2-6 8086的寄存器结构图

第二节 微处理器的外部引脚及功能

一、工作模式

为了尽可能适应各种各样的使用场合，在设计8086/8088 CPU芯片时，使它们可以工作在两种模式下，即最小模式和最大模式。

最小模式，就是在系统中只有8086/8088一个微处理器，所以也叫单处理器模式。在这种最小模式系统中，所有的总线控制信号都直接由8086/8088产生，因此，系统中的总线控制电路最少，这也是最小模式名称的由来。这种工作模式适合于较小规模的系统。

最大模式是相对最小模式而言的。在最大模式系统中，总是包含两个或两个以上的微处理器，其中一个为主处理器，就是8086/8088 CPU，其他的处理器称为协处理器，它们是协助主处理器工作的。常与8086/8088 CPU匹配的协处理器有两个：一个是专门用于数值运算的8087，能实现多种复杂的数值操作，如高精度的浮点运算、三角函数、对数函数运算等，可以大幅度提高系统的数值运算速度；另一种是专门用于输入输出操作的8089，它有一套专用的输入输出操作的指令系统，配置8089可以明显提高主处理器的效率，尤其是在输入输出频繁的系统中。最大工作模式用在中等规模的或者大型的8086/8088系统中。

二、总线的三态性与引脚复用技术

总线的三态性是现在问世的所有微处理器的共性，任何微处理器的地址总线、数据总线及部分控制总线均采用三态缓冲器式总线电路。所谓三态，是指它们的输出可以有逻辑“1”、逻辑“0”和“浮空”三种状态。当处于浮空状态时，总线电路呈现极高的输出阻抗，如同与外界“隔绝”一样，此时，CPU 与系统总线之间切断电气连接。总线电路的这种三态性，一方面保证了在任何时刻，只能允许相互交换信息的设备占用总线，其他设备和总线脱离，对总线几乎没有影响；另一方面为数据的快速传送方式（即直接存储器存取方式 DMA）提供了必要的条件，因为当进行 DMA 传送时，CPU 将与外部总线“断开”，外部设备将直接利用总线和存储器交换数据。

由于受集成电路制造工艺的限制，CPU 的封装尺寸和引脚数目受到限制，8086/8088 的引脚数是 40 条，引脚数目限制着功能的拓展，为了解决这个矛盾，CPU 的部分引脚设计采用了功能复用技术，即一个引脚有一个以上的用途。在 8086 CPU 中，数据总线与地址总线的低 16 位就是分时复用的，即在某一时刻 $AD_{15} \sim AD_0$ 上出现的是地址信息，另一时刻，$AD_{15} \sim AD_0$ 出现的是数据信息；而且，$A_{19}/S_6 \sim A_{16}/S_3$ 也是地址线的高 4 位与状态线的复用。正是这种引脚的分时使用才能使 8086/8088 用 40 条引脚实现 20 位地址、16 位数据及众多控制信号和状态信号的传输。不过 8086 和 8088 是有差别的，由于 8088 只能传输 8 位数据，所以 8088 只有 8 个地址引脚兼作数据引脚，80386 CPU 则具有独立的数据总线和地址总线，大大提高了数据的吞吐能力。另一种复用情况是，有些引脚在最大模式和最小模式下具有不同的作用。

功能复用的引脚必须分时使用总线，才能区分功能，达到节约引脚的目的。然而引脚的复用延长了信息传输时间，同时要增加相应的辅助电路，也增加了系统的复杂性。

三、8086/8088 CPU 引脚功能

CPU 的外部是数量有限的输入输出引脚，正是依靠这些引脚与其他逻辑部件相连，才能组成多种型号的微型计算机系统，这些引脚就是微处理器的外部总线，称为微处理器级总线。换句话说，CPU 通过外部总线沟通与外部部件和设备之间的联系。

8086 与 8088 内部结构基本相同，外部采用 40 引脚双列直插式封装，图 2-7 是 8086/8088 最小模式下的引脚信号图，第 24 ~ 31 引脚在最大模式和最小模式下功能有所不同。第 33 引脚信号决定 CPU 是工作在最大模式下还是最小模式下。

以下分三部分介绍引脚信号：第一部分，不管什么工作模式下，含义都相同的 1 ~ 23 引脚，32 ~ 40 引脚的功能；第二部分介绍最小模式下 24 ~ 31 引脚功能；第三部分介绍最大模式下 24 ~ 31 引脚功能。

1. 8086/8088 CPU 工作在最大模式和最小模式时都要用到的引脚信号

（1）$AD_{15} \sim AD_0$（Address /Data Bus）地址/数据复用总线　地址总线的低 16 位与数据总线复用，双向传输线，总线周期的 T_1 状态输出被访问地址的低 16 位，$T_2 \sim T_4$ 状态作为数据传输线，在中断响应周期、系统总线处于“保持响应”周期或 DMA 传输方式时，$AD_{15} \sim AD_0$ 处于高阻状态。

（2）$A_{19}/S_6 \sim A_{16}/S_3$（Address/Status）地址/状态复用线　地址总线的高 4 位与状态线复用，总线周期的 T_1 状态输出访问地址的高 4 位，与 $AD_{15} \sim AD_0$ 一起构成 20 位物理地址。其他 T 状态为状态线，输出 $S_3 \sim S_6$ 状态信息。其中 S_6 始终为低电平，指示 8086/8088 当前与总线相连，S_5 是标志寄存器（FLAGS）中的中断允许标志位（IF）的当前状态，S_4、S_3 组合用来指示当前正在使用的段寄存器，见表 2-2。

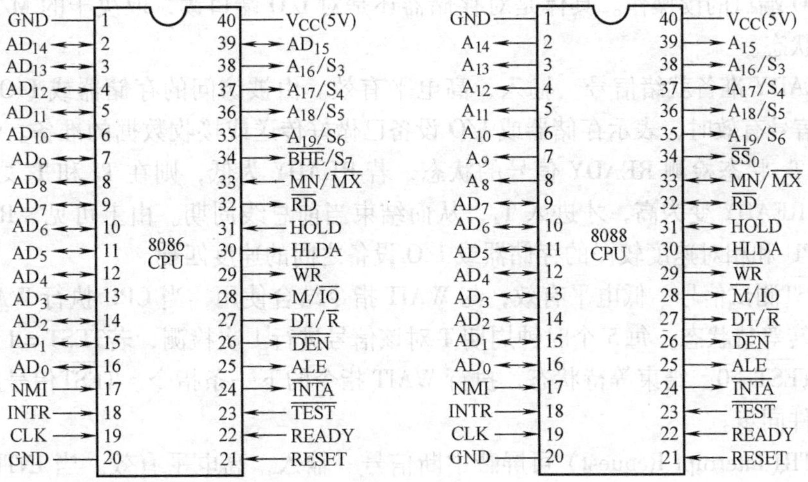

图 2-7 8086/8088 最小模式下的引脚信号图

表 2-2 S_4 和 S_3 的功能

S_4	S_3	段寄存器
0	0	ES
0	1	SS
1	0	CS(或 I/O，中断响应)
1	1	DS

(3) $\overline{BHE}/S_7$(Bus High Enable/Status)数据线高 8 位允许/状态复用线 在总线周期的 T_1 状态，该信号线输出低电平，$\overline{BHE}$信号有效，表示高 8 位数据线 $D_8 \sim D_{15}$上的数据有效，在总线周期的其他状态输出 S_7 状态信号，在 8086 芯片设计中，S_7 作为备用状态信号，没有赋予具体意义。$\overline{BHE}/S_7$ 和 A_0 的代码组合和对应的操作，见表 2-3。

表 2-3 $\overline{BHE}/S_7$ 和 A_0 的代码组合和对应的操作

$\overline{BHE}$	A_0	操　作	所用的数据总线
1	0	访问偶地址的一个字节	$AD_0 \sim AD_7$
0	1	访问奇地址的一个字节	$AD_8 \sim AD_{15}$
0	0	访问从偶地址开始存放的一个字	$AD_0 \sim AD_{15}$
0	1	访问从奇地址开始存放的一个字	$AD_8 \sim AD_{15}$
1	0		$AD_0 \sim AD_7$
1	1	无效	

在 8086 系统中，从奇地址开始读/写一个字单元，需要两个总线周期，而从偶地址开始读/写一个字单元，仅需要一个总线周期。这一点一定要注意。

在 8088 系统中，由于外部数据总线只有 8 位，没有高 8 位和低 8 位之分，不管从奇地址还是偶地址开始读一个字单元都需要两个总线周期。

（4）$\overline{RD}$(Read)读信号　输出，低电平有效，三态。该信号有效时，指出将要执行一个对内存或 I/O 端口的读操作。具体是对存储器还是对 I/O 端口读，取决于的 M/$\overline{IO}$(8088 中为$\overline{M}$/IO)的状态。

（5）READY 准备就绪信号　输入，高电平有效。由被访问的存储器或 I/O 设备发出。当 READY 信号有效时，表示存储器或 I/O 设备已做好传送或接收数据的准备。CPU 在每个总线周期的 T_3 状态检测 READY 信号的状态，若 READY 为低，则在 T_3 和 T_4 之间插入 T_W 状态，直至 READY 变为高，才进入 T_4，从而结束当前总线周期。由上可见，READY 信号可以实现 CPU 和相对速度较慢的存储器或 I/O 设备之间的速度匹配。

（6）$\overline{TEST}$测试信号　低电平有效，与 WAIT 指令结合使用，当 CPU 执行 WAIT 指令时，CPU 处于空转等待状态，每 5 个时钟周期 T 对该信号进行 1 次检测，若$\overline{TEST}$=1，CPU 继续等待，直到$\overline{TEST}$=0，结束等待状态，执行 WAIT 指令的下一条指令。$\overline{TEST}$信号用来使处理器与外部硬件同步。

（7）INTR(Interrupt Request) 可屏蔽中断信号　输入，高电平有效。当 INTR 有效时表示外设接口向 CPU 发出了中断请求信号。CPU 在每条指令周期的最后一个时钟周期检测该信号，一旦检测到 INTR=1，并且中断允许标志位 IF=1 时，CPU 在当前指令结束后，立即转入中断响应周期响应中断。

（8）NMI(Non-maskable Interrupt) 非屏蔽中断请求信号　输入，上升沿有效。NMI 信号边沿触发，正跳变有效。非屏蔽中断请求不受 IF 标志位的影响，也不能用软件屏蔽。一旦监测到该信号有效，CPU 在执行完当前指令后，立即转入执行非屏蔽中断处理程序。

（9）RESET 复位信号　输入，高电平有效。要求高电平至少持续 4 个时钟周期，则 CPU 停止当前操作，并将段寄存器(包括 DS、ES、SS)、标志寄存器(FR)、指令指针寄存器(IP)和指令队列清 0，而使 CS=0FFFFH。

（10）CLK 时钟信号　输入，为 CPU 和总线控制逻辑电路提供定时信号。

（11）GND 电源地信号　输入，8086/8088 CPU 有两个接地端。

（12）V_{CC}输入，5V 电压供电。

（13）MN/$\overline{MX}$(Minimum/Maximum Mode Control)最小/最大模式选择控制信号　输入 MN/$\overline{MX}$的状态决定了 8086/8088 的工作模式，影响 CPU 的 8 个引脚(24~31 引脚)的功能。当该信号为高电平时，说明 CPU 工作于最小模式，为低电平时，说明 CPU 工作于最大模式。

2. 最小模式下的引脚信号

（1）M/$\overline{IO}$(Memory/Input and Output)存储器/输入输出控制信号　用于区分进行存储器访问还是 I/O 访问。M/$\overline{IO}$为高电平，表示 CPU 访问的是存储器，M/$\overline{IO}$为低电平，表示在访问 I/O 端口。在 DMA 方式时，该信号处于高阻状态。8086 CPU 中存储器空间与 I/O 空间是独立编址的。

对于 8088 CPU，该信号定义为$\overline{M}$/IO，功能相同。

（2）$\overline{WR}$(Write)写信号　低电平有效。指出将要执行一个对内存或 I/O 端口的写操作。

最小模式下通常用$\overline{RD}$以及$\overline{WR}$信号控制存储器或 I/O 端口的读出和写入端。$\overline{RD}$和$\overline{WR}$指出 CPU 当前进行的是读还是写操作，它们和 M/$\overline{IO}$信号一起，指出当前进行的是存储器读、I/O 端口读、存储器写、I/O 端口写 4 种操作中的哪一种。$\overline{RD}$和$\overline{WR}$信号除了在 T_2~T_3 状态中有效外，还在 T_W(等待)状态有效。表 2-4 为对存储器或 I/O 端口的读/写操作选择。

表 2-4　$\overline{RD}$、$\overline{WR}$和 $M/\overline{IO}$信号的组合对应的操作

$\overline{RD}$	$\overline{WR}$	$M/\overline{IO}$	对应的操作
0	1	0	I/O 读操作
0	1	1	存储器读操作
1	0	0	I/O 写操作
1	0	1	存储器写操作

（3）ALE（Address Latch Enable）地址锁存允许信号　输出，高电平有效。ALE 信号是 8086/8088 在每个总线周期的 T_1 状态发出，提供给地址锁存器的锁存信号，表示当前地址/数据复用线输出的是地址信息，要求进行地址锁存。注意，ALE 信号不能浮空。

（4）$\overline{INTA}$（Interrupt Acknowledge）中断响应信号　输出，三态，低电平有效。用来对外设的中断请求做出响应，通常与中断控制器 8259A 的$\overline{INTA}$相连。CPU 在整个中断响应周期内发出连续的两个$\overline{INTA}$信号，第一个信号通知发出中断请求的外部设备，其中断请求已被响应；第二个$\overline{INTA}$信号通知外设向数据总线上发送中断类型码。

（5）$\overline{DEN}$（Data Enable）数据允许信号　输出，三态，低电平有效，常用作总线收发器的输出允许信号；在 DMA 方式时，被置为高阻状态。

（6）$DT/\overline{R}$（Data Transmit/Receive）数据收发方向控制信号　用于数据总线收发器的数据传送方向的控制。信号为高电平时，进行数据发送；信号为低电平时，进行数据接收。在 DMA 方式时，被置为高阻状态。

（7）HOLD（Hold Request）总线保持请求信号　输入，高电平有效，该信号是其他部件向 CPU 发出的使用总线的请求信号。

（8）HLDA（Hold Acknowledge）总线保持响应信号　输出，高电平有效。这是对 HOLD 的应答信号。

HOLD 和 HLDA 是一对配合使用的总线联络信号，当系统中其他部件要使用总线时，向 CPU 发出 HOLD 请求信号。此时如果 CPU 允许让出总线，就在当前总线周期结束时，在 T_4 状态发出 HLDA 应答信号，且同时使地址/数据总线和控制总线处于浮空状态，表示让出总线。总线请求部件收到 HLDA 信号后，获得总线控制权，期间，这两个信号都保持高电平。当请求部件使用完总线后，会使 HLDA 信号变为低电平，放弃总线的控制权，这时，CPU 重新恢复对总线的控制权。

在最小模式下，8088 CPU 只有 8 位数据总线，所以不需要$\overline{BHE}$信号，该信号的引脚位置，即第 34 引脚定义为$\overline{SS_0}$，$\overline{SS_0}$ 和 $\overline{M}/IO$、$DT/\overline{R}$信号组合起来决定当前的总线操作，见表 2-5。

3. 最大模式下的引脚信号

如果将 8086 的 $MN/\overline{MX}$接地，CPU 就工作在最大模式了。

（1）QS_1、QS_0（Instruction Queue Status）指令队列状态信号（24、25 引脚）　输出，QS_1、QS_0 组合起来表示前一个时钟周期中指令队列的状态，这组信号的设置可以使外部对 8086 指令队列的动作进行跟踪，用于对芯片的测试。QS_1、QS_0 组合与队列状态的对应关系见表 2-6。

表 2-5 $\overline{SS_0}$ 和 $\overline{M}$/IO、DT/$\overline{R}$信号的组合及对应的总线操作

$\overline{SS_0}$	$\overline{M}$/IO	DT/$\overline{R}$	对应的总线操作
0	0	0	取指令
0	0	1	向存储器写入数据
0	1	0	发出中断响应信号
0	1	1	向 I/O 端口写入数据
1	0	0	从存储器读出数据
1	0	1	无源状态
1	1	0	从 I/O 端口读出数据
1	1	1	暂停

表 2-6 QS_1、QS_0 组合与队列状态的对应关系

QS_1	QS_0	操 作
0	0	无操作
1	0	队列为空
0	1	从指令队列的第一个字节中取走代码
1	1	除第一个字节以外，取走后续字节的代码

通常，QS_1、QS_0 用于对 CPU 指令队列动作情况跟踪，用于对 CPU 的测试。

（2）$\overline{S_2}$、$\overline{S_1}$、$\overline{S_0}$（Bus Cycle Status）总线周期状态信号（26、27、28 引脚） 输出。这 3 个信号的组合表示当前执行的总线周期的类型。$\overline{S_2}$、$\overline{S_1}$、$\overline{S_0}$ 的不同组合指出 CPU 当前不同的总线周期。CPU 工作在最大模式下，将$\overline{S_2}$、$\overline{S_1}$、$\overline{S_0}$ 作为总线控制器 8288 的输入，进行译码后产生存储器、I/O 的读、写等控制信号。$\overline{S_2}$、$\overline{S_1}$、$\overline{S_0}$ 的代码组合和对应的操作见表 2-7。

表 2-7 $\overline{S_2}$、$\overline{S_1}$、$\overline{S_0}$ 的代码组合和所产生的控制信号及对应的操作

$\overline{S_2}$	$\overline{S_1}$	$\overline{S_0}$	总线周期的类型	8288 的控制信号
0	0	0	发中断响应信号	$\overline{INTA}$
0	0	1	读 I/O 端口	$\overline{IORC}$
0	1	0	写 I/O 端口	$\overline{IOWC}$，$\overline{AIOWC}$
0	1	1	暂停	
1	0	0	取指令	$\overline{MRDC}$
1	0	1	读内存	$\overline{MRDC}$
1	1	0	写内存	$\overline{MWTC}$，$\overline{AMWC}$
1	1	1	无源状态	

注：对于$\overline{S_2}$、$\overline{S_1}$、$\overline{S_0}$ 来讲，在前一个总线周期的 T_4 状态和本总线周期的 T_1、T_2 状态中，至少有一个信号为低电平，每种情况下都对应了某一个总线操作过程，通常把这种情况

下的状态叫做有源状态。在总线周期的 T_3 和 T_W 状态，并且 READY 信号为高电平时，$\overline{S_2}$、$\overline{S_1}$、$\overline{S_0}$ 都为高电平，这种状态称为无源状态。在总线周期的最后一个状态，即 T_4 状态，$\overline{S_2}$、$\overline{S_1}$、$\overline{S_0}$ 中任何一个或几个信号的改变都意味着一个新的总线周期的开始。换言之，无源状态是一个总线周期结束，而另一个总线周期还未开始的状态。

（3）$\overline{RQ}/\overline{GT}_0$、$\overline{RQ}/\overline{GT}_1$（Request/Grant）总线请求与允许信号（30、31 引脚）　低电平有效，双向信号。该信号是在最大模式时裁决总线使用权的信号，CPU 以外的两个处理器可以分别用其中之一来请求总线，并接受 CPU 对总线请求的允许。每个信号可独立完成总线的申请和撤消，单线双向信号传递。其中 $\overline{RQ}$ 为输入信号，表示总线请求，$\overline{GT}$ 为输出信号，表示总线允许。如果它们两个同时有请求，则 $\overline{RQ}/\overline{GT}_0$ 的优先级高于 $\overline{RQ}/\overline{GT}_1$。

最大模式支持多处理器工作。与 8086 CPU 配套的数值信号处理器 8087 以及 I/O 处理器 8089 都具有 $\overline{RQ}/\overline{GT}$ 信号。如果系统中具有 8087 或 8089，则可利用 $\overline{RQ}/\overline{GT}$ 信号，将主处理器和协处理器相互连接，实现总线的请求与响应。

当 8086 使用总线时，$\overline{RQ}/\overline{GT}$ 为高电平，这时如果 8087 或 8089 要使用总线，它们就向 CPU 的 $\overline{RQ}/\overline{GT}$ 发一个时钟周期的负脉冲，请求使用总线，经 8086 检测，若总线处于开放状态，则 8086 在同一 $\overline{RQ}/\overline{GT}$ 引脚上输出一个时钟周期的负脉冲，允许使用总线，再经 8087 或 8089 检测出此允许信号后，就可以使用总线了。使用完后，8087 或 8089 再向 $\overline{RQ}/\overline{GT}$ 发一个时钟周期负脉冲，表示请求结束，释放总线，8086 再检测出该信号，又恢复对总线的使用。$\overline{RQ}/\overline{GT}$ 请求总线切换时序示意图如图 2-8 所示。

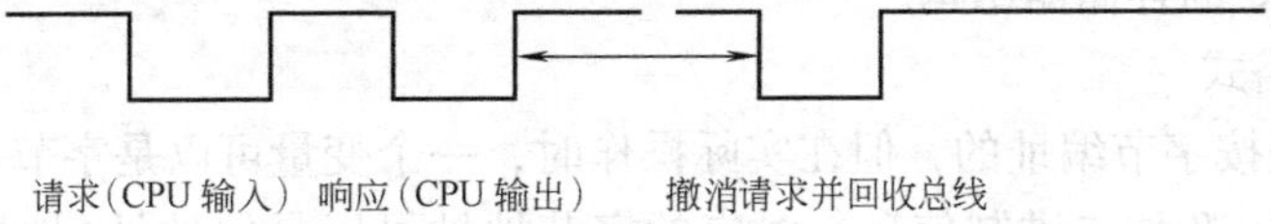

图 2-8　$\overline{RQ}/\overline{GT}$ 请求总线切换时序示意图

需要指出的是，30、31 引脚在最小模式下，是系统的总线保持请求（HOLD）和总线保持响应（HLDA）信号，这组信号是支持系统中的 DMA 工作的。在最大模式下，它们用作支持多处理器的 $\overline{RQ}/\overline{GT}$。

（4）$\overline{LOCK}$（Lock）总线封锁信号（29 引脚）　输出，低电平有效。用来封锁其他总线主部件的总线请求，当 $\overline{LOCK}$ 为低电平时，表明 CPU 独占总线使用权。系统中其他总线主部件就不能占用总线。$\overline{LOCK}$ 信号是由指令前缀 LOCK 产生的。在 LOCK 前缀后面的一条指令执行完之后，$\overline{LOCK}$ 信号变为高电平，解除总线封锁。

此外，在 8086 的中断响应周期，$\overline{LOCK}$ 信号会自动有效，防止其他总线部件在中断响应过程中占用总线，从而保证一个完整的中断响应过程。在 DMA 方式时，$\overline{LOCK}$ 处于浮空状态。

4. 8088 CPU 与 8086 CPU 的不同之处

1）8088 的指令队列长度为 4B，队列中出现一个空闲字节时，BIU 自动访问存储器取指补充指令队列；8086 的指令队列长度为 6B，队列中出现两个空闲字节时，BIU 自动访问存储器取指补充指令队列。

2）8088 的地址/数据复用线为 8 条，即 $AD_7 \sim AD_0$，访问一个字需两个读写周期；8086

的地址/数据复用线为 16 条，即 $AD_{15} \sim AD_0$，访问一个规则字需一个读写周期，访问一个非规则字需两个读写周期。

3）8088 中的存储器输入输出控制信号为 $\overline{M}/IO$，而 8086 为 $M/\overline{IO}$，两者功能相同。

4）8086 的引脚 $\overline{BHE}/S_7$ 在 8088 中为 $\overline{SS_0}$，$\overline{SS_0}$ 与 $M/\overline{IO}$、$DT/\overline{R}$ 一起决定最小模式中的总线周期操作。

第三节　存储器组织

8086 的直接寻址能力为 2^{20}B，即 1MB，地址范围为 00000H ~ FFFFFH。存储器按字节组织，每个单元中都可存储一个字节，每个存储单元都有一个 20 位的地址编号，这个地址称为内存单元的物理地址。存储单元地址由低到高顺序排列。

任何两个相邻的字节单元可以构成一个字，规定字的高 8 位字节存放在高地址，字的低 8 位字节存放在低地址，同时规定低位字节的地址作为这个字的地址。构成字的两个字节各有自己的字节地址。指令和数据可以自由地存放在任何地址中，其低位字节可以在奇数地址中存放，也可以在偶数地址中存放，也就是说，字的地址可以是偶数，也可以是奇数。如果从偶地址开始存放一个字，则称这种存放为规则存放，或叫对准存放，称这样存放的字为规则字，如果从奇地址开始存放一个字数据，称为非规则存放，或叫非对准存放，这样存放的字称为非规则字。

一、8086/8088 的存储器结构

1. 数据存储格式

尽管存储器是按字节编址的，但在实际操作时，一个变量可以是字节、字或双字。

（1）字节数据　8 位二进制信息，对应的字节地址可以是偶地址（地址最低位 $A_0=0$），也可以是奇地址（$A_0=1$）。

（2）字数据　连续存放的 2B 数据构成一个字数据。

（3）双字数据　连续存放的两个字数据构成一个双字数据，它的地址也符合字数据的规定，即以最低位字节地址作为它的地址。通常此类数据用于地址指针，指示一个当前可段外寻址的某段数据，以指针的高位字存放该数据所在段的基地址，而低位字存放该数据所在段内的偏移量。例如，在 00356H 地址中存放一个双字数据，若它指示了某数所在的逻辑地址，即段地址：偏移量 = 3E5DH：0896H，则表示该数据的存放地址是由 00356H 至 00359H 连续 4B 中依次存放的数据 96H、08H、5DH、3EH 所形成的，该数据实际的存放地址即物理地址为：3E5D0H + 0896H = 3EE66H。

2. 8086 微机系统的特殊存储器结构

8086 微机系统将它的 1MB 存储器分成两个存储体，每个存储体包含 512KB 存储单元，其中一个存储体全由偶地址组成，叫偶地址存储体；另一个存储体全由奇地址组成，叫奇地址存储体，如图 2-9 所示。图中偶地址存储体与数据总线的低 8 位相连，所以又叫低位存储体；奇地址存储体与数据总线的高 8 位相连，又叫高位存储体。$A_{19} \sim A_1$ 共 19 根地址线用来作为两个存储体内的存储单元的寻址信号。

这两个存储体内的地址表示见表 2-8。

A_0 和 $\overline{BHE}$ 分别作为偶地址存储体和奇地址存储体的选通信号，与存储体上的选择端 $\overline{SEL}$

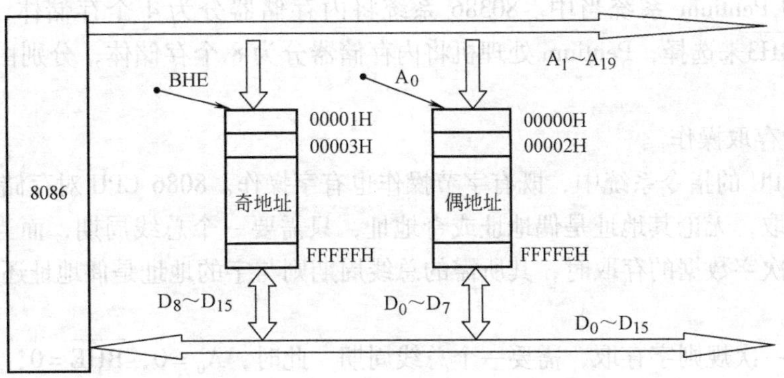

图 2-9 8086 系统中存储器与总线的连接

相连。因此，A_0 通常不参加存储器片内地址译码，而是和$\overline{BHE}$一起直接用作存储体的选择信号。$\overline{BHE}$和 A_0 这两个信号的组合和对应的操作见表 2-9。

表 2-8 两个存储体内的地址表示

偶地址存储体地址		奇地址存储体地址	
二进制表示	十六进制表示	二进制表示	十六进制表示
0000000 0	00H	0000000 1	01H
0000001 0	02H	0000001 1	03H
0000010 0	04H	0000010 1	05H
0000011 0	06H	0000011 1	07H
⋮	⋮	⋮	⋮

表 2-9 $\overline{BHE}$和 A_0 这两个信号的组合和对应的操作

$\overline{BHE}$	A_0	操　作	所用数据引脚
0	0	从偶地址开始读/写一个字	AD_{15} ~ AD_0
1	0	从偶地址单元或端口读/写一个字节	AD_7 ~ AD_0
0	1	从奇地址单元或端口读/写一个字节	AD_{15} ~ AD_8
		从奇地址开始读/写一个字，分两个总线周期实现。	
0	1	第一个总线周期，做奇地址字节读/写	AD_{15} ~ AD_8
1	0	第二个总线周期，做偶地址字节读/写	AD_7 ~ AD_0

这种组织存储器的思想同样体现在具有 32 位数据总线的 80386、80486 系统和具有 64 位数据总线的 Pentium 系统当中。80386 系统将内存储器分为 4 个存储体，分别由$\overline{BH0}$、$\overline{BH1}$、$\overline{BH2}$、$\overline{BH3}$来选择，Pentium 处理机将内存储器分为 8 个存储体，分别由$\overline{BH0}$ ~ $\overline{BH7}$来选择。

3. 数据的存取操作

在 8086 CPU 的指令系统中，既有字节操作也有字操作。8086 CPU 对存储器每进行一次字节数据的存取，无论其地址是偶地址或奇地址，只需要一个总线周期，而当 8086 CPU 对存储器进行一次字数据的存取时，其所需的总线周期则与字的地址是偶地址还是奇地址密切相关。

（1）进行一次规则字存取，需要一个总线周期　此时，$A_0=0$，$\overline{BHE}=0$，就可以一次实现在两个库中完成一个字(高低字节)的存取操作，所需的$\overline{BHE}$及 A_0 信号是由字操作指令给出的。

（2）进行一次非规则字存取，需要两个总线周期才能完成　在第一个总线周期中，$A_0=1$，$\overline{BHE}=0$,CPU 存数时将这个字的低位字节送到奇地址中，而在取数时将这个数的低位字节从奇地址中读出；在第二个总线周期中，$A_0=0$，$\overline{BHE}=1$，CPU 将这个字的高位字节存放到偶地址中，或在取数时将这个数的高位字节从偶地址中读出。因此，字数据的非规则存放会使 CPU 对其存取速度减慢，造成时间的浪费，程序员在编写程序时应该尽量避免字的非规则存放。

注意，8086 CPU 会自动完成对非规则字的存取操作。

例如，存储器中数据的存放如图 2-10 所示，接着来看数据的存取过程。

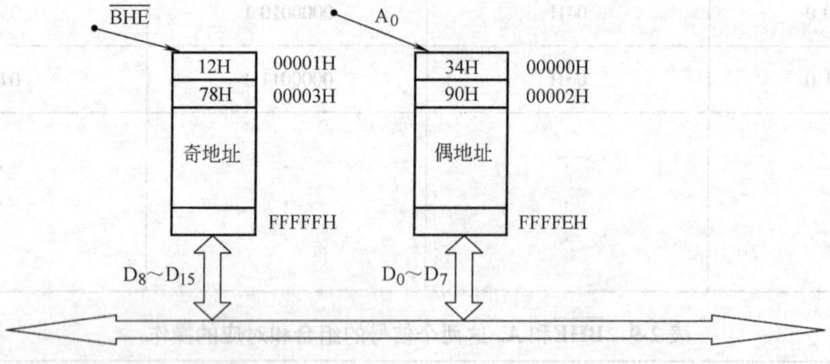

图 2-10　存储器中数据的存放

1）从偶地址读一个字节 90H 时，$\overline{BHE}=1$，$A_0=0$，偶存储体被选中，数据从低 8 位数据线 D_0 ~ D_7 送出。

2）从奇地址读一个字节 12H 时，$\overline{BHE}=0$，$A_0=1$，奇存储体被选中，数据从高 8 位数据线 D_8 ~ D_{15}送出。

3）从偶地址读一个字 7890H 时，$\overline{BHE}=0$，$A_0=0$，奇偶存储体同时被选中，数据从 16 位数据线 D_0 ~ D_{15}一起送出。

4）从奇地址读一个字 9012H 时，较复杂些，对奇地址开始的字访问需要分两个总线周期进行，第一个总线周期$\overline{BHE}$有效，选中奇存储体，将存放在奇地址的字的低位字节 12H 从高 8 位数据总线 $D_8 \sim D_{15}$ 上送出；第二个总线周期 A_0 有效，选中偶存储体，将存放在偶地址的字的高位字节 90H 从低 8 位数据总线 $D_0 \sim D_7$ 上送出。

4. 8088 微机系统的存储器结构

对于 8088 CPU，数据总线是 8 位的，存储器结构也是由单一的存储体组成(引脚无$\overline{BHE}$信号)，$A_{19} \sim A_0$ 共 20 位地址线都参加存储体内的寻址操作。所以无论是字，还是字节数据的存取操作，也不管是规则字还是非规则字，每个总线周期 8088 CPU 只能完成 1B 数据的存取操作。对于字数据，其存取操作由两个连续的总线周期组成，由 CPU 自动完成。

二、存储器的分段

在 8086/8088 中，CPU 的 ALU 进行的运算是 16 位的，有关的地址寄存器如 SP、IP 以及 BP、SI、DI 等都是 16 位的，这些寄存器只能存放 16 位的地址信息，因而对地址的运算也只能是 16 位的。这就是说，对于 8086/8088 来说，各种寻址方式，寻找操作数的范围限制在 2^{16}，即 64KB 之内。而 8086/8088 外部有 20 条地址线，它的直接寻址能力为 2^{20}，即 1MB。这样就产生了一个矛盾，即 16 位地址寄存器如何去寻址 20 位的存储器的物理地址。解决这个问题的办法就是存储器的分段。

为了用 16 位的寄存器实现对 1MB 存储空间的寻址，在 8086/8088 系统中，把 1MB 的存储空间分成很多逻辑段，每一段都在一个连续的区域内，容量最大为 64KB，这样段内就可以采用 16 位寻址了。段与段之间相互独立，分别进行寻址。

那么，怎样来管理和组织这些逻辑段呢？逻辑段的位置不受限制，可以在整个存储空间内浮动，段与段之间可以是连续的，也可以是断开的，可以部分重叠甚至完全重叠。换句话说，对于一个具体的存储单元来说，它可以属于一个逻辑段，也可以同时属于多个逻辑段。

在对存储器进行操作时，内存一般可分成 4 个逻辑段，分别称为代码段、数据段、堆栈段、扩展段(附加段)，每个逻辑段存放不同性质的数据，进行不同的操作。代码段存放指令程序；数据段存放当前运行程序的通用数据；堆栈段定义了堆栈所在区域，它是一个比较特殊的存储区，存放某些特殊的数据，并使用专门的指令按“后进先出”的原则来访问这一区域，在以后章节里还会专门加以说明。扩展段 ES，是一个辅助的数据区。8086/8088 对每一段的起始地址有所限制，段不能起始于任意地址，8086/8088 规定每一段的起始地址都能被 16 整除，其特征是：在十六进制表示的物理地址中，最低为 0(即 20 位地址的低 4 位为 0)，如地址 C4230H。这样的话，起始地址中的最低 4 位 0 就可以不予记录，而只用它的高 16 位来描述段基地址，这样段基地址就可以存入 16 位段寄存器中了。4 个逻辑段的段基地址分别放在相应的代码段寄存器 CS、堆栈段寄存器 SS、数据段寄存器 DS 和附加段寄存器 ES 中。程序可以从 4 个段寄存器给出的逻辑段中存取代码和数据。

对于存储器中的某一个具体存储单元会涉及以下几个地址术语：

1) 物理地址。存储单元的实际地址，在 1MB 的存储器里，每一个存储单元都有一个唯一的 20 位地址，称为该存储单元的物理地址。

2) 偏移地址。这个存储单元相对于它所在段基地址的字节距离，偏移地址为 16 位无符号数，简称为偏移量，又称为有效地址 EA。

3) 逻辑地址。由段基地址和偏移地址组成。

CPU 与存储器进行信息交换时使用物理地址。物理地址是由段基地址和偏移地址通过地址加法器的相加运算得到的。也就是说，CPU 只要知道一个存储单元所在段的基地址和段内的相对偏移地址就可以对它进行访问了。

例如，假定数据段的起始地址为 01500H，则 DS = 0150H，该段的一个存储单元地址为 01688H，这样，该单元对应的偏移地址为 01688H - 01500H = 0188H。

存储单元的地址可用段基地址和偏移量两个参数来表示，而且这两个参数都是 16 位的。在取指令时，CPU 会自动地选择代码段寄存器 CS，再加上由 IP 所决定的 16 位偏移量，计算出要取的指令的物理地址，即 CS × 10H + IP；在执行堆栈操作时，CPU 会自动选择堆栈段寄存器 SS，再加上由 SP 所决定的 16 位偏移地址，即 SS × 10H + SP；在存取数据时，CPU 会自动选择数据段寄存器 DS，再加上由不同的寻址方式所决定的有效地址 EA，得到要存取数据的存储单元地址，即 DS × 10H + EA。

例如，代码段寄存器 CS：3000H，指针寄存器（IP）：0011H，数据段寄存器 DS：1200H，当前要执行的指令为：MOV AX，[2000H]，存储器内存放的数据如图 2-11 所示，以下是执行这条指令的过程。

首先形成指令的物理地址：CS * 10H + IP，即 3000H * 10H + 0011H = 30011H，从物理地址 30011H 中取出当前要执行的指令 MOV AX，[2000H]，指令中直接给出了 EA：2000H。

然后取数据：DS * 10H + EA ，即 1200H * 10H + 2000H = 14000H，从物理地址 14000H 中取出 34H 给 AX 的低 8 位，从 14001H 中取出 12H 给 AX 的高 8 位。

完成操作，AX 的值为 1234H。

三、8086 CPU 的 I/O 组织

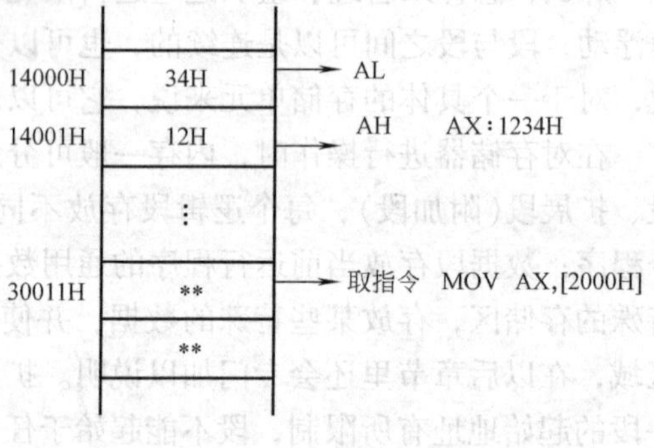

图 2-11 存储器内存放的数据

8086 系统和外部设备之间是通过 I/O 接口进行数据传递的。每个 I/O 接口都有一个或几个端口，一个端口对应于接口上的一个寄存器或一组寄存器。微机要为每个 I/O 端口分配一个地址，叫做端口地址。端口地址和存储器单元地址一样，具有唯一的地址编码。

I/O 接口的端口有两种编址方式：

（1）统一编址 这种编址方式将 I/O 端口和存储单元统一编址，即把 I/O 端口置于存储器空间，I/O 端口也被看作存储单元。因此，存储器的各种寻址方式都可用来寻址 I/O 端口。在这种方式下，I/O 端口操作功能强，使用起来也很灵活，I/O 接口与 CPU 的连接和存储器与 CPU 的连接相似。但是 I/O 端口占用了一定的存储空间，而且执行 I/O 操作时，因地址位数长，速度较慢。

（2）独立编址 这种编址方法将 I/O 端口进行单独编址，I/O 空间与存储器空间相互独立。这种情况下，需要设置专门的输入输出指令对 I/O 端口进行操作。8086 采用的就是这种 I/O 端口的独立编址方式。

8086 使用 $A_{15} \sim A_0$ 这 16 根地址线作为 I/O 端口的地址线，可以访问的端口可达 64K 个 8 位端口或 32K 个 16 位端口。8086 的 I/O 空间也是分成两个空间，奇地址空间只与高 8 位数据总线相连；偶地址空间只与低 8 位数据线相连。所以，在作 I/O 扩展时需要注意 I/O 端

口寄存器的地址安排。和存储器的字单元一样，对于奇地址的16位端口的访问，要进行两次操作才能完成。16位的端口地址无需经过地址加法器产生，因此不使用段寄存器。从地址总线上发出的端口地址仍为20位，只不过最高4位 $A_{19} \sim A_{16}$ 为0。

第四节 系统配置

根据不同的应用环境和使用目的，8086/8088 CPU 有两种系统配置模式，即最小模式系统和最大模式系统。前已提及，CPU两种工作模式的选择由硬件决定，当CPU的引脚 $MN/\overline{MX}$ 接高电平(5V)时，构成最小模式，最小模式是单处理器系统，系统中所需的控制信号全部由8086/8088 CPU本身直接产生；当CPU的引脚 $MN/\overline{MX}$ 接低电平(接地)时，构成最大模式，最大模式可以构成多处理器系统，即系统中可以有两个或两个以上的微处理器，除主处理器8086/8088 CPU外，还有数值协处理器8087和I/O协处理器8089。最大模式所有的总线控制信号由外加的总线控制器8288提供，而8086/8088 CPU除了向8288提供状态信号外，还负责全局控制和总线控制权的传递。下面分别介绍两种模式下的基本配置。

一、8086工作在最小模式下的系统配置

当8086的 $MN/\overline{MX}$ 为高电平时，8086就工作在最小工作模式。最小工作模式一般用于组成基于8086 CPU的最小系统。在这种系统中，所有的总线控制信号都直接由8086产生，系统中的总线控制电路被减到最少。8086最小模式系统的典型配置如图2-12所示。

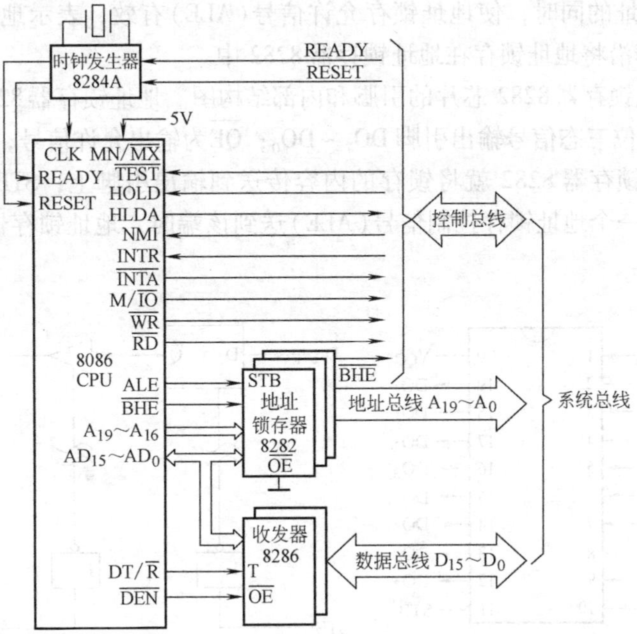

图2-12 8086最小模式系统的典型配置

由图2-12中看出在最小模式系统中，系统的控制信号全部由CPU发出，除CPU、存储器、I/O接口外，还包括一片时钟发生器8284A，三片地址锁存器8282，两片数据总线收发器8286。

时钟发生器 8284A 产生满足 8086 CLK 要求的占空比为1/3 的时钟信号，还对复位信号 RESET 和准备好信号 READY 进行同步。采用三片地址锁存器 8282 对地址信号进行锁存。数据收发器 8286 作为双向数据驱动器。

1. 地址锁存器 8282

因为地址/数据状态总线是分时复用的，当 CPU 与存储器或 I/O 端口进行数据交换时，在 T_1 状态输出存储器或 I/O 端口的地址，其他 T 状态用来传送数据和状态信号，为了保证 CPU 对存储器和 I/O 端口进行读/写操作的过程中，地址始终保持不变，需要在数据占用总线之前，将地址锁存起来，使地址信号的有效时间能覆盖数据信号的有效时间。以保证整个读写周期中始终对同一地址进行操作。地址锁存器就是用来锁存地址的。

地址锁存器 8282 是带有三态缓冲器的 8 位通用数据锁存器，可以对 8086 的地址信号进行锁存。8086 有地址信号 20 位，$AD_{19} \sim AD_0$，除了地址信号外，数据高 8 位允许信号$\overline{BHE}$信号(总线高字节有效)也是需要被锁存的。注意，数据高 8 位允许信号不是数据信号，而是数据高位选择信号，8086 有 16 位数据信号线，CPU 执行指令时，由$\overline{BHE}$信号指出高位数据线上当前数据是否有效，相当于地址选择信号。它们都是与数据或状态分时复用的信号，20 位地址信号与数据或状态信号分时复用，$\overline{BHE}$和 S_7 也是分时复用的，所以对$\overline{BHE}$信号也要进行锁存。所以需要锁存的信号有$\overline{BHE}$信号加上 20 位地址 $A_{19} \sim A_0$，共 21 位。8282 是 8 位与 8086 兼容的地址锁存器，因此，系统要采用 3 片地址锁存器 8282 芯片分别对 21 位地址信号进行锁存。

CPU 在发出地址的同时，使地址锁存允许信号(ALE)有效，表示地址已经准备好。利用 ALE 信号的下降沿将地址锁存在地址锁存器 8282 中。

图 2-13 是地址锁存器 8282 芯片的引脚和内部结构图。地址锁存器 8282 有 8 位信号输入引脚 $DI_7 \sim DI_0$ 和 8 位三态信号输出引脚 $DO_7 \sim DO_0$；$\overline{OE}$为输出允许信号，低电平有效，该端接低电平时，地址锁存器 8282 就将锁存的内容传送到输出引脚上；STB 是数据选通信号，下降沿有效，当有一个地址锁存控制信号(ALE)送到该端时，地址锁存器 8282 即完成对输入数据的锁存任务。

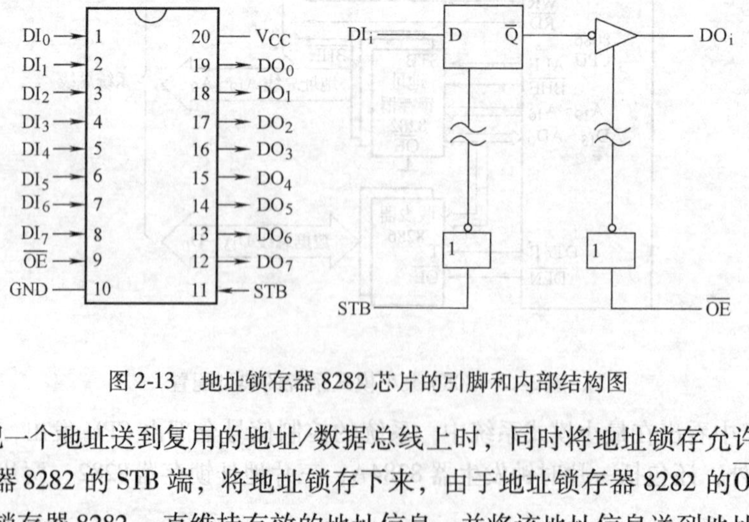

图 2-13 地址锁存器 8282 芯片的引脚和内部结构图

当 8086 把一个地址送到复用的地址/数据总线上时，同时将地址锁存允许信号 ALE 发送给地址锁存器 8282 的 STB 端，将地址锁存下来，由于地址锁存器 8282 的$\overline{OE}$端常接低电平，所以地址锁存器 8282 一直维持有效的地址信息，并将该地址信息送到地址总线上。

地址锁存器 8282 相当于 8 个 D 触发器。从表 2-10 的真值表中可以看出，当$\overline{OE}$为高时，$DO_7 \sim DO_0$ 为高阻状态；当$\overline{OE}$为低、STB 为高时，地址锁存器 8282 的输出等于输入，输出信号 $DO_7 \sim DO_0$ 与输入信号 $DI_7 \sim DI_0$ 相等；当 STB 由高变低时，信号被锁存。换言之，当$\overline{OE}$为高电平时，地址锁存器 8282 的输出为高阻态，$\overline{OE}$为低，$DO_7 \sim DO_0$ 有效。

表 2-10　地址锁存器 8282 的真值表

$\overline{OE}$	STB	输　出
1	*	高阻
0	1	$DO_i = DI_i$
0	由高变低	锁存

地址锁存器 8282 与 8086 连接时，将 8086 的 20 位地址和$\overline{BHE}$信号分为三组，和三片地址锁存器 8282 的 $DI_7 \sim DI_0$ 连接，CPU 的地址锁存允许信号 ALE 与地址锁存器 8282 的 STB 端相连。在 ALE 的下降沿时，对地址信号进行锁存。

2. 总线收发器 8286

8086/8088 CPU 输出或接收数据的能力是有限的，当数据线负载大于 CPU 数据线输出能力时，为保证系统的交流特性，需要在 CPU 数据线上连接数据驱动器，用于功率放大，增加数据总线的驱动能力。在 Intel 系列芯片中，总线收发器为 8 位的 8286，8286 数据收发器是一种具有三态输出的 8 位双向总线收发器，有时将 8086 的数据驱动器也称作总线驱动器。至于 CPU 数据线和存储器、I/O 芯片的输入/输出能力，可查阅有关数据手册。由于 8286 是 8 位的，而 8086 的总线是 16 位，因此要用两片 8286 数据收发器。

8286 的引脚信号和内部逻辑结构如图 2-14 所示，它具有两组对称的双向数据引线 $A_7 \sim A_0$ 和 $B_7 \sim B_0$，它们既可作输入又可作输出，作为输出时具有三态功能。也就是说，可以安排数据从 $A_7 \sim A_0$ 输入，从 $B_7 \sim B_0$ 输出；也可以安排数据从 $B_7 \sim B_0$ 输入，从 $A_7 \sim A_0$ 输出。传送方向控制端 T 控制数据流向，T = 1，正向三态门接通，数据从 $A_7 \sim A_0$ 流向 $B_7 \sim B_0$；T = 0，反向三态门接通，数据从 $B_7 \sim B_0$ 流向 $A_7 \sim A_0$。

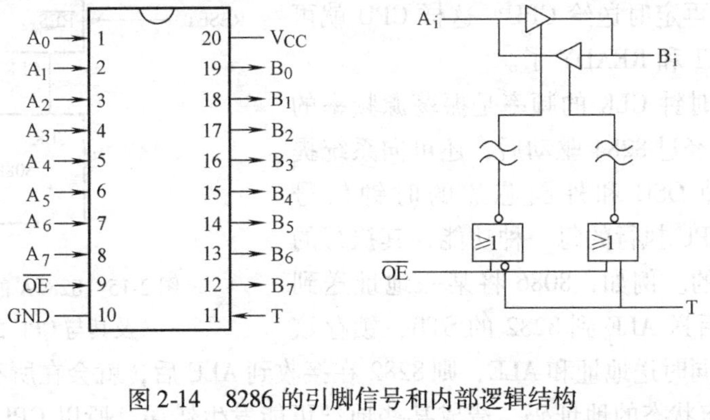

图 2-14　8286 的引脚信号和内部逻辑结构

$\overline{OE}$是输出允许信号，输入，低电平有效，它是开启缓冲器的控制信号。当$\overline{OE}$有效，即为低电平时，允许数据通过缓冲器；当$\overline{OE}$无效，即为高电平时，禁止数据通过缓冲器，$A_7 \sim A_0$ 和 $B_7 \sim B_0$ 输出高阻状态。T 端则控制数据传送方向，T = 1，表示数据从 A 流向 B；T = 0，表示数据从 B 流向 A。

8286与8086连接时，将8086的数据线连接8286的A组端口，8086的数据允许信号$\overline{DEN}$连接8286的$\overline{OE}$，8086的数据发送/接收控制信号$DT/\overline{R}$连接8286的数据传送方向控制端T，便实现了8086和数据驱动器8286的连接。

当8086传送数据时，在它的数据允许引脚$\overline{DEN}$上发送一个控制信号给8286的$\overline{OE}$，允许数据传送；同时，在8086的数据发送/接收引脚$DT/\overline{R}$上发出另一个控制信号给8286的T端，指明数据的传送方向是从CPU流向系统的其余部分还是相反。而CPU的数据发送/接收控制$DT/\overline{R}=1$时，正好是数据发送(写)状态，$DT/\overline{R}=0$时，是数据接收(读)状态，所以可以将$DT/\overline{R}$直接和8286的T相连。8286的输出允许信号$\overline{OE}$端则必须由CPU的$\overline{DEN}$控制。

当8086 CPU与存储器或I/O端口进行数据交换时，$\overline{DEN}$有效，打开8286内部两个"或非门"。反之，当$\overline{DEN}$无效时，$\overline{OE}$也无效，两个"或非门"都被封锁。当8086 CPU往存储器或I/O端口写数据时，$DT/\overline{R}$为高电平，因此两块8286的T端也为高电平，16位数据通过8286送往存储器或I/O端口；当8086 CPU从存储器或I/O端口读数据时，$DT/\overline{R}$为低电平，因此两块8286的T端也为低电平，16位数据从存储器或I/O端口经过8286送到CPU的AX寄存器。要注意，8286不能像8282那样，将$\overline{OE}$直接接地。

3. 时钟发生器8284A

8284A是Intel公司专门为8086/8088系统设计配套的单片时钟发生器，8086由8284A提供主频为5MHz或10MHz的系统时钟信号CLK。时钟周期T的值是主频的倒数，如主频为5MHz，一个时钟周期为200ns，主频若为10MHz，则一个时钟周期是100ns。8284A的引脚特性及其与CPU的连接如图2-15所示。

8284除了提供频率恒定的时钟CLK信号外，还提供与CLK同步的复位信号RESET和准备就绪信号READY。这是因为外部的复位与就绪信号可以在任何时候发出，它们对CPU时钟CLK是异步发生的，所以外部的复位信号RES与就绪信号RDY在送给CPU之前需先经8284同步成RESET和READY，然后再定时送给CPU，这样CPU就可以定时采样RESET和READY了。

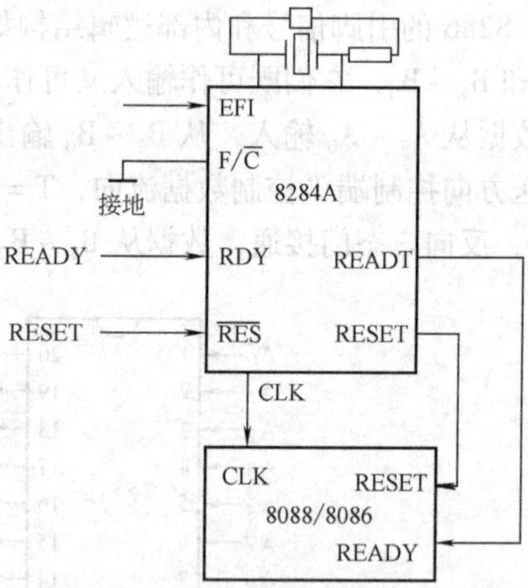

图2-15 8284A的引脚特性及其与CPU的连接

8284输出的时钟CLK的频率是振荡源频率的1/3，振荡源频率经过8284驱动后，还可向系统提供晶体振荡时钟OSC和外围芯片的时钟信号PCLK。由8086 CPU执行的每一种功能，其执行的时序是相当重要的。例如，8086将某一地址送到地址总线上，然后送ALE到8282的STB，锁存该地址。如果CPU同时送地址和ALE，则8282在接收到ALE后，就会在所有的地址位上锁存尚未完全达到稳定状态的地址码，造成某些地址可能发生错误。所以CPU在送地址与ALE之间就要有延迟，尽管这个延迟可能很短，但却是必需的。

CPU用时钟脉冲来计量延迟，但8086 CPU内部并未提供时钟电路，其内部和外部的时间基准信号是由8284时钟发生器提供的。8284中除具有时钟信号发生电路外，还有RESET复位信号和准备就绪READY信号的同步控制电路。由外界发出的就绪信号RDY和复位信号$\overline{RES}$输入 8284A，经整形并在时钟的下降沿同步后输出给 8086，分别作为 8086 的 READY 和 RESET 信号。

二、8086 工作在最大模式下的系统配置

8086 工作在最大模式下的基本配置，最大模式和最小模式的最主要区别在于增加了一个总线控制器 8288 和一个总线仲裁器 8289。最大模式是多处理器系统模式，需要解决主处理器和协处理器之间的协调工作和对总线的共享控制等问题。多处理器系统的结构可以有多种形式，即单主控系统和多主控系统，单主控系统中配置一个主处理器和一、两个协处理器，多主控系统中有两个或两个以上的主处理器共享系统资源。系统结构不同，其控制方式也不同。这里讨论单主控系统的最大模式系统。

CPU 输出的状态信号$\overline{S}_2$、$\overline{S}_1$、$\overline{S}_0$ 同时送给 8288 和 8289，由 8288 输出给 CPU 系统所需要的总线控制信号，包括对存储器和 I/O 端口进行读/写的信号、对地址锁存器 8282 和总线收发器 8286 的控制信号以及中断控制器 8259 的控制信号。总线仲裁器 8289 对系统中的多个处理器共享总线资源进行控制。

1. 总线控制器 8288

图 2-16 是总线控制器 8288 的结构框图。8288 是 20 引脚与 8086 配套的总线控制器。它由状态信号发生器、控制逻辑、命令信号发生器以及控制信号发生器四部分组成，其对外连接信号分为三组，分别为输入信号、命令输出信号和控制输出信号。

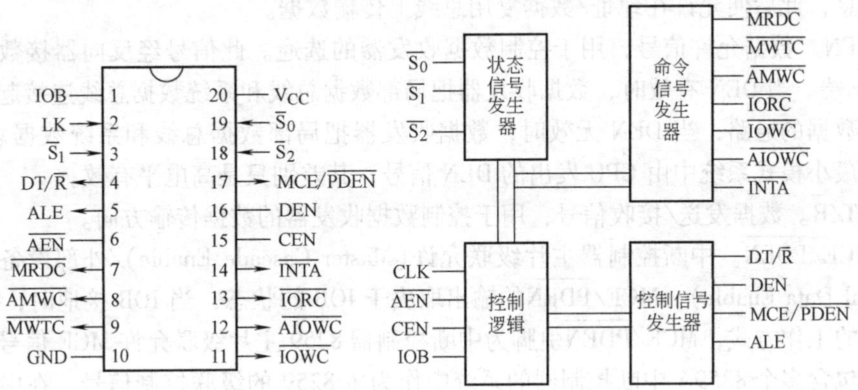

图 2-16　总线控制器 8288 的结构框图

最大模式系统通过总线控制器 8288 来产生诸如最小模式 CPU 所提供的那些系统控制信号。在控制逻辑作用下，由命令信号发生器产生命令信号存储器读写$\overline{MRDC}$、$\overline{MWTC}$，I/O 读写$\overline{IORC}$、$\overline{IOWC}$以及中断应答信号$\overline{INTA}$。由控制信号发生器产生地址锁存使能 ALE、数据信号使能 DEN 和数据流向控制 DT/$\overline{R}$。控制信号发生器还生成一个输出信号 MCE/$\overline{PDEN}$，当控制逻辑的 I/O 总线方式控制信号 IOB 输入不同时，MCE/$\overline{PDEN}$的作用不同，分别为（中断控制器）主片级联允许（Master Cascade Enable，MCE）和外部设备数据允许（Peripheral Data Enable，$\overline{PDEN}$）。

（1）8288 的输入信号　总线控制器 8288 的状态译码电路接收来自 CPU 的总线周期状态信号$\overline{S}_2$、$\overline{S}_1$、$\overline{S}_0$，并将它们译码，确定当前总线操作的类型，从而发出相应的命令信号。表 2-7 中列出了状态信号和命令信号之间的对应关系。

控制逻辑有 4 个输入端，即时钟信号 CLK、地址允许信号$\overline{AEN}$、命令允许信号 CEN、IO 总线方式控制信号 IOB。

1）IOB。IO 总线方式控制信号，IOB 引脚决定 8288 的工作方式。8288 提供了两种工作方式分别适用于单处理器工作方式和多处理器工作方式，又叫系统总线方式和局部总线方式。具体工作于哪一种方式下，由 IOB 引脚决定。系统为单处理器时，IOB 接地，此时，8288 的 MCE/$\overline{PDEN}$为中断控制器 8259 的主片级联允许 MCE 信号，这个信号作为包含多个 8259 中断控制器的系统 8259 主片和从片级联信号 CAS_0、CAS_1、CAS_2 的控制信号。系统为多处理器系统配置时，IOB 接 5V，8288 的 MCE/$\overline{PDEN}$作为$\overline{PDEN}$信号，它用作数据总线收发器的允许信号。

2）$\overline{AEN}$。地址允许信号，由 DMA 控制器控制，$\overline{AEN}$为低时，系统由 DMA 控制总线，8288 输出为高阻态。

3）CEN。命令允许信号，允许控制命令信号发生器的输出，高电平有效。如果 CEN 为低电平，则 8288 的所有命令都将处于无效状态。

4）CLK。时钟信号，来自系统时钟，为 8288 的工作提供系统时钟。

（2）8288 输出的控制信号

1）ALE。地址锁存允许信号，用于地址锁存器。和最小模式下的 ALE 意义相同，此信号有效时，将地址总线上的地址存入地址锁存器中，用来向存储器和 I/O 接口提供一个稳定的地址信息，此后便允许在地址/数据复用总线上传输数据。

2）DEN。数据允许信号，用于控制数据收发器的选通。此信号经反向器接数据收发器 8286 的$\overline{OE}$端。当 DEN 有效时，数据收发器把局部数据总线和系统数据总线连接起来，形成一个传输数据的通路；当 DEN 无效时，数据收发器把局部数据总线和系统数据总线断开。它相当于最小模式系统中由 CPU 发出的 DEN 信号，其差别只是高电平有效。

3）DT/$\overline{R}$。数据发送/接收信号，用于控制数据收发器的数据传输方向。

4）MCE/$\overline{PDEN}$。中断控制器主片级联允许（Master Cascade Enable）/外部设备数据允许（Peripheral Data Enable）。MCE/$\overline{PDEN}$的输出取决于 IOB 的状态，当 IOB 接地时，8288 配合单处理器的工作方式，MCE/$\overline{PDEN}$引脚为中断控制器 8259 主片级联允许 MCE 信号，这个信号可以在包含多个 8259A 中断控制器的系统中作为主 8259 的级联控制信号。在中断响应周期的 T_1 状态时，也就是在中断响应的第一个$\overline{INTA}$周期中，MCE 有效，作为锁存信号，使主片 8259A 送出的级联地址进行锁存，以便在第二个$\overline{INTA}$周期时，用级联地址选中一个从片，并使 CPU 获得中断类型码。

如果系统为多处理器系统配置，IOB 接 5V，8288 的 MCE/$\overline{PDEN}$作为外设数据允许信号$\overline{PDEN}$，它用作数据总线收发器的允许控制。

如果总线控制器 8288 工作在单处理器方式，但系统中没有设置多个 8259A 中断控制器，则既不使用 MCE 功能，也不使用$\overline{PDEN}$功能。这时利用$\overline{DEN}$信号控制数据总线收发器接通总线。

（3）8288 输出的命令信号　全部命令信号都为低电平有效，而且都是在总线周期的中间部分输出。任何一个总线周期中，以下 4 个信号中只能有 1 个可发出，以执行对一个物理器件的读/写操作。利用这些命令信号可以实现对存储器或 I/O 端口的读/写操作。

1）$\overline{MRDC}$（Memory Read Command）。存储器读命令，用来通知内存将被寻址的存储单元内容送上数据总线。

2）$\overline{\text{MWTC}}$(Memory Write Command)。存储器写命令，用来通知内存接收数据总线上来的数据，并将数据写入所寻址的内存单元。

3）$\overline{\text{IORC}}$(I/O Read Command)和$\overline{\text{IOWC}}$(I/O Write Command)。I/O 端口的读、写命令，意义上与存储器命令信号类似，分别用于通知 I/O 接口将所寻址端口的数据送到数据总线或将数据写进所寻址的端口中。

4）$\overline{\text{INTA}}$。作为 CPU 的中断响应信号，与最小模式中的中断响应信号相同。很显然，这些信号在每个总线周期内只有一个有效，每个总线周期内只能是唯一的一种总线操作。

5）$\overline{\text{AMWC}}$。提前的存储器写命令，其功能和$\overline{\text{MWTC}}$一样，只是提前一个时钟周期输出。

6）$\overline{\text{AIOWC}}$。提前的 I/O 端口写命令，其功能和$\overline{\text{IOWC}}$一样，只是提前一个时钟周期输出。

以上两个信号$\overline{\text{AMWC}}$和$\overline{\text{AIOWC}}$可以使一些较慢的设备或存储器芯片额外地获得一个时钟周期去执行写入操作。

图 2-17 是 8086 最大模式下与 8288 的连接图，注意地址锁存器 8282 的锁存信号 STB 和数据驱动器 8286 的输出使能$\overline{\text{OE}}$、数据传送方向控制端 T，它们不是像最小模式下系统配置那样连接 CPU 的 ALE、$\overline{\text{DEN}}$和 DT/$\overline{\text{R}}$，由 CPU 直接控制，而是连接总线控制器 8288，由 8288 产生与 CPU 类似的控制信号来进行控制的。只是 8288 输出的 DEN 高电平有效。8286 的$\overline{\text{OE}}$是由 8288 的 DEN 和 8259 的$\overline{\text{SP}}/\overline{\text{EN}}$相与取非来控制的。8259 是中断控制器，当 CPU 响应可屏蔽中断 INTR 时，由 8259 将中断类型码通过数据总线送往 CPU，此时不能允许 8286 被选通，8259 的$\overline{\text{SP}}/\overline{\text{EN}}$输出的有效电平将 8286 封锁。因此，只有当 8288 的 DEN 和 8259 的$\overline{\text{SP}}/\overline{\text{EN}}$同时为高时，8286 的$\overline{\text{OE}}$才输入低电平而被选通。8288 的$\overline{S}_2$、$\overline{S}_1$、$\overline{S}_0$ 则直接与 CPU 相连，在 CPU 的$\overline{S}_2$、$\overline{S}_1$、$\overline{S}_0$ 控制下，产生不同的总线控制信号。

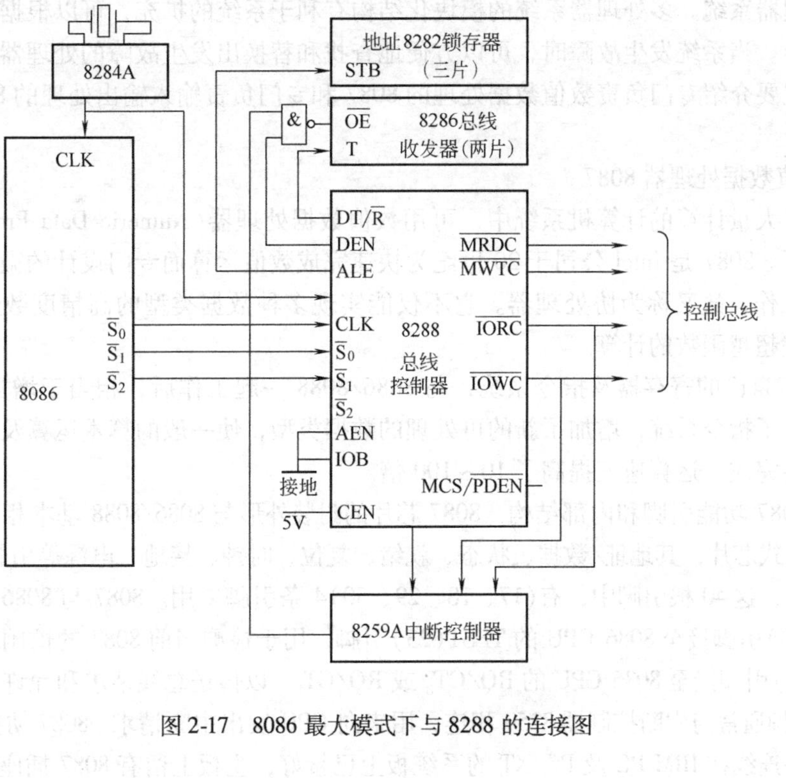

图 2-17　8086 最大模式下与 8288 的连接图

2. 总线仲裁器 8289

8289 的功能是按一定的优先级决定总线的使用权，以免在多处理器系统中共享的总线在使用中发生冲突。

当多个设备共同提出使用请求时，或一个设备正处在使用中时，有新的请求出现，这些情况的处理都要求有反映优先顺序的等级，这就是优先级。当共同提出使用请求时，使用权分给优先级高的；正处在使用中时，有新的更高优先级的请求出现，才能改变使用权。8289 的总线优先权输入端$\overline{BPRN}=0$时，获得总线的优先使用权，同时它向外输出$\overline{BPRO}=1$的高电平信号。

8289 有两种优先级排队电路。

（1）并行优先级排队　各 8289 通过各自的$\overline{BREQ}$信号向 74148 优先级编码器的输入端发出总线请求信号，74148 输入端具有不同的优先级，74148 只输出有效请求信号中优先级最高的编码，该编码经 74138 译码器译码产生“有效请求信号中优先级最高的”允许信号$\overline{BPRN}$，从而使“有效请求信号中优先级最高的”8289 获得总线使用权。

（2）串行优先级排队　把高优先级 8289 的$\overline{BPRO}$与低优先级$\overline{BPRN}$连接，形成串联优先排队电路。高级别仲裁器使用总线时，用$\overline{BPRO}=1$屏蔽低级别仲裁器的请求。

三、8086/8088 的协处理器

8086 CPU 作为一种高性能 16 位微处理器，其处理能力比 8 位的 8080 CPU 提高了 10 倍，其寻址能力、指令功能也大为增强。但由于 8086/8088 自身功能有限以及扩大应用的需要，Intel 公司在 8086 的基础上，进行了横向和纵向性能的提升，从而形成了一个完整的 16 位微机系列。

8086/8088 CPU 配上各种协处理器，则性能横向提升。包含两个或两个以上处理器的系统叫多处理器系统。多处理器系统的模块化结构有利于系统的扩充，可以根据需要来增加更多的处理器。当系统发生故障时，可以方便地查找和替换出发生故障的处理器。

下面主要介绍专门负责数值数据处理的 8087 和专门负责输入输出处理的 8089 两种协处理器。

1. 数值数据处理器 8087

在要求大量计算的计算机系统中，可用数值数据处理器（Numeric Data Processor，NDP）来进行计算。8087 是 Intel 公司于 20 世纪为快速完成数值运算而专门设计的微处理器，协同 CPU 一起工作，故又称为协处理器。它不仅能实现多种数据类型的高精度数值运算，还可以进行一些超越函数的计算。

8087 有自己的寄存器及指令系统，与 8086/8088 一起工作后，相当于增加了 CPU 的寄存器，扩充了指令系统，增加了新的可处理的数据类型，使一般的算术运算及常用的函数都由硬件直接完成，运算速度提高了 10～100 倍。

（1）8087 功能引脚和内部结构　8087 芯片的封装外形与 8086/8088 基本相同，它也是 40 条双列直插式芯片，其地址/数据、状态、就绪、复位、时钟、接地、电源等引脚与 8086/8088 的引脚相同，这 40 根引脚中，有（17、18、29、30）4 条引脚未用。8087 与 8086 连接时，8087 的 BUSY（23）引脚接至 8086 CPU 的 TEST（23）引脚，用于检测当前 8087 的忙闲状态；8087 的 RQ/GT_0（31）引脚接至 8086 CPU 的 RQ/GT_0 或 RQ/GT_1，以传送总线请求和允许信号；8087 的 INT（32）引脚通常与中断控制器 8259 相连，用来向 CPU 发出中断请求。8087 协处理器与 8086 CPU 的硬件连线在 IBM PC 及 PC/XT 的系统板上已接好，主板上留有 8087 插座，用户只需将

8087 芯片插入 8087 插座，并将系统板上的开关打开，8087 即可使用。

8087 内部结构分为两大部分：控制单元(CU)和数值处理单元(NEU)。CU 的功能包括接收指令、译码、读/写存储器操作数、执行处理器控制类指令。NEU 的功能是执行超越函数运算、算术运算、数据的传送等指令。CU 和 NEU 可独立工作，但控制单元(CU)和 CPU 必须同步，使 8087 和 8086/8088 同步获取指令，当识别出一条 8087 指令时，即由 8087 完成所规定的全部操作。8087 内部有 8 个 80 位字长的数据寄存器 $R_0 \sim R_7$。按照“后进先出”的原则完成其操作，构成一个寄存器堆栈。另外还有 4 个专用寄存器，即 16 位控制寄存器、16 位状态寄存器、16 位标志寄存器和 72 位事故寄存器。

8087 中的所有计算都是集中在数据寄存器堆栈中进行的，8 个 80 位寄存器堆栈提供了广阔的寄存器空间，在运算期间，可以保存更多的中间结果，减少存储器的访问次数。访问 8087 寄存器组的方式很灵活。8087 寄存器组可以作为一个堆栈，在任一时刻有状态寄存器指示出当前栈顶寄存器，寄存器编号为 0 ~ 7，操作数总是由栈顶压入或弹出。8087 的数据寄存器堆栈也可以作为一个固定的寄存器组，在指令中明确指定所要使用的寄存器，这种显式的寄存器寻址称为“与栈顶无关”的寻址方式，此时 8 个寄存器看成一个寄存器环，7 号寄存器的下一个是 0 号寄存器。

16 位状态寄存器 SR 反映 8087 的整体状态，它记录了 8087 的操作状态，包括类事故是否发生、中断是否申请、8087 是否在执行指令等。

控制寄存器主要处理事故中断屏蔽、中断允许屏蔽以及选择数据处理的方式等控制，用户通过指令将预置的值送入该寄存器，以控制 8087 的操作。

标志寄存器的每一位记录一个数据寄存器的状态，指示该数据寄存器的内容是有效的(00)、零(01)、特殊值(10)、空(11)。

事故寄存器包括指令指针和数据指针两部分，是为用户编写事故处理程序用的。8087 每次执行一条指令时，就把指令地址和操作数地址存在指令指针和数据指针中，当发生事故时，处理程序将这些内容写入内存，以便分析处理。

(2) 8087 的指令系统　8087 协处理器作为专用于数值运算的协处理器，不仅提供了各种形式的高精度的加、减、乘、除运算指令，提供了求平方根、绝对值、指数、正切等指令。采用多处理器系统，比 8086 CPU 的系统在数学运算能力方面提高了 100 倍左右，另外还弥补了它所缺少的双倍字长以上的运算功能。由于增加了 32 位、64 位、80 位浮点运算的指令，其运算速度和运算种类都远远超过其他 16 位微处理器。

8087 有 69 条指令，按功能可以划分为数据传送类、算术运算类、比较类、超越函数计算类、取常数类和处理器控制类 6 种类型。表 2-11 中列出了 8087 的主要指令。

表 2-11　8087 的主要指令

指令类型	指　令
数据传送	取数、存数、交换
算术运算	+、-、*、/、反向减、反向除、换算、余数、取整、改变符号、绝对值、平方根
比较	比较、测试、检验
超越函数	tan，arctan，2^x-1，$y\log_2(x+1)$，$y\log_2 x$
取常数	0.0，1.0，π，$\log_2 10$，$\lg_{10}2$，$\log_2 e$，$\log_e 2$
处理器控制	初始化、中断控制、存/取控制字、存状态字、状态/环境的保护/恢复、消除事故

2. 输入/输出协处理器 8089

Intel 公司设计的 8089 是一种专门为提高系统输入/输出处理功能而设计的协处理器(Input/Output Processor，IOP)。它可方便地将 8086/8088 CPU 与外部设备连接进行通信，8089 具有为 I/O 操作精心设计的专门的指令。除了数据传输外，8089 还可以执行算术和逻辑运算、分支、搜索和代码转换等操作。8089 承担 I/O 传送中所涉及的全部工作，包括设备准备、程序控制的 I/O 和 DMA 操作，使 CPU 摆脱 I/O 处理事务而集中于高级事务。

(1) 8089 的引脚功能和内部结构　8089 与 8086、8088 一样也是 40 引脚的芯片，地址/数据、状态、就绪、复位、时钟、电源和接地等引脚功能及引脚位置都相同。

其中部分引脚功能如下：

1) CA(Channel Attention)。通道注意信号输入控制线。由它提醒 8089 注意，用 CA 的下降沿对 SEL 信号进行检测，可确定是主 8089 还是从 8089，或者当前选择的是通道 1 还是通道 2。

2) SEL。选择信号输入控制线。当系统复位后，第一个 CA 信号有效时，先由 SEL 确定当前 8089 是主设备还是从设备，然后开始对 8089 进行初始化。

3) RQ/GT(Request/Grant)。请求/允许信号输入/输出控制线。在本地方式中，用来确定当前是 CPU 还是 IOP 占用总线。在远程方式中，用作共享总线的处理器之间相互协调，已确定当前有哪个处理器占用总线。

8089 I/O 的内部结构由公共控制单元(CCU)、算术逻辑运算单元(ALU)、装配/拆卸寄存器、取指令部件、总线接口单元(BIU)和两个独立的 DMA 通道组成。8089 具有 1MB 的寻址能力。每个通道都有一组寄存器，根据寄存器的位数不同，它们又可分为两组：指针组(20 位)和寄存器组(16 位)。20 位的指针寄存器组有通用寄存器 GA、GB、GC，任务指针(TP)和参数块指针(PP)。除 PP 外，每个指针寄存器有一个标志位，当它们用来访问操作数时，标志位为 0 指出指针的内容是代表 20 位存储空间的地址，标志位为 1 指出指针的内容是代表 16 位存储空间的地址。16 位寄存器组有变址寄存器 IX、字节数寄存器(BC)、屏蔽/比较寄存器(MC)和通道控制寄存器(CC)。

每个通道都有自己的程序状态字 PSW，包含现行通道的状态。PSW 不受用户控制，但可用通道命令进行修改。

8089 可以在存储器和 I/O 端口之间任意结合传送方向，存储器→I/O 端口，I/O 端口→存储器，存储器→存储器，I/O 端口→I/O 端口。8089 传送的可以是字节或字，从源到目的地传送的数据位可以是匹配的(即都是字节或字)，也可以是不匹配的，8089 将自动进行传送数据位的匹配。

(2) 8089 的工作过程　主处理器通过存放在存储器中的控制块与 8089 通信。CPU 首先为 8089 准备一个描述待执行任务的控制块，然后通过类似中断的信号把任务分配给 8089。8089 读控制块，找出称为通道程序的程序段的位置。接着 8089 从通道程序中取出指令并执行指令，从而完成 CPU 分配的任务。之后，8089 通过向 CPU 发出中断请求通知 CPU 已完成了任务。另外，8089 如果在数据输入/输出过程中出现差错，还可控制进行重复传送或必要的处理。

(3) 8089 的工作方式　8089 IOP 与 8086/8088 CPU 协同工作时，有两种基本的结构方式。一种是本地方式，在这种方式下，8089 与 8086/8088 CPU 共享系统总线和 I/O 总线，可在不增设其他硬件的情况下完成两个 DMA 通道的功能。这时，8086/8088 CPU 是系统总线的主控者，而 8089 是 CPU 的从属设备。当 8089 需要使用总线时，向 CPU 申请总线使用权；CPU 响应这一请求后，可将总线使用权授予 8089，8089 用完总线后，放弃总线使用权，CPU 重新接管总线。另一种是远程方式，这是一种高效率的工作方式，在这种方式下，8089 与 CPU 之间仍然共享系统总线，但 8089 还具有它自己的局部 I/O 总线。由于系统总线与局部 I/O 总线可并行操作，因此可大大提高 8089 IOP 与 CPU 之间并行工作的程度。

（4）8089 的指令系统　8089 有 53 条指令，按功能分为 7 种类型，通用数据传送指令、8/16 位算术运算指令、8/16 位逻辑运算指令、装入指针和存储指针指令、条件和无条件分支指令和子程序调用指令、位操作和测试指令、处理器控制指令。

通道程序可以用 8089 汇编语言 ASM-89 编写，经汇编后得到一个可浮动的目标程序模块，此目标程序模块交由 8089 即可执行。有 4 种寻址方式可以灵活地对 8086 的 1MB 存储空间和 8089 的 64KB I/O 空间进行寻址。

3. 多处理器系统的组成

设计一个处理器系统，最主要是解决总线竞争和处理器之间的通信问题，如何解决这个问题取决于处理器之间的连接方式。8086 的最大模式是专为实现多处理器系统设计的。8086 最大模式下提供的多重处理能力适合两种基本的多处理器系统，紧耦合多处理器系统和松耦合多处理器系统。

（1）紧耦合系统　紧耦合系统中，CPU 和协处理器不仅共享整个存储器和 I/O 系统，还共享一个总线控制逻辑部件和时钟发生器，总线访问控制由 CPU 提供，协处理器的总线请求信号直接连接到 CPU。总之，在紧耦合系统中，协处理器必须依赖主 CPU 才能工作。

（2）松耦合系统　松耦合系统中的每个模块都可以是系统总线的主控设备，独立地运行。每个模块可以是一片 8086 或一个具有总线主控设备能力的处理器。它们之间没有直接的连接，而是借助于共享系统资源，处理器之间才进行通信。每个模块可以有自己的存储器和 I/O 设备，各个模块中处理器除了共享资源的操作外，同时还可以通过局部总线访问各自的子系统，存取局部数据和取指令，进行并行处理。

在松耦合多处理器系统中，由于多个总线主控模块要访问共享的系统总线，必须解决总线仲裁的问题，8289 总线仲裁器就是专门为此设计的，它的职责是确保在某一时刻只有一个总线主控模块控制总线，同时发生的总线请求通过优先级来解决。8289 和总线控制器 8288 相结合，可以用链式优先权排队方案，也可以用独立请求方案来控制相应的主控设备对总线的访问。

第五节　8086/8088 工作时序

一、基本概念

1. 时序

计算机中一条指令的执行，是通过将指令的功能分成若干个最基本的操作序列，然后再顺序完成这些基本操作而实现指令的功能。基本操作由具有命令性质的脉冲信号控制电路的各个部件完成。各个命令信号的出现，必须有严格的时间先后顺序。这种严格的时间上的先后顺序就称为时序。

2. 时钟周期、总线周期及指令周期

微机系统的工作，必须严格按照一定的时间关系来进行，CPU 定时所用的周期有 3 种，即时钟周期、总线周期和指令周期。

(1) 时钟周期(Clock Cycle) 时钟周期是 CPU 的基本时间计量单位，它由计算机的主频决定。比如，8086 CPU 的主频为 5MHz 时，一个时钟周期就是 200ns。时钟脉冲是由时钟发生器 8284A 产生，通过 CPU 的 CLK 输入端输入的。一个时钟周期又叫一个“T 状态”。

(2) 总线周期(Bus Cycle) 总线周期是 CPU 通过系统总线对外部存储器或 I/O 接口进行一次访问所需的时间。

在 8086/8088 CPU 中，一个基本的总线周期由 4 个时钟周期组成，4 个时钟周期分别称为 4 个 T 状态，即 T_1 状态、T_2 状态、T_3 状态和 T_4 状态。当存储器和外设速度较慢时，要在 T_3 状态之后插入一个或几个等待状态 T_W。

(3) 指令周期(Instruction Cycle) 指令周期是一条指令从其代码被从内存单元中取出到其所规定的操作执行完毕所用的时间。由于指令的类型、功能不同，因此，不同指令所要完成的操作也不同，相应地，其所需的时间也不相同。也就是说，不同的指令周期的长度是不一样的，一个指令周期由一个或若干个总线周期组成。

3. 总线周期中各个 T 状态的操作

在总线周期的每个 T 状态，CPU 会完成不同的操作，图 2-18 中是一个典型的 8086 总线周期序列。

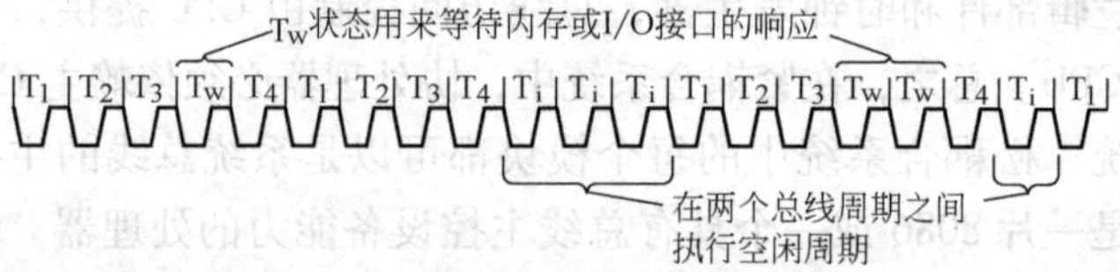

图 2-18 典型的 8086 总线周期序列

(1) T_1 状态 CPU 向地址/状态和地址/数据多路复用总线上发出地址信号，指出要寻址的存储单元或 I/O 端口地址。

(2) T_2 状态 CPU 从总线上撤消地址，使总线的低 16 位浮空，置成高阻状态，或将要输出的数据放到总线上，为传输数据作准备。总线的高 4 位用来输出本总线周期的状态信息，这些信息包括正在使用的段寄存器名、中断允许标志位的状态、CPU 当前是否与总线相连。

(3) T_3 状态 多路复用总线的高 4 位继续提供状态信息，多路总线的低 16 位上出现由 CPU 输出的数据或 CPU 从存储器或 I/O 接口输入的数据。

(4) T_4 状态 总线周期结束。

(5) T_W 等待状态 在某些情况下，被访问的存储器或外设动作速度比较慢。如果不能及时地配合 CPU 传送数据，则外设或存储器会通过 READY 信号线在 T_3 状态启动之前向 CPU 发出一个低电平信号，表示尚未准备好。于是 CPU 会在 T_3 之后插入一个或多个等待状态 T_W，在 T_W 状态，总线上的信息状况和 T_3 状态的信息状况一样。当指定的存储单元或外设完成前面的数据传送后，也就是为下面的数据传送做好了准备，这时会发一个 READY 为高电平的信号，CPU 接收到这一信号后，会自动脱离 T_W 状态，而进入 T_4 状态。

(6) T_i 空闲状态　CPU 的时钟周期一直存在，但总线周期并非一直存在。只有当 BIU 需要补充指令流队列的空缺，或当 EU 执行指令过程中需经外部总线访问存储器或 I/O 接口时才需要申请一个总线周期，BIU 也才会进入执行总线周期的工作时序。两个总线周期之间可能会出现一些没有 BIU 活动的时钟周期，即一个总线周期之后不立即执行下一个总线周期，这时系统总线上没有数据，这种总线状态称为空闲状态。T_i 空闲状态是指总线操作的空闲，对于 CPU 内部，仍可进行有效操作，比如 EU 进行计算或在内部寄存器之间进行传送。

总线周期只有最小长度，即 4 个 T 状态，而没有最大长度，因为在存储器或外设速度较慢，不能及时配合 CPU 传送数据的情况下，要插入若干个 T_W 状态，具体是多少个，要视存储器或外设的数据传输情况而定。

二、8086 CPU 的操作和时序

1. 8086/8088 微机系统的主要操作

8086/8088 微机系统，能够完成的操作有下列几种主要类型：

1）系统的复位与启动操作。

2）暂停操作。

3）总线操作(I/O 读、I/O 写、存储器读、存储器写)。

4）中断操作。

5）最小模式下的总线保持。

6）最大模式下的总线请求/允许。

CPU 时序决定了系统各部件间的同步和定时关系。总线时序描述 CPU 引脚如何实现总线操作。通过了解时序，可以：

1）进一步了解在微机系统的工作过程中，CPU 各引脚上信号之间的相对时间关系。由于微处理器内部电路、部件的工作情况，用户是看不到的，可通过检测 CPU 引脚信号线上，各信号之间的相对时间关系，来判断系统工作是否正常。

2）深入了解指令的执行过程。

3）在程序设计时，选择合适的指令或指令序列，以尽量缩短程序代码的长度及程序的运行时间。因为对于实现相同的功能，可以采用不同的指令或指令序列，而这些指令或指令序列的字节数及执行时间有可能不相同。

4）帮助我们学习各功能部件与系统总线的连接及硬件系统的调试。因为 CPU 与存储器、I/O 端口协调工作时，存在一个时序上的配合问题。

指令所执行的操作，可以分为内部操作和外部操作。不同的指令其内、外部操作是不相同的，但这些操作可以分解为一个个总线操作。即总线操作的不同组合，就构成了不同指令的不同操作，而总线操作的类型是有限的，如果能够明确不同种类总线操作的时序关系，且可以根据不同指令的功能，把它们分解为不同总线操作的组合，那么，任何指令的时序关系，就都可以知道了。

对总线操作时序的理解是理解 CPU 对外操作的关键。

2. 8086 CPU 在最小模式下的总线读操作时序

总线读操作就是指 CPU 从存储器或 I/O 端口读取数据。图 2-19 是 8086 在最小模式下的总线读操作时序图。

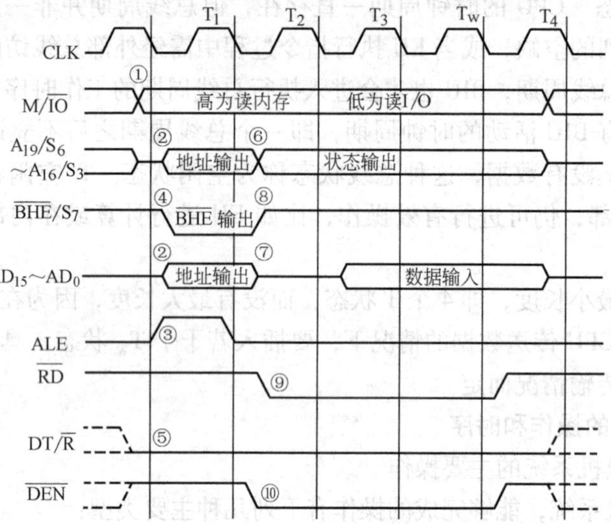

图 2-19　8086 在最小模式下的总线读操作时序图

（1）T_1 状态　为了从存储器或 I/O 端口读出数据，首先要用 $M/\overline{IO}$信号指出 CPU 是要从内存还是 I/O 端口读，所以 $M/\overline{IO}$信号在 T_1 状态成为有效（如图 2-19①所示）。$M/\overline{IO}$信号的有效电平一直保持到整个总线周期的结束即 T_4 状态。为指出 CPU 要读取的存储单元或 I/O 端口的地址，在 T_1 状态 8086 的 20 位地址信号通过多路复用总线 AD_{15} ~ AD_0 和 A_{19}/S_6 ~ A_{16}/S_3 输出，送到存储器和 I/O 端口（如图 2-19②所示）。地址信息必须被锁存起来，这样才能在总线周期的其他状态，往这些引脚上传输数据和状态信息。为了实现对地址的锁存，CPU 便在 T_1 状态从 ALE 引脚上输出一个正脉冲作为地址锁存信号（如图 2-19③所示）。锁存器 8282 正是用 ALE 的下降沿对地址信号和$\overline{BHE}$信号进行锁存的。$\overline{BHE}$信号通过$\overline{BHE}/S_7$ 引脚送出（如图 2-19④所示），它是数据总线高 8 位选通信号。$\overline{BHE}$信号在系统中作为存储体的体选信号，配合地址信号来实现对奇地址存储体中存储单元的寻址。偶地址存储体的体选信号为最低位地址 A_0，当 A_0 为 0 时，选中偶地址存储体。在 ALE 的下降沿到来之前，$M/\overline{IO}$信号、地址信号、$\overline{BHE}$均已有效。

此外，当系统中接有数据总线收发器时，在 T_1 状态 $DT/\overline{R}$输出低电平，表示本总线周期为读周期，即让数据总线收发器接收数据（如图 2-19⑤所示）。

（2）T_2 状态　在 T_2 状态，地址信号消失（如图 2-19⑦所示），AD_{15} ~ AD_0 进入高阻状态，为读入数据作准备；而 A_{19}/S_6 ~ A_{16}/S_3 和$\overline{BHE}/S_7$ 输出状态信息 S_7 ~ S_3（如图 2-19⑥和⑧所示）。状态信号用来表示使用的是哪一个段寄存器、可屏蔽中断允许标志位 IF 的状态及 8086 CPU 当前是否连在总线上。CPU 于$\overline{RD}$引脚上输出读有效信号（如图 2-19⑨所示），送到系统中所有存储器和 I/O 接口芯片，但是，只有被地址信号选中的存储单元或 I/O 端口，才会被$\overline{RD}$信号从中读出数据，而将数据送到系统数据总线上。

$\overline{DEN}$信号在 T_2 状态变为低电平（如图 2-19⑩所示），而 $DT/\overline{R}$在 T_1 状态时就已经变成了低电平，呈接收状态，因而为传输从存储器或 I/O 端口读出的数据做好了准备。

（3）T_3 状态　在 T_3 状态前沿（下降沿处），CPU 对引脚 READY 进行采样，如果 READY

信号为高，则 CPU 在 T_3 状态后沿（上升沿处）通过 $AD_{15} \sim AD_0$ 获取数据；如果 READY 信号为低，将插入等待状态 T_W，直到 READY 信号变为高电平。

（4）T_W 状态　当系统中所用的存储器或外设的工作速度较慢，从而不能用最基本的总线周期执行读操作时，系统中就要用一个电路来产生 READY 信号。READY 信号通过时钟发生器 8284 传递给 CPU。低电平的 READY 信号必须在 T_3 状态启动之前向 CPU 发出，CPU 在 T_3 状态的下降沿对 READY 信号进行采样。若 CPU 在 T_3 状态的开始采样到 READY 信号为低电平，则 CPU 将会在 T_3 状态和 T4 状态之间插入若干个等待状态 T_W，以后 CPU 在每个 T_W 的前沿处对 READY 信号进行采样等到 CPU 接收到高电平的 READY 信号后，在执行其后一个等待状态 T_W 的上升沿处，CPU 通过 $AD_{15} \sim AD_0$ 获取数据。

（5）T_4 状态　读周期的总线操作结束，相关系统总线变为无效电平。

在 8088 CPU 的最小模式系统中，由于总线的差异，总线操作与 8086 CPU 略有不同，在总线读周期中，M/$\overline{IO}$改成$\overline{M}$/IO，即 M/IO为高电平时，访问 I/O 设备；为低电平时，访问存储器。$\overline{BHE}/S_7$ 改为$\overline{SS_0}$，且与M/IO 同时变化。$AD_{15} \sim AD_8$改为 $A_{15} \sim A_8$ 仅用于输出地址，只有 $AD_7 \sim AD_0$ 用于传送数据。

3. 8086 CPU 在最小模式下的总线写操作时序

总线写操作就是指 CPU 向存储器或 I/O 端口写入数据。图 2-20 是 8086 在最小模式下的总线写操作时序图。

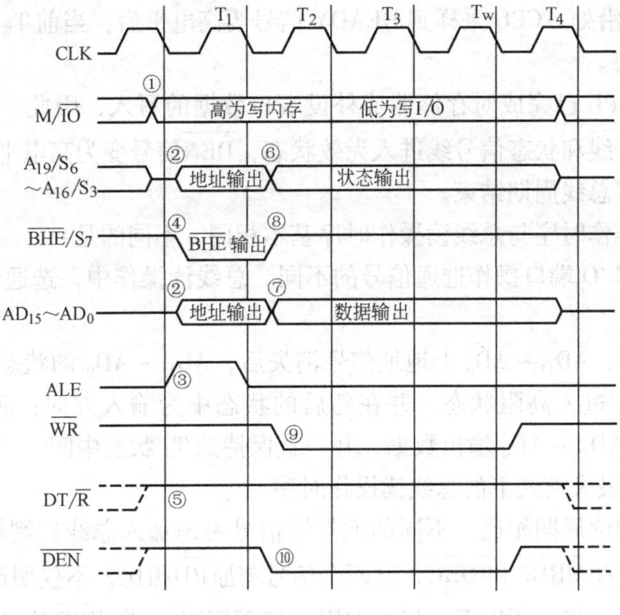

图 2-20　8086 在最小模式下的总线写操作时序图

（1）T_1 状态　与读周期类似，在 T_1 状态，CPU 要用 M/$\overline{IO}$信号指出当前执行的写操作是将数据写入存储器或是写入 I/O 端口。如果是写入内存，则 M/$\overline{IO}$信号为高电平，如果是写入 I/O 端口，则 M/$\overline{IO}$为低电平。所以，在 T_1 状态，M/$\overline{IO}$便进入有效电平（如图 2-20①所示），该有效电平一直保持到 T_4 状态才结束。CPU 在 T_1 状态将 8086 的 20 位地址信号通过

多路复用总线 $A_{19}/S_6 \sim A_{16}/S_3$ 和 $AD_{15} \sim AD_0$ 输出（如图 2-20②所示），指出具体向哪一个存储单元或 I/O 端口写入数据。CPU 在 T_1 状态的开始就使数据总线高 8 位允许信号 $\overline{BHE}$ 变为有效（如图 2-20④所示）。为了实现地址的锁存，CPU 在 T_1 状态从 ALE 引脚上输出一个正脉冲（如图 2-20③所示）。在 ALE 的下降沿到来之前，地址信号、$\overline{BHE}$ 信号和 $M/\overline{IO}$ 信号都已经有效，地址锁存器 8282 利用 ALE 的下降沿对地址信号、$\overline{BHE}$ 信号进行锁存。

当系统中有数据收发器时，在总线写周期中，要用到 $\overline{DEN}$ 信号，同时用 $DT/\overline{R}$ 信号来控制收发器的数据传输方向。在 T_1 状态下，CPU 使 $DT/\overline{R}$ 信号成为高电平，以表示该总线周期执行写操作（如图 2-20⑤所示）。

（2）T_2 状态　地址信号发出之后，CPU 立即从地址/数据复用总线 $AD_{15} \sim AD_0$ 上发出要向存储单元或 I/O 端口写的数据（如图 2-20⑦所示）。数据信息会一直保持到 T_4 状态的中间。与此同时，CPU 在 $A_{19}/S_6 \sim A_{16}/S_3$ 引脚上发出状态信号 $S_6 \sim S_3$，而 $\overline{BHE}$ 信号则消失（如图 2-20⑥和⑧所示）。在 T_2 状态，CPU 从 $\overline{WR}$ 引脚上发写信号 $\overline{WR}$（如图 2-20⑨所示），写信号与读信号一样，一直维持到 T_4 状态。

（3）T_3 状态　在 T_3 状态，CPU 继续提供状态信息和数据，并继续保持 $\overline{WR}$、$M/\overline{IO}$ 及 $\overline{DEN}$ 信号为有效电平。

（4）T_W 状态　同总线读周期一样，系统中设置了 READY 电路，并且 CPU 在 T_3 状态的开始检测到 READY 信号为低电平，那么，就会在 T_3 和 T_4 之间插入一个或几个等待周期，直到在某个 T_W 的前沿处，CPU 采样到 READY 信号为高电平后，当前 T_W 状态执行完，则脱离 T_W 而进入 T_4 状态。

（5）T_4 状态　CPU 已完成对存储器或外设端口数据的写入，因此，数据从数据总线上被撤消，各控制信号线和状态信号线进入无效状态，$\overline{DEN}$ 信号变为高电平，从而使总线收发器停止工作，整个写总线周期结束。

说明：总线写操作时序与总线读操作时序基本相同，不同的是：

1）对存储器或 I/O 端口操作选通信号的不同。总线读操作中，选通信号是 $\overline{RD}$，而总线写操作中是 $\overline{WR}$。

2）在 T_2 状态中，$AD_{15} \sim AD_0$ 上地址信号消失后，$AD_{15} \sim AD_0$ 的状态不同。总线读操作中，此时 $AD_{15} \sim AD_0$ 进入高阻状态，并在随后的状态中为输入方向；而在总线写操作中，此时 CPU 立即通过 $AD_{15} \sim AD_0$ 输出数据，并一直保持到 T_4 状态中间。

4. 8086 CPU 在最大模式下的总线读操作时序

与最小模式下的读周期相比，不同的就是读信号考虑加入总线控制器后，它可以由 $\overline{S_2}$、$\overline{S_1}$、$\overline{S_0}$ 状态信号来产生 $\overline{MRDC}$ 和 $\overline{IORC}$，这两个信号与原 $\overline{RD}$ 相比，不仅明确指出了操作对象，而且信号的交流特性也好，所以下面就考虑用它们不用 $\overline{RD}$，若用 $\overline{RD}$ 信号的话，则最大模式与最小模式相同。

（1）T_1 状态　T_1 状态基本与最小模式的读周期相同，不同的是 ALE、$DT/\overline{R}$ 是由总线控制器发出的。在 T_1 状态，CPU 将地址的低 16 位通过 $AD_{15} \sim AD_0$ 发出，地址的高 4 位通过 $A_{19}/S_6 \sim A_{16}/S_3$ 发出，总线控制器从 ALE 引脚上输出一个正向的地址锁存脉冲，系统中的地址锁存器利用这一脉冲将地址锁存起来，此外，总线控制器还为总线收发器提供数据传输方向控制信号 $DT/\overline{R}$。

（2）T_2 状态　与最小模式下不同的是，此时$\overline{RD}$变成$\overline{MRDC}$或$\overline{IORC}$，送到存储器或 I/O 端口。在 T_2 状态，CPU 输出状态信号 $S_7 \sim S_3$；总线控制器在 T_2 状态的上升沿处，使 DEN 信号有效，于是，总线收发器启动；总线控制器还根据$\overline{S_2}$、$\overline{S_1}$、$\overline{S_0}$ 的电平组合发出读信号$\overline{MRDC}$或$\overline{IORC}$，送到存储器或者输入输出设备端口，去执行存储器读操作或者输入输出端口读操作。

（3）T_3 状态　数据已读出送上数据总线，这时$\overline{S_2}$、$\overline{S_1}$、$\overline{S_0}$ = 111 进入无源状态。若数据没能及时读出，则同最小模式一样自动插入 T_W。

（4）T_4 状态　数据消失，状态信号引脚 $S_7 \sim S_3$ 进入高阻状态，$\overline{S_2}$、$\overline{S_1}$、$\overline{S_0}$ 根据下一个总线周期的类型进行电平变化。

5. 8086 CPU 在最大模式下的总线写操作时序

与上述最大模式下的总线读周期相比，就是$\overline{MRDC}$和$\overline{IORC}$成为$\overline{MWTC}$和$\overline{IOWC}$，另外还有一组$\overline{AMWC}$或$\overline{AIOWC}$（比$\overline{MWTC}$和$\overline{IOWC}$提前一个 T 有效），这时$\overline{MWTC}$（$\overline{AMWC}$）或$\overline{IOWC}$（$\overline{AIOWC}$）取代最小模式下的$\overline{WR}$。

（1）T_1 状态　同读周期。

（2）T_2 状态　$\overline{AMWC}$或$\overline{AIOWC}$有效，要写入的数据送上 DB，DEN有效。

（3）T_3 状态　$\overline{MWTC}$或$\overline{IOWC}$有效，比$\overline{AMWC}$等慢一个 T，$\overline{S_2}$、$\overline{S_1}$、$\overline{S_0}$ 进入无源状态。若需要的话，自动插入 T_W。

（4）T_4 状态　$\overline{AMWC}$等被撤消，$\overline{S_2}$、$\overline{S_1}$、$\overline{S_0}$ 根据下一总线周期的性质变化，DEN失效，从而停止总线收发器的工作，其他引脚变为高阻状态。

读者在认识了最小模式下的总线读/写操作时序图后，可以自己练习描述最大模式下的总线读/写操作时序图。

6. 可屏蔽中断中断响应周期

8086 CPU 如果接到一个送到它的 INTR 引脚上的中断请求信号，当 IF 标志位的状态为“1”时，CPU 就在处理完当前指令的下一个总线周期开始中断响应。中断响应过程由两个连续的总线周期所组成，如图 2-21 所示。

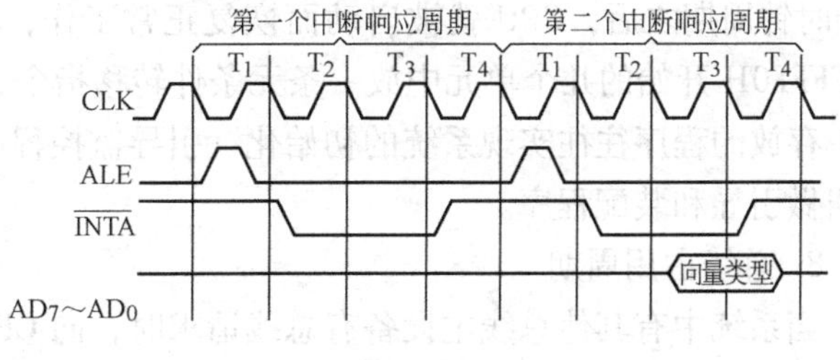

图 2-21　中断响应周期时序图

说明：

1）要求 INTR 信号是一个高电平信号，并且维持两个 T，因为 CPU 在一条指令的最后一个 T 采样 INTR，进入中断响应后，它在第一个周期的 T_1 仍需采样 INTR。

2）在最小模式下，中断应答信号$\overline{INTA}$来自 8086 的引脚，而在最大模式时，则是通过$\overline{S_0}$、$\overline{S_1}$、$\overline{S_2}$ 的组合由总线控制器产生。

3）第一个总线周期通过$\overline{INTA}$用来通知外设，CPU 准备响应中断，第二个总线周期通过$\overline{INTA}$通知外设送中断类型码，该类型码通过数据总线的低 8 位传送，来自中断源。CPU 据此转入中断服务子程序。

4）在中断响应期间，M/$\overline{IO}$为低，数据/地址线浮空，$\overline{BHE}/S_7$ 数据/状态线浮空。

在两个中断响应周期之间可安排 2 ~3 个空闲周期(8086)或没有(8088)。

7. 启动和复位操作时序

大多数计算机系统中都有一根对系统进行启动的复位线，复位线和系统中所有的部件相连，复位可以使计算机系统的各部件从一个确知的状态开始工作，启动和复位操作对最大、最小模式都一样。

一旦复位信号线 RESET 进入高电平，8086/8088 CPU 就会结束现行操作，并且，只要 RESET 信号停留在高电平状态，CPU 就维持在复位状态。8086/8088 要求复位信号 RESET 起码维持 4 个时钟周期的高电平，否则复位不可靠，将有可能导致系统不能正常启动，或工作不稳定。

在复位状态，除代码段寄存器 CS 被设置为 FFFFH 外，其余片内寄存器均被清零，包括处理器的标志寄存器 FR、指令指针寄存器 IP、段寄存器 DS、SS、ES 等，指令队列也被清除。同时，具有输出能力的引脚中，具有三态功能的引脚进入高阻态，不具有三态功能的引脚则输出无效电平。复位操作的时序图如图 2-22 所示，表 2-12 给出了复位后寄存器的状态。

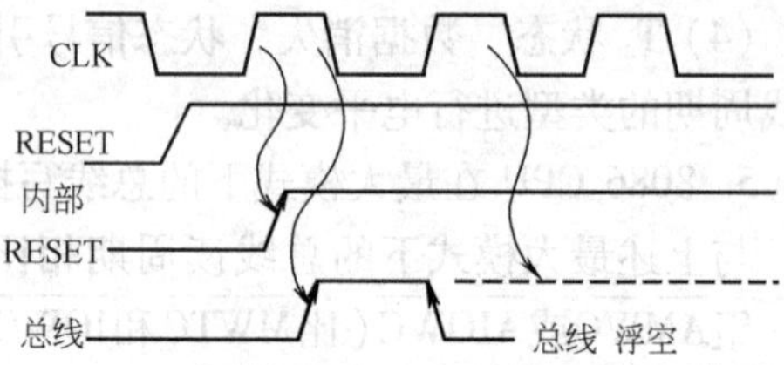

图 2-22 复位操作的时序图

表 2-12 复位后各寄存器的状态

寄存器	状态	寄存器	状态	寄存器	状态
FR	0000H	IP	0000H	CS	0FFFFH
DS	0000H	SS	0000H	ES	0000H
指令队列	空	IF	0000H		

在复位时，由于标志寄存器 FR 被清零，即所有标志位为 0，于是所有从 INTR 引脚进入的可屏蔽中断都得不到允许。因而，系统程序在适当的时候，总是要通过指令来设置中断允许标志。

复位信号 RESET 从高电平到低电平的跳变会触发 CPU 内部的一个复位逻辑电路，经过 7 个时钟周期之后，CPU 就被启动而恢复正常工作，将从 0FFFF0H 处开始执行程序。通常在 FFFF0H 开始的几个单元中放一条无条件转移指令 JMP，转到一个特定的区域中，这个区域中存放的程序往往实现系统的初始化、引导监控程序或者引导操作系统等功能，这样的程序叫做引导和装配程序。

8. 总线占用周期

当系统中有其他总线主设备有总线请求时，向 CPU 发总线请求信号 HOLD，HOLD 信号可以与时钟信号异步，则在下一个时钟的上升沿同步 HOLD 信号。

CPU 收到 HOLD 信号后，在当前总线周期的 T_4 或下一个总线周期的 T_1 的后沿，输出保持响应信号 HLDA，从下一个时钟周期开始 CPU 出让总线控制权，进入总线占用周期；DMA 传送结束，掌握总线控制权的总线主设备使 HOLD 信号变低，CPU 在接着的下降沿使 HLDA 信号变为无效，系统退出总线占用周期。

9. 空转周期

只有在 CPU 与存储器或 I/O 端口之间传送数据时，CPU 才执行相应的总线操作，而如果它们之间不传送数据，CPU 不执行任何总线周期，则总线接口执行空转周期，即进入 T_i 状态，可能会有连续的多个 T_i 状态。在空转周期，CPU 在高位地址线上仍然驱动上一个机器周期的状态信息。如果上一个机器周期是写周期，则在空转状态，CPU 在 $AD_{15} \sim AD_0$ 上仍然输出上一总线周期要输出的数据，直到下一个总线周期开始。

要注意的是，总线空操作并不意味着 CPU 不工作，只是总线接口部件 BIU 不工作，而总线执行部件 EU 仍在工作，如进行计算、译码、传送数据等。实质上总线空操作期间，是 BIU 对 EU 的一种等待。

本章小结

本章详细地讲述了 8086/8088 微处理器的内部逻辑结构和外部引脚及功能，讲述了微处理器的存储器结构、系统配置及工作时序。通过本章的学习，达到对 8086/8088 微处理器有全面的认识，并重点掌握微处理器主要引脚信号的功能和应用，理解微处理器的工作时序。

习　题

一、填空题

2-1　根据传送信息的种类不同，系统总线分为________、________和________。

2-2　8086 CPU 的基本总线周期由________个时钟周期组成。在读写操作的总线周期中，CPU 从________状态开始检查 READY 信号，________电平时有效，说明存储器或 I/O 端口准备就绪，可以进行数据的读写；否则，CPU 可自动插入一个或几个________状态，以延长总线周期，从而保证快速的 CPU 与慢速的存储器或 I/O 端口之间协调地进行数据传送。

2-3　8086 CPU 在执行字数据读写操作时，当字地址是偶数时，需要________个总线周期完成，而当字地址是奇数时，需要________个总线周期完成。

2-4　8086 中，一条指令的物理地址是由________相加得到的。

2-5　三态逻辑电路输出信号的 3 个状态是________、________和________。

2-6　欲使 8086 CPU 工作在最小方式，引脚 $MN/\overline{MX}$ 应接________。

2-7　当 $M/\overline{IO}$ 引脚输出高电平时，说明 CPU 正在访问________。

2-8　从 CPU 的 NMI 引脚产生的中断叫做________，该响应不受________的影响。

2-9　RESET 信号是________时产生的，至少要保持 4 个时钟周期的________电平才有效，该信号结束后，CPU 内的 CS 为________，IP 为________，程序将从物理地址________开始执行。

二、选择题

2-10　Intel 8086 CPU 可以访问的存储空间为(　　)。

A. 4GB　　B. 1MB　　C. 64KB　　D. 1KB

2-11　8086 CPU 内标志寄存器中的控制标志位占(　　)。

A. 9 位　　B. 6 位　　C. 3 位　　D. 16 位

2-12　堆栈的工作方式是(　　)。

A. 先进先出　　B. 随机读写

C. 只能读出，不能写入　　D. 后进先出

2-13　微机中的控制总线提供(　　)。

A. 数据信号流　　B. 存储器和 I/O 设备的地址码

C. 所有存储器和 I/O 设备的时序信号　　D. 所有存储器和 I/O 设备的控制信号

三、计算题

2-14 给定一个存放数据的内存单元的偏移地址是20C0H，(DS)=0C00EH，求出该内存单元的物理地址。

2-15 试给出8086 CPU执行完下列指令后，FR中各标志位的状态。

(1) MOV AH, 12H
    ADD AH, 34H

(2) MOV AH, 32H
    SUB AH, 23H

2-16 如果段基地址为E210H，那么该段的首地址和最高地址各为多少？

2-17 设(CS)=3100H，(DS)=40FFH，假定两个段的空间都为64KB个存储单元，问两个段的重叠区为多少个单元？两个段的段空间之和为多少个单元？

四、简答题

2-18 8086 CPU由哪两大部分构成？它们各自的功能是什么？如何协同工作？

2-19 在8086系统总线中为什么要有地址锁存器？

2-20 8086为什么要采用地址/数据引线复用技术？

2-21 怎样确定8086的最大或最小工作模式？最大、最小模式产生控制信号的方法有何不同？

2-22 8086可屏蔽中断请求输入线是什么？“可屏蔽”的涵义是什么？

2-23 在8086的微机系统中，存储器是如何组织的？是如何与总线连接的？

2-24 8086与8088的主要区别是什么？

2-25 什么是时钟周期？什么是总线周期？8086 CPU的基本总线周期是多少个时钟周期？

2-26 8086基本总线周期中各T状态中完成什么基本操作？

2-27 8086 CPU的读/写总线周期在什么情况下需要插入T_w周期？应插入多少个T_w取决于什么因素？

2-28 什么是时序？为什么要讨论时序？

第三章　指令系统

第一节　指令的基本结构和执行时间

一、指令的基本结构

控制计算机完成指定操作的命令称为指令。不同的计算机具有各自不同的指令，其所有指令的集合，就称为该计算机的指令系统。指令系统不仅定义了一台计算机所能执行的指令的集合，还定义了使用这些指令的规则。因此在使用汇编语言编写程序时，必须要对机器的指令系统非常了解。

对指令系统来说，8086 和 8088 是完全相同的，为叙述方便，本章将这两种 CPU 通称为 8086。

8086/8088 CPU 的指令系统共包含 92 种基本指令，按照功能可将它们分为六大类。

1）数据传送指令。

2）算术运算指令。

3）逻辑运算和移位指令。

4）串操作指令。

5）控制转移指令。

6）处理器控制指令。

一条 8086 指令的第一个字节(有的指令为第一、第二字节)通常为指令的操作码，操作码也称为指令码，它表示这条指令所要进行的是什么样的操作。一条指令的长度除与操作码有关外，还和指令中操作数多少以及操作数的类型有关。操作数越多，其指令的长度就越长。

8086 指令的一般格式如下：

操作码[操作数]，[操作数]

这里，操作码用便于记忆的助记符来表示(一般是英文单词的缩写)。操作数表示要操作的对象。一条指令的操作数可以是双操作数(源操作数和目标操作数)，也可以是单操作数，有的指令还可以没有操作数或隐含操作数。8088/8086 系统中的操作数主要分为三类：立即数操作数、寄存器操作数和存储器操作数。

1. 立即数操作数

所谓立即数是指具有固定数值的操作数，即常数。它不会由于指令的执行而发生变化。它可以是字节(8 位)或字(16 位)，当它们分别代表无符号数和带符号数时，其各自的取值范围见表 3-1。

如果一个立即数的取值超出了规定的范围，就会发生错误。在指令中，立即数操作数只能用作源操作数，而不能用作目标操作数。

2. 寄存器操作数

寄存器操作数存放在 8086 CPU 的 8 个通用寄存器或段寄存器中，既可以作为源操作数，也可以用作目标操作数。

表 3-1 立即数操作数的取值范围

	8 位数	16 位数
无符号数	00H ~ 0FFH (0 ~ 255)	0000H ~ 0FFFFH (0 ~ 65535)
带符号数	80H ~ 7FH (-128 ~ +127)	8000H ~ 7FFFFH (-32768 ~ +32767)

通用寄存器主要用于存放参加运算或传送操作的操作数。通用寄存器中的 AX、BX、CX、DX 既可以作为 4 个 16 位寄存器，用来存放字操作数，也可以当做 8 个 8 位寄存器 (AH、AL、BH、BL、CH、CL、DH、DL)，用来存放字节操作数。SI、DI、BP、SP 只能存放字操作数。

段寄存器用来存放当前操作数的段基地址。在与通用寄存器或存储器传送数据时，段寄存器可作为源操作数或目标操作数(但代码段寄存器 CS 一般不作为目标操作数，虽然允许这样做)。此外，不允许用一条指令将立即数传送到段寄存器。如果需要这样做，可用某个通用寄存器作为中间桥梁，用两条传送指令实现。

3. 存储器操作数

存储器操作数可以是字节、字或双字，分别存放在一个、两个或 4 个存储单元中。存储器操作数在指令中既可作为源操作数，也可作为目标操作数。但对大多数指令，不允许源操作数和目标操作数同时为存储器操作数，也就是说，不允许从存储器到存储器的操作。若有这样的需要，可以先将其中一个存储器的内容传送到某个通用寄存器中，然后再把这个寄存器与另一个存储器的内容作为操作数执行希望的操作。

能够唯一标识一个存储器单元的是它的物理地址，而物理地址由段基地址和偏移地址两部分构成。所以，要寻找到一个存储器操作数，必须首先确定操作数所在的段。若指令中没有指明所涉及的段寄存器，则 CPU 就采用默认的段寄存器来确定操作数所在的段。各种存储器操作数所约定的默认段寄存器、段超越(在指令中指明段寄存器)所允许的段寄存器以及指令的有效地址所在的段寄存器见表 3-2。

存储器操作数的偏移地址(有效地址)可以通过不同的寻址方式由指令给出。

表 3-2 隐含及允许超越的段寄存器

存储器操作的类型	隐含的段寄存器	允许超越的段寄存器	偏移地址
取指令	CS	无	IP
堆栈操作	SS	无	SP
通用数据读写	DS	CS，ES，SS	有效地址
源数据串	DS	CS，ES，SS	SI
目标数据串	ES	无	DI
用 BP 作为基址寄存器	SS	CS，DS，ES	有效地址

二、指令的执行时间

不同的指令在执行时间上有很大的差异，而不同的寻址方式其计算偏移地址所需的时间也不同。一条指令的执行时间包括取指令、取操作数、执行指令及传送结果几部分，单位用时钟周期表示。

在立即数、寄存器、存储器 3 种类型的操作数中，寄存器操作数的指令执行速度最快，立即数操作数次之，存储器操作数指令的执行速度最慢。这是由于寄存器位于 CPU 的内部，执行寄存器操作数指令时，8086 的执行单元(EU)可以简捷地从 CPU 内部的寄存器中取得操作数，不需要访问内存，因此执行速度很快。立即数操作数作为指令的一部分，在取指时被 8086 总线接口单元(BIU)取出后存放在 BIU 的指令队列中，执行指令时也不需要访问内存，因而执行速度也比较快。而存储器操作数放在某些内存单元中，为了取得操作数，首先要由总线接口单元计算出其所在单元的 20 位物理地址，然后再执行存储器的读写操作。所以相对前述两种操作数来说，指令的执行速度最慢。

第二节 8086 的寻址方式

一、立即寻址

在立即寻址(Immediate Addressing)方式中，源操作数是一个立即数，它作为指令的一部分，紧跟在指令的操作码之后，存放在内存的代码段中，在 CPU 取指令时随指令码一起取出并直接参加运算。立即数可以是 8 位或 16 位的整数。若为 16 位，则存放时低 8 位存放在低地址单元，高 8 位存放在高地址单元。例如

MOV AX，3508H

表示将 16 位的立即数 3508H 送入累加器 AX。指令执行后，AH = 35H，AL = 08H。该条指令在内存中的存放及执行情况示意图如图 3-1 所示。

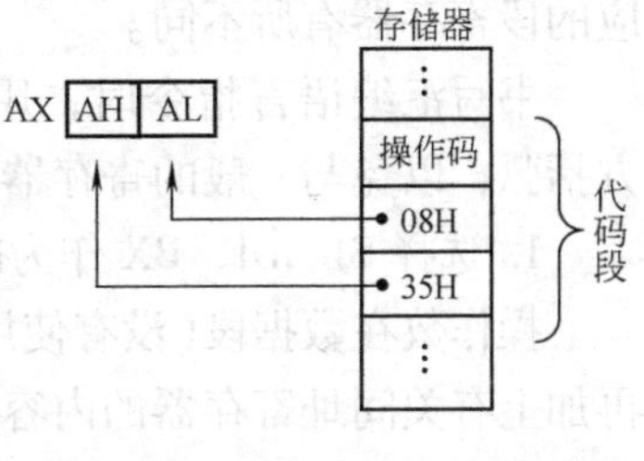

图 3-1 立即寻址示意图

立即寻址方式主要用于给寄存器或存储单元赋初值。

二、直接寻址

直接寻址(Direct Addressing)指令在指令的操作码后面直接给出操作数的 16 位偏移地址。此偏移地址也称为有效地址(Effective Address，EA)与指令的操作码一起，存放在内存的代码段，也是低 8 位存放在低地址单元，高 8 位存放在高地址单元。但是，操作数本身若无特殊声明使用段超越，默认存放在内存的数据段 DS 中。例如

MOV AX，[3200H]

其功能是将数据段中偏移地址为 3200H 和 3201H 两单元的内容送入 AX 中。

这时，如果数据段寄存器 DS = 5000H，则所寻找的操作数的物理地址是 DS 的内容左移 4 位后再加上指令中给出的 16 位有效地址，即

5000H × 10H + 3200H = 50000H + 3200H = 53200H

指令的执行情况如图 3-2 所示。

在直接寻址方式中，表示有效地址的 16 位数，必须加上方括弧。上例指令的功能是将有效地址为 3200H 和 3201H 的内存单元的内容送入 AX，而不是将立即数 3200H 送入 AX 中。

若操作数不是存放在数据段 DS 中，则在指令中需要用段超越符号进行声明，方法是在有关操作数的前面写上段寄存器名，再加上冒号。例如

MOV BX，ES：[2100H]

其功能是将 ES 段中偏移地址为 2100H 和 2101H 两单元的内容送入 BX 寄存器中。

三、寄存器寻址

寄存器寻址(Register Addressing)指令的操作数为CPU的内部寄存器。它们可以是通用数据寄存器(8位或16位)，也可以是地址指针、变址寄存器或段寄存器。例如

MOV　DS，AX

是将累加器AX中的内容传送给数据段的段寄存器DS中(AX中的内容保持不变)，指令的执行情况如图3-3所示。

寄存器寻址的指令本身存放在存储器的代码段，而操作数则在CPU的寄存器中。由于指令在执行过程中不必通过访问内存而取得操作数，因此执行速度很快。

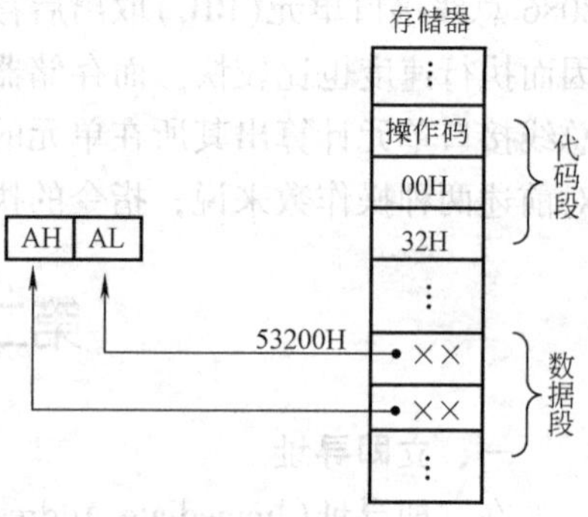

图3-2　直接寻址方式

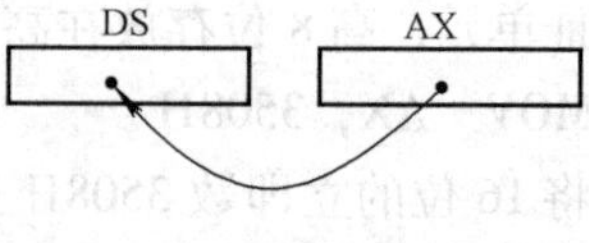

图3-3　寄存器寻址方式

四、寄存器间接寻址

寄存器间接寻址(Register Indirect Addressing)方式中，指令中的16位寄存器的内容不是操作数，而是操作数的偏移地址，操作数本身则在存储器中。

寄存器间接寻址方式可用的寄存器有4个，分别是：SI、DI、BX和BP，但如果使用不同的间址寄存器，则相应的段寄存器有所不同。

书写汇编语言指令时，用作间址的寄存器必须加上方括弧，以免与一般的寄存器寻址指令混淆。

1. 选择SI、DI、BX作为间址寄存器

操作数在数据段(没有使用段超越时)，此时将数据段的段寄存器DS的内容左移4位，再加上有关间址寄存器的内容，便可得到操作数的物理地址。例如

MOV　AX，[DI]

因为指令中没有使用段超越，所以寻址时使用默认的段寄存器DS。若已知(DS)=5000H，(DI)=1600H，则操作数的物理地址为：5000H×10H+1600H=51600H。指令的执行情况如图3-4所示。执行的结果为(AX)=789AH。

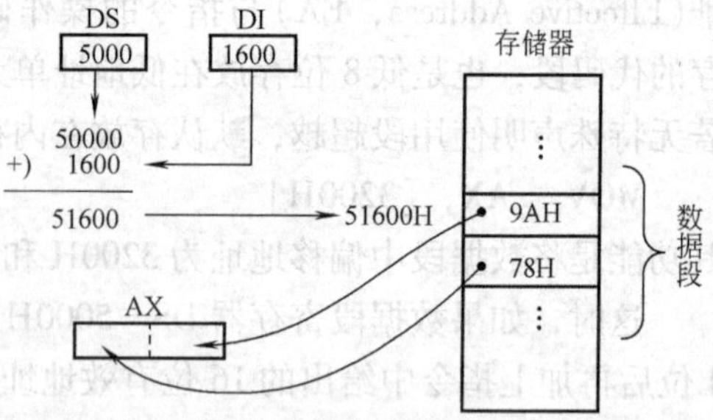

图3-4　寄存器间接寻址方式

2. 选择BP作为间址寄存器

操作数在堆栈段(没有使用段超越时)，此时将堆栈段的段寄存器SS的内容左移4位，再加上BP的内容，就是操作数的物理地址。例如

MOV　[BP]，AX

因为指令中没有使用段超越，所以寻址时使用默认的段寄存器SS。若已知(SS)=6000H，(BP)=1500H，则操作数的物理地址为：6000H×10H+1500H=61500H。若已知(AX)=5566H，则指令的执行结果为：66H送到61500H内存单元，55H送到61501H内存单元。

无论用SI、DI、BX或BP作为间址寄存器，都允许段超越。以下是两条段超越的寄存器间址指令的例子：

MOV　ES：[DI]，AX

MOV　DX，DS：[BP]

五、变址寻址

变址寻址(Indexed Addressing)就是以指定的寄存器内容，加上指令中给出的8位或16位位移量(必须要以一个段寄存器作为基地址)，作为操作数的地址。作为变址寻址的寄存器可以是SI、DI、BX、BP四个寄存器中的任一个。

在正常情况下，若用SI、DI和BX作为变址寄存器，操作数在数据段，即段地址在DS寄存器；若用BP变址，则操作数在堆栈段，即段地址在SS寄存器。

若指令中指明是段超越的，则也可用其他的段寄存器作为基地址。

例如：MOV　AX，2000H[SI]

若(SI)=1200H，(DS)=1500H，则操作数的地址为18200H。其示意图如图3-5所示。

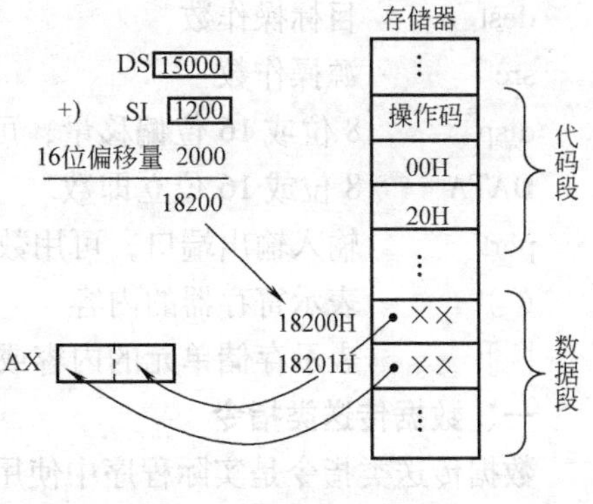

图3-5　变址寻址方式

六、基址-变址寻址

在8088/8086中，将BX和BP看作基址寄存器，将SI和DI看作变址寄存器。基址-变址寻址(Based Indexed Addressing)方式就是把一个基址寄存器(BX或BP)的内容加上一个变址寄存器(SI或DI)的内容，再加上指令中指定的8位或16位位移量(必须要以一个段寄存器作为地址基址)，作为操作数的地址，如图3-6所示。例如

MOV　AX，1050H[BX][SI]

若(BX)=2000H，(SI)=1600H，(DS)=1200H，指令中给出的偏移量为1050H，则源操作数的物理地址为16650H。

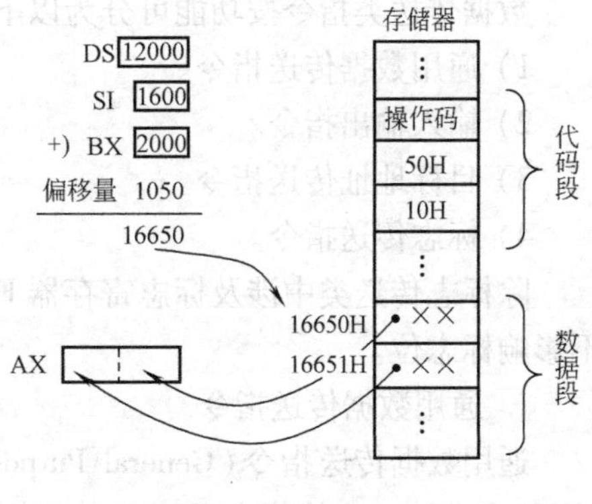

图3-6　基址加变址的寻址方式

在正常情况下，由基址寄存器决定哪个段寄存器作为地址基准。若用BX作为基址寄存器，则段寄存器为DS，操作数在数据段中；若用BP作为基址寄存器，则段寄存器为SS，操作数在堆栈段中。

若在指令中指明是段超越的，则可用其他段寄存器作为地址基准。

第三节　8086的指令系统

8086的指令系统可以分成以下六类：

1）数据传送(Data Transfer)。

2）算术运算(Arithmetic)。

3）逻辑运算和移位(Logic)。

4）串操作(String Manipulation)。

5）控制转移(Control Transfer)。

6）处理器控制(Processor Control)。

在讨论 8086 的指令系统前，先介绍一下本节中要用到的一些符号。

OPRD	泛指各种类型的操作数
mem	存储器操作数
acc	累加器操作数
dest	目标操作数
src	源操作数
disp	8 位或 16 位偏移量，可用符号地址表示
DATA	8 位或 16 位立即数
port	输入输出端口，可用数字或表达式表示
( )	表示寄存器的内容
[ ]	表示存储单元的内容或偏移地址

一、数据传送类指令

数据传送类指令是实际程序中使用最频繁的一类指令。无论什么样的程序，都需要将原始数据、中间运算结果、最终结果以及其他信息在 CPU 的寄存器和存储器之间进行多次传送。

数据传送类指令按功能可分为以下四小类：

1）通用数据传送指令。

2）输入输出指令。

3）目标地址传送指令。

4）标志传送指令。

除标志传送类中涉及标志寄存器 FR 的指令(SAHF 和 POPF)外，数据传送指令绝大多数不影响标志位。

1. 通用数据传送指令

通用数据传送指令(General Purpose Transfer)包括一般传送指令 MOV、堆栈操作指令 PUSH 和 POP、交换指令 XCHG、查表转移指令 XLAT 和字位扩展指令。

(1) 一般传送指令　一般传送指令 MOV (Movement)的格式及操作如下：

MOV dest, src　; (dest)←(src)

指令中的 dest 表示目标操作数，src 表示源操作数。指令的功能是将源操作数传送到目标操作数。这种传送实际上是进行数据的“复制”，将源操作数复制到目标操作数中去，而源操作数本身不变。

MOV 指令是最常用、最普遍的传送指令，它有如下几个特点：①既可传送字节操作数(8 位)，也可传送字操作数(16 位)；②可使用本章第二节中讨论过的各种寻址方式；③可实现以下各种传送：

1）寄存器与寄存器之间的传送。

```
MOV   SI, BX      ; 寄存器 BX 的内容送到变址寄存器 SI
MOV   AL, CL      ; 8 位寄存器 CL 的内容送到 8 位寄存器 AL
```

2）寄存器与段寄存器之间的传送。

```
MOV   DS, AX      ; 累加器 AX 的内容送到数据段寄存器 DS
```

MOV AX, CS ；代码段寄存器 CS 的内容送到累加器 AX

3）寄存器与存储器之间的传送。

若传送的是字操作数，则将对连续的两个存储器单元进行存取，且寄存器的高 8 位对应存储器的高地址单元，寄存器的低 8 位对应存储器的低地址单元。

寄存器到存储器的传送

MOV [3000H], AX ；将 AX 的内容送到 DS 段的 3000H 和 3001H 两个单元

MOV [BX], AX ；将 AX 的内容送到位于 DS 段、偏移地址 =(BX)的存储单元

若有(DS) =2000H，(AX) =5678H，(BX) =1800H，则该条指令执行后，(21800H) = 78H，(21801H) =56H。

存储器到寄存器的传送

MOV AX, [4000H] ；将 DS 段的 4000H 和 4001H 两个存储单元的内容送 AX

MOV CL, [BP][DI] ；将 SS 段的偏移地址为(BP) +(DI)的存储单元的内容送 CL

4）立即数到寄存器的传送。

MOV AL, 20H ；将立即数 20H 送累加器 AL

MOV CX, 4050H ；将立即数 4050H 送寄存器 CX

5）立即数到存储器的传送。

MOV BYTE PTR[BP + SI], 20H ；将立即数 20H 送 SS 段的偏移地址为(BP + SI)的单元中

MOV WORD PTR[BX], 2050H ；将立即数 2050H 送 DS 段中偏移地址为(BX)和(BX + 1)的两个存储单元

6）存储器与段寄存器之间的传送。

MOV DS, [2000H] ；存储器内容送段寄存器

MOV [BX], ES ；段寄存器内容送存储器

使用 MOV 指令完成数据传送时，需注意以下几点：

1）MOV 指令的两个操作数的类型必须相同。例如，以下指令为错误的指令：

MOV AX, DL ；操作数的类型不同

2）不能用一条 MOV 指令完成两个存储器单元之间的数据传送。例如，以下指令为错误的指令：

MOV [BX], [SI]

可用两条 MOV 指令完成两个存储器单元之间的数据传送，如：

MOV AX, [SI]

MOV [BX], AX

3）不能用立即数直接给段寄存器赋值。例如，以下指令为错误的指令：

MOV DS, DATA

可用两条 MOV 指令完成立即数给段寄存器赋初值，如：

MOV AX, DATA

MOV DS, AX

4）不能在段寄存器之间进行直接数据传送。例如，以下指令为错误的指令：

MOV　DS，ES

可用两条 MOV 指令完成段寄存器之间的数据传送，如：

MOV　AX，ES

MOV　DS，AX

5）通常不要求用户用 MOV 指令修改代码段寄存器 CS 和指令指针寄存器 IP 的内容，但 CS 可以作为源操作数。

（2）堆栈操作指令

1）堆栈的概念。堆栈是内存中一个特定的区域，用以存放寄存器或存储器中暂时不用但又必须保存的数据。它在内存中所处的段称为堆栈段，其段地址放在堆栈段寄存器 SS 中。堆栈操作需要遵循以下原则：

①堆栈的存取每次必须是一个字(16 位)；②向堆栈中存放数据时，总是从高地址向低地址方向增长，而不像内存中的其他段是从低地址开始向高地址存放数据。从堆栈取数据时正好相反；③堆栈指令中的操作数只能是寄存器或存储器操作数，而不能是立即数；④堆栈段在内存中的位置由 SS 决定，堆栈指针 SP 总是指向栈顶，即 SP 的内容等于当前栈顶的偏移地址。所谓栈顶，是指当前可用堆栈操作指令进行数据交换的存储单元，如图 3-7 所示。在压入操作数之前，SP 先减 2。每弹出一个字，SP 加 2；⑤对堆栈的操作遵循“后进先出(LIFO：Last In First Out)”的原则。最后压入堆栈的数据会最先被弹出。

堆栈的用途很多。例如，在调用子程序(或过程)或发生中断时用推入堆栈的办法保护断点的地址(即调用子程序或中断服务程序的那条指令的下一条指令的 CS 和 IP 的内容)，当子程序返回或中断返回时将断点地址从堆栈中弹出，以便继续执行主程序。同时还可用堆栈保护有关的寄存器内容。堆栈的“后进先出”特点还能在子程序嵌套时保证正确地返回，例如，某主程序调用子程序 1，子程序 1 又调用子程序 2。则在第一次调用时将主程序中的断点地址推入堆栈，第二次调用时又将子程序 1 中的断点地址推入堆栈。而从堆栈弹出时的顺序正好相反，首先弹出子程序 1 的断点，然后再弹出主程序中的断点，从而保证了正确地返回。

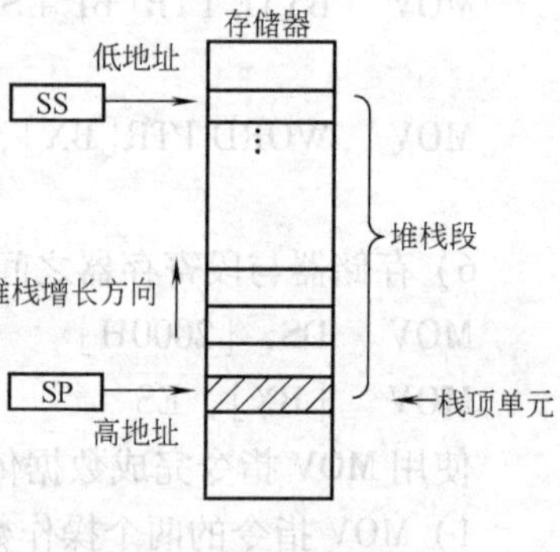

图 3-7　堆栈示意图

2）堆栈操作指令。堆栈操作指令 PUSH 和 POP(Push word onto stack，Pop word off stack)共有两条，即压入堆栈指令 PUSH 和弹出堆栈指令 POP。指令的格式及操作为

```
PUSH   src        ; src 的高 8 位→[(SP) -1]
                  ; src 的低 8 位→[(SP) -2]
                  ; (SP) -2→(SP)
POP    dest       ; [SP]→dest 的低 8 位
                  ; [SP +1]→dest 的高 8 位
                  ; (SP) +2→(SP)
```

指令中，操作数 src 和 dest 有 3 种类型：①寄存器(包括数据寄存器、地址寄存器和变址寄存器)；②段寄存器(CS 除外。PUSH CS 指令是合法的；而 POP CS 是非法的)；③存储器单元。

无论是哪一种操作数，其类型都必须是字操作数(16 位)。若为寄存器，必须是 16 位寄存器；若为存储器，应是两个地址连续的存储单元。例如

```
PUSH   AX      ；通用寄存器推入堆栈
PUSH   BP      ；基址指针寄存器推入堆栈
PUSH   [SI]    ；两个连续的存储单元推入堆栈
POP    DS      ；从堆栈弹出到段寄存器
POP    [BX]    ；从堆栈弹出到两个连续的存储单元
```

执行 PUSH AX 指令前后，堆栈区的示意图如图 3-8 所示。设(AX)=5566H。

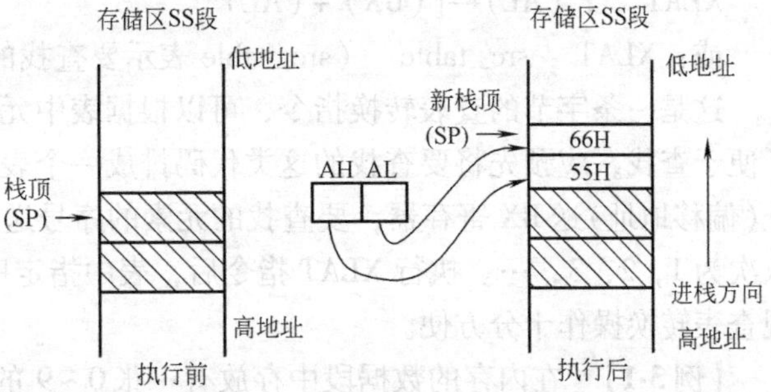

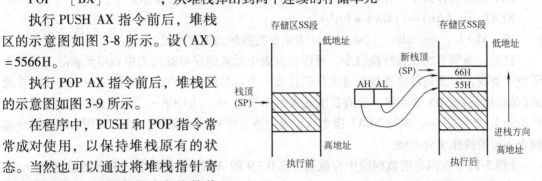

图 3-8 PUSH AX 指令执行示意图

执行 POP AX 指令前后，堆栈区的示意图如图 3-9 所示。

在程序中，PUSH 和 POP 指令常常成对使用，以保持堆栈原有的状态。当然也可以通过将堆栈指针寄存器中的值加上或减去适当的数值来恢复堆栈原有的状态。

堆栈除在子程序调用和响应中断时用于保护断点地址外，还可在需要时对某些寄存器内容进行保存，比如当寄存器不够用而需要将同一个寄存器存放两个以上的参数时，可以利用堆栈作为缓冲器。

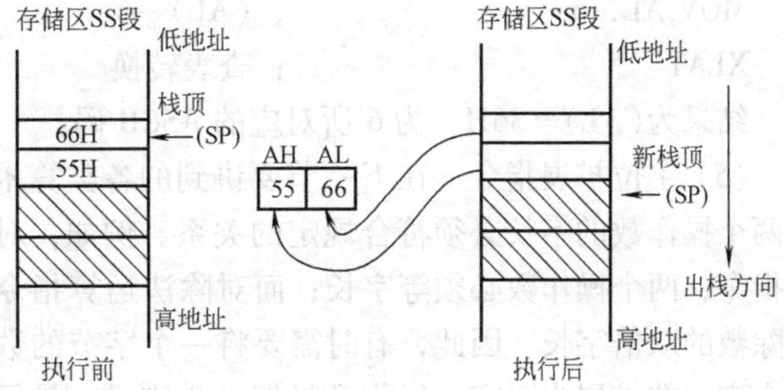

图 3-9 POP AX 指令执行示意图

堆栈操作应遵循“后进先出”的原则，否则将得不到预期的结果，例如，下面的几条指令将 AX 和 BX 两个寄存器的内容进行了交换。

```
  ⋮
PUSH   AX      ；AX 内容先推入堆栈
PUSH   BX      ；BX 内容后推入堆栈
POP    AX      ；原 BX 的内容弹出到 AX
POP    BX      ；原 AX 的内容弹出到 BX
  ⋮
```

(3) 交换指令　交换指令格式及操作如下：

```
XCHG   dest, src      ；(dest) ←→ (src)
```

指令的功能是把源操作数与目标操作数的内容进行互换，即把源操作数送到目标操作数，同时将目标操作数传送到源操作数。

交换指令 XCHG (Exchange)对操作数有以下要求：

1) 源操作数和目标操作数均可以是寄存器或存储器，但不能同时为存储器。即可以在寄存

器与寄存器之间、寄存器与存储器之间进行交换，但不能在存储器与存储器之间进行交换。

2）不能为段寄存器操作数。即段寄存器的内容不能参加交换。

3）两个操作数的字长必须相同，可以是字节交换，也可以是字交换。

例如，交换指令的一些语句

```
XCHG   AX, BX        ; (AX)→(BX); (BX)→(AX)
XCHG   DL, CL        ; (DL)→(CL); (CL)→(DL)
```

（4）查表转移指令　查表转移指令 XLAT（Translate）格式与操作如下：

```
XLAT   ; (AL)←[(BX)+(AL)]
```

或：XLAT　src_table　（src_table 表示要查找的表的首地址）

这是一条字节的查表转换指令，可以根据表中元素的序号查出表中相应元素的内容。为了便于查找，应预先将要查找的这类代码排成一个表存放在内存的某个区域中。将表的首地址（偏移地址）送 BX 寄存器，要查找的元素的序号送 AL，表中第一个元素的序号为0，然后依次为1，2，3，…。执行 XLAT 指令后，表中指定序号的元素存于 AL。利用 XLAT 指令实现查表转换操作十分方便。

【例 3-1】 在内存的数据段中存放有一张 0 ~ 9 的 ASCII 码转换表，其首地址为 Hex_table，如图 3-10 所示。现要查出数值 6 对应的 ASCII 码，可用以下几条命令来实现：

```
LEA BX, Hex_table        ; (BX)←表的首地址
MOV AL, 6                ; (AL)←6
XLAT                     ; 查表转换
```

结果为（AL）= 36H，为 6 所对应的 ASCII 码。

（5）字位扩展指令　在下一节要讲到的各类算术运算指令中，要求两个操作数的字长必须符合规定的关系。例如，对加、减和乘法运算指令，两个操作数必须等字长；而对除法运算指令，要求被除数应为除数的双倍字长。因此，有时需要将一个字节的数扩展为字，或将一个字的数扩展为双字。操作数扩展的规则是：扩展时在高位添加符号位，即将符号位扩展到整个高 8 位（或高 16 位）。例如，要把有符号数 35H 扩展为一个字，则结果为 0035H；而如果要扩展的数是 81H，则结果为 FF81H。

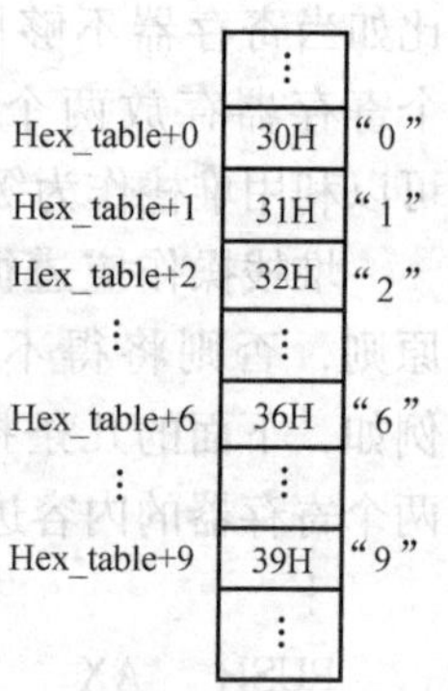

图 3-10　0 ~ 9 的 ASCII 码表

扩展指令共有两条。

1）CBW（Convert Byte to Word）。指令格式及操作如下：

```
CBW   ; 若(AL)<80H，则(AH)=00H；否则(AH)=FFH。
```

CBW 将一个字节的数（8 位）扩展为一个字长的数（16 位）。指令中隐含了操作数 AL 和 AH。CBW 指令不影响标志位。

例如，把字节 9AH 扩展为字的语句如下：

```
MOV   AL, 9AH
CBW
```

其结果为：（AX）= FF9AH。

2）CWD（Convert Word to Double word）。指令格式及操作如下：

```
CWD   ; 若(AX)<8000H，则(DX)=0000H；否则(DX)=FFFFH。
```

CWD 将一个字操作数(16 位)扩展为一个双字(32 位)。指令中隐含了操作数 AX 和 DX，扩展后的高 16 位放在 DX 中。CWD 指令也不影响标志位。

例如，把字 25ABH 扩展为双字的语句如下：

```
MOV  AX, 25ABH
CWD
```

其结果为：(DX：AX) = 000025ABH。

2. 输入输出指令

输入输出指令(Input and Output)共有两条，分别为 IN 和 OUT。输入指令 IN 用于从外设端口接收数据，输出指令 OUT 向外设端口发送数据。无论接收到的数据或准备发送的数据，都必须在累加器 AX(字)或 AL(字节)中，所以这两条指令也称为累加器专用指令。

8088 系统可连接多个外设，这些外设可以像存储器一样用不同的地址来区分。地址可用 8 位二进制地址或者 16 位二进制地址。8088 的输入输出指令中，只能用以下两种寻址方式：

1）直接寻址方式。当 I/O 端口地址为 8 位二进制时，在指令中直接给出此端口地址。它允许寻址 256 个端口，端口地址为 0 ~ FFH。

2）DX 寄存器间接寻址方式。当 I/O 端口地址为 16 位二进制时，用 DX 寄存器间接寻址。它可寻址 64K 个端口，端口地址为 0 ~ FFFFH。

(1) 输入指令 IN (Input byte or word) 指令格式及操作如下：

```
IN acc, port      ; port 为 8 位立即数表示的端口地址，直接寻址
或 IN acc, DX     ; DX 给出 16 位端口地址，间接寻址
```

指令从端口输入一个字节到 AL 中或输入一个字到 AX 中。其具体形式有以下 4 种：

```
IN AL, DATA8      ; 从 8 位端口地址输入一个字节
IN AX, DATA8      ; 从 8 位端口地址输入一个字
IN AL, DX         ; 从 16 位端口地址输入一个字节
IN AX, DX         ; 从 16 位端口地址输入一个字
```

(2) 输出指令 OUT (Output byte or word) 指令格式及操作如下：

```
OUT port, acc     ; port 为 8 位立即数表示的端口地址，直接寻址
或 OUT DX, acc    ; DX 给出 16 位端口地址，间接寻址
```

指令把 AL 或 AX 的内容输出到指定的端口。输出指令也有以下 4 种具体的形式：

```
OUT DATA8, AL     ; 向 8 位端口地址输出一个字节
OUT DATA8, AX     ; 向 8 位端口地址输出一个字
OUT DX, AL        ; 向 16 位端口地址输出一个字节
OUT DX, AX        ; 向 16 位端口地址输出一个字
```

【例 3-2】 将一个字节 3BH 输出到端口地址 78A0H，可用以下三条指令来完成：

```
MOV   AL, 3BH       ; 将要输出的字节送入累加器 AL
MOV   DX, 78A0H     ; 将 16 位端口地址送入 DX 进行间址
OUT   DX, AL        ; 将 AL 中的一个字节输出到 DX 所指定的 16 位端口地址
```

3. 目标地址传送指令

8086、8088 指令系统提供了三条把地址指针写入寄存器或寄存器对的目标地址传送指

令(Address-Object Transfer)，它们分别是 LEA、LDS 和 LES。

(1) 取偏移地址指令 LEA(Load Effective Address) 指令格式如下：

```
LEA   reg16, mem
```

指令中的源操作数必须为存储器操作数，目标操作数必须为 16 位通用寄存器，指令的执行结果是把源操作数的有效地址(即 16 位偏移地址)送到目标寄存器。例如：

```
LEA   BX, BUFFER      ；将内存单元 BUFFER 的偏移地址送 BX
LEA   AX, [BP][SI]
```

注意 LEA 指令和 MOV 指令的区别，举例如下：

```
LEA   BX, BUFFER      ；将内存单元 BUFFER 的偏移地址送到 BX
MOV   BX, BUFFER      ；将内存单元 BUFFER 的内容(2B)送到 BX
```

除 LEA 指令可得到内存单元的偏移地址外，用 MOV 指令也能得到内存单元的偏移地址。例如，以下两条指令的效果相同：

```
LEA   BX, BUFFER
MOV   BX, OFFSET BUFFER
```

其中，OFFSET BUFFER 表示内存单元 BUFFER 的偏移地址。

(2) LDS(Load pointer using DS) 指令格式及操作如下：

```
LDS   reg16, mem32      ；(reg16)←((mem32)+1:(mem32))
                        ；(DS)←((mem32)+3:(mem32)+2)
```

指令中源操作数 mem32 为存储器操作数，目标操作数为 16 位通用寄存器。LDS 指令把存储器 mem32 中存放的一个 32 位远地址指针(包括偏移地址和段地址)送到 reg16 和 DS。4 个存储单元的前两个单元的内容作为偏移地址送到 reg16，后两个单元的内容作为段地址送到段寄存器 DS。

【例 3-3】 设(DS)=6000，内存地址为 60348H 开始的 4 个单元中存放了一个 32 位的远地址指针 98011H，如图 3-11 所示。

```
LDS   SI, [0348H]     ；将指针装入 DS：SI
MOV   AX, [SI]        ；取新地址所指定存储单元的内容
```

上述第一条指令执行后的结果为：(SI) = 8011H，(DS) = 9000H。第二条指令的执行结果为：(AX) = 3412H。

(3) LES(Load pointer using ES) LES 指令的格式及功能与 LDS 相似，不同的是，两个高地址单元中给出的段地址不是送 DS，而是送 ES。

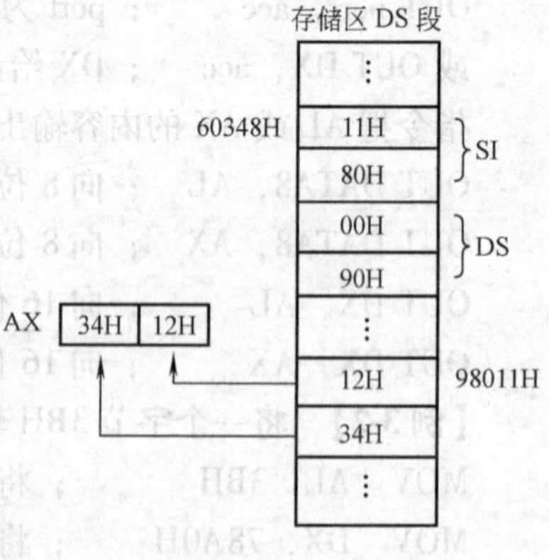

图 3-11 LDS 指令的应用示意图

4. 标志传送指令

标志传送指令(Flag Register Transfer)共有 4 条，分别为 LAHF、SAHF、PUSHF 和 POPF。

(1) LAHF(Load AH from Flags) LAHF 指令将标志寄存器 FR 中的 5 个标志位，即符号标志 SF、零标志 ZF、辅助进位标志 AF、奇偶标志 PF 以及进位标志 CF 分别传送到累加器 AH 的对应位，如图 3-12 所示。LAHF 指令不影响标志位。

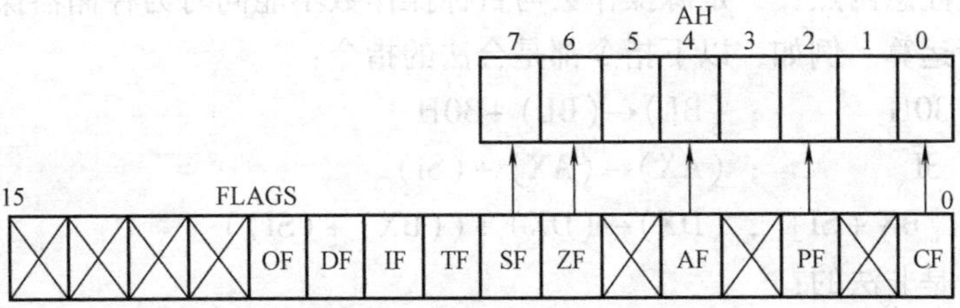

图 3-12　LAHF 指令操作示意图

(2) SAHF(Store AH into Flags)　SAHF 指令的传送方向与 LAHF 相反，将 AH 寄存器的第 7、6、4、2、0 位分别传送到标志寄存器的对应位。SAHF 指令影响标志位，标志寄存器中的 SF、ZF、AF、PF 和 CF 将被修改成 AH 寄存器对应位的状态，但其余标志位不受影响。

(3) PUSHF(Push Flags onto stack)　PUSHF 指令是将标志寄存器 FR 压入堆栈。指令本身不影响标志位。指令的操作为

$[SP-1] \leftarrow (FR_H)$

$[SP-2] \leftarrow (FR_L)$

$(SP) \leftarrow (SP)-2$

(4) POPF(Pop Flags off stack)　POPF 指令的操作与 PUSHF 指令相反，它是将堆栈中当前栈顶的两个单元的内容弹出到标志寄存器 FR 中。POPF 指令影响标志位，它用栈顶的两单元的内容替代了原标志寄存器的值。指令的操作为

$(FR_L) \leftarrow [SP]$

$(FR_H) \leftarrow [SP+1]$

$(SP) \leftarrow (SP)+2$

PUSHF 和 POPF 指令可用于在过程调用时保护标志位的状态，在调用结束时恢复这些状态。PUSHF 和 POPF 指令一般是配对使用。

二、算术运算指令

8086/8088 提供了加、减、乘、除四组基本的算术运算指令，既可以用于字节运算，也可以用于字运算；既可用于无符号数运算，也可用于带符号数运算。若是带符号数，用补码表示。

8086/8088 还提供了各类校正操作指令，可以进行十进制的算术运算。

1. 加法运算指令

加法运算指令包括不带进位的加法指令 ADD，带进位的加法指令 ADC、加 1 指令 INC 以及两条加法调整指令：AAA 和 DAA。

(1) 不带进位的加法指令 ADD(Addition)　指令格式及操作如下：

ADD　OPRD1，OPRD2　　；(OPRD1)←(OPRD1)+(OPRD2)

ADD 指令将目标操作数 OPRD1 和源操作数 OPRD2 相加，其结果送到目标操作数 OPRD1 中。加法指令影响标志位。

指令将两个字节或两个字操作数进行相加。在指令中，源操作数和目标操作数可以是寄存器操作数或存储器操作数，源操作数还可以是立即数；操作数可以是无符号数，也可以是

带符号数。但需注意两点：一是源操作数与目标操作数不能同时为存储器操作数，二是不能对段寄存器进行运算。例如，以下指令都是合法的指令：

```
ADD  BL, 30H        ; (BL)←(BL) +30H
ADD  AX, SI         ; (AX)←(AX) +(SI)
ADD  DX, [BX+SI]    ; (DX)←(DX) +((BX) +(SI))
```

而以下指令是非法的：

```
ADD  [SI], [AX]     ; 两个操作数均为存储器操作数
ADD  ES, AX         ; 段寄存器作为操作数
```

ADD 指令可以对无符号数进行相加，也可以对带符号数进行相加。对于带符号数，如果 8 位数相加的结果超出范围（-128 ~ 127），或 16 位数相加的结果超出范围（-32768 ~ 32767），则发生溢出，OF 标志位置 1；对于无符号数，若 8 位数相加的结果超过 255，或 16 位数相加的结果超过 65535，则最高位产生进位，CF 标志位置 1。

（2）带进位的加法指令 ADC(Add with carry)　指令格式及操作如下：

```
ADC OPRD1, OPRD2      ; (OPRD1)←(OPRD1) +(OPRD2) +(CF)
```

ADC 指令与 ADD 指令在格式、功能及对标志位的影响等方面都类似，只是在 ADC 指令中，CF 也要参加求和运算。

ADC 指令主要用于多字节数据的加法运算。如果低字节相加时产生进位，则在下一次高字节相加时应将此进位加进去。

（3）加 1 指令 INC(Increment by 1)　指令格式及操作如下：

```
INC OPRD      ; (OPRD)←(OPRD) +1
```

INC 指令对指定的操作数加 1，再送回到该操作数。在指令中，操作数 OPRD 可以是寄存器操作数，也可以是存储器操作数；可以是 8 位，也可以是 16 位。但不能是段寄存器，也不能是立即数。例如：

```
INC  CX               ; (CX)←(CX) +1
INC  AL               ; (AL)←(AL) +1
INC  BYTE PTR[SI]     ; 将 SI 所指向的存储单元的内容加 1，结果送回该单元
INC  WORD PTR[DI]     ; 将 DI 所指向的存储单元的内容加 1，字操作
```

指令中的 BYTE PTR 或 WORD PTR 分别指定其后的存储器操作数的类型是字节或字。

INC 指令不影响 CF 标志位，但会影响其他 5 个状态标志位 AF、OF、PF、SF 和 ZF。INC 指令通常用在循环程序中修改地址指针及循环次数等。

（4）压缩 BCD 加法的十进制调整指令 DAA(Decimal Adjust for Addition)　所谓压缩的 BCD 码，是指一个字节中可以存放两位 BCD 码，高 4 位和低 4 位各存放一位。一般来说，两个 BCD 码相加以后，有可能得到不正确的 BCD 结果，可用 DAA 指令对 AL 寄存器中的“和”进行调整，即可得到预期的结果。

DAA 指令调整的方法是：

1）若(AL)中低 4 位 >9 或 AF =1，则(AL) +06H→(AL)，并使 AF =1。

2）若(AL)中高 4 位 >9 或 CF =1，则(AL) +60H→(AL)，并使 CF =1。

【例 3-4】　编程用 BCD 数计算 46 +35 = ?

```
MOV  AL, 46H      ; (AL) =46H
```

```
ADD   AL，35H          ；(AL)=7BH
DAA                    ；(AL)=81H
```

ADD 指令的运算过程为

```
  01000110
+ 00110101
----------
  01111011
```

46+35 应该等于81H，但 ADD 指令运算的结果为7BH，结果不正确。用DAA 指令进行调整，因低4位>9，所以低4位进行加6调整

```
  01111011
+ 00000110
----------
  10000001
```

可看出，调整以后：(AL)=81H，AF=1，CF=0，结果正确。

DAA 指令影响除 OF 外的其余5个状态标志位。

(5) 非压缩BCD加法的十进制调整指令AAA(unpacked BCD[ASCII] Adjust for Addition)

所谓非压缩的BCD码，就是一个字节存放一位BCD码(BCD码存放在字节的低4位，高4位为零)。调整以前，先用指令 ADD 或 ADC 进行8位数的加法运算，相加结果放在AL中，用AAA 指令调整后，非压缩BCD码的低位在AL寄存器，高位在AH寄存器。

AAA 指令的调整步骤为：① 若(AL)中低4位>9或AF=1，则(AL)+6，(AH)+1，并使AF=1；② 屏蔽掉(AL)中高4位，即(AL)←(AL)∧0FH；③ CF←AF。AAA 指令只影响标志位AF和CF。

【例3-5】 用BCD码计算8+6=?

```
MOV   AL，08H          ；BCD码数8
MOV   BL，06H          ；BCD码数6
ADD   AL，BL           ；(AL)=08H+06H=0EH
AAA                    ；(AL)=0EH+06H=04H(高4位清零)；(AH)=1；(CF)
                       ；=1
```

2. 减法运算指令

8086/8088 的减法指令共有7条，分别是不带进位减法指令 SUB、带进位减法指令 SBB、减1指令 DEC、求补指令 NEG、比较指令 CMP，以及减法的 ASCII 调整指令 AAS 和十进制调整指令 DAS。

(1) 不带进位减法指令 SUB(Subtraction)　指令格式及操作如下：

```
SUB   OPRD1，OPRD2     ；(OPRD1)←(OPRD1)-(OPRD2)
```

SUB 指令的功能是将目标操作数减去源操作数，并将结果送到目标操作数。

SUB 指令对操作数的要求以及对状态标志位的影响与 ADD 指令完全相同。例如

```
SUB   AL，3FH          ；(AL)←(AL)-3FH
SUB   AX，BX           ；(AX)←(AX)-(BX)
SUB   AL，[BP+SI]      ；AL的内容减去SS段中(BP+SI)单元的内容，结果
                       ；送AL
```

(2) 带进位减法指令 SBB(Subtraction with Borrow)　指令格式及操作如下：

```
SBB   OPRD1, OPRD2       ; (OPRD1)←(OPRD1) - (OPRD2) - CF
```

SBB 指令的功能是用目标操作数减去源操作数以及标志位 CF 的值，并将结果送到目标操作数。SBB 指令对操作数的要求以及对状态标志位的影响与 SUB 指令完全相同。SBB 指令主要用于多字节的减法运算。例如：

```
SBB   AL, 3FH            ; (AL)←(AL) - 3FH - (CF)
SBB   [BP], BL           ; 存储器与寄存器带借位减
```

(3) 减 1 指令 DEC(Decrement by 1)　指令格式及操作如下：

```
DEC   OPRD               ; (OPRD)←(OPRD) - 1
```

DEC 指令的功能是将操作数的值减 1，结果送回该操作数。它对操作数的要求及对标志位的影响与 INC 指令相同。例如：

```
DEC   CX                 ; (CX)←(CX) - 1
DEC   AL                 ; (AL)←(AL) - 1
DEC   BYTE PTR[SI]       ; SI 所指的存储单元内容减 1，结果送回该存储单元
```

DEC 指令常用在循环程序中修改循环次数。例如：

```
        MOV  CX, 1000H   ; 将计数初值送 CX
NEXT:   DEC  CX          ; 计数值(CX)减 1
        JNZ  NEXT        ; 若(CX)≠0 则转 NEXT
        HLT              ; 停止
```

以上程序中 DEC CX 指令重复执行 1000H 次。常用类似的程序得到一定的延时时间。

(4) 求补指令 NEG(Negate)　指令格式及操作如下：

```
NEG   OPRD      ; (OPRD)←0 - (OPRD)
```

NEG 指令的功能是用 0 减去操作数 OPRD，结果送回到该操作数。求补指令对 6 个状态标志位均有影响。

操作数的类型可以是寄存器或存储器；可以对 8 位或 16 位数求补。例如：

```
NEG   AL               ; 8 位寄存器求补
NEG   WORD PTR[SI]     ; 16 位存储器求补
```

利用 NEG 指令可以得到负数的绝对值。例如，设 AL = FFH(FFH 是 -1 的补码)，执行 NEG AL 指令后，结果为 AL = 01。

(5) 比较指令 CMP(Compare)　指令格式及操作如下：

```
CMP   OPRD1, OPRD2     ; (OPRD1) - (OPRD2)，结果不送回 OPRD1
```

CMP 指令将两个操作数相减，但相减的结果不送回目标操作数。即指令执行后，两个操作数的内容不变，只是根据相减的情况设置标志位。CMP 指令对操作数的要求及对标志位的影响与 SUB 指令完全相同。例如：

```
CMP   AX, 2500H        ; (AX) - 2500H，影响标志位
CMP   BL, CL           ; (BL) - (CL)，影响标志位
CMP   AX, [BX + SI]    ; (AX) - ((BX + SI + 1):(BX + SI))，影响标志位
```

比较指令对 6 个状态标志位 SF、ZF、AF、PF、CF 和 OF 都有影响。比较指令主要用来比较两个数的大小关系，可以在比较指令执行后，根据标志位的状态来判断两个操作数的大小或相等关系。判断的方法如下：

相等关系。根据 ZF 的状态判断。如果 ZF = 1，则两个操作数相等；否则不相等。

大小关系。分为无符号数和有符号数两个情况来考虑：

1）对两个无符号数。可根据 CF 标志位的状态来判断。若 CF = 0，则被减数大于减数。因为若被减数大于减数，则不需要借位，即 CF = 0（被减数等于减数时，CF 也等于 0，但此时还有 ZF = 1）。

2）对两个有符号数。必须考虑两个符号是同号还是异号。有符号数是用最高位来表示符号，可用 SF 来判断谁大谁小。

对两个同符号数，因相减不会产生溢出，即 OF = 0。有

SF = 0，被减数大于减数；

SF = 1，减数大于被减数。

对两个异符号数，相减时就有可能产生溢出。

若 OF = 0（即无溢出），则有

如果被减数大于减数，SF = 0；

如果被减数小于减数，SF = 1；

如果被减数等于减数，SF = 0，同时 ZF = 1。

若 OF = 1（即有溢出），则有

如果被减数大于减数，SF = 1；

如果被减数小于减数，SF = 0。

总结以上结果，可得出判断两个有符号数大小关系的方法是：

当 OF ⊕ SF = 0 时，被减数大于减数；

当 OF ⊕ SF = 1 时，被减数小于减数。

编写程序时，在比较指令之后都紧跟一条条件转移指令，以根据比较结果来决定程序的走向。

（6）压缩 BCD 减法的十进制调整 DAS（Decimal Adjust for Subtraction） AAS 指令用于对两个压缩 BCD 码相减之后的结果（在 AL 中）进行调整，产生正确的压缩 BCD 码。该指令对标志位的影响与 DAA 指令相同。其调整的方法为

若（AL）中低 4 位 > 9 或 AF = 1，则（AL）- 06H，并使 AF = 1；

若（AL）中高 4 位 > 9 或 CF = 1，则（AL）- 60H，并使 CF = 1。

DAS 指令只对 AL 寄存器中的内容进行调整，而无论何时都不改变 AH 的内容。

（7）非压缩 BCD 减法的十进制调整 AAS（unpacked BCD[ASCII] adjust for subtraction） AAS 指令用于对两个非压缩 BCD 码相减之后的结果（在 AL 中）进行调整，产生正确的非压缩 BCD 码，其低位在 AL 中，高位在 AH 中。其调整的方法为

若（AL）中低 4 位 > 9 或 AF = 1，则（AL）- 6，（AH）- 1，并使 AF = 1；

屏蔽掉（AL）中高 4 位，即（AL）←（AL）∧ 0FH；

CF←AF。

DAS 和 AAS 指令必须紧跟在减法指令 SUB 或 SBB 后使用，并且 SUB 和 SBB 指令的执行结果必须在累加器 AL 中。

3. 乘法运算指令

8086/8088 的乘法指令共有 3 条，分别是：无符号数乘法指令 MUL、有符号数乘法指令

IMUL 以及乘法的十进制调整指令 AAM。

（1）无符号数乘法指令 MUL(Multiplication unsigned) 指令格式如下：

MUL OPRD

指令的操作为

字节乘法： (AX)←(OPRD)×(AL)

字乘法： (DX：AX)←(OPRD)×(AX)

在指令中，源操作数 OPRD 可以是 8 位或 16 位的寄存器或存储器。另一个操作数隐含在累加器中(8 位乘法时在 AL 中；16 位乘法时在 AX 中)。两个操作数均按无符号数处理，其取值范围为 0～255(字节)，或 0～65535(字)。乘法指令要求两个操作数必须等长，且不能是立即数。例如：

```
MUL   CL                    ; (AX)←(AL)×(CL)
MUL   BX                    ; (DX：AX)←(AX)×(BX)
MUL   BYTE PTR[SI]          ; (AX)←(AL)×((SI))
MUL   WORD PTR[DI]          ; (DX：AX)←(AX)×((DI)+1，(DI))
```

两个 8 位数相乘，乘积可能有 16 位；两个 16 位数相乘，乘积可能有 32 位。如果乘积的高半部分(在字节相乘时为 AH，在字相乘时为 DX)不为零，则 CF = OF = 1，代表 AH 或 DX 中包含乘积的有效数字；否则 CF = OF = 0。

（2）有符号数乘法指令 IMUL(Integer Multiplication) IMUL 指令在格式上和功能上都与 MUL 指令类似，只是需注意以下几点：

1）两个操作数都是有符号数。

2）如果乘积的高半部分仅仅是低半部分符号位的扩展，则标志位 CF = OF = 0；如果高半部分包含乘积的有效数字，则 CF = OF = 1。

3）操作数应满足带符号数的取值范围，即 −128～127(字节)和 −32768～32767(字)。

（3）乘法的十进制调整指令 AAM(unpacked BCD[ASCII] adjust for multiply) AAM 指令是非压缩 BCD 码乘法的十进制调整指令。对两个非压缩 BCD 码数相乘的结果(在 AL 中)进行调整，以得到正确的结果。

在执行 AAM 指令之前，先用 MUL 指令(BCD 码总视为无符号数)将两个非压缩的 BCD 码相乘，结果放在 AL 中，然后用 AAM 指令进行调整，于是在 AX 中可得到正确的非压缩 BCD 码结果，其乘积的高位在 AH 中，低位在 AL 中。

AAM 指令的操作为

(AH)←(AL)/0AH

(AL)←(AL)%0AH

即把 AL 寄存器的内容除以 0AH，商放在 AH 中，余数放在 AL 中。AAM 操作的实质是把 AL 中的二进制数转换为十进制数。

【例 3-6】 进行以下十进制乘法运算：5×9 = ?

```
MOV   AL，05H        ; (AL) = 05H，即非压缩 BCD 数 5
MOV   BL，09H        ; (BL) = 09H，即非压缩 BCD 数 9
MUL   BL             ; (AX) = 05H×09H = 002DH
AAM                  ; (AX) = 0405H，即非压缩 BCD 数 45
```

4. 除法运算指令

除法运算有 3 条指令，分别是：无符号数除法指令 DIV、带符号数除法指令 IDIV 以及除法的十进制调整指令 AAD。

(1) 无符号数除法指令 DIV(Division unsigned) 指令格式如下：

DIV OPRD

指令中的操作数 OPRD(除数)可以是 8 位或 16 位的寄存器操作数或存储器操作数。指令隐含被除数 AX(16 位)或 DX：AX(32 位)。

指令的操作为

1) 字节除法。

(AL)←(AX)/(OPRD)

(AH)←(AX)%(OPRD) (%为取余数操作)

即 AX 中的 16 位无符号数除以 OPRD，得到的 8 位商放在 AL 中，8 位余数放在 AH 中。

2) 字除法。

(AX)←(DX：AX)/(OPRD)

(DX)←(DX：AX)%(OPRD) (%为取余数操作)

即 DX：AX 中的 32 位无符号数除以 OPRD，得到的 16 位商放在 AX 中，16 位余数放在 DX 中。

执行 DIV 指令时，如果除数为 0，或字节除法时 AL 寄存器中的商大于 FFH，或字除法时 AX 寄存器中的商大于 FFFFH，则 CPU 立即自动产生一个类型号为 0 的内部中断。例如：

```
DIV  CL                  ；(AX)除以(CL)，商放在(AL)，余数放在(AH)
DIV  WORD PTR[SI]        ；(DX):(AX)除以 SI+1 和 SI 所指向单元的内容，
                         ；商放在(AX)，余数放在(DX)
```

以下几条指令将 DX：AX 中的一个 32 位无符号数除以 BX 中的一个 16 位无符号数。

```
MOV  AX，1B76H       ；(AX)=1B76H
MOV  DX，05C3H       ；(DX)=05C3H
MOV  BX，068AH       ；(BX)=068AH
DIV  BX              ；(AX)=E195H，(DX)=0324H
```

除法指令规定必须将一个 16 位数除以一个 8 位数，或将一个 32 位数除以一个 16 位数，而不允许两个等长的操作数相除。如果被除数与除数等长，可以先用字位扩展指令将被除数扩展，然后再用 DIV 指令进行无符号数的除法。

(2) 带符号数除法指令 IDIV(Integer Division) IDIV 指令在格式和功能上都与 DIV 指令类似，只是要求操作数为有符号数。例如：

```
IDIV  BX                 ；DX 和 AX 中的 32 位数除以(BX)
                         ；商在 AX 中，余数在 DX 中
IDIV  BYTE PTR[SI]       ；(AX)除以 SI 所指存储单元中的内容(8 位)
                         ；商在 AL 中，余数在 AH 中
```

IDIV 指令的结果，商和余数均为带符号数，且余数的符号总是与被除数相同。

在 IDIV 指令之前，如果被除数的位数不够，应先用字位扩展指令将被除数的位数扩展。

(3) 除法的十进制调整指令 AAD(unpacked BCD[ASCII] adjust for division) 前面学习

的加法、减法、乘法的十进制调整指令必须紧跟在相应的指令后面执行，而AAD指令则不同，它是在进行除法之前执行。即在两个非压缩BCD码相除之前，先用一条AAD指令进行调整，然后再用DIV指令进行相除。AAD指令的操作如下：

(AL)←(AH) * 10 + (AL)

(AH)←0

即把AX中的非压缩BCD码(十位数在AH中，个位数在AL中)调整为二进制数，并将结果放在AL中。

AAD指令影响PF、SF和ZF标志位。

【例3-7】 进行以下十进制运算：37 ÷ 5 = ?

```
MOV   AX, 0307H          ; (AX) =0307, 即非压缩 BCD 数 37
MOV   BL, 05H            ; (BL) =05H, 即非压缩 BCD 数 5
AAD                      ; (AX) =03H×0AH+07H=0025H
DIV   BL                 ; (AL) =07H, (AH) =02H, 即结果为商 7 余 2
```

三、逻辑运算和移位指令

逻辑运算和移位指令对8位或16位的寄存器或存储单元中的内容按位进行逻辑运算或移位操作。这类指令包括逻辑运算指令和移位指令两大部分，而移位指令又可分为非循环移位指令和循环移位指令两类。

1. 逻辑运算指令

8086/8088的逻辑运算指令共有5条，分别为：AND(逻辑“与”)、OR(逻辑“或”)、NOT(逻辑“非”)、XOR(逻辑“异或”)和TEST(测试)。这些指令可对8位或16位的寄存器或存储器单元中的内容进行按位操作。

NOT指令不影响标志位。而其余4条指令(AND、OR、XOR、TEST)对标志位的影响相同，根据各自逻辑运算的结果影响SF、ZF和PF标志位，同时将CF和OF标志位置0，AF的值不确定。

(1) 逻辑“与”指令AND(Logical and)　指令格式及操作如下：

AND OPRD1, OPRD2 ; (OPRD1)←(OPRD1) ∧ (OPRD2)

AND指令将源操作数与目标操作数按位相“与”，并将结果送到目标操作数中。其中，目标操作数OPRD1可以是寄存器或存储器，源操作数OPRD2可以是寄存器、存储器或立即数。但两个操作数不能同时为存储器操作数。AND指令可以对字节操作，也可以对字操作。例如

```
AND   AL, 0FH          ; AL 中的内容与 0FH 相“与”, 结果在 AL 中
AND   BX, 0FF00H       ; BX 中的内容与 0FF00H 相“与”, 结果在 BX 中
AND   BX, CX           ; BX 与 CX 中的内容相“与”, 结果在 BX 中
AND   AX, [BX]         ; AX 中的内容与地址为(BX) +1, (BX)两单元中的
                       ; 内容相“与”, 结果在 AX 中
```

AND指令的主要用途是将目标操作数的某些位清零，而其他位保持不变。将目标操作数与一个屏蔽字相与，就可达到此目的。屏蔽字的各位按以下方法设置：目标操作数要清零的位，将屏蔽字相应的位设为0；目标操作数需保持不变的位，将屏蔽字相应位设为1。例如：指令AND AL, 0FH，指令中的0FH就是屏蔽字，其高4位为0，低4位为1，表示将

AL 中的高 4 位清零，而低 4 位保持原来的值不变。

如果一个寄存器的内容与该寄存器本身相与(例如：AND AX，AX)，则寄存器原来的内容不会改变，但将影响标志位 SF、ZF 和 PF，并使 CF = OF = 0。

(2) 逻辑“或”指令 OR(Logical inclusive or)　指令格式及操作如下：

```
OR    OPRD1, OPRD2    ; (OPRD1)←(OPRD1)∨(OPRD2)
```

OR 指令对源操作数和目标操作数按位相“或”，将结果送到目标操作数中。该指令对操作数的要求以及对标志位的影响和 AND 指令一样。例如：

```
OR    AX, 0FF00H      ; AX 中的内容与 FF00H 相“或”，结果在 AX 中
OR    [BX], CL        ; (BX)单元的内容与 CL 的内容相“或”，结果送到(BX)单元
```

OR 指令的主要用途是将目标操作数的某些位置 1，而其他位保持不变。此时，指令中源操作数按下述方法设置：目标操作数要置 1 的位，将源操作数的相应位设为 1，而源操作数的其他位设为 0。

(3) 逻辑“非”指令 NOT(Logical not)　指令格式如下：

```
NOT    OPRD
```

NOT 指令将指定的操作数 OPRD 按位求反，再送回到该操作数。指令中，OPRD 可以是 8 位或 16 位的寄存器或存储器操作数，但不能是立即数。NOT 指令不影响标志位。例如：

```
NOT    BX                ; 将 BX 中的内容按位求反，结果送回 BX
NOT    BYTE PTR[SI]      ; 将(SI)单元中的内容按位求反，再送回到该单元
```

(4) 逻辑“异或”指令 XOR(Logical not)　指令格式及操作如下：

```
XOR    OPRD1, OPRD2    ; (OPRD1)←(OPRD1)⊕(OPRD2)
```

XOR 指令将源操作数与目标操作数按位进行“异或”运算，结果送回到目标操作数。例如：

```
XOR    BL, 66H        ; BL 的内容与 66H 相“异或”，结果送 BL 中
XOR    AX, BX         ; AX 的内容与 BX 的内容相“异或”，结果送 AX 中
```

XOR 指令的一个用途是将寄存器清零，同时也将进位标志位 CF 清零。例如：

```
XOR    AX, AX         ; AX 清零，CF 清零
```

(5) 测试指令 TEST(Test or non-destructive logical and)　TEST 指令的格式、操作及对操作数的要求和 AND 指令类似，但该指令“与”的结果不送回目标操作数，而只是影响标志位。该指令“与”的结果由 SF、ZF 和 PF 来体现，该指令使 CF = OF = 0。

TEST 指令常用于在不破坏原来操作数的情况下检测操作数中某些位是“1”还是“0”。例如：

```
TEST    AL, 80H        ; 若 AL 中最高位为 1，则 ZF = 0，否则 ZF = 1
TEST    AX, 4000H      ; 若 AX 中 D14 位为 1，则 ZF = 0，否则 ZF = 1
```

2. 非循环移位指令

8086/8088 有 4 条非循环移位指令，分别是：算术左移指令 SAL、算术右移指令 SAR、逻辑左移指令 SHL、逻辑右移指令 SHR。这 4 条指令的格式完全相同，可以实现对 8 位或 16 位的寄存器或存储器操作数进行指定次数的移位。在要求进行两位或更多位的移动时，移位的次数必须放在 CL 寄存器中。

(1) 算术左移和逻辑左移指令 SAL/SHL(Shift arithmetic left/Shift logic left) 算术左移指令 SAL 和逻辑左移指令 SHL 执行完全相同的操作，其指令格式如下：

```
    SAL  OPRD, 1     SHL  OPRD, 1
或  SAL  OPRD, CL    SHL  OPRD, CL
```

SAL/SHL 指令是将目标操作数的内容左移一位或 CL 所指定的位，每左移一位，左边的最高位移入标志位 CF，而右边的最低位补零。SAL/SHL 左移指令操作示意图如图 3-13 所示。

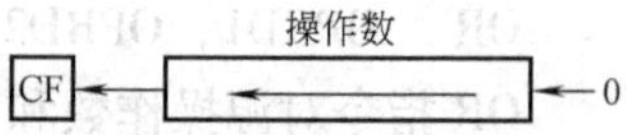

图 3-13　SAL/SHL 左移指令操作示意图

SAL 指令和 SHL 指令的区别是：SAL 指令将操作数视为有符号数，而 SHL 将操作数视为无符号数。

将一个二进制无符号数左移一位，相当于将该数乘以 2，因此可以利用逻辑左移指令 SHL 完成乘某些常数的运算。由于移位指令比乘法指令的执行速度快得多，因此在程序中用左移指令代替乘法指令能显著地加快程序的执行速度。

【例 3-8】 一个 16 位无符号数存放在以 DATA 为首地址的两个连续的单元，用左移指令实现将该数乘以 10。

设该 16 位无符号数为 x，因为 $10x = 8x + 2x = 2^3x + 2^1x$，故可用逻辑左移指令 SHL 实现该乘法运算。程序如下：

```
LEA   SI, DATA       ; DATA 单元的偏移地址送 SI
MOV   AX, [SI]       ; (AX)←被乘数
SHL   AX, 1          ; (AX)←DATA * 2
MOV   BX, AX         ; 暂存于 BX
MOV   CL, 2          ; (CL)←移位次数
SHL   AX, CL         ; (AX)←DATA * 8
ADD   AX, BX         ; (AX)←DATA * 10
HLT                  ; 停止
```

(2) 逻辑右移指令 SHR(Shift logic right) SHR 指令与逻辑左移指令 SHL 一样，将指令中的目标操作数视为无符号数。SHR 指令的操作是将目标操作数顺序向右移一位或 CL 指定的位数，每右移一位，右边的最低位移入标志位 CF，而在左边的最高位补零。SHR 指令操作示意图如图 3-14 所示。

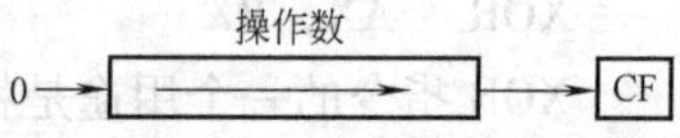

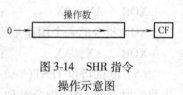

图 3-14　SHR 指令操作示意图

以下是一些 SHR 指令的例子：

```
SHR   BH, 1                ; (BH)逻辑右移 1 位
SHR   AX, CL               ; (AX)逻辑右移(CL)位
SHR   WORD PTR[SI], CL     ; 将 SI 指向的两个存储单元的内容逻辑右移(CL)位
```

无符号数逻辑右移 1 位，相当于除以 2。因此同样可利用 SHR 指令完成把一个无符号数除以 2^i 的运算。逻辑右移指令 SHR 的执行速度比除法指令要快得多。

(3) 算术右移指令 SAR(Shift arithmetic right) SAR 指令的格式与 SHR 相同，但它是将指令中目标操作数视为有符号数。指令的操作是将目标操作数顺序向右移一位或 CL 指定的位数，操作数最低位移入标志寄存器 CF。SAR 指令右移时最高位保持不变，而不是补零，这是它与 SHR 指令的区别。SAR 指令操作如图 3-15 所示。

SAR 指令举例：

```
SAR   AL, 1              ；(AL)的内容算术右移1位
SAR   BX, CL             ；(BX)的内容算术右移CL位
SAR   BYTE PTR[DI], 1    ；(DI)所指的内存单元内容算术右移一位
```

3. 循环移位指令

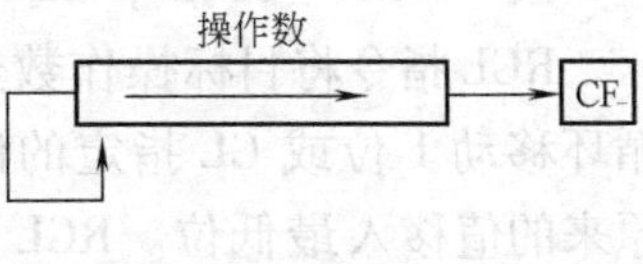

图 3-15 SAR 指令操作示意图

8086/8088 有 4 条循环移位指令，分别是：不带进位标志位 CF 的循环左移指令 ROL、不带进位标志位 CF 的循环右移指令 ROR、带进位标志位 CF 的循环左移指令 RCL 和带进位标志位 CF 的循环右移指令 RCR。

可以实现对 8 位或 16 位的寄存器或存储器操作数进行指定次数的移位。指令中移位的次数可以是一位或 CL 指定的次数，即在要求进行 2 位或更多位的移动时，移位的次数必须放在 CL 寄存器中。

所有循环移位指令都只影响进位标志 CF 和溢出标志 OF，而对其他标志位没有影响。但 OF 标志的含义对于循环左移和循环右移的指令有所不同。

(1) 不带进位标志位 CF 的循环左移指令 ROL(Rotate left)　指令格式如下：

ROL　OPRD, 1

或 ROL　OPRD, CL

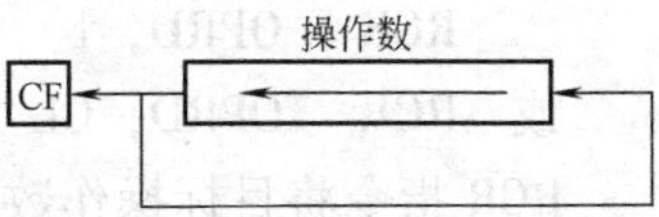

图 3-16 ROL 指令操作示意图

ROL 指令将目标操作位向左循环移动一位或 CL 指定的次数。操作数的最高位移入 CF，同时移入最低位以构成循环，进位标志 CF 不在循环之内。ROL 指令操作示意图如图 3-16 所示。

ROL 指令影响标志位 CF 和 OF。如果循环移位次数为 1，且移位之后目标操作数新的最高位和 CF 值不相等，则标志位 OF = 1，否则 OF = 0。即 OF 的值表示了移位前后符号位是否变化。若移位次数不为 1，则 OF 状态不定。

ROL 指令举例：

```
ROL   BX, 1               ；(BX)循环左移1位
ROL   AH, CL              ；(AH)循环左移CL位
ROL   WORD PTR[SI], 1     ；SI所指的连续两单元的内容循环左移1位
```

(2) 不带进位标志位 CF 的循环右移指令 ROR(Rotate right)　指令格式如下：

ROR　OPRD, 1

或 ROR　OPRD, CL

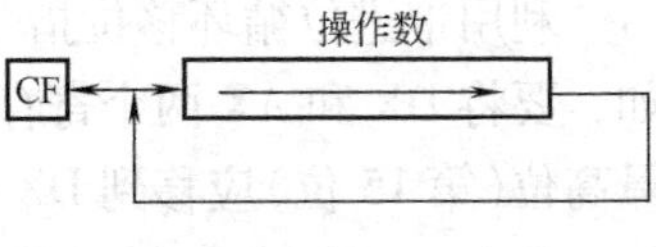

图 3-17 ROR 指令操作示意图

ROR 指令将目标操作数向右循环移动 1 位或 CL 指定的位数，最低位移入 CF，同时最低位移入最高位构成循环。ROR 指令操作示意图如图 3-17 所示。

ROR 指令影响标志位 CF 和 OF。如果循环移位次数为 1，且移位之后新的最高位和次高位不等，则标志位 OF = 1，否则 OF = 0。若移位次数不为 1，则 OF 状态不定。

ROR 指令举例：

```
ROR   AX, 1               ；(AX)循环右移1位
```

```
ROR    DL, CL                  ; (DL)循环右移(CL)位
ROR    BYTE PTR[DI], 1         ; (DI)所指存储单元的内容循环右移1位
```

(3) 带进位标志位 CF 的循环左移指令 RCL(Rotate left through carry) 指令格式如下：

```
    RCL    OPRD, 1
或  RCL    OPRD, CL
```

RCL 指令将目标操作数连同进位标志位 CF 一起向左循环移动 1 位或 CL 指定的位数，最高位移入 CF，而 CF 原来的值移入最低位。RCL 指令操作示意图如图 3-18 所示。

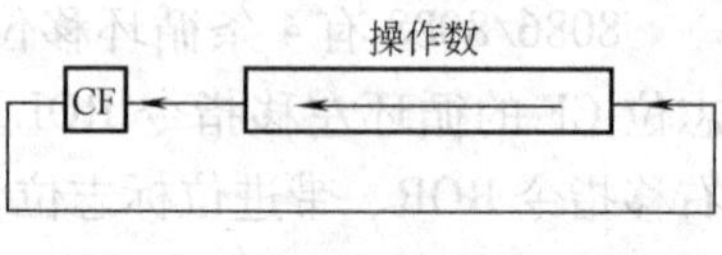

图 3-18 RCL 指令操作示意图

RCL 指令对标志位的影响与 ROL 指令相同。

RCL 指令举例：

```
RCL    DX, 1                  ; (DX)带进位循环左移1位
RCL    AH, CL                 ; (AH)带进位循环左移CL位
RCL    WORD PTR[SI], 1        ; (SI+1)和(SI)所指两存储单元的16位数
                              ; 带进位循环左移1位
```

(4) 带进位标志位 CF 的循环右移指令 RCR(Rotate right through carry) 指令格式如下：

```
    RCR    OPRD, 1
或  RCR    OPRD, CL
```

RCR 指令将目标操作数连同进位标志位 CF 一起向右循环移动 1 位或 CL 指定的位数。最低位移入 CF，而 CF 原来的值移入最高位。RCR 指令操作示意图如图 3-19 所示。

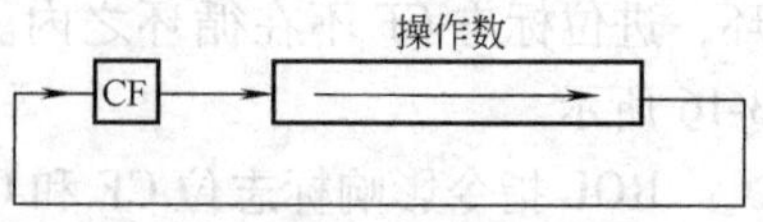

图 3-19 RCR 指令操作示意图

RCR 指令对标志位的影响与 ROR 指令相同。

RCR 指令举例：

```
RCR    DX, 1                  ; (DX)带进位循环右移1位
RCR    AH, CL                 ; (AH)带进位循环右移CL位
RCR    BYTE PTR[DI], 1        ; (DI)所指存储单元的的内容带进位循环右移1位
```

循环移位指令与非循环指令不同，循环移位后，操作数中原来各位数的值不会丢失，而只是移到操作数中的其他位或 CF 中，如果需要还可以通过反向移动来恢复。

利用循环移位指令可以测试操作数某一位的状态。

利用带进位循环移位指令还可以将两个以上的寄存器或存储单元组合起来一起移位。例如，要将 DX 和 AX 两个寄存器组合成为一个整体，其中的 32 位一起向左移动 1 位，AX 的最高位(第 15 位)应移到 DX 的最低位(第 0 位)。可用以下两条指令来实现：

```
SHL    AX, 1     ; AX左移1位，(CF)←(AX)的最高位
RCL    DX, 1     ; DX带进位循环左移1位，DX的最低位←(CF)
```

四、串操作指令

8086/8088 CPU 有一组很有用的串操作指令，这组指令共有 5 条，分别为：串传送指令 MOVS、串比较指令 CMPS、串扫描指令 SCAS、串装入指令 LODS 和串存储指令 STOS。

这些指令的操作对象不只是单个的字节或字，而是内存中连续的字节串或字串。在每次基本操作后，能够自动修改地址，为下一条操作做好准备。串操作指令还可以加上重复前缀，此时指令规定的操作将一直重复下去，直到完成预定的循环次数或者满足指定的条件为止。

串操作指令具有以下的共同特点：

1）源串指针为 DS：SI。源串(源操作数)默认为数据段，即段基地址在 DS 中，但允许超越。偏移地址用 SI 寄存器指定。

2）目标串指针为 ES：DI。目标串(目标操作数)默认在 ES 附加段中，不允许段超越。偏移地址用 DI 寄存器指定。

3）使用重复前缀时，要操作的串长度放在 CX 寄存器中。

4）自动修改指针和计数器。在对每个字节(或字)操作后，SI 和 DI 寄存器的内容会根据方向标志 DF 的情况自动修改：若(DF) = 0，则每次操作后，SI 和 DI 按地址增量方向修改(对字节操作加 1；对字操作加 2)；若(DF) = 1，则 SI 和 DI 按地址减量方向修改。若使用了重复前缀，CX 的内容也会每次自动减 1。

串操作指令的执行动作可表示为：①执行规定的操作；②SI 和 DI 自动增量(或减量)；③若有重复前缀，CX 自动减 1。

用于串操作的重复前缀有 5 条，分别为

REP：无条件重复前缀——重复执行指令规定的操作，直到(CX) = 0；

REPE：相等时重复——ZF = 1，且(CX) ≠0 时重复；

REPZ：结果为零时重复——ZF = 1，且(CX) ≠0 时重复；

REPNE：不相等时重复——ZF = 0，且(CX) ≠0 时重复；

REPNZ：结果不为零时重复——ZF = 0，且(CX) ≠0 时重复。

下面分别介绍串操作指令。

1. 串传送指令 MOVS (Move string)

指令格式有 3 种：

MOVS　OPRD1，OPRD2

MOVSB

MOVSW

第一种格式中，OPRDl 为目标串地址，OPRD2 为源串地址。指令将源串地址中的字节或字传送到目标串地址指向的单元中。源串和目标串的段地址可以使用默认值(即预先对 DS、ES 设定的值)，源串也可用段超越前缀指定在其他段中。这种格式多用于需要段超越的情况下。

第二种和第三种格式隐含了两个操作数的地址，此时源串和目标串地址必须符合默认值，即源串在 DS 段，偏移地址在 SI 中，而目标串在 ES 段，偏移地址在 DI 中。MOVSB 指令一次完成一个字节的传送，MOVSW 一次完成一个字的传送。

串传送指令允许进行内存单元到内存单元的数据传送，解决了 MOV 指令不能直接在内存单元之间传送数据的限制。

MOVS 指令常与无条件重复前缀 REP 联合使用，以提高程序运行速度。

串传送指令的执行不影响标志位。

【例 3-9】 将 3000H：1500H 地址开始的 100 个字节传送到 6000H：1000H 开始的内存单元中去。使用字节串传送指令的程序如下：

```
      MOV  AX, 3000H
      MOV  DS, AX          ; 设定源串段地址
      MOV  AX, 6000H
      MOV  ES, AX          ; 设定目标串段地址
      MOV  SI, 1500H       ; 设定源串偏移地址
      MOV  DI, 1000H       ; 设定目标串偏移地址
      MOV CX, 100          ; 串长度送 CX
      CLD                  ; (DF) =0，使地址指针按增量方向修改
NEXT: REP MOVSB            ; 每次传送一个字节，并自动修改地址指针及 CX 内容
                           ; (CX) ≠0 就继续传送，直至(CX) =0
```

2. 串比较指令 CMPS (Compare string)

指令格式有 3 种：

CMPS OPRD1，OPRD2

CMPSB

CMPSW

串比较指令进行的是两个数据串的比较。它将源串地址中的字节(或字)与目标串地址中的字节(或字)相比较，但比较(相减)结果不送回目标串地址中，而只反映在标志位上。每进行一次比较后自动修改地址指针，指向串中的下一个元素。

在以上 3 种格式中，第一种格式主要用在需要段超越的情况下，至于进行字节比较还是字比较由操作数的类型决定。后两种格式中的 CMPSB 是按字节进行比较，CMPSW 是按字进行比较。

串比较指令通常和条件重复前缀 REPE(REPZ)或 REPNE(REPNZ)连用，用来检查两个字符串是否相等。

如果想在两个字符串中寻找第一个不相等的字符，则应使用重复前缀 REPE 或 REPZ，当遇到第一个不相等的字符时，就停止进行比较。但此时地址已被修改，即(DS: SI)和(ES: DI)已经指向下一个字节或字地址。所以应将 SI 和 DI 进行修正，使之指向所要寻找的不相等的字符。同理，如果想要寻找两个字符串中第一个相等的字符，则应使用重复前缀 REPNE 和 REPNZ。但是也有可能将整个字符串比较完毕仍未出现规定的条件(例如两个字符相等或不相等)，不过此时寄存器(CX) =0，故可用条件转移指令 JCXZ 进行处理。

【例 3-10】 现有两个长度均为 100 个字节的字符串，STRING1 为源串首地址，STRING2 为目标串首地址。试比较两个字符串是否相同，并找出其中第一个不相等的字符，将源串中该字符的地址送 BX，该字符送 AL。程序如下：

```
      LEA  SI, STRING1     ; (SI)←源串首地址
      LEA  DI, STRING2     ; (DI)←目标串首地址
      MOV  CX, 100         ; (CX)←串长度
      CLD                  ; (DF) =0，使地址指针按增量方向修改
```

```
        REPE   CMPSB          ；若相等则重复比较
        JCXZ  STOP            ；若(CX)=0，则转 STOP
        DEC   SI              ；否则(SI)-1，指向不相等的单元
        MOV   BX，SI          ；(BX)←不相等单元的地址
        MOV   AL，[SI]        ；(AL)←不相等单元的内容
STOP：  HLT                   ；停止
```

3. 串扫描指令 SCAS（Scan string）

指令格式有 3 种：

```
SCAS  OPRD        ；OPRD 为目的串
SCASB
SCASW
```

SCAS 指令执行时，将累加器 AL 或 AX 的值与目的串(由 ES:DI 所指向)中的字节或字进行比较，比较结果不改变目的操作数，只影响标志位。它与 CMPS 指令执行同样的不回送结果的减法操作，只是这里源操作数为 AL(或 AX)。

SCAS 指令常用于在一个字符串中搜索特定的关键字，把要找的关键字放在 AL(或 AX)中，再用本指令与字符串中各字符逐一进行比较。

【例 3-11】 有一个包含 100 个字符的字符串，其首地址为 STRING。找出字符串中第一个回车符 CR(其 ASCII 码为 ODH)，找到后将其地址保存在 BX。其程序如下：

```
          LEA  DI，STRING      ；(DI)←字符串首地址
          MOV   AL，0DH        ；(AL)←回车符 CR
          MOV   CX，100        ；(CX)←字符串长度
          CLD                  ；清标志位 DF
          REPNE  SCASB         ；若未找到，重复扫描
          JZ  FOUND            ；若找到，则转 FOUND
          JMP  STOP            ；转移至 STOP
FOUND：   DEC DI               ；(DI)-1
          MOV   BX，DI         ；地址送到 BX
STOP：    HLT                  ；停止
```

退出 REPNZ SCASB 串循环有两种可能：一种可能是已找到关键字，从而退出，此时 ZF =1；另一种可能是未搜索到关键字，但串已检索完毕，从而退出，此时 ZF=0，CX=0。因此退出之后，可以根据对 ZF 标志的检测来判断是属于哪种情况。

4. 串装入指令 LODS（Load string）

指令格式有 3 种：

```
LODS   OPRD   ；OPRD 为源串
LODSB
LODSW
```

LODS 指令把由 DS：SI 指向的源串中的字节或字取到累加器 AL 或 AX 中，并在这之后根据 DF 的值自动修改指针 SI，以指向下一个要装入的字节或字。

LODS 指令不影响标志位，且一般不带重复前缀，因为将字符串中的各个值重复地装入

到累加器中没有什么实际意义。

【例 3-12】 在以 BUFFER 为首地址的内存区域中，有 10 个以非压缩 BCD 码形式存放的十进制数，它们的值可能是 0 ~ 9 中的任意一个。将这些十进制数顺序显示在屏幕上。

在屏幕上显示一个字符的方法，是使用 DOS 系统功能调用，这样只需要 3 条语句即可：① 02H→AH；② 待显示字符的 ASCII 码→DL；③ INT 21H。

```
        LEA  SI, BUFFER      ; (SI)←源串首地址
        MOV  CX, 10          ; (CX)←字符串长度
        CLD                  ; 清标志位 DF
        MOV  AH, 02H         ; (AH)←功能号
NEXT:   LODSB                ; 取一个 BCD 码到 AL
        ADD  AL, 30H         ; BCD 码转换为 ASCII 码
        MOV  DL, AL          ; (DL)←待显示字符的 ASCII 码
        INT  21H             ; 显示
        DEC  CX              ; (CX)←(CX)-1
        JNZ  NEXT            ; (CX)≠0 则重复
        HLT                  ; 停止
```

5. 串存储指令 STOS（Store string）

指令格式有 3 种：

```
STOS  OPRD     ; OPRD 为目标串
STOSB
STOSW
```

STOS 指令把累加器 AL 中的字节或 AX 中的字存到由 ES：DI 指向的存储器单元中，并在这之后根据 DF 的值自动修改指针 DI 的值（增量或减量），以指向下一个存储单元。利用重复前缀 REP，可对连续的存储单元存入相同的值。指令不影响标志位。

【例 3-13】 将 5000H：0800H 单元开始的 100 个字节中装入初始值 FFH。其程序为

```
MOV  AX, 5000H
MOV  ES, AX           ; (ES)←目标串段地址
MOV  DI, 0800H        ; (DI)←目标串偏移地址
MOV  CX, 50           ; (CX)←串长度
CLD                   ; (DF)←0，从低地址到高地址的方向进行存储
MOV  AX, 0FFFFH       ; (AX)←FFFFH，即要存入目标串的内容
REP  STOSW            ; 将 100 个字节单元装入初值 FFH
```

五、控制转移指令

控制转移指令用于程序的分支转移、循环控制及过程调用，分为以下 4 类：转移指令、循环控制指令、过程调用指令和中断指令。

1. 无条件转移指令 JMP（Jump）

JMP 指令的操作是无条件地将程序转移到指定的目标地址，并从该地址开始执行新的程序段。目标地址可以用直接方式或间接方式给出。JMP 指令不影响标志位。

无条件转移指令分为以下 4 类：

(1) 段内直接转移 指令格式如下:

JMP LABLE ; (IP)←(IP)+disp, disp 为 8 位或 16 位的相对位移量

指令中的 LABLE 是一个标号，也称符号地址，它表示转移的目的地。该标号与本程序在同一个代码段内。指令汇编时，计算出 JMP 指令的下一条指令到 LABLE 所指示的目标地址之间的相对位移量(即相距多少字节单元)。指令的操作是将 IP 的当前值加上计算出的相对位移量，形成新的 IP，而代码段 CS 的值保持不变，从而使程序在本段内按新地址继续运行。

相对位移量可以是 8 位或 16 位。若位移量为 8 位，称为段内直接短转移，要在标号前加运算符 SHORT，其转移范围为 -128 ~ 127；若位移量为 16 位，称为段内直接近转移，在标号前可加运算符 NEAR，也可不加，其转移范围为 -32768 ~ 32767。

(2) 段内间接转移 指令格式如下:

JMP OPRD ; (IP)←(OPRD)

指令中的操作数 OPRD 是 16 位的寄存器或者存储器地址，可以采用各种寻址方式。指令的操作是用指定的 16 位寄存器或存储器两单元的内容作为目标的偏移地址，来取代原来 IP 的内容，从而实现程序的转移。代码段寄存器 CS 的值不变。

下面是几条段内间接转移指令的例子:

```
JMP  SI                    ; (IP)←(SI)
JMP  WORD PTR[BX+SI]       ; (IP)←(BX+SI)所指向的连续两个存储单元
                           ; 的内容
```

(3) 段间直接转移 指令格式如下:

```
JMP  FAR LABLE             ; (IP)←OFFSET LABLE
                           ; (CS)←SEG LABLE
```

指令的操作数是一个远标号，该标号在另一个代码段内。指令的操作是将标号的偏移地址取代指令指针寄存器 IP 的内容，同时将标号的段地址取代段寄存器 CS 的内容，结果使控制转移到另一个代码段内指定的标号处。

(4) 段间间接转移 指令格式如下:

```
JMP  mem32     ; (IP)←(mem32)
               ; (CS)←(mem32+2)
```

指令的操作数是一个 32 位的存储器地址(不能是寄存器)。指令的操作是将存储器的前两个字节送到 IP 寄存器，存储器的后两个字节送到 CS 寄存器，以实现到另一个代码段的转移。

2. 条件转移指令 Jcc

指令格式:

Jcc short_lable

指令助记符中的"cc"表示条件。short_lable 为短转移。

条件转移指令是根据前一条指令执行后标志位的状态，来决定程序是否转移。若满足转移指令规定的条件，则程序转移到指令指定的地址去执行；若不满足条件，则顺序执行下一条指令。所有的条件转移都是直接寻址方式的短转移，即只能在以当前指令为中心的 -128 ~127 范围内转移。条件转移指令不影响标志位。

条件转移指令见表3-3。

表3-3 条件转移指令

指令名称	助记符	转移条件	备 注
进位转移	JC	(CF)=1	
无进位转移	JNC	(CF)=0	
等于/零转移	JE/JZ	(ZF)=1	
不等于/非零转移	JNE/JNZ	(ZF)=0	
负转移	JS	(SF)=1	
正转移	JNS	(SF)=0	
溢出转移	JO	(OF)=1	
不溢出转移	JNO	(OF)=0	
偶转移	JP/JPE	(PF)=1	
奇转移	JNP/JPO	(PF)=0	
低于/不高于或等于转移	JB/JNAE	(CF)=1	无符号数
高于或等于/不低于转移	JAE/JNB	(CF)=0	无符号数
高于/不低于或等于转移	JA/JNBE	(CF)=0 且(ZF)=0	无符号数
低于或等于/不高于转移	JBE/JNA	(CF)=1 或(ZF)=1	无符号数
大于/不小于或等于转移	JG/JNLE	(SF)=(OF)且(ZF)=0	有符号数
大于或等于/不小于转移	JGE/JNL	(SF)=(OF)	有符号数
小于/不大于或等于转移	JL/JNGE	(SF)≠(OF)且(ZF)=0	有符号数
小于或等于/不大于转移	JLE/JNG	(SF)≠(OF)且(ZF)=1	有符号数
CX 等于零转移	JCXZ	(CX)=0	

【例3-14】 在DATA为首地址的内存数据段中，存放了100个8位带符号数。要求统计其中正数、负数和零的个数，并分别将个数存入PLUS、MINUS和ZERO三个单元中。

为统计正数、负数和零的个数，先将PLUS、MINUS和ZERO三个单元清零，然后将数据块中的带符号数逐个放入AL寄存器并使其影响标志位，再利用条件转移指令测试该数是正数、负数还是零，再分别在相应的单元中进行计数。

```
START:  XOR AL, AL          ; (AL)清零
        MOV  PLUS, AL       ; PLUS 单元清零
        MOV  MINUS, AL      ; MINUS 单元清零
        MOV  ZERO, AL       ; ZERO 单元清零
        LEA  SI, DATA       ; 数据块首地址→(SI)
        MOV  CX, 100        ; 数据块长度→(CX)
        CLD                 ; 清标志位 DF
CHECK:  LODSB               ; 取一个数据到 AL
        OR  AL, AL          ; 使数据影响标志位
        JS  X1              ; 若为负，转 X1
        JZ  X2              ; 若为零，转 X2
```

```
       INC  PLUS          ; 否则为正，PLUS 单元加 1
       JMP  NEXT          ;
X1:    INC  MINUS         ; MINUS 单元加 1
       JMP  NEXT          ;
X2:    INC  ZERO          ; ZERO 单元加 1
NEXT:  LOOP  CHECK        ; (CX)减 1，若(CX)不为零，则转 CHECK
       HLT                ; 停机
```

3. 循环控制指令

循环控制指令用于使一些程序段反复执行。循环控制转向的目标地址是以当前 IP 内容为中心的 -128 ~ 127 范围内。循环次数预先送入 CX 寄存器中，每循环一次，CX 内容减 1，若(CX) ≠0，则继续循环；否则就退出循环。

循环控制指令有 3 条，均不影响标志位。

(1) LOOP　指令格式如下：

LOOP LABLE

其中 LABLE 是一个近地址标号。在进入循环之前，循环次数必须先送到 CX 中。指令的执行是先将 CX 内容减 1，再判断 CX 是否为零，若 CX 不为零，则转至目标地址继续循环；否则退出循环，执行下一条指令。

LOOP 指令的应用可参见前面的例子。

指令 LOOP NEXT(NEXT 为标号)相当于 DEC CX 和 JNZ NEXT 两条指令的组合。

(2) LOOPZ/LOOPE (Loop if zero/Loop if equal)　指令格式如下：

　LOOPZ　LABLE

或：LOOPE　LABLE

该指令在执行时先使 CX 内容减 1，再根据 CX 中的值及 ZF 值来决定是否继续循环。当 CX 不为 0，且 ZF = 1 的条件下，才转移至目标地址继续循环；若 CX = 0 或者 ZF = 0，则退出循环。

这条指令是有条件地形成循环，即当满足“相等”或者“等于零”的条件下，且规定的循环次数还没有完成时，才能继续循环。

(3) LOOPNZ/LOOPNE (Loop if not zero/Loop if not equal)　指令格式如下：

　LOOPNZ　LABLE

或：LOOPNE　LABLE

该指令先将 CX 内容减 1，然后再判断 CX 和 ZF 的内容，如果(CX) ≠0 且 ZF = 0(表示“不相等”或“不等于零”)，转至目标地址继续循环，否则退出循环。

4. 过程调用和返回指令

在编写程序时，常将程序中具有相同功能的部分独立出来，编写成一个模块，称为过程(或子程序)。在程序执行中，主程序可在需要时随时调用这些子程序，子程序执行完以后，又返回到主程序继续执行。实现这一功能的指令有调用指令 CALL 和返回指令 RET。

调用指令 CALL 执行时，CPU 先将下一条指令的地址(称为返回地址)压入堆栈保护起来，然后将子程序的入口地址赋给 IP(或 CS 和 IP)，以便转到子程序执行。

返回指令 RET 在子程序的末尾，执行 RET 时，CPU 将堆栈顶部保留的返回地址弹出到

IP(或 CS 和 IP)，即可返回到 CALL 指令的下一条指令，继续执行子程序。

过程调用指令和返回指令对标志位都没有影响。

被调用的过程可以与主程序在同一个段内(近过程)，也可以在另外一个段(远过程)。被调用的过程地址可以用直接的方式给出，也可以用间接的方式给出。因此，CALL 指令有以下 4 种形式。

(1) 段内直接调用　指令格式如下：

CALL NEAR PROC

指令中，PROC 是一个近过程的符号地址，表示指令调用的过程在当前的代码段内。指令中的 NEAR 可以省略。指令在汇编时，得到 CALL 指令的下一条指令与被调用过程的入口地址之间相差的 16 位相对位移量。

CALL 指令执行时，首先将其下一条指令的偏移地址压入堆栈，然后将指令中 16 位的相对位移量与当前 IP 的内容相加，形成新的 IP，新 IP 的内容即为所调用过程的入口地址(入口地址的偏移地址)。指令的操作如下：

(SP)←(SP)-2

((SP)+1:(SP))←(IP)

(IP)←(IP)+16 位偏移量

(2) 段内间接调用　指令格式如下：

CALL　OPRD

OPRD 为 16 位寄存器或两个存储单元的内容。这个内容代表的是一个近过程的入口地址。指令的操作是将 CALL 指令的下一条指令的偏移地址压入堆栈，若指令中的操作数(OPRD)是一个 16 位通用寄存器，则将寄存器的内容送入 IP；若是存储单元，则将存储器的两个单元的内容送入 IP。

(3) 段间直接调用　指令格式如下：

CALL FAR PROC

指令中，PROC 是一个远过程的符号地址，表示指令调用的过程在另外一个代码段内。指令在执行时，先将 CALL 指令的下一条指令地址，即 CS 和 IP 寄存器的内容压入堆栈，然后用指令中给出的段地址取代 CS 的内容，偏移地址取代 IP 的内容。

指令的执行过程为

(SP)←(SP)-2,　　；((SP)+1:(SP))←(CS)
　　　　　　　　　；(CS)←所调用过程入口的段地址
(SP)←(SP)-2,　　；((SP)+1:(SP))←(IP)
　　　　　　　　　；(IP)←所调用过程入口的偏移地址

(4) 段间间接调用　指令格式如下：

CALL OPRD

指令中 OPRD 为 32 位的存储器地址。指令的操作是将 CALL 指令的下一条指令地址，即 CS 和 IP 的内容压入堆栈，然后把指令中指定的连续 4 个存储单元中的内容送入 IP 和 CS，低地址的两个单元的内容为偏移地址，送入 IP；高地址的两个单元的内容为段地址，送入 CS。

(5) 返回指令 RET　指令格式如下：

RET

返回指令 RET 作为子程序的最后一条指令，执行与调用指令相反的操作。对于近过程(与主程序在同一个段内)，用 RET 指令返回主程序时，只需从堆栈顶部弹出一个字的内容到 IP，作为返回的偏移地址。对于远过程(与主程序不在同一段)，用 RET 指令返回主程序时，则需从堆栈顶部弹出两个字作为返回地址，先弹出一个字的内容送 IP，作为返回的偏移地址，再弹出一个字的内容给 CS，作为返回的段地址。

5. 中断指令

在程序运行期间，有时会产生一些随机事件，要求 CPU 暂时中止正在运行的程序，转去自动执行一组专门的中断服务程序来处理这些事件，处理完毕后又返回原来被中止的程序继续执行。这样一个过程称为中断。

8086/8088 CPU 可以在程序中安排一条中断指令来引起一个中断过程，这种中断称为软件中断。8086/8088 CPU 共有 3 条中断指令。

(1) INT(Interrupt)　指令格式如下：

INT　n

指令中 n 为中断向量码(或中断类型码)，取值范围为 0 ~ 255。

INT 指令的具体操作步骤为：

1) 将标志寄存器的内容压入堆栈。

(SP)←(SP) -2, ((SP +1):(SP))←(FR)

2) 清除 IF 和 TF，以保证在中断服务子程序中不会被再次中断，且也不会响应单步中断。

(IF)←0, (TF)←0

3) 将断点地址(INT 指令的下一条指令地址)的段地址和偏移地址压入堆栈。

(SP)←(SP) -2, ((SP +1):(SP))←(CS)

(SP)←(SP) -2, ((SP +1):(SP))←(IP)

4) 由 n×4 得到中断向量地址,并进而得到中断处理子程序的入口地址。

(IP)←((n×4) +1:(n×4))

(CS)←((n×4) +3:(n×4) +2)

以上操作完成后，CS：IP 就指向中断服务程序的第一条指令。INT n 指令除对 IF 和 TF 清零外，不影响其他标志位。

(2) INTO(Interrupt if Overflow)　INTO 为溢出中断指令，指令助记符后没有操作数。这条指令检测溢出标志 OF，若(OF) =1，则启动一个类似于 INT n 的中断过程，否则没有操作。

INTO 指令是 n =4 的 INT 指令，其向量地址为 0010H，即 INTO 指令与 INT 4 指令调用的是同一个中断服务程序。

(3) IRET(Interrupt Return)　IRET 是中断返回指令，指令后没有操作数。中断服务程序的最后一条指令通常是 IRET。该指令首先将堆栈中的断点地址弹出到 IP 和 CS，接着将 INT 指令执行时压入堆栈的标志字弹出到标志寄存器，以恢复中断前的标志状态。该指令影响所有的标志位。指令的操作如下：

(IP)←((SP) +1:(SP)), (SP)←(SP) +2

(CS)←((SP) +1:(SP)), (SP)←(SP) +2

(FR)←((SP)+1:(SP)),(SP)←(SP)+2

六、处理器控制指令

处理器控制指令用来对 CPU 进行控制，如对标志位的状态进行修改，使 CPU 暂停，使 CPU 与外部设备同步等。

1. 标志位操作指令

8086/8088 指令系统中对某个标志位进行操作的指令有 7 条，分别是：3 条进位标志操作指令：清进位标志 CLC(Clear carry flag)、置进位标志 STC(Set carry flag)和进位标志求反 CMC(Complement carry flag)；两条方向标志操作指令：清方向标志 CLD(Clear direction flag)和置方向标志 STD(Set direction flag)；两条中断标志操作指令：清中断允许标志 CLI(Clear interrupt enable flag)和置中断允许标志 STI(Set interrupt enable flag)。这些指令均无操作数，仅对有关标志位执行操作，而对其他标志位没有影响。

标志位操作指令的指令格式及操作见表 3-4。

表 3-4　标志位操作指令

指　令	操　作
CLC	CF←0，清进位标志位
STC	CF←1，置进位标志位
CMC	CF← $\overline{CF}$，进位标志位取反
CLD	DF←0，清方向标志位，串操作时从低地址到高地址
STD	DF←1，置方向标志位，串操作时从高地址到低地址
CLI	IF←0，清中断标志位，即关中断
STI	IF←1，置中断标志位，即开中断

2. 空操作指令

空操作指令 NOP(No operation)的执行不进行任何操作，但占用 3 个时钟周期。NOP 指令没有操作数，指令对标志位没有影响。该指令常用于程序的延时等。

3. 暂停指令

执行暂停指令 HLT(Halt)后，CPU 进入暂停状态。外部中断或复位信号 RESET 可使 CPU 退出暂停状态。HLT 指令没有操作数，指令对标志位没有影响。该指令常用于等待中断的产生。

4. 等待指令

若 8086/8088 CPU 的 $\overline{TEST}$ 引脚上的信号无效(高电平)，则(等待指令)WAIT 使 CPU 进入等待状态。直到 $\overline{TEST}$ 信号有效，或者一个被允许的外部中断，可使 CPU 退出等待状态。

如果 $\overline{TEST}$ 信号有效，则 CPU 不再处于等待状态，开始执行 WAIT 指令下面的程序。一个允许的外部中断也可使 CPU 离开等待状态，转向中断服务程序，从中断返回后使 CPU 再次进入等待状态。

WAIT 指令没有操作数，指令对标志位没有影响。WAIT 指令用于使 CPU 本身与外部的硬件同步工作。

5. 总线锁定指令

总线锁定指令 LOCK(Lock bus)是一个前缀，可放在任何一条指令前面，它主要是为多机共享资源而设计的。这条指令的执行可使 CPU 的 LOCK 引脚低电平有效，从而使得加有 LOCK 前缀的指令在执行期间封锁外部总线，不允许其他处理器工作，只能使某个处理器工作，以免多机共享资源情况下，出现不正确使用内存的情况。这个过程会一直持续到该指令执行结束。本指令不影响标志位。

6. 交权指令

交权指令 ESC(Escape)使其他处理器(多处理器系统时)使用8086/8088 的寻址方式，并从 8086/8088 的指令队列中取得指令。执行 ESC 指令时，8086/8088 CPU 访问一个存储器操作数，并将其放在数据总线上，供其他处理器使用。ESC 指令对标志位没有影响。

本章小结

本章首先介绍了8086 CPU 指令的基本结构，然后详细地介绍了8086 CPU 的寻址方式和指令系统。寻址方式是获得操作数所在地址的方法，了解什么样的寻址方式适用于什么样的指令，对正确理解和合理使用指令是很重要的。8086 CPU 的寻址方式有以下几种：立即寻址、直接寻址、寄存器寻址、寄存器间接寻址、变址寻址和基址-变址寻址等。8086 CPU 的指令系统包括数据传送类指令、算术运算指令、逻辑运算和移位指令、串操作指令、控制转移指令和处理器控制指令。要求掌握常用指令的使用方法。

习　题

3-1 说明以下指令是否正确，如果不正确，简述理由。

(1) MOV AL, BX　　(2) MOV 66H, AL

(3) MOV AX, [SI][DI]　　(4) MOV [AX], [SI]

(5) ADD BYTE PTR[BP], 256　　(6) MUL 26H

(7) JMP BYTE PTR[BX]　　(8) OUT 200H, AX

(9) SUB ES, 20H　　(10) SAL AX, 5

3-2 分别指出以下各条指令的寻址方式和物理地址。

设(DS)=4000H，(ES)=3000H，(SS)=1600H，(SI)=00A0H，(BX)=0800H，(BP)=1200H，数据变量 VAR 为 0050H。

(1) MOV AX, BX　　(2) MOV DL, 30H

(3) MOV AX, VAR　　(4) MOV AX, VAR[BX][SI]

(5) MOV AL,'A'　　(6) MOV DI, ES:[BX]

(7) MOV DX, [BP]　　(8) MOV AX, 10H[BX]

3-3 按要求写出相应的指令或程序段。

(1) 写出两条使 AX 内容为零的指令；

(2) 使 BL 寄存器中的高 4 位与低 4 位互换；

(3) 屏蔽 CX 寄存器的 D10、D5 和 D1 位；

(4) 测试 DX 中的 D1 和 D9 位是否同时为 1。

3-4 编写一个程序段，统计 BUFFER 为起始地址的连续 100 个单元中 0 的个数。

3-5 说明指令 MOV AX, 2000H 和 MOV AX, DS:[2000H]的区别。

3-6 若有一个 4B 数，放在寄存器 DX 与 AX 中(DX 中放高 16 位)，要求这个 4B 数整个左移一位如何实现？右移一位又如何实现？

3-7 用串传送操作指令编写一个程序段，实现将1KB的数据块从偏移地址为1000H开始的单元传送到偏移地址为1500H开始的缓冲区。

3-8 若SS = 1000H，SP = 1000H，AX = 1234H，BX = 5678H，Flag = 2030H，试说明执行指令

```
PUSH   BX
PUSH   AX
PUSHF
POP   CX
```

之后，SP = ？SS = ？CX = ？并画图指出栈中各单元的内容。

3-9 下面程序段，在什么情况下执行结果是AH = 0？

```
BEGIN：  IN      AL，3FH
         TEST    AL，80H
         JZ      BRCH1
         XOR     AX，AX
         JMP     STOP
BRCH1：  MOV     AH，0FFH
STOP：   HLT
```

3-10 阅读以下程序段：

```
START：LEA      BX，TABLE
       MOV      CL，[BX]
LOP1：  INC      BX
       MOV      AL，[BX]
       CMP      AL，0AH
       JNC      X1
       ADD      AL，30H
       JMP      NEXT
X1：    ADD      AL，37H
NEXT：  MOV      [BX]，AL
       DEC      CL
       JNZ      LOP1
```

（1）设从地址TABLE开始，10个存储单元的内容依次为：05H，01H，09H，0CH，00H，0FH，03H，0BH，08H，0AH。依次写出运行以上程序段后，从地址TABLE开始的10个存储单元的内容；

（2）简要说明以上程序段的功能。

第四章 汇编语言程序设计

第一节 汇编语言源程序

汇编语言是用指令的助记符、符号地址、标号和伪指令等来书写程序。用汇编语言编写的程序称为汇编语言源程序。由于计算机只能辨认和执行机器语言，因此必须将汇编语言源程序“翻译”成能够在计算机上执行的机器语言（称为目标代码程序），这个翻译的过程称为汇编，完成汇编过程的系统程序叫做汇编程序。

目前广泛使用的是宏汇编（MASM）。宏汇编除了能将源程序翻译成目标代码外，还提供了很多增强的功能，如允许使用宏定义以简化编程，能检查出源程序编写过程中出现的语法错误，还可根据用户要求，自动分配各类存储区（程序区、数据区等），自动将非二进制数转换为二进制数，自动进行字符到ASCII码的转换以及计算指令中表达式的值等。

汇编语言是面向具体机器的语言。即不同种类的CPU具有不同的汇编语言，相互之间不能通用，但同一系列的CPU是向前兼容的。

汇编语言主要应用于一些对程序执行要求较高而内存容量又有限的场合（例如某些工控和实时控制系统中），或需要直接访问硬件的场合等。

一、汇编语言源程序的结构

一个完整的汇编语言源程序通常由若干个逻辑段（SEGMENT）组成，包括代码段、数据段、附加段和堆栈段，它们分别映射到存储器中的物理段上。

源程序中所有的指令码都放在代码段中，而数据、变量等则放在数据段和附加段中。程序中可以定义堆栈段，也可以不定义而利用系统中的堆栈段。一般来说，一个源程序中可以有多个代码段，也可以有多个数据段、附加段及堆栈段。源程序以分段形式组织，是为了在程序汇编后，能将指令码和数据分别装入存储器的相应物理段中。

下面以一个具体的例子来说明完整汇编语言程序的结构，目的是给读者建立一个汇编语言程序框架的概念。

【例4-1】 两个字（A6B8H，206DH）相加的完整的汇编语言程序。

```
DATA     SEGMENT                        ；定义数据段
DATA1    DW 0A6B8H                      ；定义被加数
DATA2    DW 206DH                       ；定义加数
SUM      DW 2 DUP(?)                    ；定义和
DATA     ENDS                           ；数据段结束
CODE     SEGMENT                        ；定义代码段
         ASSEME CS：CODE，DS：DATA      ；段寄存器说明
START：  MOV AX，DATA
         MOV DS，AX                     ；初始化DS
         LEA SI，SUM                    ；存放结果的偏移地址送SI
```

```
        MOV   AX, DATA1              ; 取被加数
        ADD   AX, DATA2              ; 两数相加
        MOV   [SI], AX               ; 和送入SUM
        MOV   AH, 4CH
        INT   21H                    ; 返回DOS
CODE    ENDS                         ; 代码段结束
        END START                    ; 源程序结束
```

二、汇编语言语句类型及格式

汇编语言源程序的语句分为两类：指令性语句和指示性语句。

指令性语句就是由指令组成的可由CPU执行的语句。第三章中介绍的所有用助记符表示的指令都属于指令性语句；而指示性语句并不生成目标代码，只是用来告诉汇编程序如何对程序进行汇编的命令。指示性语句又称为伪操作指令或伪指令。

指令性语句的格式如下：

[标号:] [前缀] 操作码 [操作数[，操作数]] [；注释]

格式中的方括号内是可选项，是否需要应根据具体情况而定。

例如，指令性语句如下：

START：MOV AX，DATA ；将立即数DATA送累加器AX

指示性语句的格式如下：

[名字] 伪操作 [操作数，操作数，…] [；注释]

例如，指示性语句如下：

DATA1 DB 56H，78H，9AH ；定义字节型数据，"DB"是伪操作

注释是汇编语言语句的最后一个组成部分。加上注释的目的是增加源程序的可读性。应在重要的程序段前面以及关键的语句处加上简明扼要的注释。注释的前面要求加上分号(;)。注释可以跟在语句后面，也可作为一个独立的行。如果注释的内容较多，超过一行，则换行以后前面还要加上分号。注释不参加程序汇编，即不生成目标程序，它只是为人们阅读程序提供方便。

指令性语句与指示性语句在格式上的区别：

1）指令性语句中的"标号"表示指令的符号地址，其后面通常要加上"："。指示性语句中的"名字"通常表示变量名、段名和过程名等，其后不加"："。名字在多数情况下表示的是变量名，用来表示存储器中一个数据区的地址。

2）指令性语句中的操作数最多为两个操作数，也可以没有操作数。而指示性语句中的操作数可根据需要有多个，当操作数有不止一个时，相互之间用逗号隔开。

指令性语句的操作码和前缀在第三章已进行了详细的讨论，伪操作将在本章下一节进行介绍。下面讨论汇编语言语句中的操作数部分。

三、数据项及表达式

操作数可以是寄存器、存储器单元或数据项。而数据项又可以是常量、标号、变量和表达式。

1. 常量

常量有以下几种：

(1) 二进制常量 以字母“B”(Binary)结尾的二进制数。如：10010110B。

(2) 十进制常量 由若干个0~9的数字组成的序列。以字母“D”(Decimal)结尾或不加结尾。如：56D，56。

(3) 十六进制常量 以字母“H”(Hexadecimal)结尾。如：5EH，0F650H。在程序中，若以字母A~F开始的十六进制数，在其前面要加一个数字0。

(4) 字符串常量 用单引号括起来的一个或多个字符。字符串常量的值是引号中字符的ASCII码值，如“A”的值是41H，“B9”的值是4239H。

2. 标号

指令的标号是由编程者确定的，它不能与指令助记符或伪指令重名，也不允许由数字0~9开头，标号的字符个数不超过31个。

指令性语句中的标号代表存放一条指令的存储单元的符号地址，其后通常加一个冒号(:)如果一条指令前面有一个标号，则程序中其他地方就可以引用这个标号。因此标号可以作为无条件转移或条件转移、过程调用以及循环控制等指令的操作数。

标号具有3种属性：段、偏移量和类型。

1）标号的段属性就是标号所在段的段地址。

2）标号的偏移量就是标号所在段的起始地址到定义该标号的地址之间的字节数(即偏移地址)。偏移量是一个16位无符号数。

3）标号的类型有NEAR和FAR两种。前一种标号称为近标号，只能在段内被引用，地址指针为2B。后一种标号称为远标号，可以在其他段被引用，地址指针为4B。

3. 变量

变量名由字母开头，长度不超过31个字符。变量是存储器中某个数据区的名字，因为数据区中的内容是可以改变的，因此变量的值也可以改变。变量在指令中可以作为存储器操作数引用。

变量也具有3种属性，即段、偏移量和类型。

1）变量的段属性就是它所在段的段地址。因为变量一般在存储器的数据段或附加段中，所以变量的段值在DS或ES寄存器中。

2）变量的偏移量属性是该变量所在段的起始地址到变量地址之间的字节数。

3）变量的类型有BYTE(字节)、WORD(字)、DWORD(双字)、QWORD(四字)、TBYTE(10B)等，表示数据区中存取操作对象的大小。

使用变量时需注意以下两点：

1）变量的类型与指令的要求要相符。例如，指令MOV AX，VAR中，要求VAR必须定义为字类型变量。

2）在定义变量时，变量名对应的是数据区的首地址。如果数据区中有多个数据，则对其他数据操作时，需修改地址。例如：

```
BUFFER   DB   56H, 78H, 9AH
...
MOV      AL, BUFFER + 2          ; 将9AH送(AL)
```

4. 表达式

表达式是由常数、操作数、操作符和运算符组合而成的。在程序汇编时，汇编程序将表达式进行相应的运算，得到一个确定的值。在程序执行时，表达式本身已是一个有确定值的操作数。

表达式中常用的运算符有以下几种：

(1) 算术运算符　算术运算符有+(加)、-(减)、*(乘)、/(除)、MOD(取余)等。算术运算符用于数值表达式时，其汇编结果是一个数值；用于地址表达式时，只使用“+”和“-”两种运算符。例如：VAR+3表示变量VAR加上3得到新的存储单元地址。

(2) 逻辑运算符　逻辑运算符包括AND(与)、OR(或)、NOT(非)、XOR(异或)。逻辑运算符只用于数值表达式，用于对数值进行按位逻辑运算，并得到一个数值结果。对地址不能进行逻辑运算。例如：指令MOV AL，0A6H XOR 0CEH等价于MOV AL，68H。

(3) 关系运算符　关系运算符包括EQ(等于)、NE(不等于)、LT(小于)、GT(大于)、LE(小于等于)、GE(大于等于)。

关系运算符连接的必须是两个数值，或同一段中的两个存储单元地址。关系运算符的运算结果是一个逻辑值，当关系不成立(为假)时，结果为0；当关系成立(为真)时，结果为0FFFFH。例如：

```
MOV AX，3 NE 4            ；关系成立，汇编成指令MOV AX，0FFFFH
```

(4) 取值运算符　取值运算符用来分析一个存储器操作数的属性。常用的有OFFSET和SEG两个取值运算符。

1) OFFSET。利用运算符OFFSET可以得到一个标号或变量的偏移地址。例如：

```
MOV   SI，OFFSET DATA1          ；将变量DATA1的偏移地址送SI
```

该指令等同于以下指令：

```
LEA   SI，DATA1
```

2) SEG。利用运算符SEG可以得到一个标号或变量的段地址。例如：

```
MOV   AX，SEG DATA              ；将变量DATA的段地址送AX
MOV   DS，AX                    ；(DS)←(AX)
```

(5) 属性运算符　属性运算符PTR用来指定其后的存储器操作数的类型。例如：

```
MOV   AX，WORD PTR[SI]          ；将SI和SI+1所指向的两个存储单元送AX
```

(6) 段超越运算符　运算符“：”跟在某个段寄存器名(DS、ES、SS或CS)之后表示段超越，用来指定一个存储器操作数的段属性。例如：

```
MOV   AX，ES：[BX]               ；将ES段中由BX指向的字操作数送(AX)
```

第二节　伪指令

一、数据定义伪指令

数据定义伪指令用来定义一个变量的类型，给存储器赋初值，或给变量分配存储空间。

1. 定义字节

字节DB(Define Byte)用来定义一个变量，并初始化其内存单元。

格式：[变量名]　DB　表达式

表达式可以是以下情况之一：①一个常数表达式；②问号(?)作为非确定的初始值；③一个或多个字符的字符串；④ 重复子句：重复次数DUP(表达式)…。

例如：

```
DATA1       DB 11H, 22H, 33, 44H, 55H     ; 定义了5B常数
STRING1     DB 'A'                        ; 定义了一个字符
STRING2     DB 'How Are You?'             ; 定义了一个字符串
SUM         DB ?                          ; 预置了一个不确定的值(变
                                          ; 量)
BUFFER      DB 10 DUP(?)                  ; 预置了10个具有不确定值的
                                          ; 单元
```

2. 定义字

字DW(Define Word)定义一个字(两个单元)。DW伪操作后面的每个操作数都占用2B，在内存中存放时，低字节在前，高字节在后。DW的格式和表达式与DB类似。例如：

```
DATA2       DW 1234H, 5678H, 9ABCH        ; 定义了3个字常数
BUFFER      DW 50 DUP(?)                  ; 定义了50个字，从BUFFER
                                          ; 地址开始的100个单元内容
                                          ; 是不确定的
```

数据定义伪指令还有DD、DQ、DT，其格式、表达式及用法都与DB，DW语句类似。

```
DD(Define Doubleword)      ; 定义双字(4B)
DQ(Define Quadword)        ; 定义4个字(8B)
DT(Define Tenbytes)        ; 定义10B
```

二、符号定义伪指令

符号定义伪指令EQU用于给一个表达式赋予一个名字。以后在程序中凡是用到该表达式的时候，就用这个名字来代替；在需要修改该表达式的值时，只需在赋予名字的地方修改即可。其格式为

名字　EQU　表达式

格式中的表达式可以是一个常数、符号、数值表达式、地址表达式，甚至可以是指令助记符。例如：

```
COUNT   EQU 100            ; 常量
VAR     EQU 64*1024        ; 数值表达式
ADDR    EQU DS:[BP+8]      ; 地址表达式
GOTO    EQU JMP            ; 指令助记符
```

EQU指令不能对同一个符号重复定义。若希望对同一个符号重复定义，可以用“=”伪指令。例如：

```
EMP=60H           ; EMP代表数值60H
  ⋮
EMP=80H           ; 在此将EMP重新赋值，EMP代表数值80H
```

三、段定义伪指令

段定义语句可使编程者按段组织程序和使用存储器。段定义伪指令有SEGMENT和ENDS，这两条伪指令总是一起出现。它们将汇编语言源程序分成段，这些分段对应于存储器中区段。在源程序中由这个语句规定哪个段是代码段，哪个段是数据段和堆栈段。其格式

为

段名　SEGMENT ［定位类型］［组合类型］［‘类别’］
　⋮
段名　ENDS

段名是编程者自己指定的，定位类型、组合类型和类别是赋给段名的属性。用方括号括起来的项表示此项可以省略，若不省略，各项顺序不能改变，且用空格分隔。格式中中间部分称为段体，对代码段主要是程序代码，而对数据段、附加段和堆栈段来说，一般为变量、符号定义等伪指令。

1. 定位类型

表示此段的起始边界要求，可以是 PAGE、PARA、WORD 和 BYTE。它们表示如下的地址要求：

PAGE = ×××× ×××× ×××× 0000 0000 B
PARA = ×××× ×××× ×××× ×××× 0000 B　（隐含值）
WORD = ×××× ×××× ×××× ×××× ×××0 B
BYTE = ×××× ×××× ×××× ×××× ×××× B

分别称它们为以页、节、字、字节为边界。若该项省略，则其默认值为 PARA。

2. 组合类型

用来告诉连接程序本段与其他段的关系，分别为 NONE、PUBLIC、COMMON、AT 表达式以及 STACK 和 MEMORY。

（1）NONE　表示本段与其他段不发生关系，每段都有自己的基地址。该项为隐含值(默认值)。

（2）PUBLIC　连接程序为本段和同名同类别的其他段相邻地连接在一起，然后为所有这些 PUBLIC 段指定一个共同的段基地址，即连接成一个物理段。

（3）COMMON　连接程序为本段和同名同类别的其他段指派相同的基地址，因而将本段与同名同类别的其他段产生覆盖。段的长度取决于最长的 COMMON 段的长度。

（4）AT 表达式　连接程序把本段装在表达式的值所指定的段地址上。

（5）STACK　与 PUBLIC 同样处理，但此段作为堆栈段，被连接程序中必须至少有一个 STACK 段。如果有多个，则在初始化时使 SS 指向所遇到的第一个 STACK 段。

（6）MEMORY　连接程序将把本段定位在被连接在一起的其他所有段之上。若有多个 MEMORY 段，汇编程序认为所遇到的第一个为 MEMORY，其余为 COMMON。

3. 类别

必须用单引号括起来，连接程序只使同类别的段发生关联。典型的类别名有‘STACK’、‘CODE’等。

上述 3 个可选项主要用于多个程序模块的连接。若程序只有一个模块，即只包括代码段、数据段、附加段和堆栈段，除堆栈段建议用组合类型 STACK 说明外，其他段的组合类型及类别均可省略。定位类型一般采用默认值 PARA。

四、设定段寄存器伪指令

伪指令 ASSUME 告诉汇编程序一个段属于哪个段寄存器。当汇编程序遇到一个段名时，它就自动地引用给出的段寄存器将段名加以汇编。

格式为

ASSUME　段寄存器名：段名[，段寄存器名：段名[，…]]

格式中的段寄存器名可以是 CS、DS、ES 或 SS。

在一个源程序中，ASSUME 伪指令要放在可执行程序开始位置的前面。例如，以下程序是一个完整代码段的定义方法。

```
CODE  SEGMENT PARA PUBLIC 'CODE'
      ASSUME CS：CODE，DS：DATA，ES：EDATA，SS：STACK
      MOV  AX，DATA
      MOV  DS，AX
      MOV  AX，EDATA
      MOV  ES，AX
      MOV  AX，STACK
      MOV  SS，AX
       ⋮
CODE  ENDS
```

汇编时，系统自动地将代码段的段地址装入段寄存器 CS。若定义了数据段、附加段和堆栈段，需要编程者用指令把 DS、ES、SS 初始化。

五、过程定义伪指令

过程就是子程序。过程可被程序调用，当过程执行完后，控制返回调用点。调用过程和从过程返回的指令是 CALL 和 RET。

过程定义伪指令的格式为

```
过程名  PROC [NEAR/FAR]
         ⋮
        RET
过程名  ENDP
```

过程名实际上是过程入口的符号地址，PROC 和 ENDP 必须成对出现，它们前面的过程名必须相同。过程可以是近过程(与调用程序在同一个代码段内)，此时 PROC 后的类型是 NEAR，可以省略；过程也可以是远过程(与调用程序在不同的代码段内)，此时 PROC 后的类型是 FAR，不能省略。

【例 4-2】 编写一个软件延时的子程序。

```
DELAY   PROC                    ；定义一个过程
        PUSH    BX              ；保护 BX 原来的内容
        PUSH    CX              ；保护 CX 原来的内容
        MOV     BL，50          ；外循环次数
NEXT：  MOV     CX，2000        ；内循环次数
WAITS： LOOP    WAITS           ；(CX)≠0 则循环
        DEC     BL              ；修改外循环计数值
        JNZ     NEXT            ；(BL)≠0 则继续外循环
        POP     CX              ；恢复 CX 原来的内容
```

```
        POP    BX          ; 恢复BX原来的内容
        RET                ; 过程返回
DELAY   ENDP               ; 过程结束
```

六、结束伪指令

END伪指令表示程序到此为止，告诉汇编程序汇编任务到此结束。其格式为

END［标号］

END伪操作后面的标号表示程序的开始地址。如果几个模块连在一起，则只能指定主模块的开始地址。

例如：

```
END     START        ; START为源程序的启动地址
```

第三节 DOS功能调用

微型机的系统软件(如操作系统)提供了很多可供用户调用的功能子程序，包括控制台输入输出、基本硬件操作、文件管理、进程管理等。它们为用户的汇编语言程序设计提供了许多方便。用户可以在自己的程序中直接调用这些功能，而不必再自行编写。

DOS是IBM PC系列微机的操作系统，负责管理系统的所有资源，协调微机的操作，其中包括大量的可供用户调用的服务程序。DOS的功能调用不依赖于具体的硬件系统。

所有的DOS系统功能调用都是利用软中断指令INT 21H来实现的。INT 21H是一个具有90多个子功能的中断服务程序，这些子功能大致可分为设备管理、目录管理、文件管理和其他共4个方面。INT 21H对每一个子功能都进行了编号——称为功能号。这样，用户就能通过指定功能号来调用INT 21H的不同子功能。

DOS系统功能调用的方法为：①AH←功能号；②在其他寄存器中放入该功能所要求的入口参数；③INT 21H；

下面介绍INT 21H的几个最常用的功能。

1. 键盘输入单字符

除控制键外，从键盘上输入的所有内容都作为ASCII字符对待。例如，若在键盘上输入数字键“6”，则键盘输入功能将返回一个字符6的ASCII码36H。

功能号1和功能号8都可以接收键盘输入的单字符，输入的字符以ASCII码的形式放在累加器AL中。其中1号功能有回显，即键盘输入的内容在放入累加器AL的同时，在显示器上也显示出来；8号功能无回显。

键盘输入单字符的功能常用来回答程序中的提示信息，或选择菜单中的可选项以执行不同的程序段。

【例4-3】 从键盘输入“Y”或“N”来选择程序的走向。

```
SECLE:  MOV   AH, 01H     ; 功能号1送AH，有回显键盘输入单字符
        INT   21H         ; 键盘输入单字符后，(AL)=输入字符的ASCII码
        CMP   AL,'Y'      ; 比较输入的字符是否是Y
        JE    YES         ; 若输入的字符是Y，则转YES语句处
        CMP   AL,'N'      ; 比较输入的字符是否是N
```

```
        JE      NO          ；若输入的字符是 N，则转 NO 语句处
        JMP     SECLE       ；若输入的是其他字符，转至 SECLE 语句处
                            ；继续等待输入
YES：
        ⋮
NO：
        ⋮
```

2. 键盘输入字符串

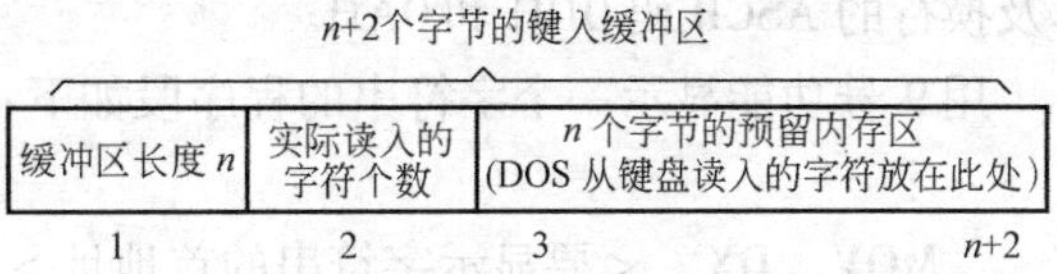

图 4-1 用户定义的键入字符串的缓冲区

键盘输入字符串通过 0AH 号功能来实现。该功能要求用户定义一个输入缓冲区来存放输入的字符串。缓冲区如图 4-1 所示，其中第一个字节为用户定义的缓冲区长度；第二个字节为实际键入的字符数(不包括回车符)；从第三个字节开始存放键入的字符。缓冲区的总长度等于缓冲区长度加 2。在调用本功能前，应把键入缓冲区的起始地址预置入 DX 寄存器。

【例 4-4】 从键盘上输入字符串“HOW ARE YOU?”，并在串尾加结束标志“$”。

```
DATA    SEGMENT
STRING  DB 20,?, 20 DUP(?)          ；定义缓冲区
DATA    ENDS
CODE    SEGMENT
        ASSUME CS：CODE，DS：DATA
START： MOV   AX，DATA
        MOV   DS，AX
        LEA   DX，STRING            ；缓冲区偏移地址送 DX
        MOV   AH，0AH               ；字符串输入功能
        INT   21H                   ；从键盘读入字符串
        MOV   CL，STRING+1          ；实际读入的字符个数→CL
        XOR   CH，CH
        ADD   CX，2
        ADD   DX，CX                ；得到字符串尾地址
        MOV   BX，DX
        MOV   BYTE PTR[BX],'$'      ；输入串结束符
        MOV   AH，4CH               ；返回 DOS
        INT   21H
CODE    ENDS
        END   START
```

3. 显示器显示单字符

2 号功能用于在显示器上显示单个字符。其程序段如下：

⋮

```
MOV  DL, <待显示字符的ASCII码>   ; 待显示字符的ASCII码必须放在DL中
MOV  AH, 02H                     ; 功能号02H→AH
INT  21H                         ; 执行系统功能调用
 ⋮
```

4. 显示器显示字符串

9号功能用于在显示器上显示一个字符串，要求被显示的字符串必须以“ $ ”字符作为结束符，否则会引起屏幕混乱。显示时如果希望光标能自动换行，则应在字符串结束前加上回车及换行的ASCII码0DH和0AH。

用9号功能显示一个字符串的程序段如下：

```
 ⋮
MOV  DX, <要显示字符串的首地址>   ; 要显示字符串的首地址送DX
MOV  AH, 09H                     ; 功能号09H→AH
INT  21H                         ; 执行系统功能调用
```

【例4-5】 在数据段内定义两句话：“PRESS ANY KEY IN THE KEYBOARD.”，“THE RESULT WILL DISPLAY IN SCREEN”。将这两句话在屏幕上分两行显示出来。

```
DATA     SEGMENT
STRING   DB 'PRESS ANY KEY IN THE KEYBOARD.', 0DH, 0AH
         DB 'THE RESULT WILL DISPLAY IN SCREEN', 0DH, 0AH,'$'
DATA     ENDS
CODE     SEGMENT
         ASSUME CS: CODE, DS: DATA
START: MOV   AX, DATA
       MOV   DS, AX
       MOV   DX, OFFSET STRING    ; 要显示字符串首地址→DX
       MOV   AH, 09H              ; 功能号09H→AH
       INT   21H                  ; 执行系统功能调用
       MOV   AH, 4CH              ; 返回DOS
       INT   21H
       CODE  ENDS
             END START
```

程序运行后，将在显示器上显示：

PRESS ANY KEY IN THE KEYBOARD.

THE RESULT WILL DISPLAY IN SCREEN

5. 返回DOS

一个程序执行完后，应使程序正常退出并返回到DOS，可使用DOS系统功能调用的4CH号功能。用4CH号功能返回DOS的程序段如下；

```
MOV  AH, 4CH        ; 功能号送AH
INT  21H            ; 返回DOS
```

第四节 汇编语言程序设计基础

一个设计好的程序不仅要能正常运行，完成指定的功能，还应具有以下特点：

1）程序结构模块化，程序简明、易读、易调试与维护。

2）程序执行速度快。

3）程序占用内存少。

一般来说，设计汇编语言源程序的基本步骤为：

1）分析实际问题，并抽象出描述问题的数学模型，确定解决问题的算法与思路。

2）画程序流程图(简单程序可省略此步)。

3）为数据和程序代码分配内存单元和寄存器。

4）编写源程序。

5）上机调试与修改，进行结果分析。

在进行汇编语言源程序设计时，通常用到4种基本程序结构：顺序程序、分支程序、循环程序、子程序。以下分别进行介绍。

1. 顺序程序

顺序程序是最常见、最基本的程序结构，其特点是程序顺序地执行，无分支、无循环和转移。CPU按照指令的排列顺序逐条执行。

【例4-6】 内存中自TABLE开始存放0~9的二次方值，通过人机对话方式，对任意输入的数x(0~9)，查表得到x的二次方值，将其放在AL中。

```
DATA    SEGMENT
TABLE   DB 0, 1, 4, 9, 16, 25, 36, 49, 64, 81
BUF     DB'PLEASE INPUT ONE NUMBER(0~9):', 0DH, 0AH,'$'
DATA    ENDS
STACK   SEGMENT PARA STACK 'STACK'
        DB 100 DUP(?)
STACK   ENDS
CODE    SEGMENT
        ASSUME CS: CODE, DS: DATA, SS: STACK
START:   MOV  AX, DATA
         MOV  DS, AX
         MOV  AX, STACK
         MOV  SS, AX
         MOV  BX, OFFSET TABLE ;TABLE的偏移地址送BX
         MOV  DX, OFFSET BUF     ; 9号功能调用，显示字符串
         MOV  AH, 09H            ; 提示输入一个数
         INT  21H
         MOV  AH, 01H            ; 1号功能调用，键入数送AL
         INT  21H
```

```
        MOV   AH, 0              ; AH 清零
        AND   AL, 0FH            ; 屏蔽高4位
        ADD   BX, AX             ; 得到输入数的二次方在表中的地址
        MOV   AL, [BX]           ; 输入数的二次方送 AL
        MOV   AH, 4CH            ; 返回 DOS
        INT   21H
CODE    ENDS
        END   START
```

2. 分支程序

除最基本的顺序程序外，经常会碰到根据不同的条件而转移到不同程序段去执行的各种分支程序。分支程序的基本结构如图 4-2 所示。分支结构程序通常采用条件转移指令来实现。

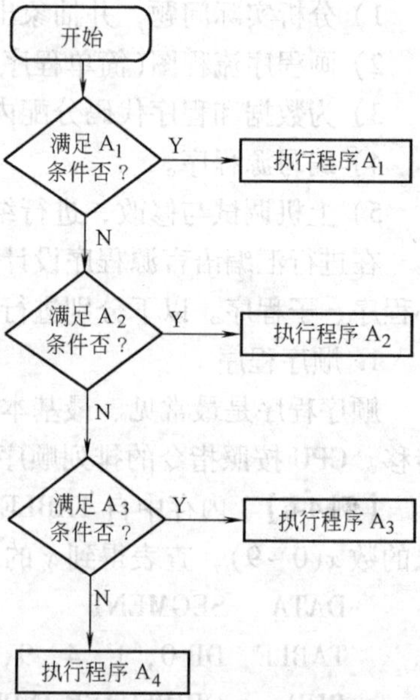

图 4-2　分支程序的基本结构

【例 4-7】 变量 x 的符号函数如下所示：

$$y=\begin{cases}1 & \text{当 } x>0\\ 0 & \text{当 } x=0\\ -1 & \text{当 } x<0\end{cases}$$

编写程序，根据 x 的值给 y 赋值。

先把变量 x 从内存中取出来，执行一次"与"或"或"操作，就可把 x 值的特征反映到标志位上。再根据标志来决定 y 的值。相应的程序为

```
        DATA    SEGMENT
        x       DW ?
        y       DW ?
        DATA    ENDS
        STACK   SEGMENT PARA STACK 'STACK'
                DB 100 DUP(?)
        STACK   ENDS
        CODE    SEGMENT
                ASSUME CS: CODE, DS: DATA, SS: STACK
START:  MOV     AX, DATA
        MOV     DS, AX
        MOV     AX, STACK
        MOV     SS, AX
        MOV     AX, x              ; 取 x 的值
        AND     AX, AX             ; 建立标志
        JZ      ZERO               ; x=0 转 ZERO
        JNS     PLUS               ; x>0 转 PLUS
        MOV     BX, 0FFFFH         ; x<0 令 BX = -1
```

```
        JMP    DONE
ZERO:   MOV    BX, 0
        JMP    DONE
PLUS:   MOV    BX, 1
DONE:   MOV    y, BX                  ; 存放结果
        MOV    AH, 4CH                ; 返回 DOS
        INT    21H
CODE    ENDS
        END    START
```

3. 循环程序

凡是程序中需要重复做的工作，都可以用循环结构程序来实现。循环程序有两种结构形式：①“先执行，后判断”；②“先判断，后执行”。这两种循环程序结构图如图 4-3 所示。无论哪种循环结构，都包括以下 4 个部分：

- 初始化：为循环作准备，设置循环计数值，设置变量初值。
- 循环体：循环部分的核心，包括循环的全部指令。
- 修改参数：修改操作数地址，为下次循环作准备。
- 循环控制：修改计数器值，判断循环控制条件，决定是否跳出循环。

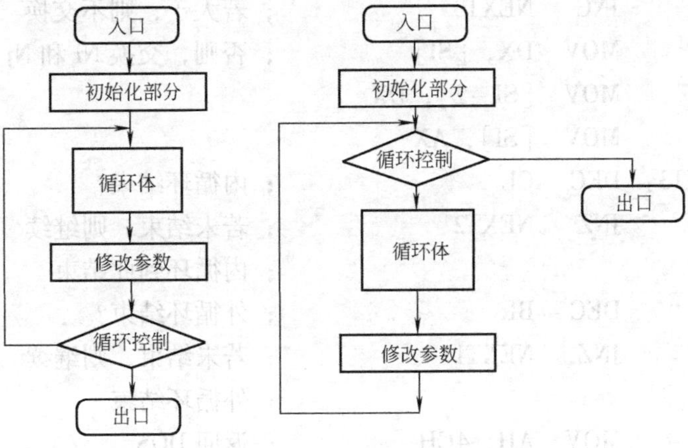

a)“先执行，后判断”结构　　b)“先判断，后执行”结构

图 4-3 循环程序结构图

【例 4-8】 把从 TABLE 单元开始的 100 个 16 位无符号数按从大到小的顺序排列。

1）本题是一个排序问题。因为是无符号数的比较，所以可直接用比较指令 CMP 和条件转移指令 JNC 来实现。

2）本题用双重循环。先使第一个数与下一个数比较，若大于则其位置不变，若小于则使两数交换位置。

3）以上完成了一次排序工作。再通过第二重的 99 次循环，即可实现 100 个无符号数的大小排序。

相应的程序如下：

```
        DATA    SEGMENT
        TABLE   DW 100 DUP(?)
        DATA    ENDS
        CODE    SEGMENT
                ASSUME CS：CODE，DS：DATA
        START： MOV   AX，DATA
                MOV   DS，AX
                LEA   DI，TABLE          ；DI 指向要排序的数的首址
                MOV   BL，99             ；外循环需 99 次
                                         ；外循环从此开始
        NEXT1： MOV   SI，DI             ；SI 指向当前要比较的数
                MOV   CL，BL             ；CL 为内循环计数器,循环次数每次少 1
                                         ；以下为内循环
        NEXT2： MOV   AX，[SI]           ；取第一个数 Ni
                ADD   SI，2              ；指向下一个数 Nj
                CMP   AX，[SI]           ；Ni≥Nj?
                JNC   NEXT3              ；若大于，则不交换
                MOV   DX，[SI]           ；否则，交换 Ni 和 Nj
                MOV   [SI-2]，DX
                MOV   [SI]，AX
        NEXT3： DEC   CL                 ；内循环结束?
                JNZ   NEXT2              ；若未结束，则继续
                                         ；内循环到此结束
                DEC   BL                 ；外循环结束?
                JNZ   NEXT1              ；若未结束，则继续
                                         ；外循环结束
                MOV   AH，4CH            ；返回 DOS
                INT   21H
        CODE    ENDS
                END   START
```

4. 子程序

若一段指令语句在一个程序中多次使用，或在多个程序中用到，则通常将这段指令语句当作一个独立的模块处理，这段模块称为子程序或"过程"。子程序能够在程序中的任何地方被调用。在使用子程序时应注意以下几点：

（1）参数传递　在调用子程序时，经常需要将一些参数传送给子程序，而子程序也常常需要在运行后将结果和状态等信息回送给调用程序。这种调用程序和子程序之间的信息传递，就称为参数传递。参数传递可通过寄存器、存储器、堆栈等方式进行。

（2）相应寄存器内容的保护与恢复　由于 CPU 的寄存器数量有限，调用程序和子程序

可能要用到同样的寄存器。为保护调用程序中寄存器的内容，在子程序的入口处，将子程序中将要用到寄存器的原来的内容压入堆栈保存；在子程序结束之前，将压入堆栈寄存器的原来内容恢复出来。

(3) 子程序嵌套　子程序还可以调用别的子程序，称为子程序的嵌套。

每一个子程序都包括在过程定义伪指令 PROC…ENDP 中间。与子程序调用有关的 CPU 指令为 CALL 和 RET。

【例 4-9】 某一外设的状态端口为 0378H，数据端口为 03F8H。当状态端口的第一位 (bit1) 为 0 时，表示外设忙；为 1 则表示外设可以接收数据。编写一个子程序，将当前段中从 BUFFER 开始的连续 100B 的内容从数据端口输出到外设。

通过接口向外设输出数据时，要判断外设是否处于忙的状态，只有外设不忙时，才能进行输出。

编写的子程序如下：

```
SENDATA   PROC  FAR           ；定义为远过程
          PUSH  AX            ；保护子程序中用到寄存器的原来内容
          PUSH  DX
          PUSH  SI
          PUSH  CX
          LEA   SI，BUFFER     ；数据的起始地址送 SI
          MOV   CL，100        ；要输出的字节数
AGAIN：   MOV   DX，0378H      ；I/O 状态端口
WAITING： IN    AL，DX         ；读入 I/O 状态端口
          TEST  AL，02H        ；外设忙？(测试 bit1)
          JZ    WAITING       ；若外设忙(bit1 =0)，则循环等待
          MOV   AL，[SI]       ；否则，取一个数准备输出
          MOV   DX，03F8H      ；I/O 数据端口
          OUT   DX，AL         ；输出一个字节
          INC   SI            ；指向下一个字节
          DEC   CL            ；计数器减 1
          JNZ   AGAIN         ；若未输出完，则循环
          POP   CX            ；恢复寄存器原来的内容
          POP   SI
          POP   DX
          POP   AX
          RET                 ；返回主程序
SENDATA   ENDP                ；过程定义结束
```

在主程序中调用这个子程序的语句为

```
  ⋮
MOV   AX，DATA
MOV   DS，AX
```

```
CALL  SENDATA
 ⋮
```

第五节　常见程序设计举例

【例 4-10】 统计一个数据区中负数的个数。

```
DATA    SEGMENT
MEM     DB 1, 0, -1, 55, 100, -23, -2, 10      ; 带符号数
        DB 36, -1, -2, 0, 125, -101, 66, 99
LEN     EQU $ - MEM                             ; 数的个数
RESULT  DW ?                                    ; 存放结果
DATA    ENDS
STACK   SEGMENT PARA STACK'STACK'
        DW 100 DUP(?)
STACK   ENDS
CODE    SEGMENT
        ASSEME CS: CODE, DS: DATA, SS: STACK
START:  MOV     AX, DATA
        MOV     DS, AX
        MOV     AX, STACK
        MOC     SS, AX
        MOV     BX, OFFSET MEM
        MOV     CX, LEN
        MOV     DX, 0                           ; 结果的初值
AGAIN:  MOV     AL, [BX]
        CMP     AL, 0
        JGE     DO
        INC     DX
DO:     INC     BX
        LOOP    AGAIN
        MOV     RESULT, DX                      ; 负数的个数送 RESULT
        MOV     AH, 4CH                         ; 返回 DOS
        INT     21H
CODE    ENDS
        END     START
```

【例 4-11】 把用 ASCII 码形式表示的数转换为二进制码。ASCII 码存放在以 MASC 为首地址的存储单元中，转换结果放在 MBIN。

分析：

1）通常从键盘上输入的数都是以 ASCII 码的形式存放在内存中的。另外数据区中以字

符形式定义的数(用单引号括起来的数)，在内存中也是以其对应的 ASCII 码存放的。

2）对十六进制数来说，0 ~ 9 的 ASCII 码分别为 30H ~ 39H。所以对这 10 个数，只需将其 ASCII 码减去 30H，就可得到对应的二进制数。A ~ F 的 ASCII 码分别为 41H ~ 46H，所以要减去 37H。

3）若取的数不在 0 ~ FH 范围内，则出错。

```
DATA   SEGMENT
MASC   DB '6','3','B','2'                   ; 要转换的 ASCII 码
MBIN   DB 2 DUP(?)
DATA   ENDS
CODE   SEGMENT
       ASSEMU CS: CODE, DS: DATA
BEGIN: MOV     AX, DATA
       MOV     DS, AX
       MOV     CL, 4                        ; 循环次数送 CL
       MOV     CH, CL                       ; 保存循环次数
       LEA     SI, MASC                     ; ASCII 码单元首地址送 SI
       CLD                                  ; 按地址增量方向
       XOR     AX, AX                       ; 中间结果清零
       XOR     DX, DX
NEXT1: LODS    MASC                         ; 装入一个 ASCII 码到 AL
       AND     AL, 7FH                      ; 得到 7 位 ASCII 码
       CMP     AL,'0'
       JL      ERROR                        ; 若(AL) <0，则转 ERROR
       CMP     AL,'9'
       JG      NEXT2                        ; 若(AL) >9，则转 NEXT2
       SUB     AL, 30H                      ; 若为数字 0 ~ 9，则转换为二进制数
       JMP     NEXT3
NEXT2: CMP     AL,'A'
       JL      ERROR                        ; 若(AL) <'A'，则转 ERROR
       CMP     AL,'F'
       JG      ERROR                        ; 若(AL) >'F'，则转 ERROR
       SUB     AL, 37H                      ; 若为数字 A ~ F，则转换为二进制数
NEXT3: OR      DL, AL                       ; 一个数的转换结果送 DL
       ROR     DX, CL                       ; 整个转换结果在(DX)中依次存放
       DEC     CH
       JNZ     NEXT1                        ; 未转换完则转 NEXT1
       MOV     WORD PTR MBIN, DX            ; 最后结果送 MBIN
       MOV     AH, 4CH                      ; 返回 DOS
       INT     21H
```

```
CODE  ENDS
      END    BEGIN
```

【例 4-12】 把在内存变量 NUMBER 中的 16 位二进制数的每一位转换为相应的 ASCII 码，并且存入串变量 STRING 中。

在一个二进制位串显示或输出打印时，需要把位串中的每一位转换为它的 ASCII 码。

转换的流程图如图 4-4 所示。

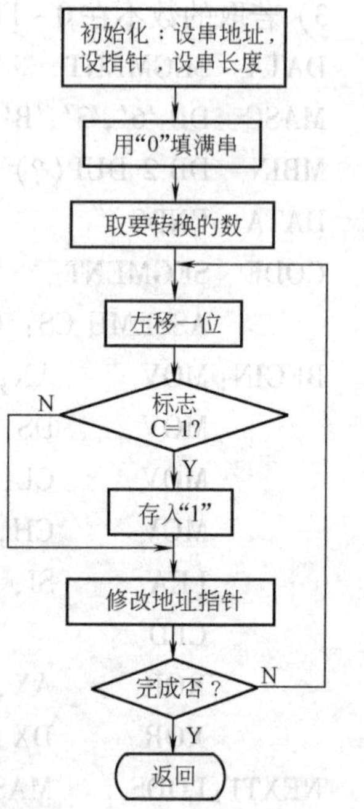

图 4-4 把二进制位串的每一位转换为 ASCII 码的程序流程图

相应的程序如下：

```
DATA      SEGMENT
NUMBER    DW 5E8AH
STRING    DB 16 DUP(？)
DATA      ENDS
STACK     SEGMENT PARA STACK 'STACK'
          DB 100 DUP(？)
STACK     ENDS
CODE      SEGMENT
          ASSUME CS：CODE，DS：DATA，SS：STACK
START：   MOV     AX，DATA
          MOV     DS，AX
          MOV     ES，AX
          MOV     AX，STACK
          MOV     SS，AX
          LEA     DI，STRING
          MOV     CX，16
          PUSH    DI
          PUSH    CX
          MOV     AL，30H        ；使缓冲区全置为"0"
          REP     STOSB
          POP     CX
          POP     DI
          MOV     AL，31H
          MOV     BX，NUMBER
AGAIN：   RCL     BX，1          ；左移 BX，相应位进入 CF 标志
          JNC     NEXT           ；若为零则转至 NEXT
          MOV     [DI]，AL       ；若为"1"，则把"1"置入缓冲区
NEXT：    INC     DI
          LOOP    AGAIN
          MOV     AH，4CH        ；返回 DOS
          INT     21H
```

```
CODE    ENDS
        END     START
```

【例 4-13】 在键盘上输入一个字符串，并在内存中已有的一张表中查找该字符串，若找到则在屏幕上显示“OK!”，否则显示“NO!”，若输入字符长度大于表长度，则显示“WRONG!”。

分析：

1）在查找前，首先要判断输入字符串的长度是否大于已有表的长度。若大于则表示输入的字符串太长，显示“WRONG!”。否则才能进行比较。

2）先在表中查找字符串的第一个字符，若找到，再比较字符串的其他字符是否一致。

3）在屏幕上显示一个字符串可用 DOS 功能调用中的 09H 号功能；从键盘上接收一个字符串可用 DOS 功能调用中的 0AH 号功能。

程序如下：

```
DATA     SEGMENT
TABLE    DB 'ABCDEFGHIJKLMNOPQRSTUVWXYZ'
STRING1  DB 'PLEASE ENTER A STRING:', 0DH, 0AH,'$'
STRING2  DB 'WRONG!', 0DH, 0AH,'$'
STRING3  DB 'OK! $'
STRING4  DB 'NO! $'
BUFFER   DB 40,?, 40 DUP(?)            ; 键盘输入缓冲区
TAB_LEN EQU 26
DATA     ENDS
STACK    SEGMENT
         DB 100 DUP(?)
STACK    ENDS
CODE     SEGMENT
         ASSUME CS: CODE, DS: DATA, ES: DATA, SS: STACK
START:   MOV     AX, DATA
         MOV     DS, AX
         MOV     ES, AX
         LEA     DX, STRING1           ; 显示“PLEASE ENTER A STRING:”
         MOV     AH, 09H
         INT     21H
         LEA     DX, BUFFER            ; 从键盘读字符串
         MOV     AH, 0AH
         INT     21H
         MOV     SI, DX                ; 串首地址送 SI
         INC     SI
         MOV     BL, [SI]
```

```
        MOV     BH, 0               ; 串长度送 BX
        INC     SI
        LEA     DI, TABLE           ; 表首地址送 DI
        MOV     CX, TAB_ LEN        ; 表长度送 CX
        CMP     CX, BX              ; 表长≥串长?
        JNC     GOON                ; 是则转 GOON
        LEA     DX, STRING2         ; 否则显示"WRONG!"
        JMP     EXIT
GOON:   CLD                         ; 按增地址方向进行比较
        MOV     AL, [SI]            ; 字符串中第一个字符送(AL)
SCAN:   REPNZ   SCANB               ; 在表中搜索第一个字符
        JZ      MATCH               ; 找到则转 MATCH
ERROR:  LEA     DX, STRING4         ; 没有找到, 显示"NO!"
        JMP     EXIT
MATCH:  INC     CX
        CMP     CX, BX              ; 剩余表长≥串长?
        JC      ERROR               ; 不大于, 显示"NO!"
        PUSH    CX                  ; 保存循环变量
        PUSH    SI
        PUSH    DI
        MOV     CX, BX
        DEC     DI
        REPZ    CMPSB               ; 比较串中其余字符
        POP     DI                  ; 恢复循环变量
        POP     SI
        POP     CX
        JZ      FOUND               ; 若找到字符串, 转 FOUND
        JCXZ    ERROR               ; 否则, 且全表搜索完, 显示"NO!"
        JMP     SCAN                ; 全表未搜索完, 转 SCAN
FOUND:  DEC     DI                  ; 找到的字符串偏移地址送(DI)
        LEA     DX, STRING3         ; 显示"OK!"
EXIT:   MOV     AH, 09H
        INT     21H
        MOV     AH, 4CH             ; 返回 DOS
        INT     21H
CODE    ENDS
        END     START
```

第六节　汇编语言程序的上机过程

汇编语言程序的上机过程包括4个环节，即源程序编辑、汇编、连接、运行调试。

要运行汇编程序，需要有以下几个文件：

NE(或其他)	全屏幕文本编辑程序
MASM	宏汇编程序文件
LINK	连接程序文件

用NE等全屏幕文本编辑程序将已编写好的汇编语言程序键入计算机，检查无误后，存入磁盘中，文件的扩展名必须为.ASM。用MASM对存入磁盘的源程序(.ASM)进行宏汇编，产生目标程序文件(.OBJ)；用LINK对目标程序文件进行连接，产生可执行文件(.EXE)。

【例4-14】 下面的一个汇编语言源程序为在屏幕上显示数据段中的一串英文字符："How are you！"。

```
DATA     SEGMENT
STRING   DB 'How are you !','$ '
DATA     ENDS
STACK    SEGMENT PARA STACK'STACK'
         DB 64 DUP(?)
STACK    ENDS
CODE     SEGMENT
         ASSUME CS：CODE，DS：DATA，SS：STACK
START：  MOV      AX，DATA
         MOV      DS，AX
         MOV      AX，STACK
         MOV      SS，AX
         MOV      DX，OFFSET STRING
         MOV      AH，09H
         INT      21H
         MOV      AH，4CH
         INT      21H
CODE     ENDS
         END      START
```

下面来看上机的过程。

1. 源文件编辑

用NE等全屏幕文本编辑软件将此宏汇编语言源程序键入计算机，并存入磁盘(设该程序的文件名为JJ.ASM)。

2. 源文件汇编

用MASM对源程序进行宏汇编。在操作系统状态下，键入MASM并敲回车键，则调入宏汇编程序，屏幕显示与操作如下：

MASM↙

Microsoft (R) Macro Assemble Version 5.00

Copyright (C) Microsoft Corp 1981-1985, 1987. All rights reserved.

Source filename [.ASM]: JJ↙

Object filename [JJ.OBJ]: JJ↙

Source listing [NUL.LST]: JJ↙

Cross-reference [NUL.CRF]: JJ↙

50678 + 410090 Bytes symbol space free

0 Warning Errors

0 Severe Errors

其中画线部分为用户键入部分，JJ 为源程序名(JJ.ASM)，方括号中为机器规定的默认文件名，如果用户认为方括号内的文件名就是要键入的文件名，则可只在画线部分键入回车符。如果不想要列表文件和交叉索引文件，则可在[NUL.LST]和[NUL.CRF]后不键入文件名，只键入回车符。

当回答完上述4个询问后，汇编程序就对源程序进行汇编。在汇编过程中，如果发现源程序中有语法错误，则提示出错信息，指出是什么性质的错误及错误类型，最后列出错误的总数。之后可重新进入全屏幕编辑状态，调入源程序(JJ.ASM)进行修改，修改完毕后，再进行汇编，直到汇编通过为止。

如果在汇编时不需要产生列表文件(.LST)和交叉索引文件(.CRF)，则在调用汇编程序时可用分号结束。例如：

MASM JJ; ↙

Microsoft (R) Macro Assemble Version 5.00

Copyright (C) Microsoft Corp 1981-1985, 1987. All rights reserved.

50678 + 410090 Bytes symbol space free

0 Warning Errors

0 Severe Errors

汇编后只产生一个.OBJ 文件。

3. 连接

用连接程序 LINK 对目标文件进行连接。

用汇编语言编写的源程序经过汇编程序(MASM)汇编后产生了目标程序(.OBJ)，该文件是将源程序操作码部分变成了机器码，但地址是可浮动的相对地址(逻辑地址)，因此必须经过连接程序 LINK 连接后才能运行。连接程序 LINK 是将一个或多个独立的目标程序模块装配成一个可重定位的可执行文件，扩展名为.EXE 的文件。此外还可以产生一个内存映像文件，扩展名为.MAP。

在操作系统状态下，键入 LINK↙，则系统调入 LINK 程序，屏幕显示操作如下：

C > LINK↙

IBM Personal computer Linker

Version 2.00 (C) Copyright IBM Corp 1981, 1082, 1983

Object Modules [.OBJ]: JJ↙

Run File[JJ. EXE]: JJ↙

List File[NUL. MAP]: JJ↙

Libraries[. LIB]: ↙

其中画线部分为用户键入部分，JJ 为目标文件名(JJ. OBJ)，方括号中为机器规定的默认文件名，当用户认为方括号内的文件名就是要键入的文件名时，则可只在冒号后面键入回车符。

其中 MAP 文件是否需要建立，由用户决定，需要时则键入文件名，不需要则直接键入一个回车符。

最后一个询问是否在连接时用到库文件，对于连接汇编语言源程序的目标文件，通常是不需要的，因此直接键入回车键。

与汇编程序一样，可以在连接时用分号结束后续提问，则连接后只产生 EXE 文件。

例如：

C > LINK JJ; ↙

IBM Personal computer Linker

Version 2. 00 (C) Copyright IBM Corp 1981, 1082, 1983

4. 执行

当用连接程序 LINK 将目标程序(. OBJ)连接定位后，可产生可执行文件(. EXE)，可以在操作系统状态下执行该程序。

执行操作如下：

C > JJ↙

How are you !

上一行为屏幕显示的结果。

也可以键入 JJ. EXE，其操作如下：

C > JJ. EXE ↙

How are you !

本章小结

本章讲解了汇编语言源程序的结构、伪指令、DOS 系统功能调用、汇编语言程序设计的方法以及汇编语言的上机过程。通过本章的学习，要求掌握编写汇编语言的方法，掌握常用的 DOS 系统功能调用，能阅读及编写一般的汇编语言源程序。

习　　题

4-1　某程序的数据段定义如下：

```
DSEG    SEGMENT
DATA1  DB 11H, 22H, 33H, 44H
DATA2  DW 10 DUP(?)
STRING DB 'AB123'
DSEG ENDS
```

写出以下各指令语句执行后的结果：

(1) MOV　AL，DATA1

(2) MOV　BX，OFFSET DATA2

(3) LEA　SI，STRING

4-2　画图说明下列语句分配的存储空间及初始化的数据值。

(1) DATA1 DB 16H，16，'WORD'，2 DUP(0,?，3)

(2) DATA2 DW 3 DUP(0，1，2)，-6,?，258H

4-3　图示以下数据段在存储器中的存放形式。

```
DATA    SEGMENT
DATA1   DB 20H，50H，05H，07H
DATA2   DW 2 DUP(41H)
DATA3   DB 'WELCOME!'
DATA4   EQU 16
DATA    ENDS
```

4-4　编写一个程序，实现两个 6B 二进制数的求和。

4-5　编写程序，从键盘接收一个字符，若为"Y"，则跳至标号 YES；若为"N"，则跳至标号"NO"，若键入的字符既不是"Y"，也不是"N"，则等待重新输入。要求对键入的大写字母与小写字母同样处理。

4-6　试编写一个汇编语言源程序，将键盘输入的 ASCII 码转换为二进制数。

4-7　使用 DOS 系统功能调用 0AH 从键盘输入 30 个字符的字符串并将其送入一输入缓冲区。在按下 Enter 键后，显示这些字符。

4-8　内存自 TABLE 单元开始的缓冲区连续存放着 90 名学生的某门课的成绩，编程统计其中 90 ~ 100、70 ~ 89、69 分以下者各有多少人，并把结果连续存放到 RESULT 开始的单元中。

4-9　某一数据块有 100B，编程找出数据块中的最大数，并将其送至 MAX 单元中。

4-10　编写程序，从键盘上输入一个字符串，统计其中数字字符、大写字母、小写字母、空格的个数并显示。

4-11　从键盘上输入一串字符，以"$"为结束符，存储在 BUF 中。用子程序来实现把字符串中的大写字母改成小写字母，最后送显示器显示。

第五章　微型计算机存储器接口技术

本章主要介绍存储器的基本工作原理、各类半导体存储器与 CPU 的连接方法及使用。通过本章的学习，应对各类存储器芯片的基本工作原理和外部特性有所了解，掌握微机中存储系统的结构，并能够利用现有的存储器芯片构成所需要的内存空间。

第一节　存储器概述

存储器是计算机硬件系统的重要组成部分，有了存储器，计算机才具有"记忆"功能，才能把程序及数据的代码保存起来，才能使计算机系统脱离人的干预，而自动完成信息处理的功能。

存储器有两种基本操作—读和写。读操作是指从存储器中读出信息，不破坏存储单元中原有的内容，所以读操作是非破坏性的操作。写操作是指把信息写入(存入)存储器，新写入的数据将覆盖原有的内容，所以写操作是破坏性的。

一、存储器的分类

1. 按构成存储器的器件和存储介质分类

按构成存储器的器件和存储介质主要可分为：磁心存储器、半导体存储器、光电存储器、磁膜、磁泡和其他磁表面存储器以及光盘存储器等。

2. 按存取方式分类

按存取方式可将存储器分为随机存储器和只读存储器两种形式。

(1) 随机存储器　随机存储器(Random Access Memory，RAM)又称读写存储器，指能够通过指令随机地、个别地对其中各个单元进行读/写操作的一类存储器。读写存储器按其制造工艺可以分为双极型半导体 RAM 和金属氧化物半导体(MOS)RAM。

1) 双极型 RAM。双极型 RAM 的主要优点是存取时间短，通常为几纳秒到几十纳秒(ns)。与下面提到的 MOS 型 RAM 相比，其集成度低、功耗大，而且价格也较高。因此，双极型 RAM 主要用于要求存取时间非常短的特殊应用场合。

2) MOS 型 RAM。用 MOS 器件构成的 RAM 又可分为静态读写存储器(SRAM)和动态读写存储器(DRAM)。

SRAM 的存储单元由双稳态触发器构成。双稳态触发器有两个稳定状态，可用来存储一位二进制信息。只要不掉电，其存储的信息可以始终稳定地存在，故称其为"静态"RAM。SRAM 的主要特点是存取时间短(几十到几百纳秒)，外部电路简单，便于使用。常见的 SRAM 芯片容量为 1～64KB。SRAM 的功耗比双极型 RAM 低，价格也比较便宜。

DRAM 的存储单元以电容来存储信息，电路简单。但电容总有漏电存在，时间长了存放的信息就会丢失或出现错误。因此需要对这些电容定时充电，这个过程称为"刷新"，即定时地将存储单元中的内容读出再写入。由于需要刷新，所以这种 RAM 称为"动态"RAM。DRAM 的存取速度与 SRAM 的存取速度差不多，其最大的特点是集成度非常高，目前 DRAM

芯片的容量已达几百兆比特。其他的优点还有功耗低，价格比较便宜。

由于用 MOS 工艺制造的 RAM 集成度高，存取速度能满足各种类型微型机的要求，而且其价格也比较便宜，因此，现在微型计算机中的内存主要由 MOS 型 DRAM 组成。

（2）只读存储器　只读存储器（Read-Only Memory，ROM）是在微机系统运行过程中，只能进行读操作，而不能进行写操作的一类存储器，掉电后不会丢失所存储的内容。根据制造工艺不同，可分为 ROM、PROM、EPROM、EEPROM 几类。

1）掩膜式只读存储器（ROM）。掩膜式只读存储器 ROM 是芯片制造厂根据 ROM 要存储的信息，对芯片图形（掩膜）通过二次光刻生产出来的，故称为掩膜 ROM。其存储的内容固化在芯片内，用户可以读出，但不能改变。这种芯片存储的信息稳定，成本最低。适用于存放一些可批量生产的固定不变的程序或数据。

2）可编程 ROM（PROM）。如果用户要根据自己的需要来确定 ROM 中的存储内容，则可使用可编程 ROM（PROM）。PROM 允许用户对其进行一次编程—写入数据或程序。一旦编程之后，信息就永久性地固定下来。用户可以读出其内容，但再也无法改变它的内容。

3）可擦除的 PROM。因上述两种芯片存放的信息只能读出而无法修改，给用户带来许多不便。由此又出现了两类可擦除的 ROM 芯片。这类芯片允许用户通过一定的方式多次写入数据或程序，也可修改和擦除其中所存储的内容，且写入的信息不会因为掉电而丢失。由于这些特性，可擦除的 PROM 芯片在系统开发、科研等领域得到了广泛的应用。

可擦除的 PROM 芯片因其擦除的方式不同可分为两类：一是通过紫外线照射（约 20min 左右）来擦除，这种用紫外线擦除的 PROM 称为 EPROM；另外一种是通过电的方法（通常是加上一定的电压）来擦除，这种 PROM 称为 EEPROM（或 E^2PROM）。芯片内容擦除后仍可以重新对它进行编程，写入新的内容。擦除和重新编程都可以多次进行。但有一点要注意，尽管 EPROM（EEPROM）芯片既可读出也可以对其编程写入和擦除，但它们和 RAM 还是有本质区别的。首先它们不能够像 RAM 芯片那样随机快速地写入和修改，它们的写入需要一定的条件（这一点将在后面详细介绍）；另外，RAM 中的内容在掉电之后会丢失，而 EPROM（EEPROM）则不会，存储的内容一般可保存几十年。

20 世纪 90 年代出现的的快擦型存储器（Flash Memory），也称为闪速存储器或闪存，也是一种电可擦的非易失只读存储器。与 EEPROM 相比，具有写入速度快、具有内部编程控制逻辑、可按字节或区块插写等特点。

3. 按在微机系统中位置分类

存储器按在微机系统中的位置分为主存储器（内存）、辅助存储器（外存）、缓冲存储器等。主存储器又称为系统的主存或者内存，位于系统主机的内部，CPU 可以直接对其中的单元进行读/写操作；辅助存储器又称外存，位于系统主机的外部，CPU 对其进行的存/取操作，必须通过内存才能进行；缓冲存储器位于主存与 CPU 之间，其存取速度非常快，但存储容量更小，可用来解决存取速度与存储容量之间的矛盾，提高整个系统的运行速度。

另外，还可根据所存信息是否容易丢失，而把存储器分成易失性存储器和非易失性存储器。如半导体存储器（DRAM，SRAM），停电后信息会丢失，属易失性；而磁带和磁盘等磁表面存储器，属非易失性存储器。

存储器分类如图 5-1 所示。

- 存储器
  - 主存储器
    - 随机存储器（RAM）
      - 双极型半导体存储器
      - MOS 存储器（静态、动态）
    - 只读存储器（ROM）
      - 可编程只读存储器 PROM
      - 可擦除可编程只读存储器 EPROM,EEPROM
      - 掩膜型只读存储器 MROM
  - 快擦型存储器
  - 辅助存储器
    - 磁盘（软盘、硬盘、盘组）存储器
    - 磁带存储器
    - 光盘存储器
  - 缓冲存储器

图 5-1　存储器分类

二、存储器芯片的主要技术指标

1. 存储容量

存储器芯片的存储容量用“存储单元个数×存储单元的位数”来表示。例如，SRAM 芯片 6264 的容量为 8K×8bit，即它有 8K 个单元(1K=1024)，每个单元存储 8 位(1B)二进制数据。DRAM 芯片 NMC41257 的容量为 256K×1bit，即它有 256K 个单元，每个单元存储一位二进制数据。各半导体器件生产厂家为用户提供了许多种不同容量的存储器芯片，用户在构成计算机内存系统时，可以根据要求加以选用。当然，当计算机的内存确定后，选用容量大的芯片则可以少用几片，这样不仅使电路连接简单，而且功耗也可以降低。

2. 存取时间和存取周期

存取时间又称存储器访问时间，即启动一次存储器操作(读或写)到完成该操作所需要的时间。CPU 在读写存储器时，其读写时间必须大于存储器芯片的额定存取时间。如果不能满足这一点，微型机则无法正常工作。

存取周期是连续启动两次独立的存储器操作所需间隔的最小时间。若令存取时间为 t_A，存取周期为 T_C，则二者的关系为 $T_C \geqslant t_A$。

3. 可靠性

计算机要正确地运行，必然要求存储器系统具有很高的可靠性。内存发生的任何错误会使计算机不能正常工作。而存储器的可靠性直接与构成它的芯片有关。目前所用的半导体存储器芯片的平均故障间隔时间(MTBF)为 $5\times10^6 \sim 1\times10^8$h。

4. 功耗

使用功耗低的存储器芯片构成存储系统，不仅可以减少对电源容量的要求，而且还可以提高存储系统的可靠性。

三、存储芯片的组成

常用的存储器由存储体、地址译码电路、控制逻辑电路和数据缓冲器组成，其组成示意图如图 5-2 所示。

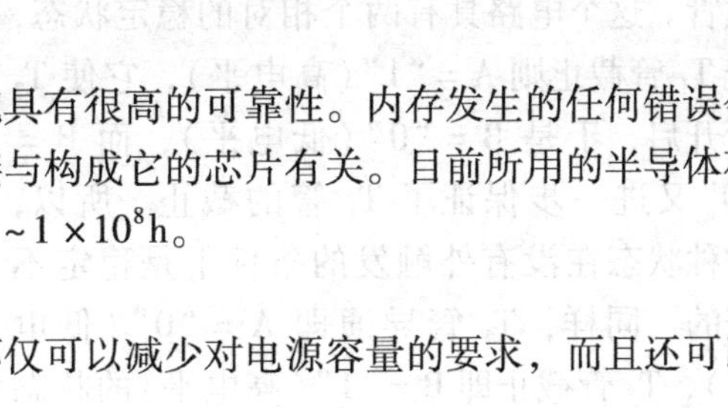

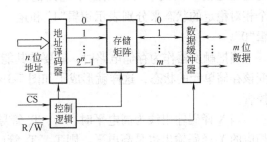

图 5-2　存储芯片组成示意图

1. 存储体

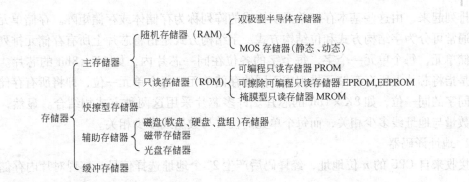

一个基本存储单元只能保存一位二进制信息，若要存放 $M\times N$ 个二进制信息，就需要用 $M\times N$ 个基本存储单元，它们按一定的

规则排列起来，由这些基本存储单元所构成的阵列称为存储体或存储矩阵。存储单元的排列方式通常可分为字结构方式和位结构方式。字结构方式是指将芯片上所有存储元排列成不同的存储单元，每个单元一个字，每个字的各位在同一芯片内，如 1K×8bit 的芯片。位结构方式是指将芯片上所有存储元排列成不同的存储单元，每个单元一位，即将所有存储元排列成不同字的同一位，如 8K×1bit 的芯片。许多芯片采用这两种方式相结合。显然，存储单元的数量与地址线多少相关，而每个单元的位数与数据线多少相关。

2. 地址译码器

接收来自 CPU 的 n 位地址，经译码后产生 2^n 个地址选择信号，实现对片内存储单元的选址。

3. 控制逻辑电路

接收片选信号及来自 CPU 的读/写控制信号，形成芯片内部控制信号，控制数据的读出和写入。

4. 数据缓冲器

寄存来自 CPU 的写入数据或从存储体内读出的数据。

第二节　随机存储器

一、静态 RAM

1. 基本存储单元

静态 RAM 的基本存储单元是由两个增强型的 NMOS 反相器交叉耦合而成的触发器，每个基本的存储单元由 6 个 MOS 管构成，所以，静态存储电路又称为六管静态存储电路。

图 5-3a 为六管静态存储单元的原理示意图。其中 T_1、T_2 为控制管，T_3、T_4 为负载管。这个电路具有两个相对的稳定状态，若 T_1 管截止则 A = “1”（高电平），它使 T_2 管开启，于是 B = “0”（低电平），而 B = “0”又进一步保证了 T_1 管的截止。所以，这种状态在没有外触发的条件下是稳定不变的。同样，T_1 管导通即 A = “0”（低电平），T_2 管截止即 B = “1”（高电平）的状态也是稳定的。因此，可以用这个电路的两个相对稳定的状态来分别表示逻辑“1”和逻辑“0”。

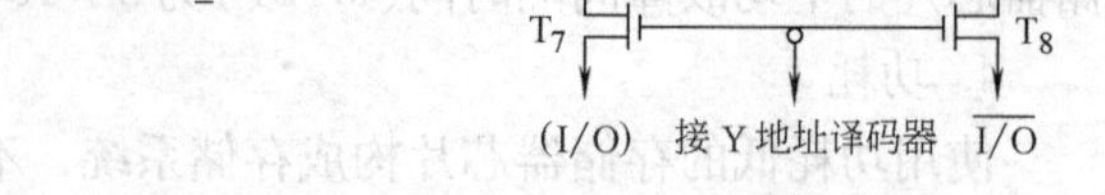

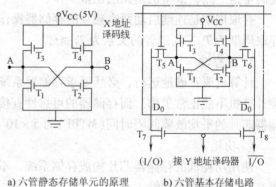

a) 六管静态存储单元的原理　　b) 六管基本存储电路

图 5-3　六管静态存储单元示意图

当把触发器作为存储电路时，就要使其能够接收外界来的触发控制信号，用以读出或改变该存储单元的状态，这样就形成了如图 5-3b 所示的六管基本存储电路。其中 T_5、T_6 为门控管。

当 X 译码输出线为高电平时，T_5、T_6 管导通，A、B 端就分别与位线 D_0 及 $\overline{D_0}$ 相连；若相应的 Y 译码输出也是高电平，则 T_7、T_8 管（它们是一列公用的，不属于某一个存储单元）也是导通的，于是 D_0 及 $\overline{D_0}$（这是存储单元内部的位线）就与输入输出电路的 I/O 线及 $\overline{\text{I/O}}$ 线相通。

写入操作：写入信号自 I/O 线及$\overline{I/O}$线输入，如要写入“1”，则 I/O 线为高电平而$\overline{I/O}$线为低电平，它们通过 T_7、T_8 管和 T_5、T_6 管分别与 A 端和 B 端相连，使 A =“1”，B =“0”，即强迫 T_2 管导通，T_1 管截止，相当于把输入电荷存储于 T_1 和 T_2 管的栅极。当输入信号及地址选择信号消失之后，T_5、T_6、T_7、T_8 都截止。由于存储单元有电源及负载管，可以不断地向栅极补充电荷，依靠两个反相器的交叉控制，只要不掉电，就能保持写入的信息“1”，而不用再生(刷新)。若要写入“0”，则$\overline{I/O}$线为高电平而 I/O 线为低电平，使 T_1 管导通，T_2 管截止即 A =“0”，B =“1”。

读操作：只要某一单元被选中，相应的 T_5、T_6、T_7、T_8 均导通，A 点与 B 点分别通过 T_5、T_6 管与 D_0 及$\overline{D_0}$相通，D_0 及$\overline{D_0}$又进一步通过 T_7、T_8 管与 I/O 及$\overline{I/O}$线相通，即将单元的状态传送到 I/O 及$\overline{I/O}$线上。

由此可见，这种存储电路的读出过程是非破坏性的，即信息在读出之后，原存储电路的状态不变。

2. 静态 RAM 存储器芯片 Intel 2114

Intel 2114 是一种 1K × 4 的静态 RAM 存储器芯片，其最基本的存储单元就是如上所述的六管存储电路，其他的典型芯片有 Intel 6116/6264/62256 等。

(1) 芯片的内部结构　如图 5-4 所示，芯片的内部结构包括下列几个主要组成部分：

1) 存储矩阵。Intel 2114 内部共有 4096 个存储电路，排成 64 × 64 的矩阵形式。

2) 地址译码器。输入为 10 根线，采用两级译码方式，其中 6 根用于行译码，4 根用于列译码。

3) I/O 控制电路：分为输入数据控制电路和列 I/O 电路，用于对信息的输入输出进行缓冲和控制。

4) 片选及读/写控制电路。用于实现对芯片的选择及读/写控制。

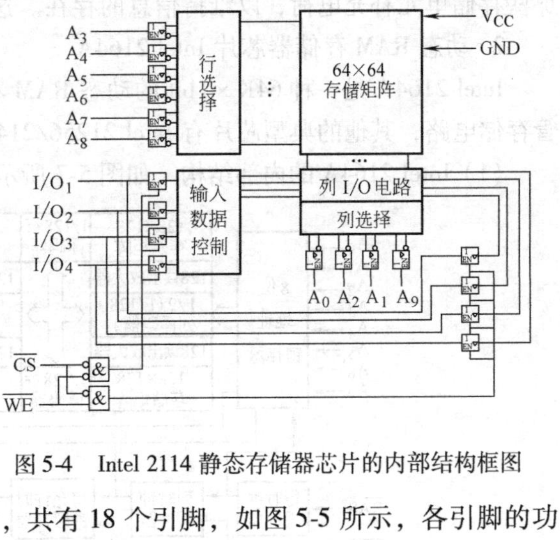

图 5-4　Intel 2114 静态存储器芯片的内部结构框图

(2) Intel 2114 的外部结构　Intel 2114 RAM 存储器芯片为双列直插式集成电路芯片，共有 18 个引脚，如图 5-5 所示，各引脚的功能如下：

1) $A_0 \sim A_9$。10 根地址信号输入引脚。

2) $\overline{WE}$。读/写控制信号输入引脚，当$\overline{WE}$为低电平时，使输入三态门导通，信息由数据总线通过输入数据控制电路写入被选中的存储单元；反之从所选中的存储单元读出信息送到数据总线。

3) $I/O_1 \sim I/O_4$。4 根数据输入输出信号引脚。

4) $\overline{CS}$。低电平有效，通常接地址译码器的输出端。

5) V_{CC}。5V 电源。

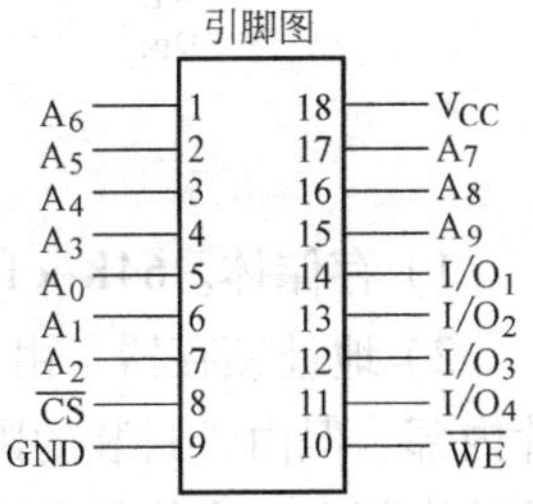

图 5-5　Intel 2114 引脚图

6）GND。地。

二、动态 RAM

1. 动态 RAM 基本存储单元

静态 RAM 的基本存储单元是一个 RS 触发器，因此，其状态是稳定的，但由于每个基本存储单元需由 6 个 MOS 管构成，就大大地限制了 RAM 芯片的集成度。

图 5-6 是一个动态 RAM 的基本存储单元，它由一个 MOS 管 T_1 和电容 C 构成。当电容 C 上充有电荷时，表示该存储单元保存信息“1”。反之，当电容上没有电荷时，表示该单元保存信息“0”。由于电容上的充电与放电是两个对立的状态，因此，它可以作为一种基本的存储单元。

1）写操作。字选择线为高电平，T_1 管导通，写信号通过位线存入电容 C 中。

2）读操作。字选择线仍为高电平，存储在电容 C 上的电荷，通过 T_1 输出到数据线上，通过读出放大器，即可得到所保存的信息。

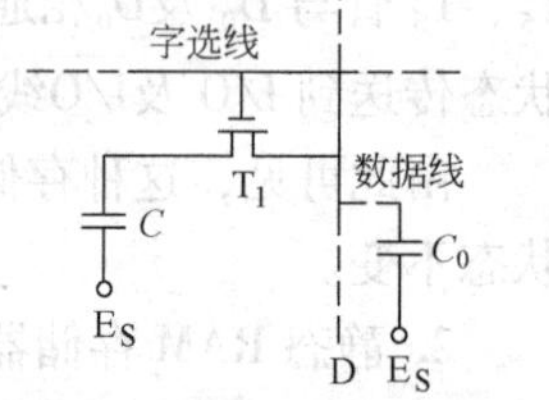

图 5-6 单管动态存储单元

3）刷新。动态 RAM 存储单元实质上是依靠 T_1 管所接电容 C 的充放电原理来保存信息的。时间一长，电容上所保存的电荷就会泄漏，造成了信息的丢失。因此，在动态 RAM 的使用过程中，必须及时地向保存“1”的那些存储单元补充电荷，以维持信息的存在。这一过程，就称为动态存储器的刷新操作。

2. 动态 RAM 存储器芯片 Intel 2164A

Intel 2164A 是一种 64K×1bit 的动态 RAM 存储器芯片，它的基本存储单元采用的是单管存储电路，其他的典型芯片有 Intel 21256/21464 等。

（1）Intel 2164A 的内部结构　如图 5-7 所示，其主要组成部分如下：

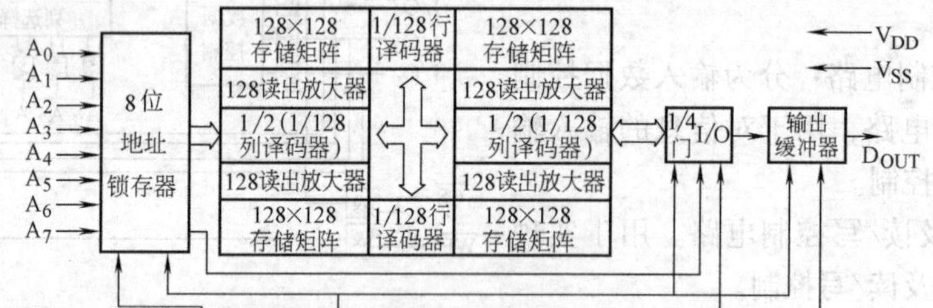

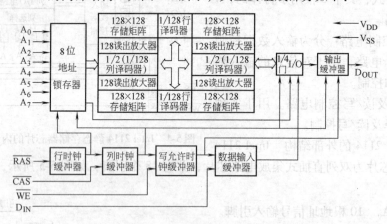

图 5-7 Intel 2164A 内部结构

1）存储体。64K×1bit 的存储体由 4 个 128×128 的存储阵列构成。

2）地址锁存器。由于 Intel 2164A 采用双译码方式，故其 16 位地址信息要分两次送入芯片内部。但由于封装的限制，这 16 位地址信息必须通过同一组引脚分两次接收，因此，在芯片内部有一个能保存 8 位地址信息的地址锁存器。

3）数据输入缓冲器。用以暂存输入的数据。

4）数据输出缓冲器。用以暂存要输出的数据。

5）1/4 I/O 门电路。由行、列地址信号的最高位控制，能从相应的 4 个存储矩阵中选择一个进行输入输出操作。

6）行、列时钟缓冲器。用以协调行、列地址的选通信号。

7）写允许时钟缓冲器。用以控制芯片的数据传送方向。

8）128 读出放大器。与 4 个 128×128 存储阵列相对应，共有 4 个 128 读出放大器，它们能接收由行地址选通的 4×128 个存储单元的信息，经放大后，再写回原存储单元，是实现刷新操作的重要部分。

9）1/128 行、列译码器。分别用来接收 7 位的行、列地址，经译码后，从 128×128 个存储单元中选择一个确定的存储单元，以便对其进行读/写操作。

（2）Intel 2164A 的外部结构　Intel 2164A 是具有 16 个引脚的双列直插式集成电路芯片，其引脚安排如图 5-8 所示。

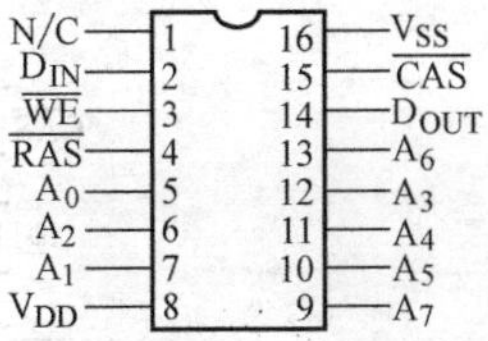

图 5-8　Intel 2164A 引脚

1）$A_0 \sim A_7$：地址信号的输入引脚，用来分时接收 CPU 送来的 8 位行、列地址。

2）$\overline{RAS}$：行地址选通信号输入引脚，低电平有效，兼作芯片选择信号。当$\overline{RAS}$为低电平时，表明芯片当前接收的是行地址。

3）$\overline{CAS}$：列地址选通信号输入引脚，低电平有效，表明当前正在接收的是列地址（此时$\overline{RAS}$应保持为低电平）。

4）$\overline{WE}$：写允许控制信号输入引脚，当其为低电平时，执行写操作；否则，执行读操作。

5）D_{IN}：数据输入引脚。

6）D_{OUT}：数据输出引脚。

7）V_{DD}：5V 电源引脚。

8）V_{SS}：地。

9）N/C。未用引脚。

（3）Intel 2164A 的工作方式与时序

1）读操作。在对 Intel 2164A 的读操作过程中，它要接收来自 CPU 的地址信号，经译码选中相应的存储单元后，把其中保存的一位信息通过 D_{OUT}数据输出引脚送至系统数据总线。

Intel 2164A 的读操作时序如图 5-9 所示。

从时序图中可以看出，读周期是由行地址选通信号$\overline{RAS}$有效开始的，要求行地址要先于$\overline{RAS}$信号有效，并且必须在$\overline{RAS}$有效后再维持一段时间。同样，为了保证列地址的可靠锁存，列地址也应领先于列地址锁存信号$\overline{CAS}$有效，且列地址也必须在$\overline{CAS}$有效后再保持一段时间。

要从指定的单元中读取信息，必须在$\overline{RAS}$有效后，使$\overline{CAS}$也有效。由于从$\overline{RAS}$有效起到指定单元的信息读出送到数据总线上需要一定的时间，因此，存储单元中信息读出的时间就与$\overline{CAS}$开始有效的时刻有关。

存储单元中信息的读写，取决于控制信号$\overline{WE}$。为实现读出操作，要求$\overline{WE}$控制信号无效，且必须在$\overline{CAS}$有效前变为高电平。

2）写操作。在 Intel 2164A 的写操作过程中，它同样通过地址总线接收 CPU 发来的行、

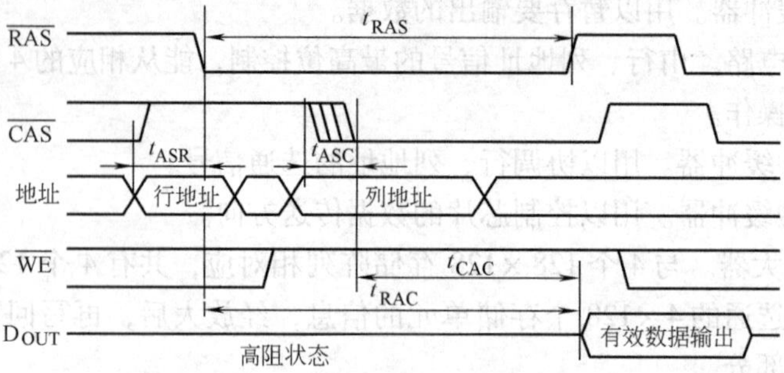

图 5-9 Intel 2164A 的读操作时序

列地址信号，选中相应的存储单元后，把 CPU 通过数据总线发来的数据信息，保存到相应的存储单元中去。Intel 2164A 的写操作时序如图 5-10 所示。

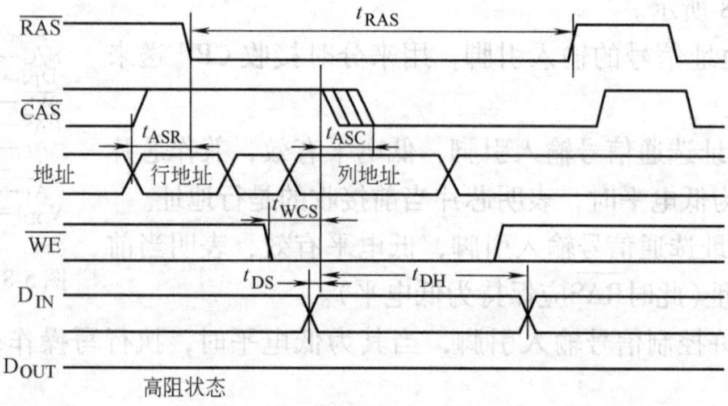

图 5-10 Intel 2164A 的写操作时序

3）读—修改—写操作。这种操作的性质类似于读操作与写操作的组合，但它并不是简单地由两个单独的读周期与写周期组合起来，而是在RAS和CAS同时有效的情况下，由$\overline{\text{WE}}$信号控制，先实现读出，待修改之后，再实现写入。Intel 2164A 的读—修改—写操作时序如图 5-11 所示。

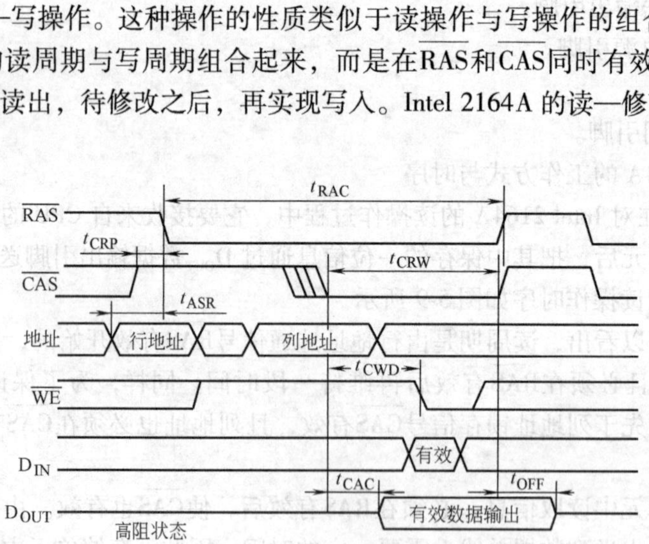

图 5-11 Intel 2164A 的读—修改—写操作时序

4）刷新操作。Intel 2164A 内部有 4 × 128 个读出放大器，在进行刷新操作时，芯片只接收从地址总线上发来的行地址（其中 RA_7 不起作用），由 RA_0 ~ RA_6 共 7 根行地址线在 4 个存储矩阵中各选中一行，共 4 × 128 个单元，分别将其中所保存的信息输出到 4 × 128 个读出放大器中，经放大后，再写回到原单元，即可实现512个单元的刷新操作。这样，经过128个刷新周期就可完成整个存储体的刷新。Intel 2164A 行$\overline{RAS}$有效刷新的操作时序如图5-12所示。

5）数据输出。数据输出具有三态缓冲器，它由$\overline{CAS}$控制，当$\overline{CAS}$为高电平时，输出D_{out}呈高阻抗状态，在各种操作时的输出状态有所不同。

6）页模式操作。在这种方式下，维持行地址不变($\overline{RAS}$不变)，由连续的$\overline{CAS}$脉冲对不同的列地址进行锁存，并读出不同列的信息，而$\overline{RAS}$脉冲的宽度有一个最大的上限值。在页模式操作时，可以实现存储器读、写以及读—修改—写等操作。

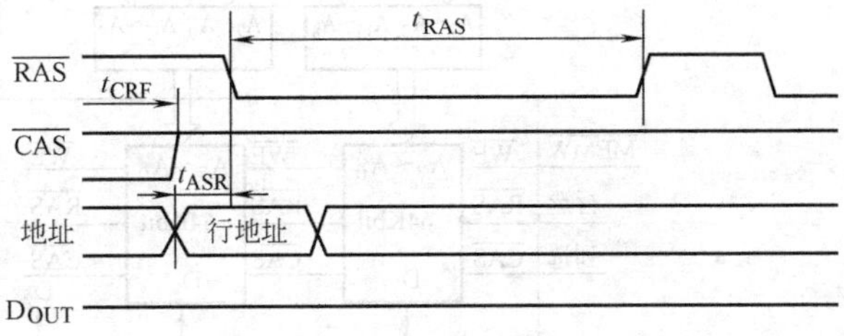

图5-12　Intel 2164A 行$\overline{RAS}$有效刷新的操作时序

三、存储器扩展技术

存储芯片的存储容量都是有限的。要构成一定容量的内存，往往单个芯片不能满足字长或存储单元个数的要求，甚至字长、存储单元数都不能满足要求。这时，就需要对多个存储芯片进行组合，以满足对存储容量的需求。这种组合称为存储器的扩展，扩展时要解决的问题包括位扩展、字扩展和字位扩展。

1. 存储容量的位扩展

有些存储芯片，每个单元的位数(即字长)往往与实际内存单元字长并不相等。存储芯片可以是一位、4位或8位的，如DRAM芯片Intel 2164为64K×1bit，SRAM芯片Intel 2114为1K×4bit，Intel 6264芯片则为8K×8bit。而计算机中内存一般是按字节来进行组织的，若要使用2164、2114这样的存储芯片来构成内存，单个存储芯片字长(位数)就不能满足要求，这时就需要进行位扩展，以满足字长的要求。

位扩展构成的存储器系统，每个单元中的内容被存储在不同的存储器芯片上。例如：用2片4K×4bit的存储器芯片经位扩构成4KB的存储器中，每个单元中的8位二进制数被分别存在两个芯片上，即一个芯片存该单元内容的高4位，另一个芯片存该单元内容的低4位。

位扩展的电路连接方法是：将每个存储芯片的地址线和控制线(包括片选信号线、读/写信号线等)按信号名称全部并联在一起，而将它们的数据线分别引出连接至数据总线的不同位上。

【例5-1】 用Intel 2164芯片构成容量为64KB的存储器。

解　因为2164是64K×1bit的芯片，其存储单元数已可以满足要求，但字长不够，所以需要8片2164进行位扩。线路连接如图5-13所示，8个2164的数据线分别连接到数据总线的$D_0 \sim D_7$。地址线和控制线等均按照信号名称全部并联在一起。

2. 字扩展

字扩展是对存储器容量的扩展(或存储空间的扩展)。此时存储芯片上每个存储单元的字长已满足要求(如字长已为8bit)，而只是存储单元的个数不够，需要增加的是存储单元的数量，这就是字扩展。即用多片字长为8bit的存储芯片构成所需要的存储空间。

例如，用2K×8bit的存储器芯片组成4K×8bit的存储器。在这里，字长已满足要求，

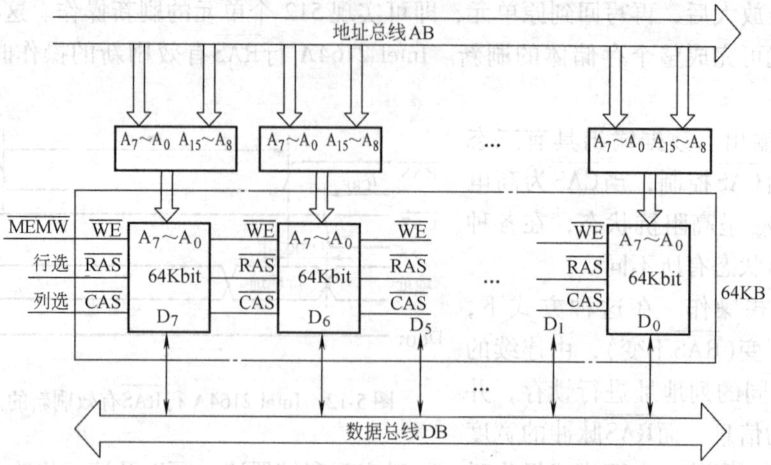

图 5-13 用 2164 构成容量为 64KB 的存储器

只是容量不够，所以需要进行的是字扩展，显然，对现有的 2K × 8bit 芯片存储器，需要用两片来实现。

字扩展的电路连接方法是：将每个芯片的地址信号、数据信号和读/写信号等控制信号线按信号名称全部并联在一起，只将片选端分别引出到地址译码器的不同输出端，即用片选信号来区别各个芯片的地址。

【例 5-2】 用两片 64K × 8bit 的 SRAM 芯片构成容量为 128KB 的存储器。

解 这里现有的芯片容量为 64KB，构成容量为 128KB 的存储器需要一片 128KB 或 64KB 两片。线路连接如图 5-14 所示。图中两片芯片的地址范围分别为：20000H ~ 2FFFFH 和 30000H ~ 3FFFFH。

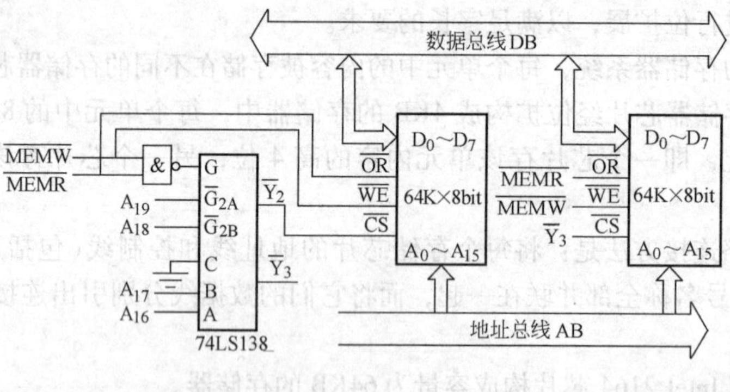

图 5-14 用 2 片 64K × 8bit 的 SRAM 芯片构成容量为 128KB 的存储器

3. 字位扩展

在构成一个存储器时，往往需要同时进行位扩展和字扩展才能满足存储容量的需求。扩展时需要的芯片数量可以这样计算：要构成一个容量为 $M \times N$ 位的存储器，若使用 $l \times k$ 位的芯片（$l < M$，$k < N$），则构成这个存储器需要 $(M/l) \times (N/k)$ 个这样的存储器芯片。

微型机中内存的构成就是字位扩展的一个很好的例子。首先，存储器芯片生产厂制造出一个个单独的存储芯片，如 64M × 1bit，128M × 1bit 等；然后，内存条生产厂将若干个芯片用位扩展的方法组装成内存模块（即内存条），如用 8 片 128M × 1bit 的芯片组成 128MB 的内存条；最后，用户根据实际需要购买若干个内存条插到主板上构成自己的内存系统，即字扩展。一般来讲，最终用户做的都是字扩（即增加内存地址单元）的工作。

进行字位扩展时，一般先进行位扩，构成字长满足要求的内存模块，然后再用若干个这样的模块进行字扩，使总存储容量满足要求。

【例 5-3】 用 Intel 2164 构成容量为 128KB 的内存。

解 由于 2164 是 64K×1bit 的芯片，所以首先要进行位扩展。用 8 片 2164 组成 64KB 的内存模块，然后再用两组这样的模块进行字扩展。所需的芯片数为(128/64)×(8/1)=16 片。

要寻址 128K 个内存单元至少需要 17 位地址信号线（$2^{17}=128K$）。而 2164 有 64K 个单元，只需要 16 位地址信号（分为行和列），余下的一根地址线用于区分两个 64KB 的存储模块。

所以，构成此内存共需 16 片 2164 芯片；至少需要 17 根地址信号线，其中 16 根用于 2164 的片内寻址（行、列地址），一根用于片选地址译码（用于区分存取哪一个 64KB 模块）。线路连接示意图如图 5-15 所示。

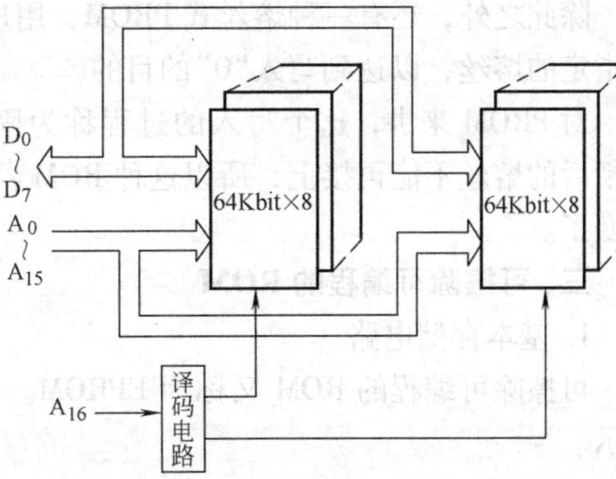

图 5-15　字位扩展应用举例示意图

第三节　只读存储器

只读存储器（ROM）因其具有掉电后信息不会丢失的特点，故一般用于存放一些固定的程序，如监控程序、BIOS 程序等。在不断发展变化的过程中，ROM 器件也产生了掩膜 ROM、PROM、EPROM、EEPROM 等各种不同类型。

一、掩膜 ROM

图 5-16 是一个简单的 4×4bit 的 MOS ROM 存储阵列，采用单译码方式。这时，有两位地址输入，经译码后，输出 4 条字选择线，每条字选择线选中一个字，此时位线的输出即为这个字的每一位。

此时，若有管子与其相连（如位线 1 和位线 4），则相应的 MOS 管就导通，这些位线的输出就是低电平，表示逻辑“0”；而没有管子与其相连的位线（如位线 2 和位线 3），则输出就是高电平，表示逻辑“1”。

二、可编程的 ROM

掩膜 ROM 的存储单元在生产完成之后，其所保存的信息就已经固定下来了，这给使用者带来了不便。为了解决这个矛盾，设计制造了一种可由用户通过简易设备写入信息的 ROM 器件，即可编程的 ROM，又称为 PROM。

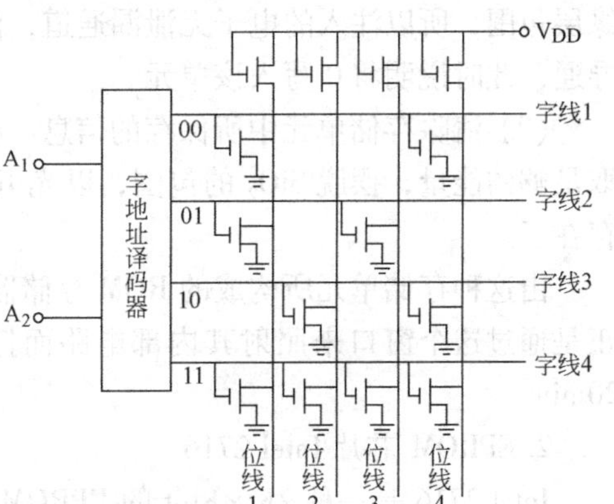

图 5-16　4×4bit 的 MOS ROM 存储阵列

PROM 的类型有多种，以二极管破坏型 PROM 为例来说明其存储原理。

这种 PROM 存储器在出厂时，存储体中每条字线和位线的交叉处都是两个反向串联的二极管的 PN 结，字线与位线之间不导通，此时，意味着该存储器中所有的存储内容均为“1”。如果用户需要写入程序，则要通过专门的 PROM 写入电路，产生足够大的电流把要写入“0”的那个存储位上的二极管击穿，造成这个 PN 结短路，只剩下顺向的二极管跨连字线和位线，这时，此位就意味着写入了“0”。读出的操作同掩膜 ROM。

除此之外，还有一种熔丝式 PROM，用户编程时，靠专用写入电路产生脉冲电流，来烧断指定的熔丝，以达到写入“0”的目的。

对 PROM 来讲，这个写入的过程称为固化程序。由于击穿的二极管不能再正常工作，烧断后的熔丝不能再接上，所以这种 ROM 器件只能固化一次程序，数据写入后，就不能再改变了。

三、可擦除可编程的 ROM

1. 基本存储电路

可擦除可编程的 ROM 又称为 EPROM。它的基本存储单元的结构和工作原理如图 5-17 所示。

与普通的 P 沟道增强型 MOS 电路相似，这种 EPROM 电路在 N 型的基片上扩展了两个高浓度的 P 型区，分别引出源极(S)和漏极(D)，在源极与漏极之间有一个由多晶硅做成的栅极，但它是浮空的，被绝缘物 SiO_2 所包围。

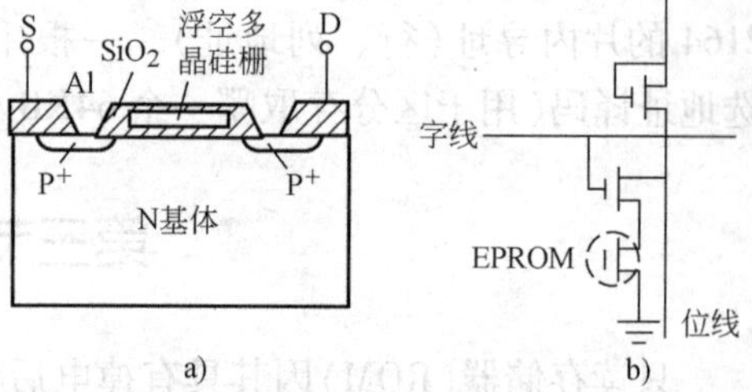

图 5-17 P 沟道 EPROM 结构示意图

在芯片制作完成时，每个单元的浮动栅极上都没有电荷，所以管子内没有导电沟道，源极与漏极之间不导电，其相应的等效电路如图 5-17b 所示，此时表示该存储单元保存的信息为“1”。

(1) 向该单元写入信息“0” 在漏极和源极(即 S)之间加上 25V 的电压，同时加上编程脉冲信号(宽度约为 50ns)，所选中的单元在这个电压的作用下，漏极与源极之间被瞬时击穿，就会有电子通过 SiO_2 绝缘层注入浮动栅。在高压电源去除之后，因为浮动栅被 SiO_2 绝缘层包围，所以注入的电子无泄漏通道，浮动栅为负，就形成了导电沟道，从而使相应单元导通，此时说明将 0 写入该单元。

(2) 清除存储单元中所保存的信息 必须用一定波长的紫外光照射浮动栅，使负电荷获取足够的能量，摆脱 SiO_2 的包围，以光电流的形式释放掉，这时，原来存储的信息也就不存在了。

由这种存储单元所构成的 ROM 存储器芯片，在其上方有一个石英玻璃的窗口，紫外线正是通过这个窗口来照射其内部电路而擦除信息的，一般擦除信息需用紫外线照射 15 ~ 20min。

2. EPROM 芯片 Intel 2716

Intel 2716 是一种 2K × 8bit 的 EPROM 存储器芯片，双列直插式封装，24 个引脚，其最基本的存储单元，就是采用如上所述的带有浮动栅的 MOS 管，其他的典型芯片有 Intel 2732/27128/27512 等。

(1) 芯片的内部结构 Intel 2716 存储器芯片的内部结构框图如图 5-18b 所示，其主要组成部分包括：

1) 存储阵列：Intel 2716 存储器芯片的存储阵列由 2K×8 个带有浮动栅的 MOS 管构成，共可保存 2K×8bit 二进制信息；此 16K 位基本存储电路排列成 128×128 的阵列。

2) X 译码器。又称为行译码器，可对 7 位行地址进行译码。

3) Y 译码器。又称为列译码器，可对 4 位列地址进行译码。

4) 输出允许、片选和编程逻辑。实现片选及控制信息的读/写。

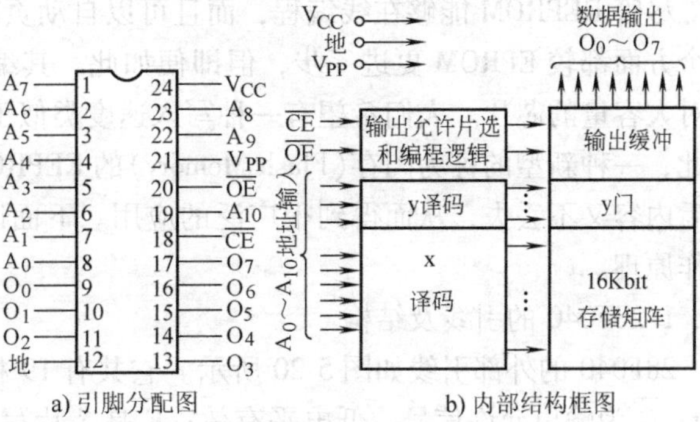

图 5-18 Intel 2716 的内部结构及引脚分配

5) 数据输出缓冲器。实现对输出数据的缓冲。

(2) 芯片的外部结构 Intel 2716 具有 24 个引脚，其引脚分配如图 5-18a 所示，各引脚的功能如下：

1) A_{10} ~ A_0。地址信号输入引脚，可寻址芯片的 2K 个存储单元。

2) O_7 ~ O_0。双向数据信号输入输出引脚。

3) $\overline{CE}$。片选信号输入引脚，低电平有效，只有当该引脚转入低电平时，才能对相应的芯片进行操作。

4) $\overline{OE}$。输出允许控制信号引脚，输入，低电平有效，用以允许数据输出。

5) V_{CC}。5V 电源，用于在线的读操作。

6) V_{PP}。25V 电源，用于在专用装置上进行写操作。

7) GND。地。

四、电可擦除可编程序的 ROM

电可擦除可编程序的 ROM(Electronic Erasable Programmable ROM，EEPROM)也称为 E^2PROM。E^2PROM 管子的结构示意图如图 5-19 所示。它的工作原理与 EPROM 类似，当浮动栅上没有电荷时，管子的漏极和源极之间不导电，若设法使浮动栅带上电荷，则管子就导通。在 E^2PROM 中，使浮动栅带上电荷和消去电荷的方法与 EPROM 不同。在 E^2PROM 中，漏极上面增加了一个隧道二极管，它在第二栅与漏极之间的电压 V_G 的作用下(在电场的作用下)，可以使电荷通过它流向浮动栅(即起编程作用)；若 V_G 的极性相反也可以使电荷从浮动栅流向漏极(起擦除作用)，而编程与擦除所用的电流是极小的，用极普通的电源就可给供电 V_G。

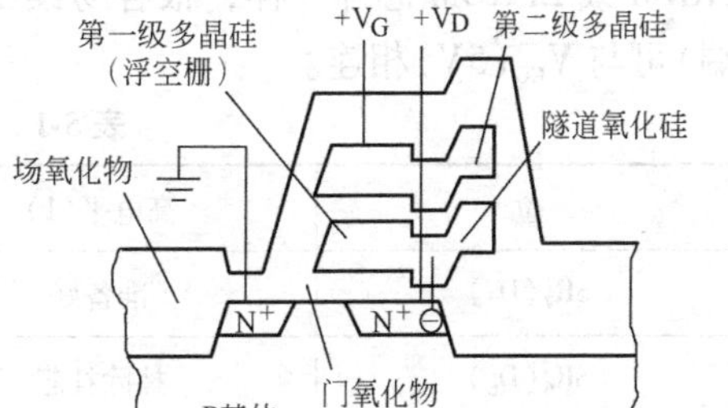

图 5-19 E^2PROM 结构

E^2PROM 的另一个优点是：擦除可以按字节分别进行(不像 EPROM，擦除时把整个芯片的内容全变成"1")。由于字节的编程和擦除都只需要 10ms，并且不需特殊装置，因此可以进行在线的编程写入。常用的典型芯片有2816/2817/2864等。

五、闪速存储器

尽管EEPROM能够在线编程，而且可以自动页写入，使其在使用的方便性及写入速度两个方面都较EPROM更进一步，但即便如此，其编程时间相对RAM而言还是太长，特别是对大容量的芯片。人们希望有一种写入速度类似于RAM，掉电后内容又不丢失的存储器。为此，一种新型的称为闪存(Flash Memory)的EEPROM被研制出来。闪存的编程速度快，掉电后内容又不丢失，从而得到很广泛的应用。下面以TMS28F040芯片为例简单介绍闪存的工作原理。

1. 28F040的引线及结构

28F040的外部引线如图5-20所示。它共有19根地址线和8根数据线，容量为512K×8bit；$\overline{G}$为输出允许信号，低电平有效；$\overline{E}$是芯片写允许信号，在它的下降沿锁存选中单元的地址，用上升沿锁存写入的数据。

28F040芯片将其512KB的容量分成16个32KB的块(或页)，每一块均可独立进行擦除。

2. 工作过程

28F040与普通EEPROM芯片一样也有3种工作方式，即读出、编程写入和擦除。但不同的是，它是通过向内部状态寄存器写入命令的方法来控制芯片的工作方式，对芯片所有的操作都要先向状态寄存器写入命令。另外，28F040的许多功能需要根据状态寄存器的状态来决定。要知道芯片当前的工作状态，只需写入命令70H，就可读出状态寄存器各位的状态了。状态寄存器各位的含义和28F040的命令分别见表5-1和表5-2。

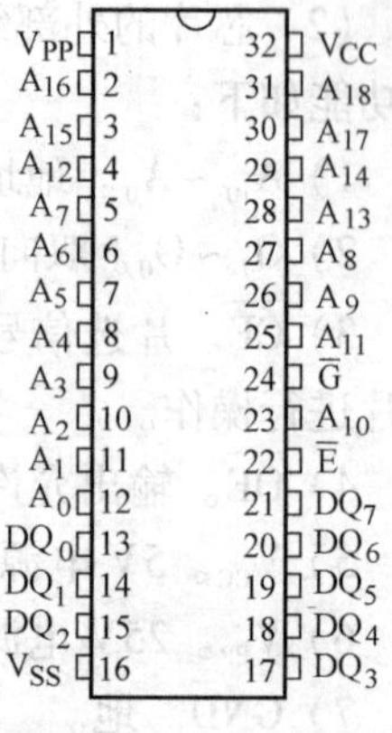

图5-20　28F040的外部引线图

(1) 读操作　读操作包括读出芯片中某个单元的内容、读内部状态寄存器的内容以及读出芯片内部的厂家及器件标记3种情况。如果要读某个存储单元的内容，则在初始加电以后或在写入命令00H(或FFH)之后，芯片就处于只读存储单元的状态。这时就和读SRAM或EPROM芯片一样，很容易读出指定的地址单元中的数据。此时的V_{PP}(编程高电压端)可与V_{CC}(5V)相连。

表5-1　状态寄存器各位的含义

位	高电平(1)	低电平(0)	用于
$SR_7(D_7)$	准备好	忙	写命令
$SR_6(D_6)$	擦除挂起	正在擦除/已完成	擦除挂起
$SR_5(D_5)$	块或片擦除错误	片或块擦除成功	擦除
$SR_4(D_4)$	字节编程错误	字节编程成功	编程状态
$SR_3(D_3)$	V_{PP}太低，操作失败	V_{PP}合适	监测V_{PP}
$SR_2 \sim SR_0$			保留未用

表 5-2　28F040 的命令字

命令	总线周期	第一个总线周期			第二个总线周期		
		操作	地址	数据	操作	地址	数据
读存储单元	1	写	×	00H			
读存储单元	1	写	×	FFH			
读标记	3	写	×	90H	读	IA(1)	
读状态寄存器	2	写	×	70H	读	×	SRD(4)
清除状态寄存器	1	写	×	50H			
自动块擦除	2	写	×	20H	写	BA(2)	D0H
擦除挂起	1	写	×	B0H			
擦除恢复	1	写	×	D0H			
自动字节编程	2	写	×	10H	写	PA(3)	PD(5)
自动片擦除	2	写	×	30H	写		30H
软件保护	2	写		0FH	写	BA(2)	PC(6)

其中：(1)若是读厂家标记，IA＝00000H；若是读器件标记，则 IA＝00001H；

(2)BA 为要擦除块的地址；

(3)PA 为欲编程存储单元的地址；

(4)SRD 是由状态寄存器读出的数据；

(5)PD 为要写入 PA 单元的数据；

(6)PC 为保护命令，若PC＝00H——清除所有的保护，PC＝FFH——置全片保护；

PC＝F0H——清地址指定的块保护；

PC＝0FH——置地址指定的块保护。

(2) 编程写入　编程方式包括对芯片单元的写入和对其内部每个 32KB 块的软件保护。软件保护是用命令使芯片的某一块或某些块规定为写保护，也可置整片为写保护状态，这样可以使被保护的块不被写入新的内容或擦除。比如，向状态寄存器写入命令 0FH，再送上要保护块的地址，就可置规定的块为写保护。若写入命令 FFH，就置全片为写保护状态。

28F040 对芯片的编程写入采用字节编程方式，其写入过程如图 5-21 所示。

首先，28F040 向状态寄存器写入命令 10H，再在指定的地址单元写入相应数据。接着查询状态，判断这个字节是否写好。写好则重复这个过程，直到全部字节写入完毕。这个过程与 98C64 的字节编程十分类似。98C64 是由 READY | $\overline{\text{BUSY}}$端的状态来指示其是否允许写下一个字节，而 28F040 则以状态寄存器的状态来指示其是否允许写下一个字节。

28F040 的编程速度很快，其一个字节的写入时间仅为 8.6μs。

(3) 擦除方式　28F040 既可以每次擦除一个字节，也可以一次擦除整个芯片，或根据需要只擦除片内某些块，并可在擦除过程中使擦除挂起和恢复擦除。

对字节的擦除，实际上就是在字节编程过程中，写入数据的同时就等于擦除了原单元的内容。对整片擦除，擦除的标志是擦除后各单元的内容均为 FFH。整片擦除最快只需 2.6s。但受保护的内容不被擦除。也允许对 28F040 的某一块或某些块擦除，每 32KB 为一块，块

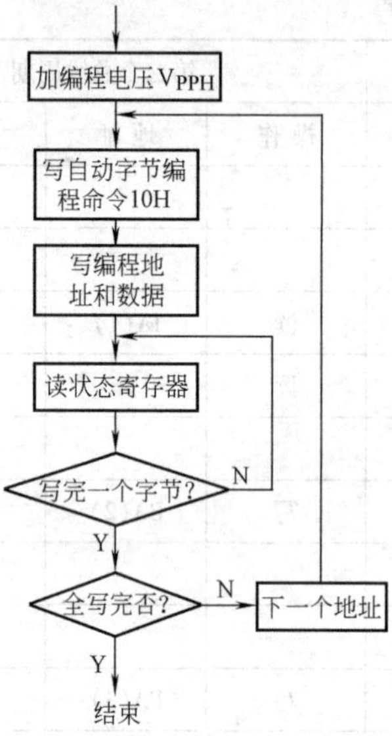

图 5-21 28F040 的字节写入过程

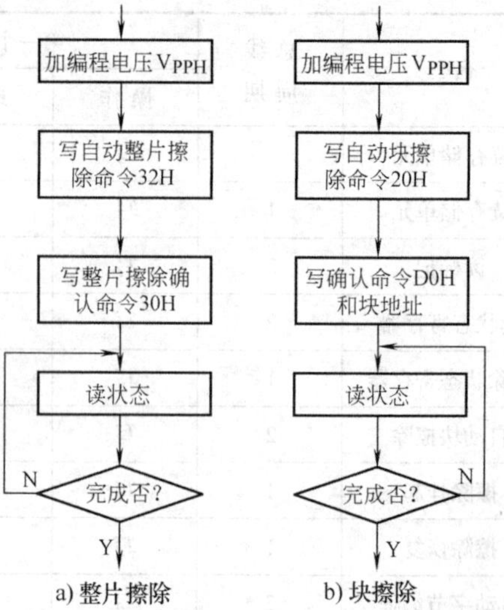

图 5-22 28F040 的擦除流程

地址由 $A_{15} \sim A_{18}$ 来决定。在擦除时，只要给出该块的任意一个地址(实际上只关心 $A_{15} \sim A_{18}$)即可。整片擦除及块擦除的流程图如图 5-22 所示。擦除一块的最短时间为 100ms。

擦除挂起是指在擦除过程中需要读数据时，可以利用命令暂时挂起擦除，读完后又可用命令恢复擦除。

28F040 在使用中，要求在其引线控制端加上适当电平，以保证芯片正常工作。不同工作类型的 28F040 的工作条件是不一样的，具体见表 5-3。

表 5-3 28F040 的工作条件

	$\overline{E}$	$\overline{G}$	V_{PP}	A_9	A_0	$D_0 \sim D_9$
只读存储单元	V_{IL}	V_{IL}	V_{PPL}	×	×	数据输出
读	V_{IL}	V_{IL}	×	×	×	数据输出
禁止输出	V_{IL}	V_{IH}	V_{PPL}	×	×	高 阻
准备状态	V_{IH}	×	×	×	×	高 阻
厂家标记	V_{IL}	V_{IL}	×	V_{ID}	V_{IL}	97H
芯片标记	V_{IL}	V_{IL}	×	V_{ID}	V_{IH}	79H
写入	V_{IL}	V_{IH}	V_{PPH}	×	×	数据写入

注：V_{IL}为低电平；V_{IH}为高电平；V_{PPL}为 0 ~ V_{CC}；V_{PPH}为 12V；V_{ID}为 12V；×表示高低电平均可。

3. 闪存的应用

目前闪存主要用来构成存储卡，以代替软磁盘。存储卡的容量可以做的较软盘大，同时具有软盘的方便性，现在已大量用于便携式计算机、数码相机、MP3 播放器等设备中。

另外，闪速 EEPROM 也用作内存，用于存放程序或不经常改变且对写入时间要求不高的场合，如微机的 BIOS、显卡的 BIOS 等。

第四节　存储器与CPU的连接

一、存储器与CPU连接时应注意的问题

存储器接口和其他接口一样，主要完成三大总线的连接任务，即实现与地址总线、控制总线和数据总线的连接。下面对存储器接口设计中应考虑的几个主要问题以及总线连接的具体方法进行讨论。

1. 存储器与CPU之间的时序配合

存储器与CPU之间的时序配合问题是整个微型计算机系统可靠、高效地工作的关键。CPU访问存储器是有固定时序的，由此确定了对存储器存取速度的要求。在早期的计算机中，CPU和存储器是作为一个整体统一设计的，所以时序匹配问题已在设计时协调解决；但随着大规模集成电路的发展；现有的CPU和存储器一般都是分别设计和制造的，因而时序配合问题便成为接口设计中应考虑的问题之一。

为了使CPU能与不同速度的存储器相连接，一种常用的方法是使用“等待申请”信号。该方法是在设计CPU时设置一条“等待申请”信号线；若与CPU连接的存储器速度较慢，使CPU在规定的读写周期内不能完成读/写操作，则在CPU执行访问存储器指令时，由等待信号发生器向CPU发出“等待申请”信号，使CPU在正常的读/写周期之外插入一个或几个等待周期，以便通过改变指令的时钟周期数使系统速度变慢，从而达到与慢速存储器匹配的目的。例如，8086 CPU中的READY(准备就绪)输入线就是为协调CPU与存储器或I/O端口之间的速度而设计的一条等待状态请求线。

8086的系统总线周期由4个时钟周期$T_1 \sim T_4$(又称为T状态)组成。正常情况下CPU要求存储器读/写操作在4个T周期内完成，并规定在T_1周期发送地址，T_2周期发送读/写命令，T_3周期将数据送数据总线，T_4周期结束读/写操作。当存储器不能满足CPU速度要求时，则在T_3周期开始前通过READY向CPU发出等待请求信号，CPU在T_3周期前沿采样该信号，若有等待请求(READY为低)，则在T_3和T_4之间插入一个或多个等待周期T_W(又称为等待状态)。在T_W周期内总线上的活动与T_3周期相同，所有控制信息、状态信息、地址信息和数据信息均保持不变。因此，在设计8086与存储器接口时，应分析所选存储器的读/写速度能否满足CPU的时序要求。若需要插入等待周期T_W，应该设计一个等待信号发生器，使之按规定向CPU发出READY信号。图5-23a给出了一个可用于8086 CPU系统中的等待信号发生器逻辑图。总线周期的T_2结束前产生一个低电平，形成系统要求的READY信号。相应的波形图如图5-23b所示。

2. CPU总线负载能力

任何系统总线的负载能力总是有限的。在CPU设计时，一般输出线的直流负载能力为一个TTL负载。当采用MOS存储器时，由于直流负载很小，主要的负载是电容负载，故在小型系统中，CPU可以直接与存储器相连。但对于较大的系统，当CPU的总线不能直接带动所有存储器芯片时，就要加上缓冲器或驱动器，以提高总线负载能力；采用不同的存储芯片组织一个存储器，就会有不同的结构，总线上也就有不同的负载，一般当总线负载超过限定时应当加接驱动器。通常考虑到地址线、控制线是单向的，故采用单向驱动器，如74LS244、Intel公司生产的8282等；而数据线是双向传送的，故采用双向驱动器，如

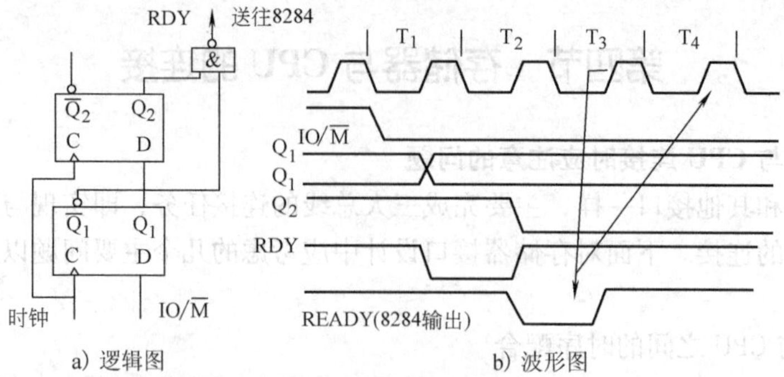

图 5-23　等待信号发生器逻辑图和时间图

74LS245、Intel 公司生产的 8286/8287 等。

3. 存储器芯片的选用

存储器芯片的选用不仅和存储结构相关，而且和存储器接口设计直接相关。采用不同类型、不同型号的芯片构造的存储器，其接口的方法和复杂程度不同。一般应根据存储器的存放对象、总体性能、芯片的类型和特征等方面综合考虑。

(1) 对芯片类型的选用　存储芯片类型的选择与对存储器总体性能的要求以及用来存放的具体内容相关。

高速缓冲存储器是为了提高 CPU 访问存储器速度而设置的，存放的内容是当前 CPU 访问最多的程序和数据，要求既能读出又能随时更新，所以是一种可读可写的高速小容量存储器。一般选用双极型 RAM 或者高速 MOS 静态 RAM 芯片构成。

主存储器要兼顾速度和容量两方面性能，存放的内容一般既有永久性的程序和数据，又有需要随时修改的程序和数据，故通常由 ROM 和 RAM 两类芯片构成。其中，对 RAM 芯片类型的选择又与容量要求相关，当容量要求不太大(如 64KB 以内)时用静态 RAM 组成较好，因为静态 RAM 状态稳定，不需要动态刷新，接口简单。相反，当容量要求很大时适合于用动态 RAM 组成，因为动态 RAM 比静态 RAM 集成度高、功耗小、价格低。对 ROM 芯片的选择则一般从灵活性考虑选用 EPROM、E^2PROM 的较多。

(2) 对芯片型号的选用　芯片类型确定之后，在进行具体芯片型号选择时，一般应考虑存取速度、存储容量、结构和价格等因素。

存取速度最好选用与 CPU 时序相匹配的芯片。否则，若速度慢了，则需增加时序匹配电路；若速度太快，又将使成本增加，造成不必要的浪费。

存储芯片的容量和结构直接关系到系统的组成形式、负载大小和成本高低。一般在满足存储系统总容量的前题下，应尽可能选用集成度高、存储容量大的芯片。这样不仅可降低成本，而且有利于减轻系统负载、缩小存储模块的几何尺寸。以静态 RAM 芯片为例，一片 6116(2K×8bit)的价格比 4 片 2114(1K×4bit)便宜得多，一片 6264(8K×8bit)的价格又比 4 片 6116 的价格便宜得多。当组成一个 8KB 的存储器时，可供选用的芯片有 2114(1K×4bit)、6116(2K×8bit)、6264(8K×8bit)等，表 5-4 列出了采用不同芯片组成 8KB 存储器时给地址总线和数据总线造成的负载情况。从表中可以看出，芯片容量越大、总线负载越小。总线上芯片接得很多时，不但系统中要加接更多的总线驱动器，而且可能由于负载电容变得很大而使信号产生畸变。

表 5-4　不同容量存储芯片对总线负载的影响

芯片型号	芯片数量	地址线($A_9 \sim A_0$)负载线	数据线($D_7 \sim D_0$)负载线
2114(1K×4bit)	16	8×2=16	8×1=8
6116(2K×8bit)	4	4×1=4	4×1=4
6264(8K×8bit)	1	1	1

二、存储器地址译码方法

存储器的地址译码是任何存储系统设计的核心，目的是保证 CPU 能对所有存储单元实现正确寻址。由于目前每一片存储芯片的容量是有限的，所以一个存储器总是由若干存储芯片构成，这就使得存储器的地址译码被分为片选控制译码和片内地址译码两部分。其中，片选控制译码电路对高位地址进行译码后产生存储芯片的片选信号；片内地址译码电路对低位地址译码实现片内存储单元的寻址。接口电路中主要完成片选控制译码以及低位地址总线的连接。

1. 片选控制的译码方法

常用的片选控制译码方法有线选法、全译码法、部分译码法和混合译码法等。

(1) 线选法　当存储器容量不大，所使用的存储芯片数量不多，而 CPU 寻址空间远远大于存储器容量时，可用高位地址线直接作为存储芯片的片选信号，每一根地址线选通一块芯片，这种方法称为线选法。例如，假定某微机系统的存储容量为 4KB，而 CPU 寻址空间为 64KB（即地址总线为 16 位），所用芯片容量为 1KB(即片内地址为 10 位)。那么，可用线选法从高 6 位地址中任选 4 位作为 4 块存储芯片的片选控制信号。图 5-24 所示为选用 $A_{10} \sim A_{13}$ 作为线选法结构示意图。存储器地址分布见表 5-5。

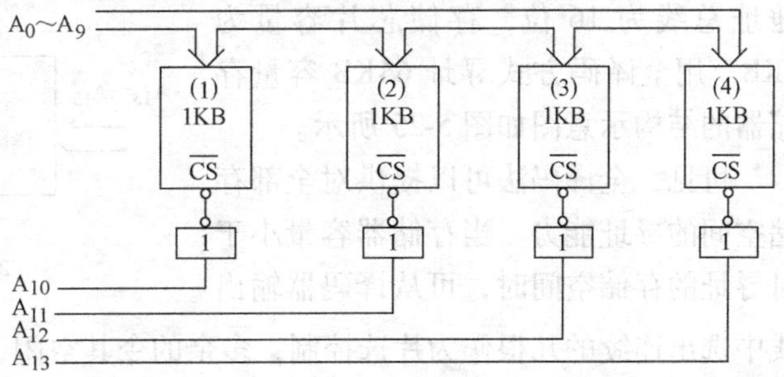

图 5-24　线选法结构示意图

表 5-5　图 5-24 存储器地址分布表

芯片	地址空间														
	A_{13}	A_{12}	A_{11}	A_{10}	A_9	A_8	A_7	A_6	A_5	A_4	A_3	A_2	A_1	A_0	十六进制地址码
(1)	0	0	0	1	0	0	0	0	0	0	0	0	0	0	0400H
								⋮							⋮
	0	0	0	1	1	1	1	1	1	1	1	1	1	1	07FFH
(2)	0	0	1	0	0	0	0	0	0	0	0	0	0	0	0800H
								⋮							⋮
	0	0	1	0	1	1	1	1	1	1	1	1	1	1	0BFFH
(3)	0	1	0	0	0	0	0	0	0	0	0	0	0	0	1000H
								⋮							⋮
	0	1	0	0	1	1	1	1	1	1	1	1	1	1	13FFH

（续）

芯片	地址空间														
	A_{13}	A_{12}	A_{11}	A_{10}	A_9	A_8	A_7	A_6	A_5	A_4	A_3	A_2	A_1	A_0	十六进制地址码
（4）	1	0	0	0	0	0	0	0	0	0	0	0	0	0	2000H
								⋮							⋮
	1	0	0	0	1	1	1	1	1	1	1	1	1	1	23FFH

线选法的优点是连线简单，片选控制无需专门的译码电路。但该方法有两个缺点：①当存在空闲地址线时，由于空闲地址线可随意取值 0 或 1，故将导致地址重叠。如图 5-24 所示，当地址 $A_{14}A_{15}$取不同值时，各芯片将对应不同的地址编码（表 5-5 给出的十六进制编码对应 $A_{14}A_{15}$为 00）；②整个存储器地址分布不连续，使可寻址范围减小。这两点均给编程带来麻烦，使用时应特别注意。

（2）全译码法　全译码法除了将低位地址总线直接与各芯片的地址线相连接之外，其余高位地址总线全部经译码后作为各芯片的片选信号。例如，CPU 地址总线为 16 位，存储芯片容量为 8KB。用全译码方式寻址 64KB 容量存储器的结构示意图如图 5-25 所示。

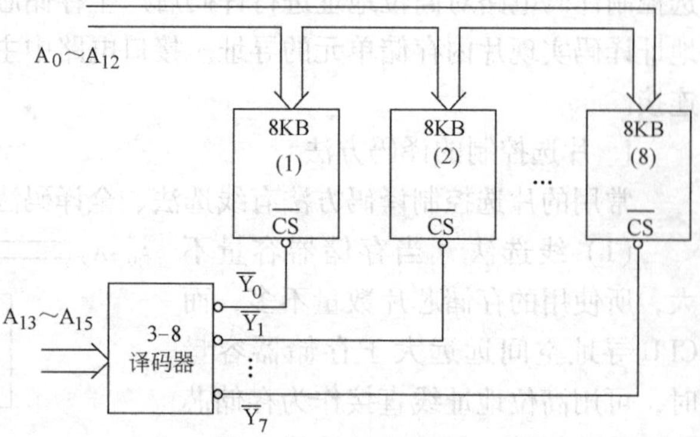

图 5-25　全译码法结构示意图

可见，全译码法可以提供对全部存储空间的寻址能力。当存储器容量小于可寻址的存储空间时，可从译码器输出线中选出连续的几根作为片选控制，多余的令其空闲，以便需要时扩充。例如，在图中，若选译码器输出线$\overline{Y_0}$~$\overline{Y_3}$作为 4 片 8KB 芯片的片选信号，$\overline{Y_4}$~$\overline{Y_7}$不用，则选择的芯片地址为

0000000000000000~0001111111111111B　即 0000H~1FFFH

0010000000000000~0011111111111111B　即 2000H~3FFFH

0100000000000000~0101111111111111B　即 4000H~5FFFH

0110000000000000~0111111111111111B　即 6000H~7FFFH

显然，采用全译码法时，存储器的地址是连续的且唯一确定的，即无地址间断和地址重叠现象。

（3）部分译码法　部分译码法是将高位地址线中的一部分进行译码，产生片选信号。该方法常用于不需要全部地址空间的寻址能力，但采用线选法地址线又不够用的情况。例如，CPU 地址总线为 16 位，存储器由 4 片容量为 8KB 的芯片构成时，采用部分译码法的结构示意图如图 5-26 所示。

采用部分译码法时，由于未参加译码的高位地址与存储器地址无关，即这些地址的取值可随意（如图 5-26 中的存储器地址与 A_{15}无关），所以存在地址重叠的问题。此外，从高位地址中选择不同的地址位参加译码，将对应不同的地址空间。

（4）混合译码法　混合译码法是将线选法与部分译码法相结合的一种方法。该方法将用于片选控制的高位地址分为两组，其中一组的地址（通常为较低位）采用部分译码法，经译

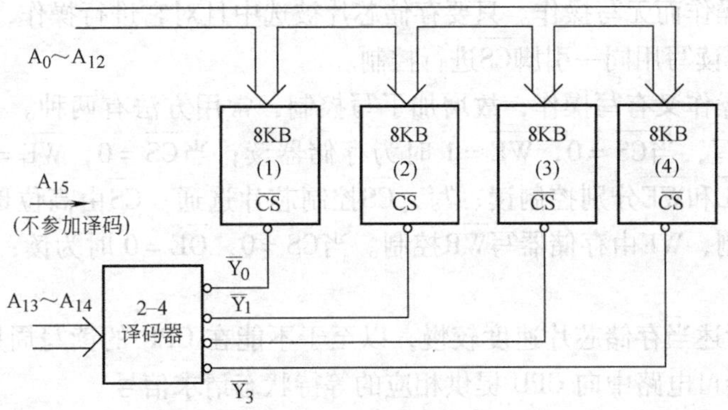

图 5-26 部分译码法结构示意图

码后的每一个输出作为一块芯片的片选信号；另一组地址（通常为较高位）则采用线选法，每一位地址线作为一块芯片的片选信号。例如，当 CPU 地址总线为 16 位，存储器由 10 片容量为 2KB 的芯片构成时，可用混合译码法实现片选控制，图 5-27 给出了采用混合译码法的结构示意图。

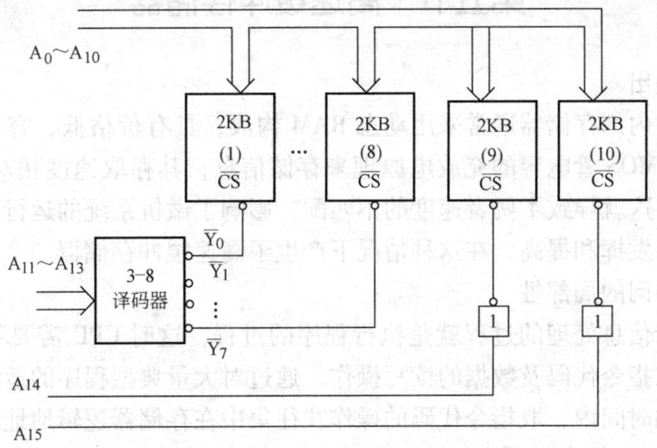

图 5-27 混合译码法结构示意图

显然，采用混合译码法同样存在地址重叠与地址不连续的问题。

2. 地址译码电路的设计

存储器地址译码电路的设计一般遵循如下步骤：

1）根据系统中实际存储器容量，确定存储器在整个寻址空间中的位置。

2）根据所选用存储芯片的容量，画出地址分配图或列出地址分配表。

3）根据地址分配图或分配表确定译码方法并画出相应的地址位图。

4）选用合适器件，画出译码电路图。

三、存储器与控制总线、数据总线的连接

1. 存储器与控制总线的连接

控制存储器芯片工作的信号除由地址译码电路产生的片选信号外，还有决定其操作类型的读、写控制信号。不同功能和不同型号的存储芯片，对应于片选、读、写 3 种控制功能的引脚不尽相同。

ROM 只有读操作而无写操作。只要存储芯片被选中且对它进行操作，则肯定是读操作，所以片选和存储器读写用同一引脚$\overline{CS}$进行控制。

RAM 既有读操作又有写操作，故增加了写控制，常用方法有两种。一种方法是用一条$\overline{WE}$线来控制读、写，当$\overline{CS}=0$，$\overline{WE}=1$ 时为存储器读；当$\overline{CS}=0$，$\overline{WE}=0$ 时为存储器写。另一种方法是用$\overline{OE}$和$\overline{WE}$分别控制读、写，$\overline{CS}$控制芯片选通。$\overline{CS}$由高位地址译码控制，$\overline{OE}$由存储器读$\overline{RD}$控制，$\overline{WE}$由存储器写$\overline{WR}$控制。当$\overline{CS}=0$，$\overline{OE}=0$ 时为读；当$\overline{CS}=0$，$\overline{WE}=0$ 时为写。

其次，如前所述当存储芯片速度较慢，以至于不能在 CPU 的读写周期内完成读数、写数时，则必须在接口电路中向 CPU 提供相应的等待状态请求信号。

2. 存储器与数据总线的连接

在微机系统中，数据是以字节为单位进行存取的，因此与之对应的内存也必须以 8 位为一个存储单元，对应一个存储地址。当用字长不足 8 位的芯片构成内存储器时，必须用多片合在一起，并行构成具有 8 位字长的存储单元。

第五节　高速缓冲存储器

一、问题的提出

微机系统中的内部存储器通常采用动态 RAM 构成，具有价格低、容量大的特点，但由于动态 RAM 采用 MOS 管电容的充放电原理来存储信息，其存取速度相对于 CPU 的信息处理速度来说较低。这就导致了两者速度的不匹配，影响了微机系统的运行速度，并限制了计算机性能的进一步发挥和提高，在这种情况下产生了高速缓冲存储器。

二、存储器访问的局部性

微机系统进行信息处理的过程就是执行程序的过程，这时 CPU 需要频繁地与内存进行数据交换，包括取指令代码及数据的读写操作。通过对大量典型程序的运行情况分析结果表明，在一个较短的时间内，取指令代码的操作往往集中在存储器逻辑地址空间的很小范围内（因为在多数情况下，指令是顺序执行的，因此指令代码地址的分布就是连续的，再加上循环程序段和子程序段都需要重复执行多次，因此对这些局部存储单元的访问就自然具有时间上集中分布的倾向）；数据读写操作的这种集中性倾向虽不如取指令代码那么明显，但对数组的存储和访问以及工作单元的选择也可以使存储器单元相对集中。这种对局部范围的存储器单元的访问比较频繁，而对此范围以外的存储单元访问相对甚少的现象，称为程序访问的局部性。

三、Cache—主存存储结构及其实现

为了解决存储器系统的容量、存取速度及单位成本之间的矛盾，可以采用 Cache—主存存储结构，即在主存和 CPU 之间设置高速缓冲存储器 Cache，把正在执行的指令代码单元附近的一部分指令代码或数据从主存装入 Cache 中，供 CPU 在一段时间内使用，由于存储器访问的局部性，在一定容量 Cache 的条件下，可以做到使 CPU 大部分取指令代码及进行数据读写的操作都只要通过访问 Cache，而不是访问主存而实现。

优点：

1）Cache 的读写速度几乎能够与 CPU 进行匹配，所以微机系统的存取速度可以大大提

高。

2）Cache 的容量相对主存来说并不是太大，所以整个存储器系统的成本并没有上升很多。

采用了 Cache—主存存储结构以后，整个存储器系统的容量及单位成本与主存相当，而存取速度与 Cache 的读写速度相当，这就很好地解决了存储器系统的上述三个方面性能之间的矛盾。

图 5-28 是 Cache—主存结构示意图，在主存和 CPU 之间增加了一个容量相对较小的双极型静态 RAM 作为高速缓冲存储器 Cache，为了实现 Cache 与主存之间的数据交换，系统中还相应地增加了辅助的硬件电路。

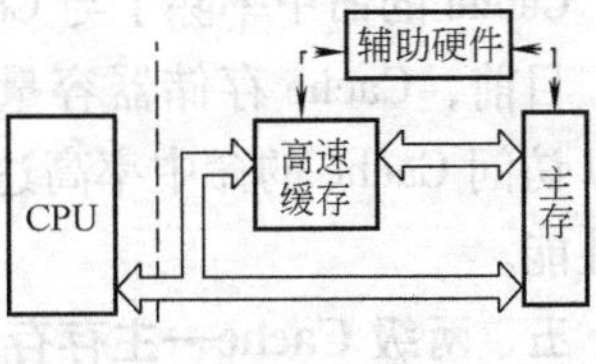

图 5-28　Cache—主存结构示意图

管理这两级存储器的部件为 Cache 控制器，CPU 与主存之间的数据传输必须经过 Cache 控制器进行。如图 5-29 所示，Cache 控制器将来自 CPU 的数据读写请求，转向 Cache 存储器，如果数据在 Cache 中，则 CPU 对 Cache 进行读写操作，称为一次命中。命中时，CPU 从 Cache 中读/写数据。由于 Cache 速度与 CPU 速度相匹配，因此不需要插入等待状态，故 CPU 处于零等待状态，也就是说 CPU 与 Cache 达到了同步，因此，有时称高速缓存为同步 Cache；若数据不在 Cache 中，则 CPU 对主存操作，称为一次失败。失败时，CPU 必须在其总线周期中插入等待周期 T_W。

在主存—Cache 存储体系中，所有的程序代码和数据仍然都存放在主存中，Cache 存储器只是在系统运行过程中，动态地存放了主存中的一部分程序块和数据块的副本，这是一种以块为单位的存储方式。块的大小称为“块长”，块长一般取一个主存周期所能调出的信息长度。

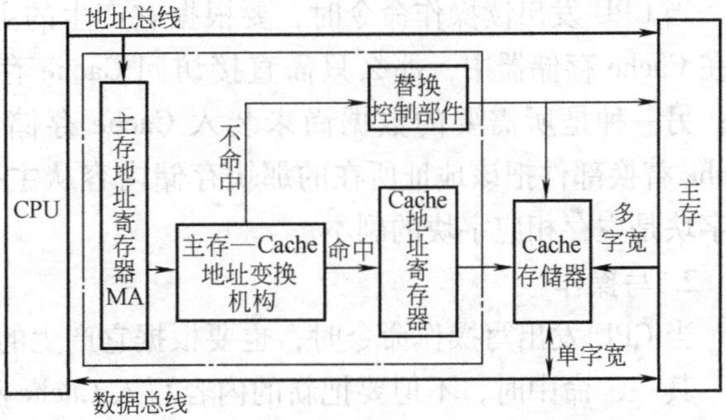

图 5-29　Cache 存储系统基本结构

假设主存的地址码为 n 位，则其共有 2^n 个单元，将主存分块（Block），每块有 B 个字节，则一共可以分成 $2^n/B$ 块。Cache 也由同样大小的块组成，由于其容量小，所以块的数目小得多，也就是说，主存中只有一小部分块的内容可存放在 Cache 中。

在 Cache 中，每一块外加有一个标记，指明它是主存中哪一块的副本，所以该标记的内容相当于主存中块的编号。假定主存地址为 $n=M+a$ 位，其中 M 称为主存的块地址，而 a 则称为主存的块内地址，即主存的块数为 2^M，块内字节数为 2^a；同样，假定 Cache 地址 $n=N+b$ 位，其中 N 称为 Cache 块地址，而 b 为 Cache 的块内地址，即 Cache 的块数为 2^N，块内字节数为 2^b，通常使主存与 Cache 的块内地址码数量相同，即 $a=b$，表示 Cache 的块内字节数与主存的块内字节数相同。

当 CPU 发出读请求时，根据一定的地址映像关系，将主存地址 M 位（或 M 位中的一部分）与 Cache 某块的标记相比较，根据其比较结果是否相等而区分出两种情况：当比较结果相等时，说明需要的数据已在 Cache 中，那么直接访问 Cache 就行了，在 CPU 与 Cache 之间，通常一次传送一个字；当比较结果不相等时，说明需要的数据尚未调入 Cache，那么就要把该数据所在的整个字块从主存一次调进来。

四、Cache—主存存储结构的命中率

命中率指 CPU 所要访问的信息在 Cache 中的比率，相应地将所要访问的信息不在 Cache 中的比率称为失效率。

Cache 的命中率除了与 Cache 的容量有关外，还与地址映像的方式有关。

目前，Cache 存储器容量主要有 256KB 和 512KB 等。这些大容量的 Cache 存储器，使 CPU 访问 Cache 的命中率高达 90% ~99%，大大提高了 CPU 访问数据的速度，提高了系统的性能。

五、两级 Cache—主存存储结构

CPU 内部的 Cache 与主机板上的 Cache 就形成两级 Cache 结构。

CPU 工作时，首先在第一级 Cache(微处理器内的 Cache)中查找数据，如果找不到，则在第二级 Cache(主机板上的 Cache)中查找，若数据在第二级 Cache 中，Cache 控制器在传数据的同时，修改第一级 Cache；如果数据既不在第一级 Cache 也不在第二级 Cache 中，Cache 控制器则从主存中获取数据，同时将数据提供给 CPU 并修改两级 Cache。两级 Cache 结构，提高了命中率，加快了处理速度，使 CPU 对 Cache 的操作命中率高达 98% 以上。

六、Cache 的基本操作

1. 读操作

当 CPU 发出读操作命令时，要根据它产生的主存地址分两种情形：一种是需要的数据已在 Cache 存储器中，那么只需直接访问 Cache 存储器，从对应单元中读取信息到数据总线；另一种是所需要的数据尚未装入 Cache 存储器，CPU 在从主存读取信息的同时，由 Cache 替换部件把该地址所在的那块存储内容从主存复制到 Cache 中。Cache 存储器中保存的字块是主存相应字块的副本。

2. 写操作

当 CPU 发出写操作命令时，也要根据它产生的主存地址分两种情形：

其一，命中时，不但要把新的内容写入 Cache 存储器中，必须同时写入主存，使主存和 Cache 内容同时修改，保证主存和副本内容一致，这种方法称写直达法或称通过式写(Write-through，简称通写法)。

其二，未命中时，许多微机系统只向主存写入信息，而不必同时把这个地址单元所在的主存中的整块内容调入 Cache 存储器。

七、地址映像及其方式

主存与 Cache 之间的信息交换，是以数据块的形式来进行的，为了把信息从主存调入 Cache，必须应用某种函数把主存块映像到 Cache 块，称作地址映像。当信息按这种映像关系装入 Cache 后，系统在执行程序时，应将主存地址变换为 Cache 地址，这个变换过程叫做地址变换。

根据不同的地址对应方法，地址映像的方式通常有直接映像、全相联映像和组相联映像三种。

1. 直接映像

每个主存块映像到 Cache 中的一个指定块的方式称为直接映像。在直接映像方式下，主存中某一特定存储块只可调入 Cache 中的一个指定位置，如果主存中另一个存储块也要调入该位置，则将发生冲突。

1）地址映像的方法。将主存块地址对 Cache 的块号取模，即可得到 Cache 中的块地址，这相当于将主存的空间按 Cache 的大小进行分区，每区内相同的块号映像到 Cache 中相同的块的位置。

一般来说，如果 Cache 被分成 2^N 块，主存被分成同样大小的 2^M 块，则主存与 Cache 中块的对应关系如图 5-30 所示。

2）直接映像函数可定义为

$$j = i \bmod 2^N$$

其中，j 是 Cache 中的块号；i 是主存中的块号。在这种映像方式中，主存的第 0 块，第 2^N 块，第 2^{N+1} 块，…，只能映像到 Cache 的第 0 块，而主存的第 1 块，第 2^N+1 块，第 $2^{N+1}+1$ 块，…，只能映像到 Cache 的第 1 块，依次类推。

例如，一个 Cache 的大小为 2K 字，每个块为 16 字，这样 Cache 中共有 128 个块。假设主存的容量是 256K 字，则共有 16384 个块。主存的地址码将有 18 位。在直接映像方式下，主存中的第 1～128 块映像到 Cache 中的第 1～128 块，第 129 块则映像到 Cache 中的第 1 块，第 130 块映像到 Cache 中的第 2 块，依次类推。

直接映像函数的优点是实现简单，缺点是不够灵活，尤其是当程序往返访问两个相互冲突的块中的数据时，Cache 的命中率将急剧下降。

2. 全相联映像

如图 5-31 所示，它允许主存中的每一个字块映像到 Cache 存储器的任何一个字块位置上，也允许从确实已被占满的 Cache 存储器中替换出任何一个旧字块，当访问一个块中的数据时，块地址要与 Cache 块表中的所有地址标记进行比较以确定是否命中。在数据块调入时，存在着一个比较复杂的替换策略问题，即决定将数据块调入 Cache 中什么位置，将 Cache 中哪一块数据调出到主存。

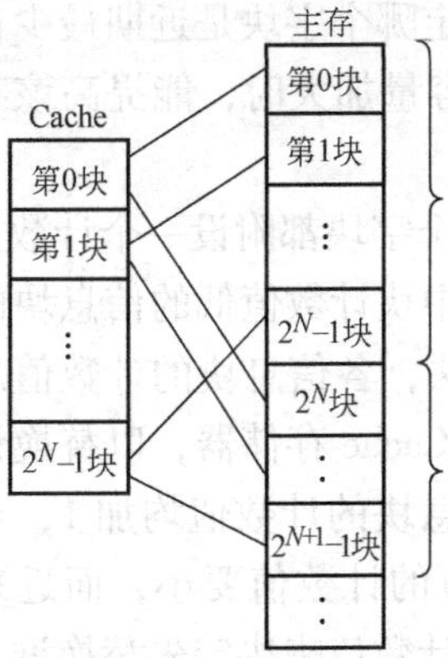

图 5-30 直接映像示意图

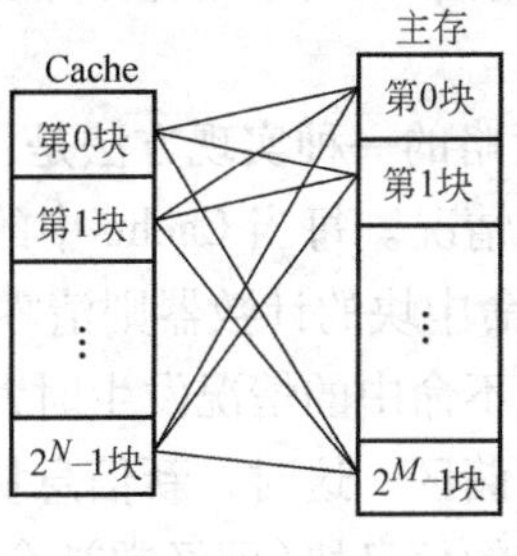

图 5-31 全相联映像示意图

全相联方法块冲突的概率低，Cache 的利用率高，是一种最理想的解决方案，但全相联 Cache 中块表查找的速度慢，由于 Cache 的速度要求高，因此全部比较和替换策略都要用硬件实现，控制复杂，实现起来也比较困难。

3. 组相联映像

组相联映像方式是全相联映像和直接映像的一种折衷方案。这种方法将存储空间分成若干组，各组之间是直接映像，而组内各块之间则是全相联映像。如图 5-32 所示，在组相联映像方式下，主存中存储块的数据可调入 Cache 中一个指定组内的任意块中。它是上述两种映像方式的一般形式，如果组的大小为 1 就变成了直接映像；如果组的大小为整个 Cache 的大小就变成了全相联映像。

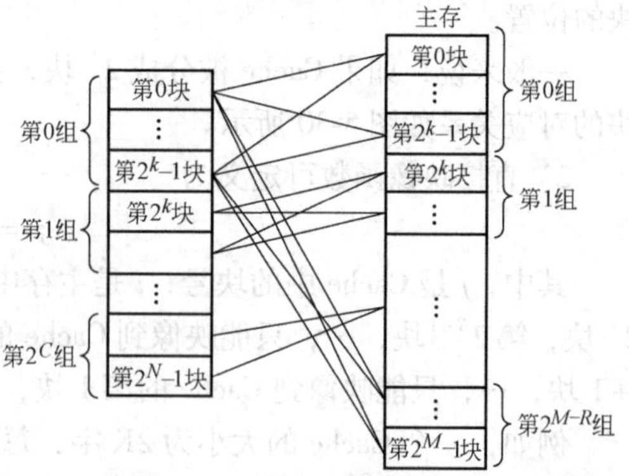

图 5-32　组相联映像示意图

组相联映像方法在判断块命中以及替换算法上都要比全相联映像方法简单，块冲突的概率比直接映像方法的低，其命中率介于直接映像和全相联映像方法之间。

八、替换策略

主存与 Cache 之间的信息交换，是以存储块的形式来进行的，主存的块长与 Cache 的块长相同，但由于 Cache 的存储空间较小，主存的存储空间较大，因此，Cache 中的一个存储块要与主存中的若干个存储块相对应，若在调入主存中一个存储块时，Cache 中相应的位置已被其他存储块占有，则必须去掉一个旧的字块，让位给一个新的字块，这称为替换策略或替换算法。

常用的两种替换策略是：先进先出(FIFO) 策略和近期最少使用(LRU) 策略。

1. 先进先出(FIFO) 策略

FIFO(First In First Out)策略总是把一组中最先调入 Cache 存储器的字块替换出去，它不需要随时记录各个字块的使用情况，所以实现容易，开销小。

2. 近期最少使用(LRU) 策略

LRU(Least Recently Used) 策略是把一组中近期最少使用的字块替换出去，这种替换策略需随时记录 Cache 存储器中各个字块的使用情况，以便确定哪个字块是近期最少使用的字块。LRU 替换策略的平均命中率比 FIFO 要高，并且当分组容量加大时，能提高该替换策略的命中率。

LRU 策略的一种实现方法是：对 Cache 存储器中的每一个字块都附设一个计数器，记录其被使用的情况。每当 Cache 中的一块信息被命中时，比命中块计数值低的信息块的计数器均加 1，而命中块的计数器则清零。显然，采用这种计数方法，各信息块的计数值总是不相同的。一旦不命中的情况发生时，新信息块就要从主存调入 Cache 存储器，以替换计数值最大的那片存储区。这时，新信息块的计数值为 0，而其余信息块的计数值均加 1，从而保证了那些活跃的信息块(即经常被命中或最近被命中的信息块)的计数值要小，而近来越不活跃的信息块的计数值越大。这样，系统就可以根据信息块的计数值来决定先替换谁。

第六节　PC 微机的存储器

计算机的存储器，从体系结构的观点来划分，可根据其是设在主机内还是主机外分为内部存储器和外部存储器两大类。

内部存储器(简称内存或主存)是计算机主机的组成部分之一，用来存储当前运行所需要的程序和数据，CPU 可以直接访问内存并与其交换信息。相对外部存储器(简称外存)而言，内存的容量小、存取速度快。而外存刚好相反，外存用于存放当前不参加运行的程序和数据，CPU 不能对它直接访问，而必须通过配备专门的设备才能够对它进行读写(如磁盘驱动器等)，这点是它与内存之间的一个很本质的区别。外存容量一般都很大，但存取速度相对比较慢。外部存储器种类很多，常用的外存包括软磁盘、硬磁盘、光盘、磁带机及存储卡等。

一、磁盘

1. 软磁盘

在微机系统中大都配有软盘驱动器，利用软盘存放各种信息资料。

(1) 软盘片分类　软盘片通常由聚酯薄膜作基膜，表面涂上一层磁性介质而成。按其直径分为：

1) 3.5in 的软盘。简称 3in 盘，使用的容量为 1.44 MB。

2) 5.25in 的软盘。简称 5in 盘，容量为 1.2MB，5in 盘已被淘汰。

软盘片是圆形的，它分为一个一个磁道，最外面一圈是 0 磁道，向里是一圈一圈的同心圆，也就是一个一个的磁道，每个磁道分为一段一段的扇区，扇区中有固定的字节数，用以记录数据。

(2) 软盘驱动器　软盘系统分成两大部分，软盘适配器(控制卡)和软盘驱动器。其中软盘适配器是系统与磁盘驱动器的接口，适配器提供驱动器各种信号，实现对驱动器的读写操作。早期的适配器使用专用的大规模集成电路芯片，产生对驱动器的各种信号。由于软盘容量增大，记录密度提高，适配器不断发展，有的集成做在系统机的主板上，有的一块大规模集成芯片上提供了多种接口使用的适配器。磁盘驱动器是一个相对独立的部件，可以拆装，通过电缆与适配器相连接。主要由三大部分组成。

1) 读写系统。用于对软盘片的读写操作，由电子电路予以实现。

2) 磁头定位系统。软盘驱动器有一个磁头，利用磁头读写软盘上的“1”和“0”信息，软盘上分成一个个磁道，每个磁道上存放若干个字节信息。若要读写信息，必须移动磁头对磁道进行寻址及定位，这一部分由电子电路及机械动作部件构成。定位系统速度及定位的精度是主要的指标。

3) 主轴驱动系统。一般由步进电动机与驱动电路构成。保证软盘片一定的速度稳定运转，以便于定位于寻找的磁道，进行读写操作。

2. 硬磁盘

一个完整的硬盘由驱动器、控制器、盘片三大部分组成。现代微机的硬盘是将上述部件密封组合在一起。磁盘盘片的基底由铝合金制成，表面上涂上一层可磁化的磁性介质(例如：Fe_2O_3)。硬盘驱动器的磁头与盘片是非接触性的，主轴驱动系统使硬盘盘片高速运转，可达到 3600 ~ 7200r/min，从而在盘片表面上产生一层气垫，磁头便浮在这层气垫上。磁头与盘片间的间隙只有几微米。硬盘存储容量大，存取速度高，它是微机系统配置中必不可少的部件。硬盘与系统的连接与软盘系统类似。硬盘驱动器通过硬盘适配器与系统接口。硬盘适配器提供两种常用的接口总线标准：一种是 IDE 集成电子驱动接口，另一种是 SCSI 小型计算机系统接口标准。IDE 接口是把适配控制器部分做到硬盘驱动器中，它把硬盘控制电路与硬盘驱动器的控制电路集成在一起，故命名为“集成驱动器电子部件”，这样可保证数据传输的可靠性。IDE采用40芯扁平电缆连接到主系统中。SCSI小型计算机系统接口定义了一种输入输出总线和逻辑接口，用来支持计算机与外部设备互连的总线。SCSI的主要目标提供一种设备独立的机理，用来连接主机和外部设备。

硬盘驱动器上配有上述接口，利用电缆线可直接相连。硬盘驱动器(硬盘机)是PC中发展最迅猛的部件之一，存储容量和传输速度是硬盘驱动器各项指标中提升最快的两项。目前，硬盘容量可达到80GB，平均寻道时间在10ms以下，数据传输可达每秒几十兆字节。

硬盘读/写数据是通过磁头来完成的。硬盘的主轴电动机带动盘片高速旋转，产生浮力使磁头飘浮在盘片上方。只有在所要存取资料的扇区到了磁头下方，才能读取所需的内容。所以，转速越快，等待时间也就越短。容量、速度和安全性是硬盘的三项主要指标，而容量则是用户最优先考虑的指标。目前的硬盘容量一般达到80GB以上。要进一步增加硬盘容量，需要提高磁头的灵敏度。传统的MR(磁阻)磁头在灵敏度和定位精度方面已接近其物理极限，而新一代的巨磁阻磁头GMR可将MR磁头的灵敏度提高4倍，且性能也很稳定，这项新技术将替代MR磁阻。

硬盘的速度在微机系统中的作用仅次于CPU和内存。提高硬盘读写速度有两个途径：①提高主轴电动机转速；②增加硬盘的缓存容量。一般的硬盘都开始配备2 MB或以上的大容量缓存。安全性主要涉及提高抗外界振动或抗瞬间冲击以及数据传输纠错两个性能。为此，各个厂家纷纷研制开发了一些独有的硬盘安全技术和软件，如常见的希捷的DST(Drive Self Test驱动器自我测试)、昆腾的DPS(Data Protection System数据保护系统)和IBM的DFT(Drive Fitness Test驱动器自适应测试)等。

二、光盘

光盘大致分为3种：只读型光盘、一次性写入光盘、可擦写型光盘。只读型光盘一般是用于软件厂商发布软件，在软件制造工厂就将软件或其他信息写入光盘中，用户买到手中的光盘只能读出其中的信息，而不能对光盘上的信息进行更改，一般容量为650MB；一次性写入光盘在市场上可以买到，一般是用户自已购买后，配以可读写光驱，自己向光盘中写入想要写的信息，一般是用于备份数据，也可以写入自己开发的商品化应用软件用于出售。一次性写入光盘一定要配备光盘刻录机才能对这种光盘进行写操作，普通的CD-ROM是不能向光盘上写东西的；可擦写型光盘可以对光盘反复进行读写操作，这种光盘现在已经越来越多地应用在各个领域，它实际上在Windows、UNIX等操作系统中就被认为是一块可移动的硬盘，市场上销售的可擦写型光盘存储容量现在可以达到10GB以上，是一种很好的、方便的移动存储介质，当然它也必须配备专用的可擦写光驱，并且价格相对要贵许多。评价光驱主要是看它的速度，并且考察它的传动机构和精密电动机的质量，以及避振和纠错能力。

光盘只读存储器CD-ROM(Compact Disk-Read only Memory)是一种实用、廉价的存储介质。作为一种外部存储器，CD-ROM光盘具有如下优点：

1）存储容量大，一张CD-ROM的容量可达到650MB，相当于470张1.44MB的软盘。

2）可靠性高，易于保存。由于是通过激光束对光盘记录的信息进行识别，没有磨损，光盘也没有受潮及发霉的问题，可靠性高，信息保存时间可达50年左右。

3）可随时读取，查询方便。

4）信息存储密度高，单位成本低。

5）光盘可存储各种数据信息。例如，数字音频、视频、文字、图形等，是一种图文、声、像的集成交互式信息载体，广泛应用于多媒体技术、信息的查询检索、电子图书、影视娱乐等领域。

CD-ROM是一种大容量的存储设备。CD-ROM光盘仅有一面存储信息，与磁介质存储器不同，CD-ROM光盘只读不可写入。CD-ROM光盘信息经特殊设备一次写入后，其存储信息不能更改。由于早期的CD-ROM驱动器传输速率为150KB/s，很快出现了为原来两倍速的光盘驱动器，传输的速率为150KB/s的两倍，即300KB/s。现在24倍速、40倍速、50倍速的光盘驱动器已广泛应用于计算机中。

光盘驱动器的接口有两种类型：第一种SCSI小型计算机系统接口总线，用于计算机与光盘驱动器、磁盘驱动器等外设的连接。第二种为IDE标准，这也是目前光盘驱动器的接口标准。

三、存储卡

由于集成电路技术的迅猛发展，存储器芯片的集成度越来越高。在智能设备和仪器中，出现了半导体存储器构成的外部存储器卡，这种存储器卡是一块包括外围控制电路在内的存储器芯片，具有高可靠性、高集成度、使用方便等优点。

1. EEPROM卡

核心部分由EEPROM构成。

（1）简单IC卡　这种卡基于串行EEPROM，存储容量介于几百字节到几千字节之间。利用这种存储器存储有关信息，结构简单，引线接点少，可靠且价格低廉，现已在银行、通信、邮政、电力、医疗等各个部门广泛使用。IC卡一般采用异步串行通信工作方式，采用的接口总线有两种。

1）I^2C总线接口——集成互联总线形式。采用三线互联，一条是时钟线CLK，一条是信号线SDA，一条是公共地线。采用串行传输。

2）ISO/IEC 7816—3接口总线。

（2）智能IC卡　智能IC卡的重要特征是IC卡内包括微处理器(一般是单片微型机)、RAM、ROM和EEPROM等，实质上是一个小的微机系统集中做在一个卡上，该卡具有智能分析、判断等功能。在这种情况下，智能IC卡插入设备和仪器后，读写设备与智能IC卡之间进行通信，也就是两个微机间的数据通信。卡内有了微处理器，就可以进行各种信号变换及处理。包括加密、识别及身份认定等各种安全措施可以加到智能卡上。智能IC卡与读写设备连在一起，可以实现各种复杂的操作。

2. SRAM卡

SRAM卡读写速度快，存储容量大，广泛应用于内存及高速缓存(Cache)，但是其信息具有易失性，一旦断电后信息就消失。SRAM卡内必须集成电池，以保证不间断地供电，因此要求SRAM功耗尽可能小，而供电电池的容量要大。目前采用的锂电池容量为165mAh。SRAM的保持电流1μA/MB，则4MB的SRAM卡采用电池供电，则保持时间可达41250h，为4~5年时间。

3. 闪存卡

由于闪存卡的数据存取无机械运动，可靠性高，存取速度快，体积小巧，又无需任何控制器，因而有可能取代所有的磁介质外存。目前，闪存卡(Flash Card)已经被用作数字相机、个人数字助理以及便携式计算机等产品的外部存储器。

本章小结

本章主要介绍了微机存储器系统的基本概况，存储器的分类，内部存储器的系统结构，动、静态读写存储器 RAM 的基本存储单元与芯片，以及存储器与 CPU 的连接。高速缓冲存储器 Cache 的基本概念与作用，Cache—主存存储结构及其实现，Cache 的基本操作，地址映像方式及替换策略等。最后介绍了 PC 微机的存储器系统。

习　题

一、选择题

5-1　用 2K×4 位的 RAM 芯片组成 16KB 的存储器，共需 RAM 芯片（　　）。

A. 16 片　B. 8 片　C. 4 片　D. 32 片

5-2　现有 4K×8 位的 RAM 芯片，它所具有的地址线条数应是（　　）条。

A. 12　B. 13　C. 11　D. 10

5-3　在 EPROM 芯片的玻璃窗口上，通常都贴有不干胶纸，这是为了（　　）。

A. 保持窗口清洁　B. 阻止光照

C. 技术保密　D. 书写型号

5-4　下列因素中，与高速缓冲存储器 Cache 的命中率无关的是（　　）。

A. 主存的存取时间　B. 块的大小

C. Cache 的组织方式　D. Cache 的容量

5-5　高速缓冲存储器的存取速度（　　）。

A. 比内存慢，比外存快　B. 比内存慢，比内部寄存器快

C. 比内存快，比内部寄存器慢　D. 比内存和内部寄存器都快

5-6　在微机中，CPU 访问各类存储器的频率由高到低的次序是（　　）。

A. Cache、内存、磁盘　B. 内存、磁盘、Cache

C. 磁盘、内存、Cache　D. 磁盘、Cache、内存

5-7　常用的虚拟存储器寻址系统由（　　）两级存储器组成。

A. 主存—外存　B. Cache—主存

C. Cache—外存　D. Cache—Cache

5-8　外存储器与内存储器相比，其特点是（　　）。

A. 存储容量大，存取速度快，断电不丢失信息

B. 存储容量大，存取速度慢，断电不丢失信息

C. 存储容量大，断电不丢失信息，信息无需调入内存即可被 CPU 访问

D. 存储容量大，断电丢失信息，信息需调入内存即可被 CPU 访问

5-9　对于地址总线为 32 位的微处理器来说，其直接寻址的范围可达（　　）。

A. 1MB　B. 16MB　C. 64MB　D. 4GB

5-10　在主存和 CPU 之间增加 Cache 存储器的目的是（　　）。

A. 增加内存容量　B. 提高内存可靠性

C. 解决 CPU 与内存间的速度匹配问题　D. 增加内存容量，同时加快存取速度

5-11　采用虚拟存储器的主要目的是（　　）。

A. 提高主存储器的存取速度　B. 扩大主存储器空间，并能进行自动管理

C. 提高外存储器的存取速度　D. 扩大外存储器的存储空间

5-12　计算机的存储器系统指（　　）。

A. RAM 存储器　　B. ROM 存储器

C. 主存储器　　D. Cache 主存储器和外存储器

二、分析题

5-13　74LS138 译码器的接线如图 5-33 所示，试判断其输出端 Y_0、Y_3、Y_5 和 Y_7 所决定的内存地址范围。

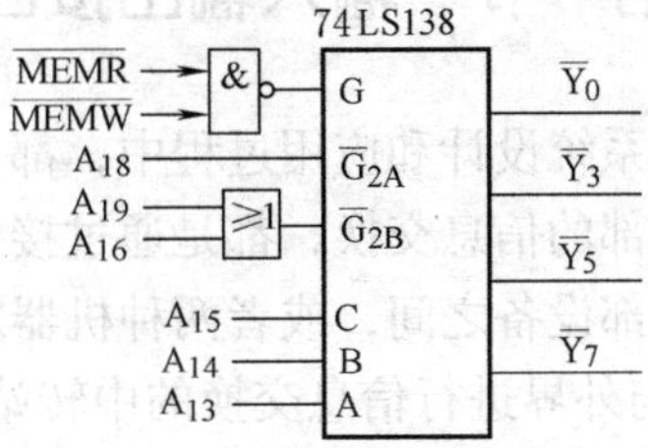

图 5-33　译码器连接图

三、简答题

5-14　试说明直接映像、全相联映像、组相联映像等地址映像方式的基本工作原理。

5-15　存储器体系为什么采用分级结构，主要用于解决存储器中存在的哪些问题？

第六章 输入输出和中断技术

第一节 输入输出接口

微型计算机接口技术在微机系统设计和应用过程中，都占有极其重要的地位。无论是系统内部的信息交换还是与系统外部的信息交换，都是通过接口来实现的。所谓接口是指CPU和存储器、外部设备或者两种外部设备之间，或者两种机器之间通过系统总线进行连接的逻辑部件(或称电路)，它是CPU与外界进行信息交换的中转站。

图6-1为一个微型计算机的接口结构图。一个简单的微机系统需要CPU、存储器、基本输入输出接口以及将它们连接在一起的各种信号线和接口电路。

外部设备通过接口电路和系统总线相连，即通过接口电路将外设挂接在微机系统中。接口电路的作用是把计算机输出的信息变成外设能够识别的信息，把外设输入的信息转化成计算机所能接收的信息。从微机的结构看，各种外设、存储器，甚至是多机系统中的微处理器都需通过相应的电路连接到总线上。因此，广义上说接口是指连接计算机各种功能部件，构成一个完整实用的计算机系统的电路。如总线驱动器、时钟电路、存储器接口、外设接口等。接口电路可以很简单。例如，一个TTL的三态缓冲器，就可以构成一个一位长的输入输出接口电路；也可以是结构很复杂，功能很强，通过用户编程使接口电路工作在理想状态下的大规模集成芯片。如Intel 8255A并行口输入输出接口、Intel 8259A中断控制器等。

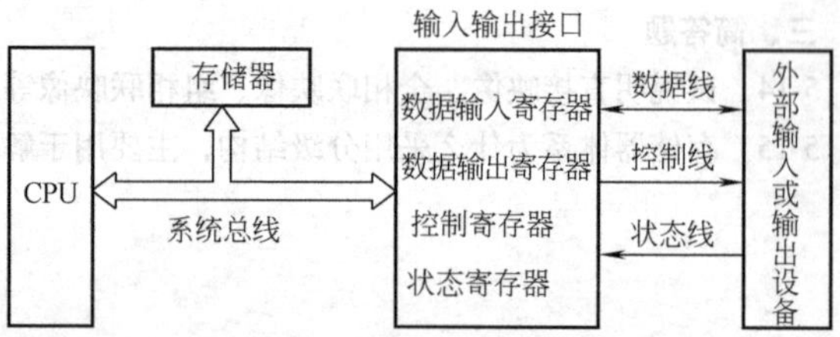

图6-1 微型计算机的接口结构

近年来，各生产厂家也在不断地开发出各自的外部接口芯片，包括通用的系统控制器，如内存分配器、DMA控制器等；专用设备控制器，如软盘控制器、CRT显示控制器等。外部接口电路正在向专用化、复杂化、智能化、组合化方向发展。

一、输入输出接口的作用

外部设备的种类繁多，有机械式、电子式、机电式、磁电式以及光电式等，其所处理的信息有数字信号、模拟信号，有电压信号、电流信号。不同的外部设备处理信息的速度相差悬殊，有的速度慢，有的速度快。另外，微型计算机与不同的外部设备之间所传送的信息格式和电平高低是多种多样的，这样就形成外设接口电路的多样化。由于外部设备的多样性，外设接口电路应具有如下功能：

1. 转换信息格式

如串—并转换、并—串转换、配备校验位等。

2. 提供联络信号，协调数据传送的状态信息

如设备“就绪”、“忙”，数据缓冲器“满”、“空”等信号。

3. 协调定时差异

为协调微机与外设在定时或数据处理速度上的差异，使两者之间的数据交换取得同步，有必要对传输的数据或地址加以缓冲或锁存。

4. 进行译码选址

在具有多台外设的系统中，外设接口必须提供地址译码以及确定设备码的功能。

5. 实现电平转换

为使微型计算机同外设匹配，接口电路必须具有电平转换和驱动功能。

6. 具备时序控制

有的接口电路具有自己的时钟发生器，以满足微型计算机和各种外设在时序方面的要求。

7. 可编程

对一些通用的、功能较齐全的接口电路，应该具有可编程能力。

二、输入输出接口的功能

设置 I/O 接口的主要目的就是解决主机和外设之间的这些差异：I/O 接口一方面应该负责接收、转换、解释并执行 CPU 发来的命令，另一方面应能将外设的状态或请求传送给 CPU，从而完成 CPU 与外设之间的数据传输。具体地说，I/O 接口应具有以下主要功能或其中的一部分功能。

1. 主机与外设的通信联络控制功能

因为主机与外设的工作速度有较大的差别，所以 I/O 接口的基本任务之一就是必须能够解决两者之间的时序配合问题。如：CPU 应该能通过 I/O 接口向外设发出启动命令；外设在准备就绪时应能通过 I/O 接口送回“准备好”信息或请求中断的信号等。

2. 设备选择功能

微机系统中一般有多个外设，主机在不同时刻可能要与不同的外设进行信息交换，I/O 接口必须能对 CPU 送来的外设地址进行译码以产生设备选择信号。

3. 数据缓冲功能

解决高速主机与低速外设矛盾的另一个常用方法是在 I/O 接口中设置一个或几个数据缓冲寄存器或锁存器，用于数据的暂存，以避免因速度不一致而丢失数据；另一方面，采用数据缓冲或锁存也有利于增大驱动能力。有时 I/O 接口还需要能向 CPU 提供内部寄存器空或满的联络信号。

4. 信号格式转换功能

外设直接输出的信号和所需的驱动信号多与微机总线信号不兼容，因此 I/O 接口必须具有实现信号格式转换的功能。如：电平转换功能、A/D 转换功能、D/A 转换功能、串/并转换功能、并/串转换功能、数据宽度变换功能等。

5. 错误检测功能

在很多情况下，系统还需要 I/O 接口能够检测和纠正信息传输过程中引入的错误。常见的有传输线路上噪声干扰导致的传输错误、接收和发送速率不匹配导致的覆盖错误等。

6. 可编程功能

可编程功能意味着 I/O 接口具有较强的通用性、灵活性和可扩充性，即在不改变硬件设计的条件下，I/O 接口可以接收并解释 CPU 的控制命令，从而改变接口的功能与工作方式。

7. 复位功能

接收复位信号，从而使接口本身以及所连的外设进行重新启动。

第二节　简单接口电路

一、接口电路的基本结构

I/O 接口电路的典型结构如图 6-2 所示。无论是数据、状态、控制中的哪一类信息，均需要通过接口电路进行处理和传送，因此接口电路中应包括数据寄存器、状态寄存器和控制寄存器以暂存各类信息。对 CPU 来说，数据寄存器可读可写，而状态寄存器只读，控制寄存器只写。I/O 接口电路用于连接 CPU 和外设，因此其外部引脚应分别满足 CPU 的总线结构和外设的总线结构。接口电路面向 CPU 的一边一般表现为三总线结构，与之相对应，接口内部应包括总线驱动、地址译码和控制逻辑等功能部分；接口电路面向外设的一边随外设的不同而提供不同的信号，一般把这些信号分为数据信号、状态信号和控制信号三类。

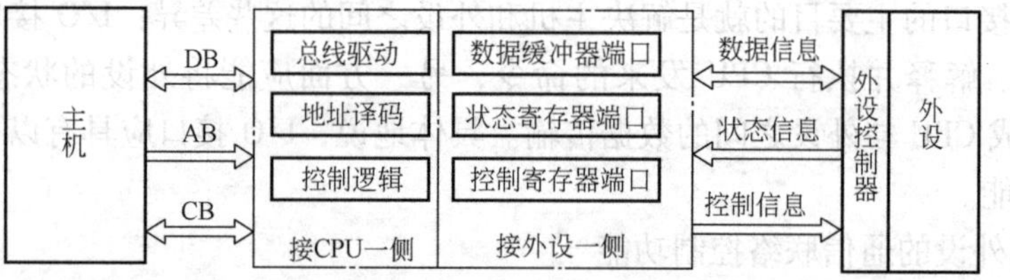

图 6-2　I/O 接口电路的典型结构

二、接口与系统的连接

接口电路位于 CPU 与外设之间，从结构上看，可以把一个接口分为两个部分：①用来和 I/O 设备相连；②用来和系统总线相连，这部分接口电路结构类似，连在同一总线上。图 6-3 是一个典型的 I/O 接口和外部电路的连接图。

联络信号：读/写信号，以便决定数据传输方向。

地址译码器，片选信号：地址译码器除了接收地址信号外，还用来区分 I/O 地址空间和内存地址空间的信号（$M/\overline{IO}$）用于译码过程。

注：①一个接口通常有若干个寄存器可读/写；②一般用 1～2 位低位地址结合读/写信号来实现对接口内部寄存器的寻址。

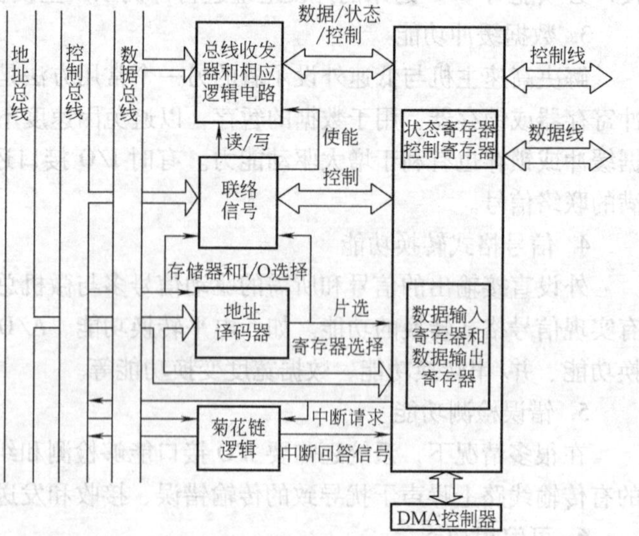

图 6-3　I/O 接口和外部电路的连接图

三、输入输出的编址方式

实际应用中，I/O 端口有两种编址方式，即存储器映像编址和 I/O 端口独立编址。

1. 存储器映像编址

存储器映像编址又称为统一编址，指 I/O 端口与存储器共享一个寻址空间。也称为存储器对应输入输出方式，每一个外设端口占有存储器的一个地址。在这种系统中，CPU 可以用同样的指令对 I/O 端口和存储器单元进行访问，这给使用者提供了极大的方便。优点是 CPU 对外设的操作可使用全部的存储器操作指令，寻址方式多，使用方便灵活，且可寻址的外设数量多。缺点是 I/O 端口占用了主存地址，相对减少了主存的可用范围，同时，程序的可读性下降。

2. I/O 端口独立编址

指主存地址空间和 I/O 端口地址空间相互独立，分别编址。采用这种独立编址方式，CPU 有专门的输入输出指令(IN/OUT)，通过这些指令中的地址来区分不同的外设。为了区分当前是寻址 I/O 端口，还是寻址主存单元，CPU 必须设置专门的 I/O 指令，指令译码后 CPU 将对外提供不同的控制信号以表明当前的访问对象。显然，这种系统中主存和 I/O 端口的地址可用范围都比较大。优点是容易掌握，编出的程序可读性好；缺点是 I/O 指令的功能一般比较弱，在 I/O 操作中必须借助 CPU 的寄存器进行中转；可寻址的范围较小，还必须有相应的控制线($M/\overline{IO}$)来区分是寻址内存还是外设。

第三节 输入输出的控制方式

微机系统中主机与外设之间的数据传输管理方式称为 I/O 同步控制方式，也就是指 CPU 和接口(端口)之间的信息传送方式。常用的 I/O 同步控制方式包括程序控制、中断控制、直接存储器存取(DMA)控制和通道控制等几种方式。

一、程序控制方式

指完全由程序来控制 CPU 与外设之间数据传送的时序关系，又分为同步式(无条件式)程序控制方式和查询式(条件式)程序控制方式。

1. 同步式程序控制方式

这是一种最简单的 I/O 控制方式，一般用于外设简单，数据变化缓慢，操作时间固定的系统中(如外设为一组开关或 LED 显示器)。在这样的系统中始终认为外设处于就绪状态，CPU 可以随时根据需要读写 I/O 端口，而无需查询或等待。采用同步式(无条件式)程序控制方式的接口电路结构简单(一般只需要具备数据端口)，但适用面窄，其工作原理如图 6-4 所示。

图 6-4 中的数据输出锁存器和数据输入缓冲器共同构成了数据端口。其中输出锁存的目的是可以使输出数据在连接外设的输出线上保持足够的时间；而输入缓冲的目的是允许多个外设共用 CPU 的数据总线。从硬件电路上来看：

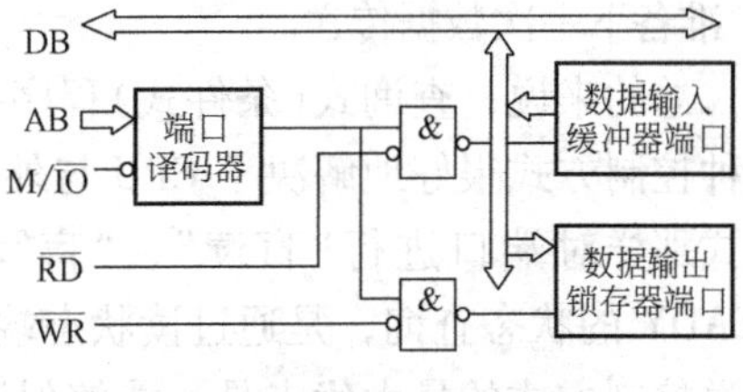

图 6-4 同步式(无条件式)程序控制方式的工作原理

输入：加三态缓冲器(控制端由地址译码信号和 $\overline{RD}$ 信号选中，CPU 用 IN 指令)。

输出：加锁存器(控制端由地址译码信号和 $\overline{WR}$ 信号选中，CPU 用 OUT 指令)。

这种方式下的硬、软件设计都比较简单，但应用的局限性较大，因为很难保证外设在每次信息传送时都处于“准备好”状态，一般只用在诸如开关控制、七段数码管的显示控制等场合。

2. 查询式程序控制方式

查询式(条件式)程序控制方式的核心思想是：在执行 I/O 操作之前，CPU 总是要先查询外设的工作状态，以确定是否可以进行数据传输；当传输条件满足时，CPU 对 I/O 端口进行读写，否则 CPU 等待直到条件满足。

一般情况下，完成查询(条件)控制的软件流程如下：

1）CPU 向接口发命令，要求进行数据传输。

2）CPU 从状态端口读取状态字，并根据约定的状态字格式判断外设是否已就绪。

3）若外设未准备好，重复步骤 2)，直至就绪。

4）CPU 执行输入输出指令，读/写数据端口。

5）使状态字复位，为下次数据传输做好准备。

可见，采用查询式(条件式)程序控制方式的接口电路除了具备数据端口之外，还应该具备状态端口，输入操作的程序流程如图 6-5 所示，其电路结构框图如图 6-6 所示。

在图 6-6a 所示采用查询输入方式的系统中，数据输入的过程如下：①输入设备发出的选通信号，一方面将准备好的数据送到接口电路的数据锁存器中，另一方面使接口电路中的 D 触发器置 1 并将该信号送到状态寄存器中等待 CPU 查询；② CPU 读接口中的状态寄存器，并检查状态信息以确定外设数据是否准备好；③若 READY = 1，说明外设已将数据送到接口中，CPU 读数据端口以获取输入数据，同时数据端口的读信号将接口中的 D 触发器清零，即令 READY = 0，准备下一次数据传送。

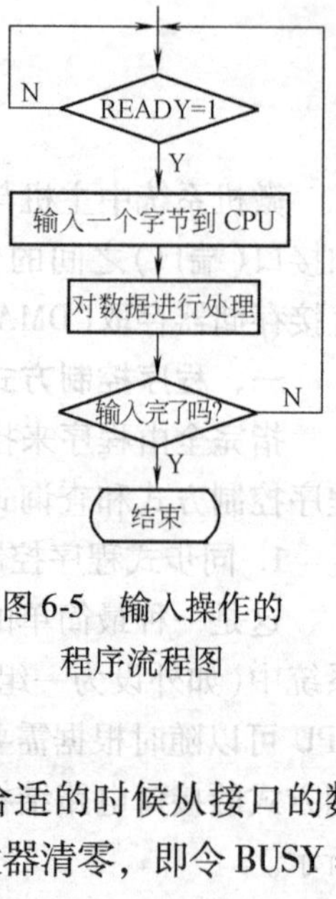

图 6-5　输入操作的程序流程图

在图 6-6b 所示采用查询输出方式的系统中，数据输出的过程如下：①CPU 读接口中的状态寄存器，并检查状态信息以确定外设是否可以接收数据；②若 BUSY = 0，说明接口中的数据锁存器空，CPU 向数据端口写入需发送的数据，同时数据端口的写信号将接口中的 D 触发器置 1，即令 BUSY = 1，该信号一方面通知输出设备数据已准备好，另一方面送到状态寄存器以备 CPU 查询；③输出设备在合适的时候从接口的数据锁存器中读出数据；④输出设备发出响应信号 ACK 将接口中的 D 触发器清零，即令 BUSY = 0，准备下一次数据传送。

总的来说，查询式(条件式)程序控制方式是一种 CPU 主动、外设被动的 I/O 操作方式。这种控制方式很好地解决了 CPU 与外设之间的同步问题，不像同步式(无条件式)程序控制方式那样对端口进行“盲读”、“盲写”，数据传送可靠性高，且硬件接口相对简单。对 READY 的状态查询，是通过读状态端口的相应位来实现的，输出的情况亦大致相同，这种传送控制方式的最大优点是，能够保证输入输出数据的正确性；但它的缺点是 CPU 工作效率较低，I/O 响应速度慢。

如果系统中有多个外设采用查询式(条件式)程序控制方式进行输入输出，则 CPU 必须周期性地依次查询每个外设，CPU 的查询顺序由外设的重要性确定，即越重要的外设其查询优先级应越高。一般来讲，在这种情况下都是采用轮流查询的方式来解决，如图 6-7 所

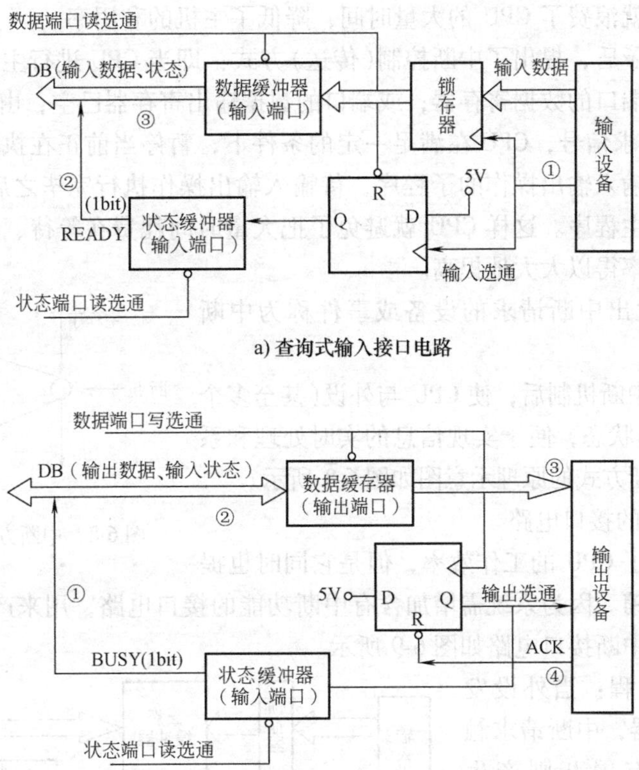

a) 查询式输入接口电路

b) 查询式输出接口电路

图 6-6　采用查询式(条件式)程序控制方式的接口电路结构框图

示。这时的优先级是很明显的，即先查询的设备具有较高的优先级。

二、中断控制方式

在中断控制方式下，CPU 不再反复查询外设的工作状态，如果外设准备好，则主动通过中断请求信号通知 CPU 进行处理。中断控制方式的特点在于 CPU 被动而外设主动。中断方式适用于 CPU 任务繁忙、而数据传送不太频繁的系统中。

采用中断控制方式的接口电路中需要专门的中断管理电路，硬件比较复杂，中断服务程序的设计、调试也相对复杂；但 CPU 和外设的并行工作可以大大提高系统的工作效率，而且采用中断控制方式的系统具备实时控制能力和对紧急事件的处理能力。

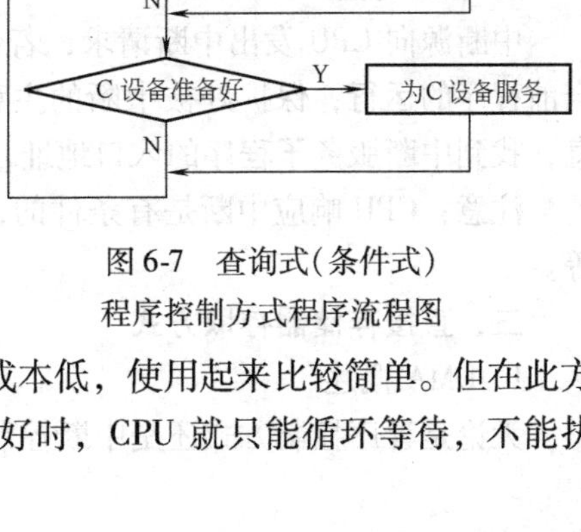

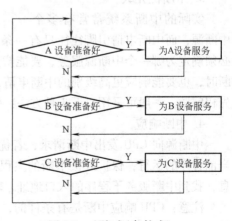

图 6-7　查询式(条件式)程序控制方式程序流程图

1. 为什么要采用中断控制方式

从查询式的传输过程可以看出，它的优点是硬件成本低，使用起来比较简单。但在此方式下，CPU 要不断地查询外设的状态，当外设未准备好时，CPU 就只能循环等待，不能执行其他程序，这样就浪费了 CPU 的大量时间，降低了主机的利用率。

为了解决这个矛盾，提出了中断控制(传送)方式：即当 CPU 进行主程序操作时，外设的数据已存入输入端口的数据寄存器；或端口的数据输出寄存器已空，由外设通过接口电路向 CPU 发出中断请求信号，CPU 在满足一定的条件下，暂停当前正在执行的主程序，转入执行相应能够进行输入输出操作的子程序，待输入输出操作执行完毕之后 CPU 即返回继续执行原来被中断的主程序。这样 CPU 就避免了把大量时间耗费在等待、查询状态信号的操作上，使其工作效率得以大大地提高。

能够向 CPU 发出中断请求的设备或事件称为中断源。

微机系统引入中断机制后，使 CPU 与外设(甚至多个外设)处于并行工作状态，便于实现信息的实时处理和系统的故障处理。中断方式的原理示意图如图 6-8 所示。

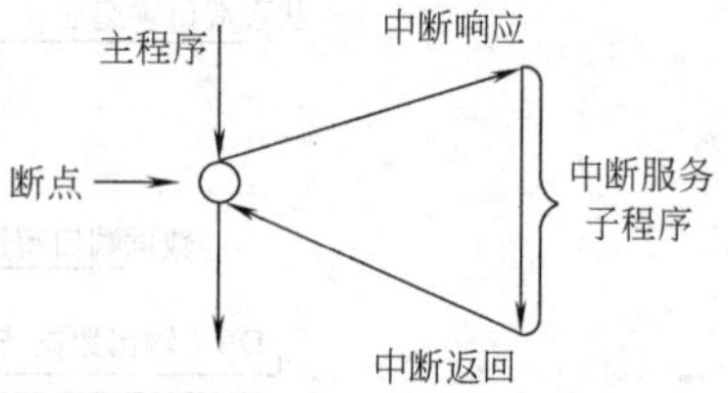

图 6-8　中断方式的原理示意图

2. 中断方式下的接口电路

中断方式提高了 CPU 的工作效率，但是它同时也提高了系统的硬件开销。因为系统需增加含有中断功能的接口电路，用来产生中断请求信号。以输入方式为例，中断接口电路如图 6-9 所示。

数据输入的过程：当外设发 $\overline{STB}$→数据入锁存器，中断请求触发器置 1→若没有屏蔽则产生 $\overline{INTR}$→CPU满足条件(允许中断；指令执行完)发$\overline{INTA}$→(进入中断服务子程序)读数据，发$\overline{RD}$和地址→清中断请求触发器，数据送 $D_0 \sim D_7$。

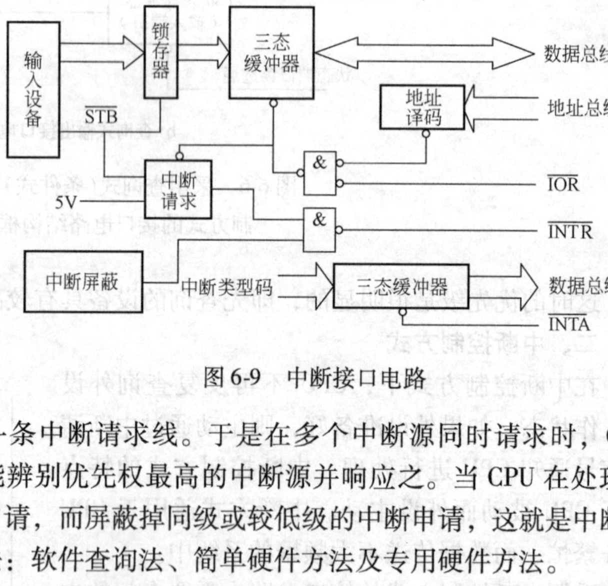

图 6-9　中断接口电路

3. 中断优先级

实际的中断系统常常有多个中断源，而中断申请引脚往往只有一条中断请求线。于是在多个中断源同时请求时，CPU 必须确定为哪一个中断源服务，要能辨别优先权最高的中断源并响应之。当 CPU 在处理中断时，也要能响应更高级别的中断申请，而屏蔽掉同级或较低级的中断申请，这就是中断优先权问题。一般可采用以下 3 种方法：软件查询法、简单硬件方法及专用硬件方法。

4. 中断响应

中断源向 CPU 发出中断请求，若优先级别最高，CPU 在满足一定的条件下，可以中断当前程序的运行，保护好被中断的主程序的断点及现场信息。然后，根据中断源提供的信息，找到中断服务子程序的入口地址，转去执行新的程序段，这就是中断响应。

注意：CPU 响应中断是有条件的，如内部允许中断、中断未被屏蔽、当前指令执行完等。

三、直接存储器存取方式

1. DMA 概述

无论是程序控制方式还是中断控制方式，数据的传输都必须经过 CPU 的控制，因而必然受到软件执行速度的影响。在某些情况下，可能需要在存储器和高速 I/O 设备之间进行大量的、频繁的数据传送，采用程序控制方式显然不合适，但若采用中断控制方式，也会造成中断次数过于频繁，不仅速度上不去，还会消耗 CPU 的大量时间用于信息的保护和恢复操作。在这种情况下，可考虑采用专门的硬件控制电路来完成存储器与高速 I/O 之间数据的传送，而数据不再经过 CPU。

DMA(Direct Memory Access)控制器就是符合上述要求的一种接口芯片。实际上，DMA 方式就是为解决外设与存储器间直接的数据交换而引入的，所以称为直接存储器存取方式。DMA 方式与程序控制方式和中断控制方式之间的不同之处在于：系统在专门的硬件控制器(DMA 控制器)的管理下可直接实现外设与存储器之间(或外设与外设之间、存储器与存储器之间)大量数据的交换，且数据交换过程不受 CPU 的控制。

DMA 方式使计算机的硬件结构发生了变化：信息传送从以 CPU 为中心变成了以内存为中心。这种方式实际上简化了 CPU 对输入输出的控制，把输入输出过程中外设与存储器交换信息的那部分操作的控制交给了 DMA 控制器(DMAC)。这种控制方式适合于高速、大批数据的传送；但 DMA 控制器的加入也使接口电路结构变得复杂，硬件成本增大。

2. DMA 传送的基本特点

DMA 传送的基本特点是不经过 CPU，不破坏 CPU 内各寄存器的内容，直接实现存储器与 I/O 设备之间的数据传送。在 IBM PC 中，DMA 方式传送一个字节的时间通常是一个总线周期，即 5 个时钟周期时间。CPU 内部的指令操作只是暂停这个总线周期，然后继续操作，指令的操作次序不会被破坏。所以，DMA 传送方式特别适合用于外部设备与存储器之间高速成批的数据传送。

为了提高数据传送的速率，提出了直接存储器存取(DMA)的数据传送控制方式，即在一定时间段内，由 DMA 控制器取代 CPU，获得总线控制权，来实现内存与外设或者内存的不同区域之间大量数据的快速传送。典型的 DMAC 工作电路如图 6-10 所示。

DMA 数据传送的工作过程大致如下：

1）外设向 DMAC 发出 DMA 传送请求。

2）DMAC 通过连接到 CPU 的 HOLD 信号向 CPU 提出 DMA 请求。

3）CPU 在完成当前总线操作后会立即对 DMA 请求做出响应。CPU 的响应包括两个方面：①CPU 将控制总线、数据总线和地址总线浮空，即放弃对这些总线的控制权；②CPU 将有效的 HLDA 信号加到 DMAC 上，用此来通知 DMAC，CPU 已经放弃了总线的控制权。

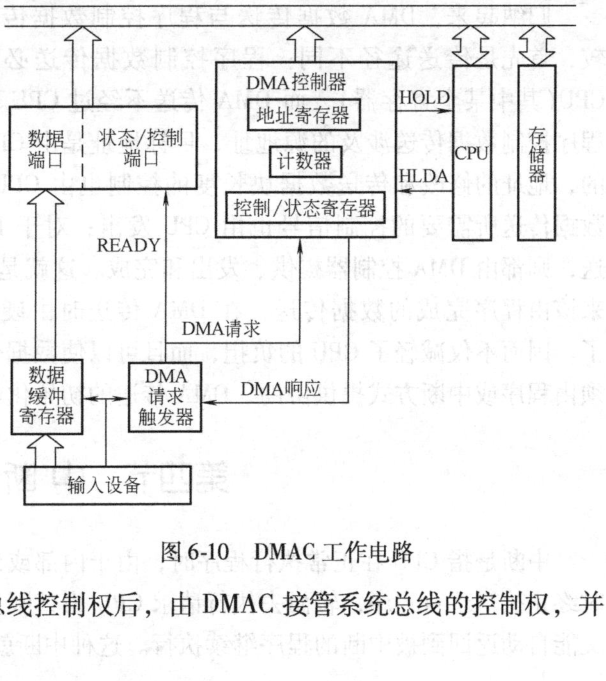

图 6-10　DMAC 工作电路

4）待 CPU 将总线浮空，即放弃了总线控制权后，由 DMAC 接管系统总线的控制权，并向外设送出 DMA 的应答信号。

5）由 DMAC 送出地址信号和控制信号，实现外设与内存或内存不同区域之间大量数据的快速传送。

6）DMAC 将规定的数据字节传送完之后，通过向 CPU 发 HOLD 信号，撤消对 CPU 的 DMA 请求。CPU 收到此信号，一方面使 HLDA 无效，另一方面又重新开始控制总线，实现正常取指令、分析指令、执行指令的操作。

需要注意的是，在内存与外设之间进行 DMA 传送期间，DMAC 控制器只是输出地址及控制信号，而数据传送是直接在内存和外设端口之间进行的，并不经过 DMAC；对于内存不同区域之间的 DMA 传送，则应先用一个 DMA 存储器读周期将数据从内存的源区域读出，存入到 DMAC 的内部数据暂存器中，再利用一个 DMA 存储器写周期将该数据写到内存的目的区域中去。

3. DMA 方式传送的主要步骤

1）外设准备就绪时，向 DMAC 发 DMA 请求，DMA 控制器接到此信号后，向 CPU 发 DMA 请求。

2）CPU 接到 HOLD 请求后，如果条件允许(一个总线操作结束)，则发出 HLDA 信号作为响应，同时，放弃对总线的控制。

3）DMAC 取得总线控制权后，往地址总线发送地址信号，每传送一个字节，就会自动修改地址寄存器的内容，以指向下一个要传送的字节。

4）每传送一个字节，字节计数器的值减 1，当减到 0 时，DMA 过程结束。

5）DMAC 向 CPU 发结束信号，将总线控制权交回 CPU，DMA 的工作流程图如图 6-11 所示。

DMA 传送控制方式，解决了在内存的不同区域之间，或者内存与外设之间大量数据的快速传送问题，代价是需要增加专门的硬件控制电路。

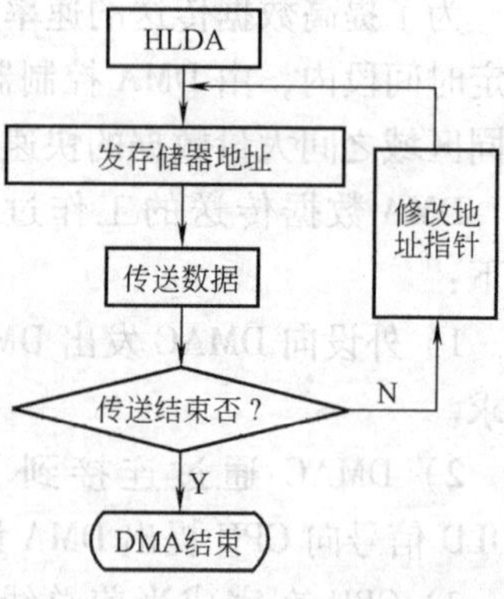

图 6-11 DMA 的工作流程图

归纳起来，DMA 数据传送与程序控制数据传送相比较，首先是传送途径不同：程序控制数据传送必须经过 CPU(其中某个寄存器)，而 DMA 传送不经过 CPU。其次，程序控制数据传送涉及的源地址、目标地址是由 CPU 提供的，地址的修改和传送数据块长度的控制也由 CPU 完成，数据传送所需要的控制信号也由 CPU 发出；对于 DMA 传送，则都由 DMA 控制器提供、发出和完成。这就是说，本来该由程序完成的数据传送，在 DMA 传送时由硬件取代了。因而不仅减轻了 CPU 的负担，而且可以使数据传输速度大大提高。但是，DMA 传送必须由程序或中断方式提供协助，DMA 传送的初始化或结束处理是由程序或中断服务完成的。

第四节 中断技术

中断是指 CPU 在正常执行程序时，由于内部或外部事件或程序的预先安排引起 CPU 暂时终止执行现行程序，转而去执行请求 CPU 为其服务的服务程序，待该服务程序执行完毕，又能自动返回到被中断的程序继续执行。这种中断就是人们通常所说的外部中断。但是随着计算机体系结构不断地更新换代和应用技术的日益提高，中断技术发展的速度非常迅速，中断的概念也随之延伸，中断的应用范围也随之扩大。除了传统的外围部件引起的硬件中断外，又出现了内部的软件中断概念，外部中断和内部软件中断就构成了一个完整的中断系统。

中断是现代微型计算机系统中广泛采用的一种资源共享技术，具有随机性。中断技术被引进到计算机系统中，从而大大改变了 CPU 处理偶发事件能力，使具有高效率、高性能、高适应性的并行处理功能的计算机系统变成了现实。中断的引入还能使多个外设之间也能并行工作。CPU 在不同时刻根据需要可启动多个外设，被启动的外设分别同时独立工作，一旦自己的工作完成即可向 CPU 发出中断请求信号。CPU 按优先级高低次序来响应这些请求进行服务。所以，中断成为主机内部管理的重要技术手段，使计算机执行多道程序，带多个终端，为多个用户服务，大大加强了计算机整个系统的功能。

采用中断技术，能实现以下功能：

1）分时操作。计算机配上中断系统后，CPU 就可以分时执行多个用户的程序和多道作业，使每个用户认为它正在独占系统。此外，CPU 可控制多个外设同时工作，并可及时得到服务处理，使各个外设一直处于有效工作状态，从而大大提高主机的使用效率。

2）实时处理。当计算机用于实时控制时，计算机在现场测试和控制、网络通信、人机对话时都会具有强烈的实时性，中断技术能确保对实时信号的处理。实时控制系统要求计算机为它们的服务是随机发生的，且时间性很强，要求做到近乎即时处理，若没有中断系统是很难实现的。

3）故障处理。计算机运行过程中，往往会出现一些故障，如电源掉电、存储器出错、运算溢出，还有非法指令、存储器超量装载、信息校验出错等。尽管故障出现的概率较小，但是一旦出现故障将使整个系统瘫痪。有了中断系统后，当出现上述情况时，CPU 就转去执行故障处理程序而不必停机。中断系统能在故障出现时发出中断信号，调用相应的处理程序，将故障的危害降低到最低程度，并请求系统管理员排除故障。

一、中断源

微型计算机中能引起中断的外部设备或内部原因称为中断源。不同计算机的设置有所不同，通常微机系统的中断源有以下几种：

1）一般的输入输出设备，如键盘、打印机等。

2）实时时钟。在微机应用系统中，常遇到定时检测与时间控制，这时可采用外部时钟电路进行定时，CPU 可发出命令启动时钟电路开始计时，待定时时间到，时钟电路就会向 CPU 发出中断请求，由 CPU 进行处理。

3）故障源。计算机内部设有故障自动检测装置，如电源掉电、运算溢出、存储器出错等意外事件时，都能使 CPU 中断，进行相应处理。

4）软件中断。用户编程时使用的中断指令，以及为调试程序而人为设置的断点都可以引起软件中断。

当中断源需要 CPU 服务时，是以中断申请的方式进行的，外部中断请求的方式通常有电平触发和边沿触发两种。

二、8086/8088 的中断类型

8086/8088 CPU 有一个简单而灵活的中断系统，采用矢量型的中断结构，共有 256 个中

断矢量号，又称中断类型号。中断可以由外部设备启动，也可以由软件中断指令启动，在某些情况下，也可由 CPU 自身启动。8086 CPU 中断分类如图 6-12 所示。

1. 硬件中断

硬件中断是由 CPU 的外部中断请求信号触发的一种中断，分为不可屏蔽中断 NMI 和可屏蔽中断 INTR。

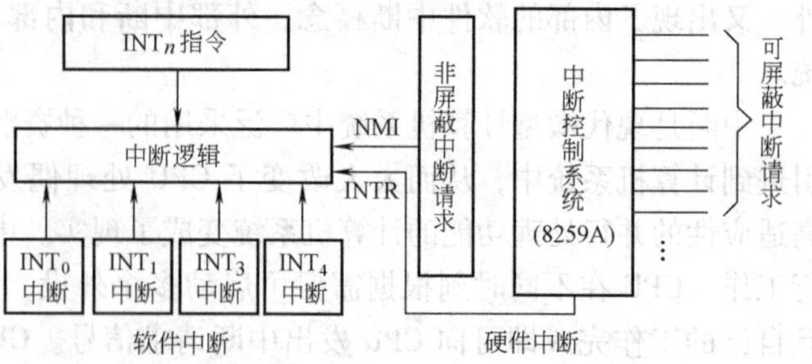

图 6-12　8086 CPU 中断分类

(1) 不可屏蔽中断 NMI　不可屏蔽中断是通过 CPU 的 NMI(Non－Maskable Interrupt)引脚进入的，它不受中断允许标志 IF 的屏蔽，即使在关中断(IF＝0)的情况下，CPU 也能在当前指令执行完毕后就响应 NMI 上的中断请求，并且在整个系统中只能有一个不可屏蔽中断。不可屏蔽中断的类型号为 2。

当 NMI 引脚上出现中断请求时，不管 CPU 当前正在做什么事情，都会响应这个中断请求而进入对应的中断处理，可见 NMI 中断优先级非常高。正因为如此，除了系统有十分紧急的情况以外，应该尽量避免引起这种中断。在实际系统中，不可屏蔽中断一般用来处理系统的重大故障，比如系统掉电处理常常通过此非屏蔽中断处理程序来执行。

当遇到掉电事故时，电源系统就要通过 CPU 的 NMI 引脚向 CPU 发出不可屏蔽中断请求。CPU 接收到这一请求后，不管当前在做什么，都会停下来，立即转到不可屏蔽中断处理子程序。不可屏蔽中断子程序无非是要在晶体振荡器停振之前紧急处理现场。一般采用以下措施：①把现场的数据立即转移到非易失型的存储器中，等电源恢复后继续执行中断前的程序；②启动备用电源，在尽量短的时间内用备用电源来维持微机系统的工作。

(2) 可屏蔽中断 INTR　可屏蔽中断是通过 CPU 的 INTR(Interrupt)引脚进入的，并且只有当中断允许标志 IF 为 1 时，可屏蔽中断才能进入，如果中断允许标志 IF 为 0，则可屏蔽中断受到禁止。一般外部设备提出的中断都是从 CPU 的 INTR 端引入的可屏蔽中断。当 CPU 接收到一个可屏蔽中断请求信号时，如果标志寄存器中的 IF 为 1，那么 CPU 会在执行完当前指令后响应中断请求。IF 的设置和清除，则可以通过指令或调试工具来实现。

2. 软件中断

软件中断也称内部中断，是由 CPU 检测到异常情况或执行软件中断指令所引起的一种中断。通常有除法出错中断、单步中断、INTO 溢出中断、INT_n 中断、断点中断等。

(1) 除法出错中断　当执行除法指令时，若发现除数为 0 或商超过了机器所能表达数的范围，则立即产生一个中断类型号为 0 的内部中断，该中断称为除法出错中断。一般该中断的服务处理都由操作系统安排。

(2) 单步中断　若 TF＝1，则 CPU 处于单步工作方式，即每执行完一条指令之后就自动产生一个中断类型码为 1 的内部中断，使得指令的执行成为单步执行方式。

单步执行方式为系统提供了一种方便的调试手段，成为能够逐条指令地观察系统操作的一个窗口。如 Debug 中的跟踪命令，就是将标志 TF 置 1，进而去执行一个单步中断服务程序，以跟踪程序的具体执行过程，找出程序中的问题或错误所在。需要说明的是，在所有类型的中断处理过程中，CPU 会自动地把状态标志压入堆栈，然后清除 TF 和 IF。因此当 CPU

进入单步处理程序时，就不再处于单步工作方式，而以正常方式工作。只有在单步处理结束后，从堆栈中弹出原来的标志，才使 CPU 返回到单步工作方式。

(3) 溢出中断　若算法操作结果产生溢出(OF=1)，则执行 INTO 指令后立即产生一个中断类型码为 4 的中断。该中断为程序员提供了一种处理算术运算出现溢出的手段，它通常和算术指令功能配合使用。

(4) 指令中断 INT_n　中断指令 INT_n 的执行会引起内部中断，其中断类型号由指令中的 n 指定。该指令就称为软中断指令，通常指令的代码为两个字节代码，第一个字节为操作码，第二个字节为中断类型码。但是中断类型码为 3 的软中断指令却是单字节指令，因而它能很方便地插入到程序的任何地方，专供在程序中设置断点调试程序时使用，也称为断点中断。插入 INT_3 指令之处便是断点，在断点中断服务程序中，可显示有关的寄存器、存储单元的内容，以便程序员分析到断点为止程序运行是否正确。

还需指出，内部中断的类型号是预定好的或包含在软中断指令中，除单步中断外，其他的内部中断不受状态标志影响，中断后的服务处理须由用户自行安排。

软件中断的特点主要有：

1）中断矢量号由 CPU 自动提供，不需要执行中断响应总线周期去读取中断矢量号。

2）除单步中断外，所有内部中断都无法禁止，即都不能通过执行 CLI 指令使 IF 位清零来禁止对它们的响应。

3）除单步中断外，任何内部中断的优先权都比外部中断高。8086 CPU 的中断优先权顺序为内部中断(除法出错中断、INT_n 指令中断、INTO 溢出中断、断点中断)、NMI 中断、INTR 中断和单步中断。

三、中断优先权

实际的中断系统常常有多个中断源，而中断申请引脚往往只有一条中断请求线。于是在多个中断源同时请求时，CPU 必须确定为哪一个中断源服务，要能辨别优先权最高的中断源并响应之。当 CPU 在处理中断时，也要能响应更高级别的中断申请，而屏蔽掉同级或较低级的中断申请，这就是中断优先权问题。通常有 3 种方法解决中断优先权的识别问题。

1. 软件查询方法

采用软件查询中断方式时，中断优先权由查询顺序决定，先查询的中断源具有最高的优先权。软件查询方法的接口电路如图 6-13 所示。

使用这种方法也需要配以一定的硬件，需要设置一个中断请求信号的锁存接口，将各申请的请求信号锁存下来以便查询。该方法首先要把外设的中断请求触发器组合成一个端口，供 CPU 查询，同时把这些中断请求信号相“或”后，作为 INTR 信号，这样任一外设有请求都可向 CPU 送 INTR 信号。CPU 响应中断后，读入中断寄存器的内容并逐位检测它们的状态，若有中断请求(相应位为 1)就转到相应的服务程序入口，检测的顺序就是优先级的顺序。软件查询法流程图如图 6-14 所示。

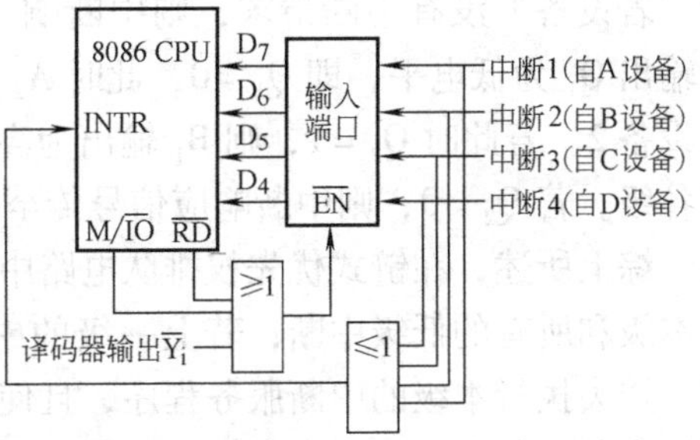

图 6-13　软件查询方法的接口电路

优点：电路简单。软件查询的顺序就是中断优先权的顺序，不需要专门的优先权排队电路，可以直接修改软件查询顺序来修改中断优先权，不必更改硬件。

缺点：当中断源个数较多时，由逐位检测查询到转入相应的中断服务程序所耗费的时间较长，中断响应速度慢，服务效率低。

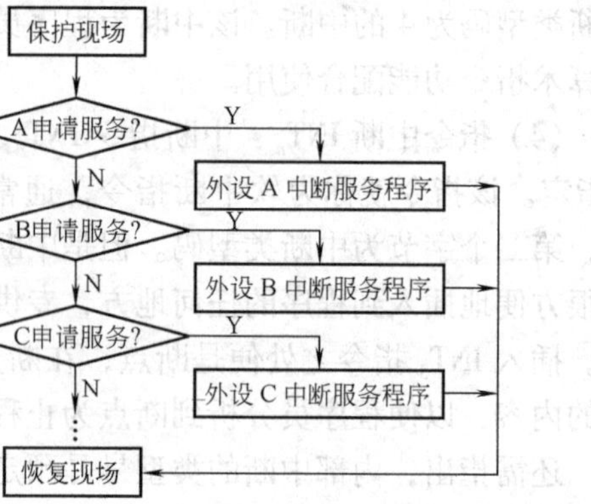

图 6-14 软件查询法流程图

2. 简单硬件方法

以链式优先权排队电路为例。它是利用外设连接在排队电路的物理位置来决定其中断优先权的，排在最前面的优先权最高，排在最后面的优先权最低，电路如图 6-15 所示。

当多个外设有中断请求时，则由中断请求信号或电路产生的 INTR 信号，送至 CPU。CPU 在当前指令执行完后响应中断，发出中断响应信号$\overline{\text{INTA}}$。当中断请求得到响应时，中断响应信号$\overline{\text{INTA}}$就传送到优先权最高的设备 1，并按串行方式往下传送，当设备 1 有中断请求时，则它的中断触发器 Q_1 输出为高，于是与门 A_1 输出为高，设备 1 的数据允许线 EN 变为有效，从而允许设备 1 使用数据总线，将其中断类型码经数据总线送入 CPU，由它控制中断矢量 1 的发出。CPU 收到中断矢量 1 后转至设备 1 的中断服务程序入口。同时 A_2 经反相为低电平，则中断响应信号在门 A_2 处被封锁，使 B_1、B_2、C_1、C_2、…所有下面各级输出全为低电平，中断响应信号$\overline{\text{INTA}}$不再下传，使后级设备得不到 CPU 的中断响应信号，$\overline{\text{INTA}}$即屏蔽了所有的低级中断。

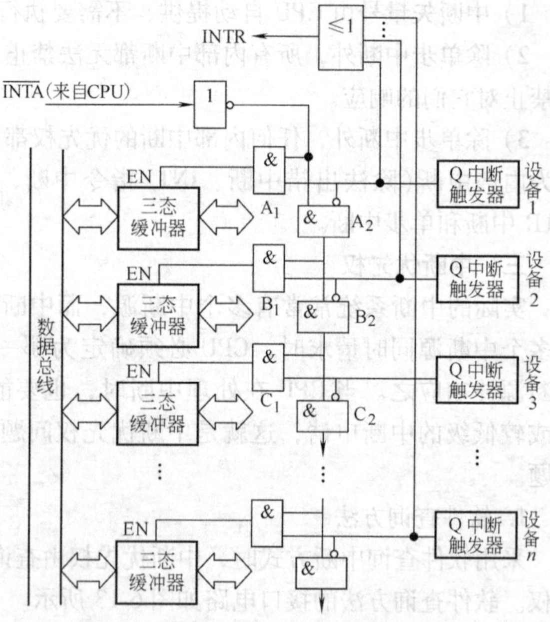

图 6-15 链式优先权排队电路

若设备 1 没有中断请求，则中断响应输出 Q_1 为低电平，即 $Q_1=0$，此时 A_2 输出为高电平，中断响应信号可以通过 A_2 传给下一设备 2。若此时 $Q_2=1$，则 B_1 输出为高。控制转向中断服务程序 2，B_2 输出为低，屏蔽以下各级。若 $Q_2=0$，则中断响应信号传至中断设备 3，其余各级类推。

综上所述，在链式优先权排队电路中，若上一级的中断响应传递出信号为“0”，则屏蔽了本级和所有的低级中断；若上一级的中断响应传递输出信号为“1”，在本级有中断请求时，转去执行本级的中断服务程序，且使本级传递至下级的中断响应输出为“0”，屏蔽所有低级中断；若本级没有中断请求，则允许下一级中断。故在链式电路中，排在最前面的中断源优先权最高。

3. 专用硬件方式

采用可编程的中断控制器芯片，如 Intel8259A。

有了中断控制器以后，CPU 的 INTR 和引脚不再与接口直接相连，而是与中断控制器相连，外设的中断请求信号通过 $IR_0 \sim IR_7$ 进入中断控制器，经优先级管理逻辑确认为级别最高的那个请求的类型号会经过中断类型寄存器在当前中断服务寄存器的某位上置 1，并向 CPU 发 INTR 请求，CPU 发出 $\overline{INTA}$ 信号后，中断控制器将中断类型码送出。在整个过程中，优先级较低的中断请求都受到阻塞，直到较高级的中断服务完毕之后，当前服务寄存器的对应位清零，较低级的中断请求才有可能被响应。中断控制器的系统连接如图 6-16 所示。

中断控制器可以通过编程来设置或改变其工作方式，使用起来方便灵活。

四、中断管理

8086 CPU 可管理 256 种中断。每种中断都指定一个中断矢量号，每一种中断矢量号都与一个中断服务程序相对应。中断服务程序的入口地址存放在内存储器的中断矢量表内。中断矢量表是中断矢量号与它相应的中断服务程序的转换表。8086 以中断矢量为索引号，从中断矢量表中取得中断服务程序的入口地址。

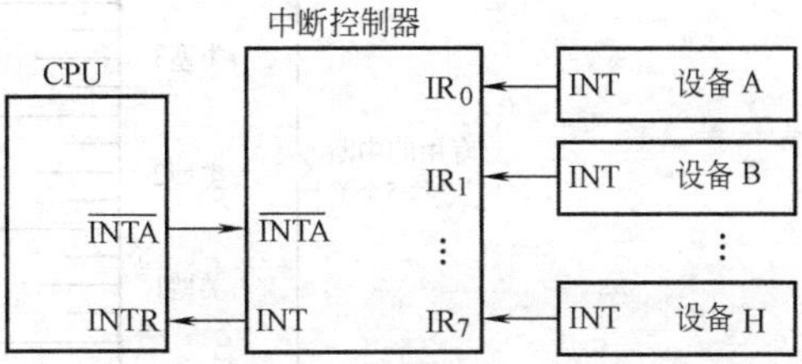

图 6-16　中断控制器的系统连接

在 8086/8088 微机系统的内存中，把 0 段的 0000 ~ 03FFH 区域设置为一个中断向量表。每一个中断向量占 4 个存储单元。其中，前两个单元存放中断子程序入口地址的偏移量（IP），低位在前，高位在后；后两个单元存放中断子程序入口地址的段地址（CS），也是低位在前，高位在后。在中断向量表中，这些中断是按中断类型的序号，从 0 单元开始，顺序排列。8086/8088 的中断向量表如图 6-17 所示。

1. 专用中断

类型 0 ~ 类型 4，共有 5 种类型。专用中断的中断服务程序的入口地址由系统负责装入，用户不能随意修改。

2. 备用中断

类型 5 ~ 类型 1FH，这是 Intel 公司为软、硬件开发保留的中断类型，一般不允许用户改作其他用途。

3. 用户中断

类型 20H ~ 类型 FFH，为用户可用中断，其中断服务程序的入口地址由用户程序负责装入。

在一个具体的系统中，经常并不需要高达 256 种之多的中断，所以系统中也不必将 0 段 0000 ~ 03FFH 都留出来存放中断向量，这种情况下，系统只需分配对应的存储空间给已经定义的中断类型。

五、中断处理过程

微机系统的中断处理过程如图 6-18 所示，大致可分为中断请求、中断响应、中断处理和中断返回 4 个过程，这些步骤有的是通过硬件电路完成的，有的是由程序员编写程序来实现的。

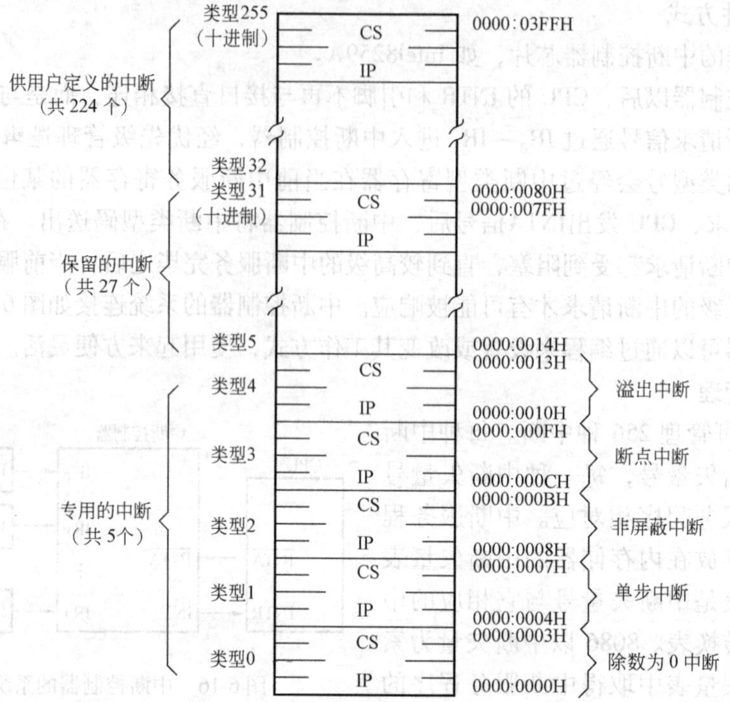

图 6-17　8086/8088 的中断向量表

1. 中断请求

CPU 在每条指令执行结束后去查询有无中断请求信号。若查询到有中断请求，并且在允许响应中断的情况下，系统自动进入中断响应周期，由硬件完成关中断、保存断点、取中断服务程序的入口地址等一系列操作，而后转向中断服务程序执行中断处理。

2. 中断响应

CPU 接收到外设的中断请求信号时，若为非屏蔽中断请求，则 CPU 执行完现行指令后，立即响应中断。若为可屏蔽中断请求，能否响应中断，还取决于 CPU 的中断允许触发器的状态。只有当其为"1"(即允许中断)时，CPU 才能响应可屏蔽中断；若其为"0"(即禁止中断)时，即使有可屏蔽中断请求，CPU 也不响应。CPU 要响应可屏蔽中断请求，必须满足以下三个条件：①无总线请求；②CPU 允许中断；③CPU 执行完现行指令。

3. 中断处理

中断处理就是执行中断服务程序中规定的操作，主要包括：

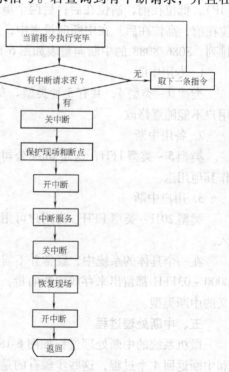

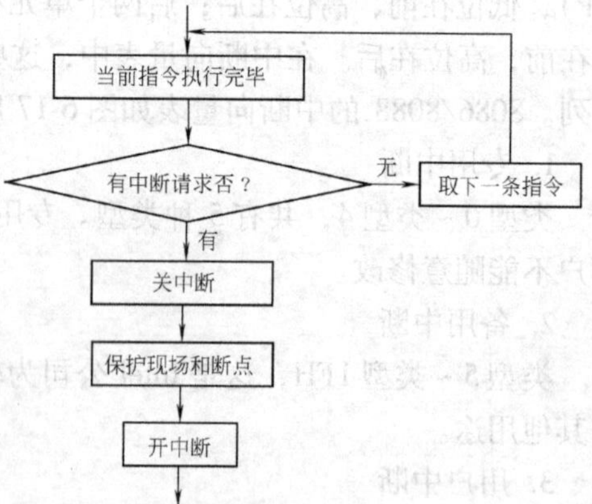

图 6-18　中断处理过程

(1) 保护现场　为了不破坏主程序中使用的寄存器的内容，必须用入栈指令 PUSH 将有关寄存器的内容入栈保护。

(2) 开中断　为了实现中断嵌套，需要安排一条开中断指令，使系统处于开中断状态。

(3) 中断服务　CPU 通过执行中断服务程序，完成对中断情况的处理。

4. 中断返回

中断返回是由中断服务程序中的中断返回指令 IRET 来完成的。中断返回时，要进行以下操作：

(1) 关中断　使现场的恢复工作不被打扰。

(2) 恢复现场　在返回主程序之前要将用户保护的寄存器内容从堆栈中弹出，以便能正确执行主程序。恢复现场用 POP 指令，弹出时的顺序与入栈的顺序正好相反。

(3) 开中断　使 CPU 能继续接收中断请求。

六、中断服务子程序的结构模式

CPU 响应中断以后，就会中止当前的程序，转去执行中断服务子程序。中断服务子程序的流程如图 6-19 所示。

(1) 保护现场　保护现场由一系列的 PUSH 指令完成，目的是为了保护那些与主程序中有冲突的寄存器(如 AX、BX、CX 等)，如果中断服务子程序中所使用的寄存器与主程序中所使用的寄存器等没有冲突的话，这一步骤可以省略。

(2) 开中断　开中断由 STI 指令实现，目的是为了能实现中断的嵌套，即允许级别较高的中断请求进入。

(3) 中断服务　执行中断服务子程序。

(4) 恢复现场　恢复现场由一系列的 POP 指令完成，是与保护现场对应的，使得各寄存器恢复进入中断处理时的值。但要注意数据恢复的次序，以免混乱。

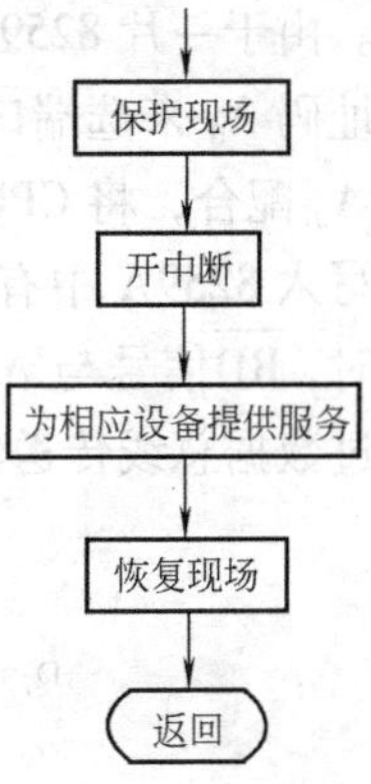

图 6-19　中断服务子程序的流程

(5) 返回　返回使用中断返回指令 IRET，该指令的执行会使堆栈中保存的断点值和标志值分别装入 IP、CS 和标志寄存器。此处不能使用一般的子程序返回指令 RET，因为 IRET 指令除了能恢复断点地址外，还能恢复中断响应时的标志寄存器的值。中断处理子程序的尾部则是一系列弹出堆栈指令。

第五节　可编程中断控制器 8259A

为了使多个外部中断源共享中断资源，必须解决几个问题。例如，若微处理器只有一根中断请求输入线，就无法同时处理多个中断源发出的中断请求信号；另外，如何区分中断矢量，各中断源的优先级别如何判定等问题，也需要解决。这就需要有一个专门的控制电路在微处理器的控制下去管理那些中断源并处理它们发出的中断请求信号。这种专门管理中断源的控制电路就是中断控制器。可编程中断控制器 8259A 就是为这个目的设计的中断优先级管理电路。它具有如下功能：

1) 它可以接收多个外部中断源的中断请求，并进行优先级别判断，选中当前优先级别最高的中断请求，再将此请求送到微处理器的中断输入端。

2）具有提供中断向量、屏蔽中断输入等功能。

3）可用于管理8级优先权中断，也可将多片8259A通过级联方式构成最多可达512级优先权中断管理系统。8259A管理的8级中断对应的服务程序入口地址构成的中断向量表存放在内存固定区域。

4）具有多种工作方式，自动提供中断服务程序入口地址，使用灵活方便。

一、8259A芯片内部结构

8259A可编程中断控制器为28条引脚，双列直插式封装。8259A芯片引脚信号如图6-20所示。8259A芯片内部结构如图6-21所示。

1. 数据总线缓冲器

这是一个双向八位三态缓冲器，由它构成8259A与CPU之间的数据接口，是8259A与CPU交换数据的必经之路。

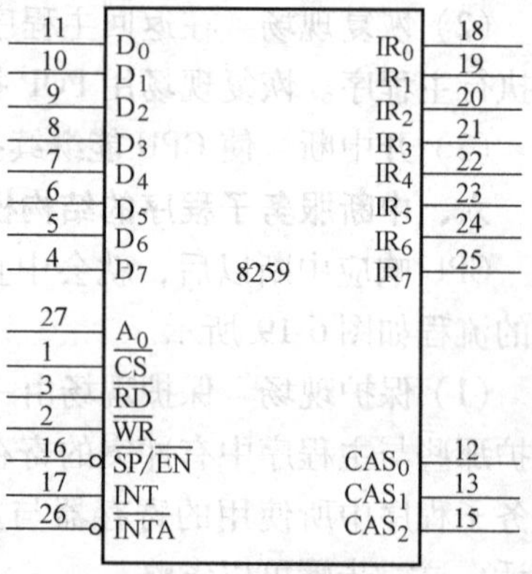

图6-20　8259A芯片引脚信号

2. 读/写控制电路

用来接收来自CPU的读/写控制命令和片选控制信息。由于一片8259A只占两个I/O端口地址。可用末位地址码A_0来选端口。当CPU执行OUT指令时，$\overline{WR}$信号与A_0配合，将CPU通过数据总线（$D_7 \sim D_0$）送来的控制字写入8259A中有关的控制寄存器。当CPU执行IN指令时，$\overline{RD}$信号与A_0配合，将8259A中内部寄存器内容通过数据总线传送给CPU。

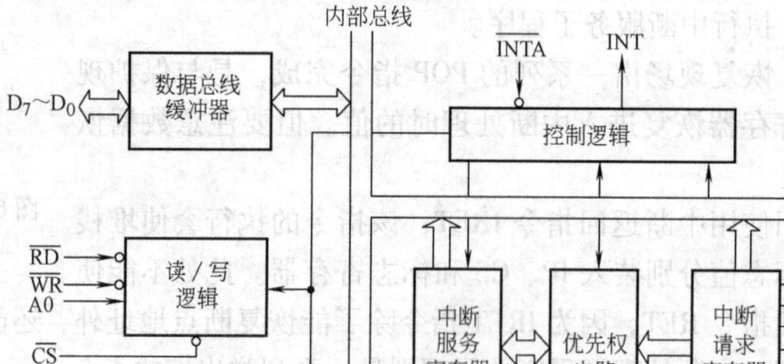

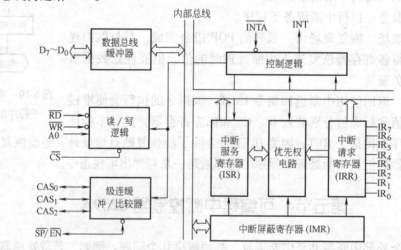

图6-21　8259A芯片内部结构

3. 级联缓冲/比较器

一片8259A只能接收从$IR_7 \sim IR_0$输入的八级中断，当引入的中断超过八级时，可用多片8259A级联使用，构成主从关系。对于主8259A，级联信号$CAS_2 \sim CAS_0$是输出信号；对于从8259A，$CAS_2 \sim CAS_0$是输入信号。$\overline{SP}/\overline{EN}$是一个双功能信号，当8259A处于缓冲状态时，$\overline{EN}$有效，表示允许8259A通过缓冲器输出；$\overline{EN}$无效，表示CPU写8259A。当8259A处于非缓冲状态时，$\overline{SP}$用作表明主从关系，$\overline{SP}=1$表示是主8259A，$\overline{SP}=0$表示是从8259A。

4. 中断请求寄存器 IRR

中断请求寄存器 IRR 是 8 位寄存器，用来存放由外部输入的中断请求信号 $IR_7 \sim IR_0$。当某一个 IR_i 端呈现高电平时，该寄存器的相应位置“1”，显然最多允许 8 个中断请求信号同时进入，这时，IRR 寄存器将被置成全“1”。

5. 中断服务寄存器 ISR

中断服务寄存器 ISR 是 8 位寄存器，用来记录正在处理中的中断请求，当任何一级中断被响应，CPU 正在执行它的中断服务程序时，ISR 寄存器中相应位置“1”时，一直保持到该级中断处理过程结束为止。多重中断情况下，ISR 寄存器中可有多位被同时置“1”。

6. 中断屏蔽寄存器 IMR

中断屏蔽寄存器 IMR 是 8 位寄存器，用来存放对各级中断请求的屏蔽信息。当该寄存器中某一位置“1”时，表示禁止这一级中断请求进入系统，通过 IMR 寄存器可实现对各级中断的有选择的屏蔽。

7. 优先权判别器 PR

优先权判别器 PR 用来识别各中断请求信号的优先级别，当多个中断请求信号同时产生时，由 PR 判定当前哪一个中断请求具有最高优先级，于是系统首先响应这一级中断，转去执行相应的中断服务程序。当出现多重中断时，由 PR 判定是否允许所出现的中断去打断正在处理的中断而被优先处理。一般处理原则是允许高级中断打断低级中断，而不允许低级中断打断高级中断，也不允许同级中断互相打断。

该分析器相当于一个优先编码器和一个比较器的电路，可实现中断判优及屏蔽的功能。中断优先级比较电路如图 6-22 所示。

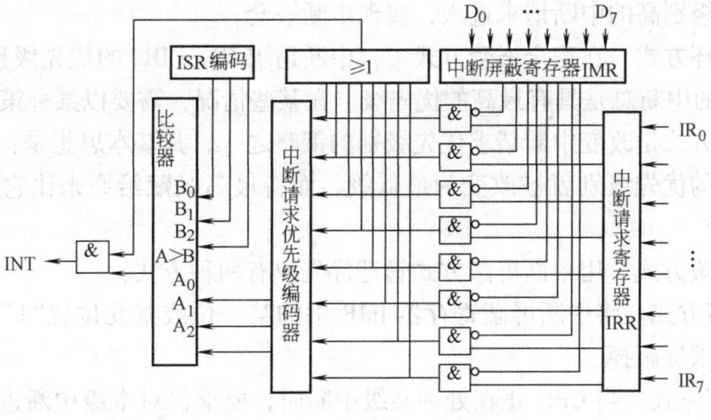

图 6-22 中断优先级比较电路

由图 6-22 可知，中断优先级分析器工作的大致过程如下：

首先，由 8 个“与”门逻辑选出参加中断优先级排队的中断请求级，即由 8 位 IRR 与 8 位 IMR 分别送入“与”门输入端，只有当 IRR 位置“1”(有中断请求)和 IMR 位置“0”(开放中断请求)同时成立时，相应的“与”门输出才为高电平，并送到优先级编码器的输入端参加编码。

其次，优先级编码器对参加排队的那些中断优先级进行编码，并从中选出当前最高优先级的代码，作为下一步比较器的一组输入($A_2A_1A_0$)。

最后，把来自 ISR 的当前正在服务的优先级编码($B_2B_1B_0$)与新来的中断请求的优先级代码($A_2A_1A_0$)一起送入比较器进行比较，当比较器 A > B 端输出有效时，并且只要当前存在可屏蔽的中断请求，"或"门输出有效时，8259A 即向 CPU 提出中断请求 INT。

可见，当一个中断优先级正被服务期间，它会禁止同级或低级中断请求的发生，而向高级的中断请求开放。

8. 控制电路

8259A 内部的控制器，根据中断请求寄存器 IRR 的置位情况和优先权判别器 PR 的判定结果，向 8259A 内部其他部件发出控制信号，并向 CPU 发出中断请求信号 INT 和接收来自 CPU 的中断响应信号$\overline{INTA}$，控制 8259A 进入中断服务状态。实际上 8259A 芯片是在控制电路控制之下构成一个有机的整体。

二、8259A 的中断管理方式

8259A 具有非常灵活的中断管理方式，可满足使用者的各种不同要求。而中断优先权是管理的核心问题。8259A 对中断的管理可分为对优先权的管理和对中断结束的管理。

1. 中断优先权管理

8259A 对中断优先权的管理，可概括为完全嵌套方式、自动循环方式和中断屏蔽方式。

(1) 完全嵌套方式　完全嵌套方式是 8259A 被初始化后自动进入的基本工作方式，在这种方式下，由各个 IR_i 端引入的中断请求具有固定的中断级别，IR_0 具有最高优先级，IR_7 具有最低优先级，其他级顺序类推。采用完全嵌套方式时，ISR 寄存器中某位置"1"，表示 CPU 当前正在处理这一级中断请求，8259A 禁止与它同级或比它级别低的其他中断请求进入，但允许比它级别高的中断请求进入，实现中断嵌套。

(2) 自动循环方式　在完全嵌套方式中，中断请求 IR_7 ~ IR_0 的优先级别是固定不变的，使得从 IR_0 引入的中断总是具有最高的优先级。在某些情况，需要以某种策略改变这种优先级别。自动循环方式是改变中断请求优先级别的策略之一，其基本思想是：每当任何一级中断被处理完，它的优先级别就被改变为最低级，而将最高级赋给原来比它低一级的中断请求。

(3) 中断屏蔽方式　用中断屏蔽方式管理优先权有两种方法：

1) 普通屏蔽方式。将中断屏蔽寄存器 IMR 中的某一位或某几位置"1"，即可将相应的中断级的中断请求屏蔽掉。

2) 特殊屏蔽方式。当 CPU 正在处理某级中断时，要求仅对本级中断进行屏蔽，而允许其他优先级比它高或低的中断进入系统，可以在中断服务程序执行期间动态地改变系统优先级。对 8259A 进行初始化时，可利用控制寄存器的 SMM 位的置位来使 8259A 进入这种特殊屏蔽方式。

2. 中断结束的管理

当 8259A 响应某一级中断而为其服务时，中断服务寄存器 ISR 的相应位置"1"，当有更高级的中断请求进入时，ISR 的相应位又要置"1"，因此，中断服务寄存器 ISR 中可有多位同时置"1"。在中断服务结束时，ISR 的相应位应清"0"，以便再次接收同级别的中断。中断结束的管理就是用不同的方式使 ISR 的相应位清"0"，并确定随后的优先权排队顺序。8259A 中断结束的管理可分为以下几种情况：

1）自动 EOI 方式。任何一级中断被响应后，ISR 寄存器中相应位置“1”，CPU 将进入中断响应总线周期，在第二个中断响应信号$\overline{INTA}$结束时，自动将 ISR 寄存器中相应位清“0”，称为自动 EOI 方式。采用这种结束方式，当中断服务程序结束时，CPU 不用向 8259A 回送任何信息，这显然是一种最简单的结束方式。

2）非自动 EOI 方式。在中断服务程序返回之前，必须发中断结束命令才能使 ISR 寄存器中的当前服务位清除。此时的中断结束命令有两种形式：①不指定中断结束命令，即设置操作命令字 OCW_2 = 00100000b；②指定中断结束命令，即设置操作命令字 OCW_2 = $00100L_2L_1L_0$b，其中最低 3 位 $L_2L_1L_0$ 的编码表示被指定要结束的中断请求线 IR 的编号。

三、8259A 的中断响应过程

8259A 应用于 8086 CPU 系统中，其中断响应过程如下：

1）当中断请求线（IR_0 ~ IR_7）上有一条或若干条为高电平时，则使中断请求寄存器 IRR 的相应位置位。

2）当 IRR 的某一位被置“1”，就会与 IMR 中相应的屏蔽位进行比较，若该屏蔽位为 1，则封锁该中断请求；若该屏蔽位为 0，则中断请求被发往优先权电路。

3）优先权电路接收到中断请求后，分析其优先权，把当前优先权最高的中断请求信号由 INT 引脚输出，送到 CPU 的 INTR 端。

4）若 CPU 处于开中断状态，则在当前指令执行完后，发出$\overline{INTA}$中断响应信号。

5）8259A 接收到第一个$\overline{INTA}$信号，把允许中断的最高优先级请求位放入 ISR，并清除 IRR 中相应位。

6）CPU 发出第二个$\overline{INTA}$，在该脉冲期间，8259A 发出中断类型号。

7）若 8259A 处于自动中断结束方式，则第二个$\overline{INTA}$结束时，相应的 ISR 位被清“0”。在其他方式中，ISR 相应位要由中断服务结束时发出的 EOI 命令来复位。

8）CPU 收到中断类型号，将它乘 4 得到中断矢量表的地址然后转至中断服务程序。

四、8259A 的编程

可编程中断控制器 8259A 的初始化操作可明确地分成两个部分，首先要通过初始化命令字（ICW_i）对 8259A 进行初始化，然后 8259A 将自动进入操作模式。可在 8259A 操作过程中通过操作命令字（OCW_i）来定义 8259A 的操作方式，而且在 8259A 的操作过程中允许重置操作命令字，以动态地改变 8259A 的操作与控制方式。

每片 8259A 包含两个内部端口地址，一个偶地址端口（$A_0=0$），一个奇地址端口（$A_0=1$），其他高位地址码由用户定义，用来作为 8259A 的片选信号（$\overline{CS}$）。

1. 初始化命令字

8259A 的初始化命令字共 4 个（ICW_1 ~ ICW_4）。不是任何情况下都需要设置 4 个初始化命令字，可根据 8259A 的使用情况来选取。ICW_1 和 ICW_2 是必需的，ICW_3 是级联使用时才需要设置，ICW_4 是只在 8086/8088-8259A 配置系统中需要设置。

（1）芯片控制初始化命令字 ICW_1　8259A 为了判断有无外部设备提出中断请求，设有两种检测方法供选择：电平触发和边沿触发。

1）电平触发方式。在 IR 输入线上检测出一个高电平，并且在第一个$\overline{INTA}$脉冲到来之后维持高，就认为有外设提出中断请求，并使 IRR 相应位置 1。电平触发方式提供了重复产生的中断，用于需要连续执行子程序直到中断请求 IR 变低为止的情况。这种方式允许对中断请求线按“或”关系连接，即若干个中断请求用同一个 IR 输入。但应注意，若只要求产生一个中断，则应在 CPU 发出 EOI 命令之前或 CPU 再次开放中断之前，必须让已响应的中断请求置为低电平，以防止出现第二次中断。

2）边沿触发方式。当在 IR 输入端检测到由低到高的上跳变时，其正电平保持到第一个$\overline{INTA}$到来之后，8259A 就认为有中断请求。

两种触发方式中如果在$\overline{INTA}$到来之前 IR 变“低”，则已置位的 IR 位又被复位，相应的位也不能建立。

触发方式通过写 ICW_1 的 D_3(LTIM)来选择，芯片数目由 D_1 决定。ICW_1 的格式如下：

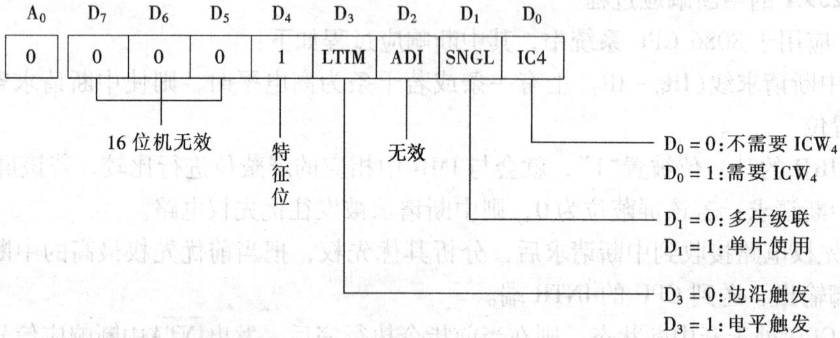

端口地址为偶地址($A_0=0$)，$D_4=1$ 表示当前写入 8259A 的是初始化命令字 ICW_1。其中，D_0 决定是否需要设置 ICW_4，对 16 位以上的微机系统一般都需要使用 ICW_4。

$D_0=1$，需要 ICW_4，对 16 位以上的微机，该位都写 1；$D_0=0$，不需要 ICW_4。

D_1 决定单片使用(SNGL)。$D_1=1$，为单片使用；$D_1=0$，为多片级联方式。

D_3 决定触发方式(LTIM)。$D_3=1$，为电平触发；$D_3=0$，为边沿触发。

（2）中断类型码初始化命令字 ICW_2　8259A 提供给 CPU 的中断类型号是一个 8 位代码，是通过初始化命令 ICW_2 提供的。ICW_2 规定中断类型号字节，由它定义中断类型码的高 5 位。低 3 位取决于中断请求是由 $IR_7 \sim IR_0$ 中哪一个端输入。可见，同一片 8259A 上的 8 个中断源的中断号的高 5 位都相同。在 PC/XT 机中 $T_7 \sim T_3=00001$，所以对应的中断矢量是 08H ~ 0FH。ICW_2 的格式如下：

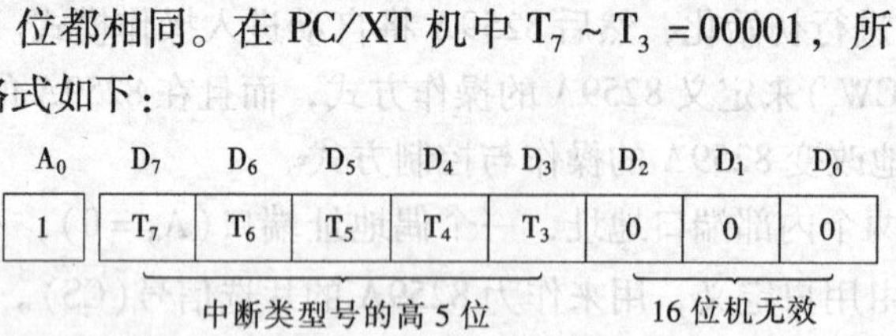

（3）主/从片初始化命令字 ICW_3　在级联方式时，一般由一个作为主芯片的 8259A 和若干个作为从芯片的 8259A 组成。图 6-23 为 8259 主从级联，包括了一个主芯片和两个从芯片，共提供了 22 个中断等级。

图中$\overline{SP}/\overline{EN}$引脚接高电平的 8259A 为主片，接地的为从片。从片的 INT 输出脚连到主片 IR 的输入端。主片的 $CAS_0 \sim CAS_2$ 应连到所有从片的 $CAS_0 \sim CAS_2$ 上。主片通过这 3 根专用总线来向从片送出识别码 ID，以便对每一个从片单独选址。

当 ICW_1 中的 SNGL 位为 0 时工作在级联方式，才需要写 ICW_3，设置 8259A 的状态。对于主片，ICW_3 格式如下：

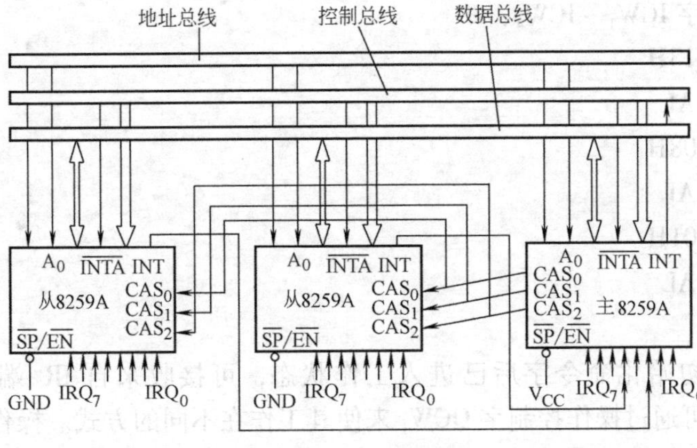

图 6-23　8259 主从级联

A_0	D_7	D_6	D_5	D_4	D_3	D_2	D_1	D_0
1	IR_7	IR_6	IR_5	IR_4	IR_3	IR_2	IR_1	IR_0

$D_7 \sim D_0$ 对应于 $IR_7 \sim IR_0$ 引脚上的连接情况，当某一引脚上接有从片时，则对应位为 1，否则为 0。对于从片，ICW_3 格式如下：

A_0	D_7	D_6	D_5	D_4	D_3	D_2	D_1	D_0
1	0	0	0	0	0	ID_2	ID_1	ID_0

$ID_2 \sim ID_0$ 用来表明该从 8259A 是接在主 8259A 的哪个 IR 端上。例如，某从片 8259A 的 $ID_2ID_1ID_0 = 100$，则表示该从 8259A 是接在主 8259A 的 IR_4 端上。

（4）方式控制初始化命令字 ICW_4　端口地址为奇地址（$A_0 = 1$），μPM 位对于 8086/8088 系统配置来说恒置“1”，AEOI 用来定义是否采用自动 EOI 方式，SFNM 用来定义在级联方式下是否采用特殊完全嵌套方式，在单级使用方式下 SFNM 位无效。

A_0	D_7	D_6	D_5	D_4	D_3	D_2	D_1	D_0
1	0	0	0	SFNM	BUF	M/S	AEOI	μPM

BUF 位用来表明 8259A 是否采用缓冲方式，如果 BUF 位为 1，表示采用缓冲方式，这时双功能信号线 $\overline{EN}$ 有效。$\overline{EN} = 0$，表示允许缓冲器输出，$\overline{EN} = 1$，表示允许缓冲器输入。这种情况下由 M/S 位定义主从关系。M/S = 1，表示该片是主 8259A，M/S = 0，表示该片是从 8259A。如果 BUF 位为 0，表示不采用缓冲方式，这时双功能信号线 $\overline{SP}$ 有效。$\overline{SP} = 0$，表示该片是从 8259A；$\overline{SP} = 1$，表示是主 8259A，这种情况下 M/S 位无效。综合上述分析，BUF 位、M/S 位和 $\overline{SP}/\overline{EN}$ 信号线定义见表 6-1。

表 6-1　BUF、M/S 和 $\overline{SP}/\overline{EN}$ 信号线定义

BUF 位		M/S 位		$\overline{SP}/\overline{EN}$ 端		
0	非缓冲方式	无意义		$\overline{SP}$ 有效（输入信号）	$\overline{SP} = 1$	主 8259A
					$\overline{SP} = 0$	从 8259A
1	缓冲方式	1	主 8259A	$\overline{EN}$ 有效（输出信号）	$\overline{EN} = 1$	CPU→8259A
		0	从 8259A		$\overline{EN} = 0$	8259A→CPU

当 8088 系统中 8259A 单级使用时，其端口地址为 80H 和 81H，可用下面的初始化程序段来写入预置命令字 ICW_1 ~ ICW_4：

```
MOV   AL,   13H
OUT   80H,  AL
MOV   AL,   08H
OUT   81H,  AL
MOV   AL,   01H
OUT   81H,  AL
```

2. 操作命令字

8259A 经预置初始化命令字后已进入工作状态，可接收来自 IR_i 端的中断请求。在 8259A 工作期间，可通过操作控制字 OCW_i 来使其工作在不同的方式。操作控制字共有 3 个 OCW_1 ~ OCW_3，可独立使用。

（1）中断屏蔽操作命令字 OCW_1　端口地址为奇地址（$A_0=1$），OCW_1 内容被直接置入中断屏蔽寄存器 IMR 中，格式如下：

A_0	D_7	D_6	D_5	D_4	D_3	D_2	D_3	D_0
1	M_7	M_6	M_5	M_4	M_3	M_2	M_1	M_0

M_i 为 1，表示屏蔽由 IR_i 引入的中断请求；M_i 为 0，表示允许 IR_i 端中断请求进入。送控制字 ICW_1 后，IMR 的内容全为 0，此时，写入操作控制字 OCW_1，可以改变 IMR 的内容。IMR 可以读出，以供 CPU 使用。

（2）控制中断结束和优先权循环的操作命令字 OCW_2　格式如下：

A_0	D_7	D_6	D_5	D_4	D_3	D_2	D_1	D_0
0	R	SL	EOI	0	0	L_2	L_1	L_0

端口地址为偶地址（$A_0=0$），$D_4D_3=00$ 是 OCW_2 的标志位。

R 是优先权循环位，R＝1 为循环优先权，R＝0 为固定优先权。

SL 选择指定的 IR 级别位，SL＝1 时，操作在 L_2 ~ L_0 指定的 IR 编码级别上执行；SL＝0 时，L_2 ~ L_0 无效。

EOI 是中断结束命令位。

由 R、SL、EOI 这 3 位编码可定义多种不同的中断结束方式或发出置位优先权命令。

1）3 位编码为“001”，采用非自动 EOI[不指定]结束方式。一旦中断服务程序结束，将给 8259A 送出 EOI 结束命令，8259A 将 ISR 寄存器中当前级别最高的置“1”位清“0”。

2）3 位编码为“011”，采用非自动 EOI[指定]结束方式。一旦中断处理结束，除给 8259A 送 EOI 结束命令外，还由 $L_2L_1L_0$ 字段给出当前结束的是哪一级中断，8259A 应将 ISR 寄存器中指定级别的相应位清“0”。

3）3 位编码为“101”，非自动 EOI[不指定]循环方式。一旦中断结束，8259A 一方面将 ISR 寄存器中当前级别最高的置“1”位清“0”，另一方面将最低优先级赋给刚结束的中断请求 IR_i，将最高优先级赋给中断请求 IR_{i+1}，其他中断请求的优先级别按循环方式顺序改变。

4）3 位编码为“111”，非自动 EOI[指定]循环方式。一旦中断结束，8259A 将 ISR 寄存器中由 $L_2L_1L_0$ 字段给定级别的相应位清“0”，并将最低优先级赋给这一中断请求，最高优先级赋给原来比它低一级的中断请求，其他级按循环方式顺序改变。

5) 3 位编码为“100”和“000”，自动 EOI 循环方式(置位)和取消自动 EOI 循环方式(复位)。一旦被定义为自动 EOI 循环方式，CPU 将在中断响应总线周期中第二个中断响应信号 $\overline{INTA}$结束时，将 ISR 寄存器中的相应位置“0”，并将最低优先级赋给这一级，最高优先级赋给原来比它低一级的中断，其他中断请求的级别按循环方式分别赋给。

6) 3 位编码为“110”时，表示向 8259A 发出置位优先权命令，将最低优先级赋给由 $L_2L_1L_0$ 字段所给定的中断请求 IR_i。其他中断源的级别按循环方式分别赋给。

(3) 特殊屏蔽和查询方式操作命令字 OCW_3　OCW_3 主要控制 8259A 的中断屏蔽、查询和读寄存器等的状态，端口地址仍为偶地址($A_0=0$)，D_4D_3($=01$)作为 OCW_3 的标志位可与 OCW_2 区别开，其格式如下：

A_0	D_7	D_6	D_5	D_4	D_3	D_2	D_3	D_0
0	*	ESMM	SMM	0	1	P	RR	RIS

ESMM 允许或禁止 SMM 位起作用的控制位。ESMM＝1，允许 SMM 起作用；ESMM＝0，禁止 SMM 起作用。

SMM 设置特殊屏蔽方式选择位。当 ESMM＝1 时，SMM＝1 为选择特殊屏蔽方式，SMM＝0 为清除特殊屏蔽方式。

P 查询命令位。P＝1 时是查询命令，P＝0 时不是查询命令。

RR 读寄存器命令。RR＝1，表示 CPU 要求读取 8259A 中某寄存器内容。

RIS 位用来为读寄存器命令确定读取对象：RIS＝0 时表示要求读 IRR 寄存器内容，RIS＝1 时表示要求读 ISR 寄存器内容。

上述操作控制字 OCW_1～OCW_3 可安排在预置命令字之后，用户可根据需要在程序的任何位置上设置它们，当需要读取 ISR 或 IRR 寄存器内容或需要查询当前 8259A 的中断状态时，都必须先定义 OCW_3，然后用 IN 指令读入。如果只需要读入 IMR 寄存器内容，则不需要定义 OCW_3。由此看来并不是任何时候都需要设置 OCW_3 操作命令字。

五、8259A 的应用举例

1. 8259A 在 PC/XT 中的应用

IBM PC/XT 微机只使用了一片 8259A，可处理 8 个外部中断，如图 6-24 所示。其中：IRQ_0 接至系统板上定时器/计数器 Intel 8253 通道 0 的输出信号 OUT_0，用作微机系统的日时钟中断请求；IRQ_1 是键盘输入接口电路送来的中断请求信号，用来请求 CPU 读取键盘扫描码；IRQ_2 是系统保留的；另外 5 个请求信号接至 I/O 通道，由 I/O 通道扩展板电路产生。在 I/O 通道上，通常 IRQ_3 用于第二个串行异步通信接口，IRQ_4 用

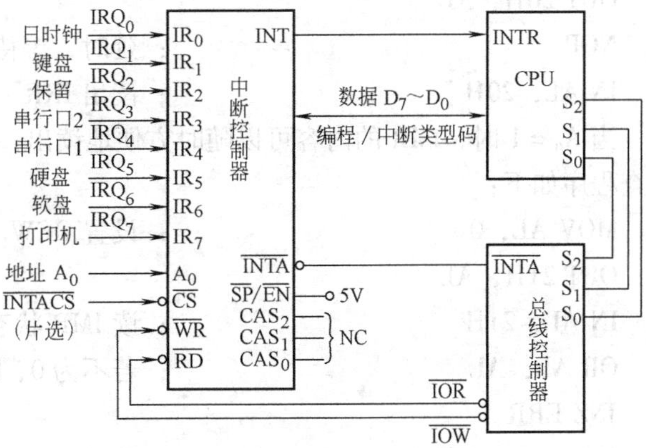

图 6-24　PC/XT 与 8259A 接口

于第一个串行异步通信接口，IRQ_5 用于硬盘适配器，IRQ_6 用于软盘适配器，IRQ_7 用于并行打印机。

在 I/O 地址空间中，分配给 8259A 的 I/O 端口地址为 20H 和 21H。对 8259A 的初始化规定：边沿触发方式，缓冲器方式，中断结束为 EOI 命令方式，中断优先权管理采用全嵌套方式。8 级中断源的类型码为 08H ~ 0FH。

(1) 8259A 初始化编程　根据系统要求，8259A 初始化编程如下：

```
MOV AL，00010011B          ；设置 ICW1 为边沿触发，单片 8259A 需要 ICW4
OUT 20H，AL
MOV AL，00001000B          ；设置 ICW2 中断类型码基数为 08H
OUT 21H，AL
MOV AL，00001001B          ；设置 ICW4，缓冲器方式，EOI 命令方式：全嵌套
OUT 21H，AL
```

(2)8259A 操作方式编程　在用户程序中，允许用 OCW_1 来设置中断屏蔽寄存器 IMR，以控制各个外设申请中断允许或屏蔽。但注意不要破坏原设定工作方式。如允许日时钟中断 IRQ_0 和键盘中断 IRQ_1，其他状态不变，则可送入以下指令：

```
IN AL，21H                 ；读出 IMR
AND AL，0FCH               ；只允许 IRQ0 和 IRQ1，其他不变
OUT 21H，AL                ；写入 OCW1，即 IMR
```

由于中断采用的是非自动结束方式，因此若中断服务程序结束，则在返回断点前，必须对 OCW_2 写入 00100000B，即 20H，发出中断结束命令。

```
MOV AL，20H                ；设置 OCW2 的值为 20H
OUT 20H，AL                ；写入 OCW2 的端口地址 20H
IRET                       ；中断返回
```

在程序中，通过设置 OCW_3，亦可读出 IRR、ISR 的状态以及查询当前的中断源。如要读出 IRR 内容以查看申请中断的信号线，这时可先写入 OCW_3，再读出 IRR。

```
MOV AL，0AH                ；写入 OCW3，读 IRR 命令
OUT 20H，AL
NOP                        ；延时，等待 8259A 的操作结束
IN AL，20H                 ；读出 IRR
```

当 $A_0=1$ 时，IMR 的内容可以随时方便地读出，如在 BIOS 中，中断屏蔽寄存器 IMR 的检查程序如下：

```
MOV AL，0                  ；设置 OCW1 为 0，送 OCW1 口地址
OUT 21H，AL
IN AL，21H                 ；读 IMR 状态
OR AL，AL                  ；若不为 0，则转出错程序 ERR
JNZ ERR
MOV AL，0FFH               ；设置 OCW2 为 FFH，送 OCW2 口地址
OUT 21H，AL
IN AL，21H                 ；读 IMR 状态
```

```
ADD AL，1                    ；IMR＝0FFH？
JNZ ERR                      ；若不是0FFH，则转出错程序 ERR
⋮
ERR
```

2. 8259A 在 PC/AT 中的应用

在 PC/AT 微机中，共有两片 8259A，PC/AT 与 8259A 接口如图 6-25 所示。由图 6-25 可见，主片 8259A 原来保留的 IRQ_2 中断请求端用于级联从片 8259A，所以相当于主片 IRQ_2 又扩展了 8 个中断请求端 $IRQ_8 \sim IRQ_{15}$。

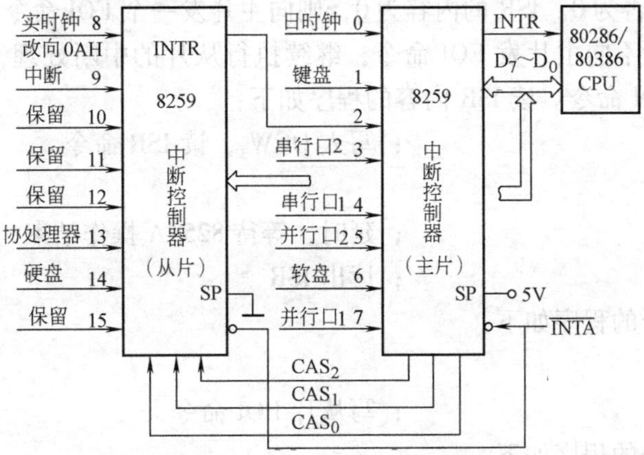

图 6-25　PC/AT 与 8259A 接口

主片的端口地址为 20H、21H，中断类型码为 08H ~ 0FH，从片的端口地址为 A0H、A1H，中断类型码为 70H ~ 77H。主片的 8 级中断已被系统用尽，从片尚保留 4 级未用。其中 IRQ_0 仍用于日时钟中断，IRQ_1 仍用于键盘中断。扩展的 IRQ_8 用于实时时钟中断，IRQ_{13} 来自协处理器 80187。除上述中断请求信号外，所有的其他中断请求信号都来自 I/O 通道的扩展板。

（1）8259A 初始化编程　对主片 8259A 的初始化编程如下：

```
MOV AL，11H                  ；写入 ICW1，设定边沿触发，级联方式
OUT 20H，AL
MOV AL，08H                  ；写入 ICW2，设定 IRQ0 的中断类型码为 08H
OUT 21H，AL
MOV AL，04H                  ；写入 ICW3，设定主片 IRQ2 级联从片
OUT 21H，AL
MOV AL，11H                  ；写入 ICW4，设定特殊全嵌套方式，普通 EOI 方式
OUT 21H，AL
```

对从片 8259A 的初始化编程如下：

```
MOV AL，11H                  ；写入 ICW1，设定边沿触发，级联方式
OUT 0A0H，AL
MOV AL，70H                  ；写入 ICW2，设定从片 IR0(中断类型码为 70H)
OUT 0A1H，AL
```

```
MOV AL，02H                ；写入ICW3，设定从片级联于主片的IRQ2
OUT 0A1H，AL
MOV AL，01H                ；写入ICW4，设定普通全嵌套方式，普通EOI方式
OUT 0A1H，AL
```

（2）级联工作编程　当来自某个从片的中断请求进入服务时，主片的优先权控制逻辑不封锁这个从片，从而使来自从片的更高优先级的中断请求能被主片所识别，并向CPU发出中断请求信号。因此，当中断服务程序结束时必须用软件来检查被服务的中断是否是该从片中唯一的中断请求。先向从片发出一个EOI命令，清除已完成服务的ISR位，然后再读出ISR的内容检查它是否为0。ISR的内容为0，则向主片发一个EOI命令，清除与从片相对应的ISR位；否则，就不向主片发EOI命令，继续执行从片的中断处理，直到ISR的内容为0，再向主片发出EOI命令。读ISR内容的程序如下：

```
MOV AL，0BH                ；写入OCW3，读ISR命令
OUT 0A0H，AL
NOP                        ；延时，等待8259A操作结束
IN AL，0A0H                ；读出ISR
```

从片发EOI命令的程序如下：

```
MOV AL，20H
OUT 0A0H，AL               ；写从片EOI命令
```

主片发EOI命令的程序如下：

```
MOV AL，20H
OUT 20H，AL                ；写主片EOI命令
```

本章小结

本章介绍了输入输出接口的概念、功能和I/O接口编址方式，微处理器与I/O设备之间CPU数据传送方式主要有程序控制、中断与直接存储器存取3种方式。中断是控制异步数据传送的一种关键技术，可看成由硬件随机触发或软件触发的一次过程调用。硬件中断包括INTR和NMI。中断控制器8259A可以实现中断源扩充和管理，通过编程可以选择不同的中断优先级裁决、中断嵌套的方法和中断源的触发方式等。

习　题

一、选择题

6-1 在各类数据传送方式中，（　　）是硬件电路最简单的一种。

A. 无条件传送方式　　B. 程序查询方式

C. 中断方式　　D. DMA方式

6-2 CPU响应INTR和NMI中断时，相同的必要条件是（　　）。

A. 当前总线空闲　　B. 允许中断

C. 当前访问内存结束　　D. 当前指令执行结束

6-3 设置特殊屏蔽方式的目的是（　　）。

A. 屏蔽低级中断　　B. 响应高级中断

C. 响应低级中断　　　　　　　　　D. 响应同级中断

6-4　下面关于中断的叙述，不正确的是(　　)。

A. 一旦有中断请求出现，CPU 立即停止当前指令的执行，转而去受理中断请求

B. CPU 响应中断时暂停运行当前程序，自动转移到中断服务程序

C. 中断方式一般适用于随机出现的服务

D. 为了保证中断服务程序执行完毕以后，能正确返回到被中断的断点继续执行程序，必须进行现场保存操作

6-5　为了便于实现多级中断，保存现场最有效的方法是采用(　　)。

A. 通用寄存器　　B. 堆栈　　C. 存储器　　D. 外存

6-6　硬中断服务程序结束返回断点时，程序末尾要安排一条指令 IRET，它的作用是(　　)。

A. 构成中断结束命令　　　　　B. 恢复断点信息并返回

C. 转移到 IRET 的下一条指令　　D. 返回到断点处

6-7　对中断控制器 8259A 进行编程，写入初始化命令字 $ICW_1 \sim ICW_4$ 是(　　)。

A. 随机的，但必须设置好一个再设置另一个

B. 完全固定的，从 ICW_1 开始，依次写入同一个控制端口

C. $ICW_1 \sim ICW_4$ 次序固定不变，分别写入不同地址端口

D. 完全随机的，分别写入不同地址端口

6-8　可编程中断控制器 8259A 的作用是指(　　)。

A. 接收和扩充硬件中断源的中断请求

B. 对外部中断源实现中断优先级的排队

C. 能够向 CPU 提供中断源的中断类型号

D. 以上所有功能

二、分析题

6-9　I/O 地址译码电路如图 6-26 所示(低位地址线 A_0A_1 与 I/O 接口芯片相连)。

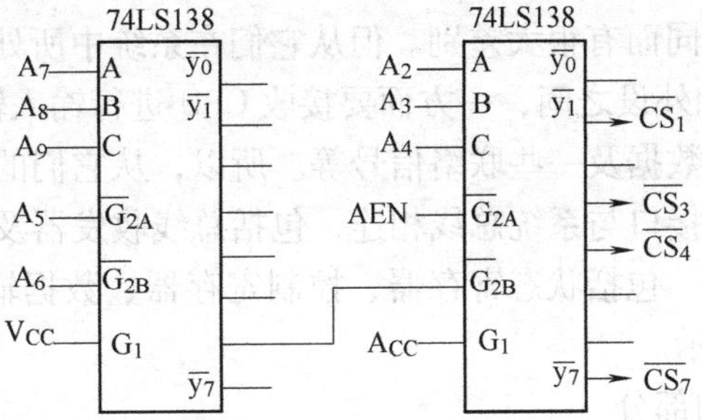

图 6-26　I/O 地址译码电路

读电路图，回答以下问题：

(1) 译码电路的结构形式是怎样的?

(2) 分别指出 CS_1、CS_3、CS_4、CS_7 的地址范围。

三、简答题

6-10　简述 I/O 编址方式中，存储器映像编址方式的特点。

6-11　简要说明 8259A 中的 IRR、ISR 和 IMR 这 3 个寄存器的功能。

第七章　常用可编程数字接口电路

接口是微型计算机的重要组成部分之一，是 CPU 与外部设备交换信息的桥梁。CPU 的强大功能只有连接了各种各样的外部设备才能得以充分体现。接口的构成既可以是一些简单的接口电路，也可以是由一些具有可编程功能的集成接口电路芯片即可编程数字接口电路构成。由于这些可编程数字接口电路应用灵活、使用方便、同时具有高可靠性，所以得到广泛应用。本章主要介绍 3 个接口芯片，即用于并行数据传输的 Intel 8255A、用于串行传输的 Ins 8250 和用于定时、计数的 Intel 8253。

第一节　概　　述

可编程数字接口电路是构成接口部分的重要组成部件。由于它具有体积小、可靠性高、编程灵活等优点，使其在计算机应用系统中占有绝对优势。

可编程数字接口电路根据其在系统中所起的作用可以分为两大类。第一大类在系统工作过程中起到一定的管理控制作用，为专用控制器。如第六章中所介绍的用于中断管理的 Intel 8259 和本章将要介绍的用于定时和计数的 Intel 8253、用于 DMA 传输控制的 Intel 8237 等。第二大类是通用接口芯片，主要用于完成计算机系统内部及各种电气设备之间的数据通信，如本章将要介绍的用于并行输入和输出任务的 Intel 8255 、用于串行通信的 Ins 8250 等。

可编程数字接口电路是 CPU 与外设之间传输信息的界面，各种具体接口的内部结构和功能随所连 I/O 设备的不同而有很大差别。但从它们在系统中所处的位置看又具有一定的共性，即它们均处于 CPU 和外设之间，一方面要接收 CPU 进行输入输出所发出的一系列信息，另一方面又要与外设交换数据及一些联络信号等。所以，从它们的结构上看，可以把一个接口分为两部分：左半部分接口与系统总线相连，包括总线收发器及读写控制逻辑。右半部分接口和各种 I/O 设备相连，包括状态寄存器、控制寄存器、数据输入输出锁存器和缓冲器。通用接口芯片如图 7-1 所示。

1. 与系统总线相连的部分

在所有接口电路中，这部分的结构都非常类似，因为它们都要与系统内部的总线相连，完成接口芯片与 CPU 及存储器之间的信息传送，包括数据信息、地址信息和控制信息。在这部分中，总线收发器主要是通过接口电路中的引脚与系统总线中的数据总线相连，用于 CPU 与外设之间传输控制命令、状态信息及数据信息。读写控制逻辑部分主要包括一些读写控制部分、地址译码电路及相应的中断控制逻辑等。这部分主要是通过读写信号控制数据总线 $DB_0 \sim DB_7$ 上数据信息传输的方向，根据地址译码信号及地址值低位，正确寻址接口电路内部的端口，同时亦能根据需要发出中断请求信号。

2. 与 I/O 设备相连的部分

这部分的结构和各种 I/O 设备的传输要求及数据格式有关，各种接口在此部分差别很大。比如串行接口和并行接口在结构上就有很大差别。但也存在些共性，即此部分基本包括

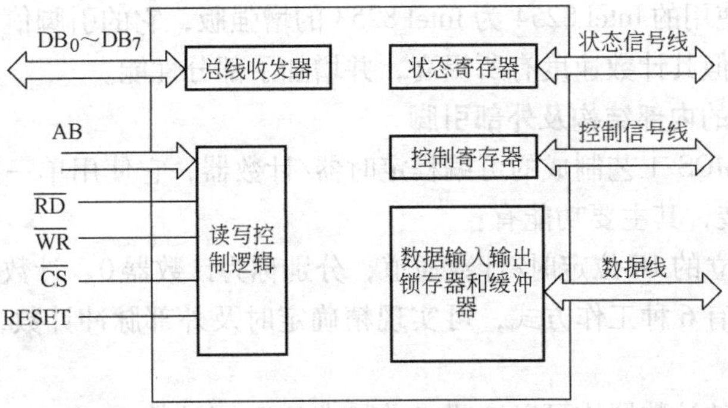

图 7-1 通用接口芯片

用于和外设数据线相连的由数据输入输出锁存器和缓冲器构成的数据端口，用于控制外部设备工作的控制端口和用于接收外部设备状态信号的状态端口。

总之，在学习本章内容时，应根据其共性，掌握各种不同接口电路的特性，包括其内部具体结构、相应引脚、各具体接口电路的工作方式及相应初始化编程。在此基础上掌握各类可编程芯片在实际应用中的硬件送接和相应的软件编程，达到充分利用各种芯片使其在实际应用中发挥最大作用的目的。

第二节 可编程定时器/计数器 Intel 8253

在计算机及计算机应用系统中常常用到定时及计数信号，所谓定时就是产生符合时间要求的信号过程，如系统日历时钟的计时、动态存储器的刷新定时、定时扫描、定时采集、定时检测等都需要用到定时信号。在许多应用场合也需要对一些脉冲信号或外部事件的数量进行统计，这一过程为计数，如产品包装流水线上对产品的计数等。定时器和计数器在工作方式上有许多相似之处，都是对输入端引入的脉冲信号进行记录，所不同之处在于当作为计数器时，其输入的计数脉冲信号是随机的，计数的是外部脉冲信号个数；当作为定时器时，其输入的脉冲信号具有周期性，计数的是内部基准时钟产生的脉冲，所以一个定时电路也可完成计数功能。

计算机系统中实现定时的方法很多，大致可以分为软件定时和硬件定时。

（1）软件定时　软件定时通过 CPU 执行一个循环程序获得，改变循环嵌套级数和循环次数可达到调节定时时间长短的目的。软件定时的优点是节省硬件资源，缺点是降低了 CPU 的效率。

（2）硬件定时　硬件定时又分为不可编程的硬件定时和可编程的硬件定时。

1）不可编程的硬件定时器主要是由计数器等元器件组建的一个专用的计时电路。这种定时方式的优点是硬件电路相对比较简单，同时不占用 CPU 的时间。但是，时间调节范围有限，缺少一定的灵活性。

2）可编程硬件定时器是由大规模集成电路芯片构成，定时时间及定时方式可以通过软件编程灵活设置。采用中断方式向 CPU 提供定时信号，且定时精确。通过不同的设置，可以灵活地应用在各种不同的场合。

在这一节介绍一种 PC 中使用的可编程定时器/计数器接口芯片，即 Intel 公司的 8253。

现代微型计算机中使用的 Intel 8254 为 Intel 8253 的增强版，它的引脚信号、内部结构及基本编程与 8253 相同，但其计数速度有所提高，并增加了部分性能。

一、Intel 8253 的内部结构及外部引脚

Intel 8253 是 NMOS 工艺制成的可编程定时器/计数器，它使用单一的 5V 电源，采用 24 引脚双列直插式封装，其主要功能有：

1）具有 3 个独立的 16 位定时/计数通道，分别称为计数器 0、计数器 1 和计数器 2。

2）每个通道具有 6 种工作方式，可实现精确定时及外部脉冲计数，由程序进行设置选择。

3）每个通道内的计数器均可以按照二进制或 BCD 码计数。

4）每个计数器的计数速率可达 2MHz（Intel 8254 最高计数速率达 10MHz）。

5）可由软件方便地设置延时时间的长短。

6）所有输入输出都与 TTL 兼容。

1. Intel 8253 的内部结构

Intel 8253 的内部结构如图 7-2a 所示，主要由数据总线缓冲器、读/写逻辑、控制字寄存器及 3 个独立的、功能相同的计数器组成。

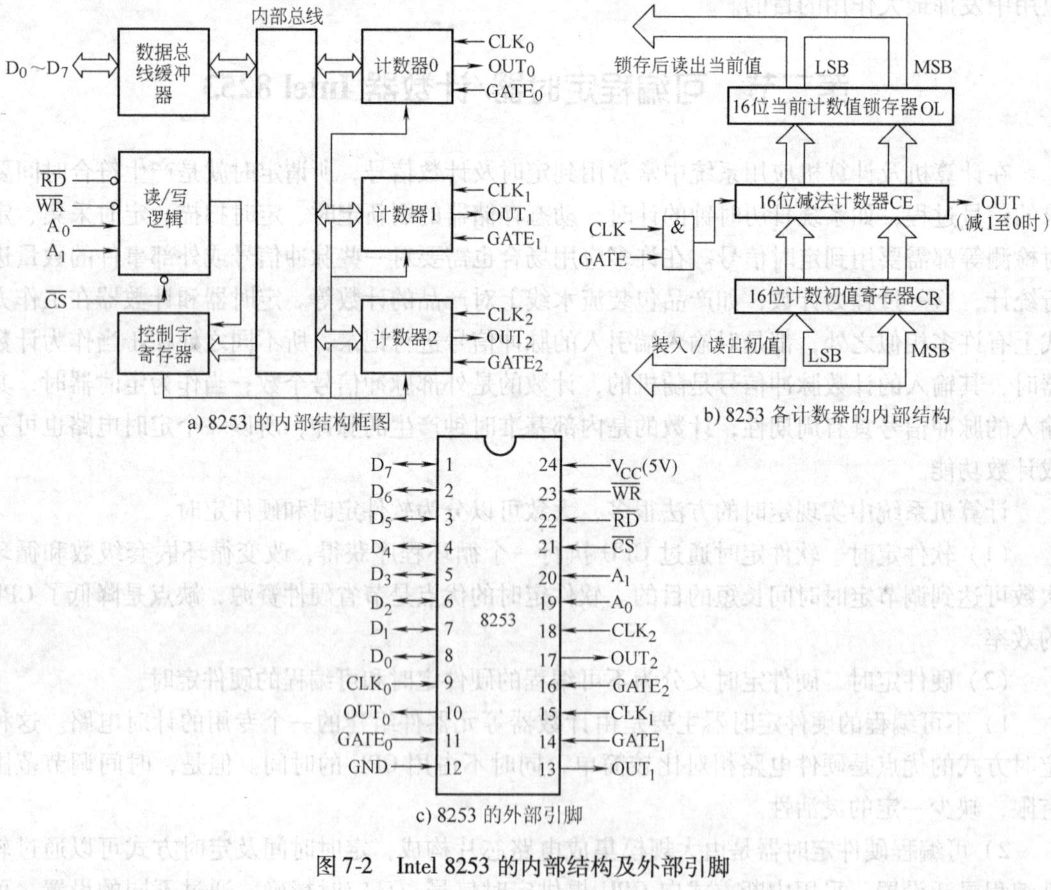

a) 8253 的内部结构框图　b) 8253 各计数器的内部结构

c) 8253 的外部引脚

图 7-2　Intel 8253 的内部结构及外部引脚

（1）计数器 0～2　这是 3 个定时器/计数器通道，其内部结构相同，如图 7-2b 所示。每个计数器都包括一个 8 位的控制寄存器，用于决定该通道的工作方式；一个 16 位的计数初值寄存器 CR，用于保存初值，在自动重复计数方式下，一次计数结束可以自动取初值进行下一次计数；一个 16 位的当前计数值锁存器 OL，便于 CPU 随时读取该计数通道中的当前计数值；一个 16 位减法计数器 CE，可对二进制数或 BCD 码进行减 1 计数。每个计数通道都有时钟输入引脚 CLK、门控输入引脚 GATE 和输出引脚 OUT。计数器工作的过程，就是在计数初值设置完成后对 CLK 引脚输入的脉冲信号进行减 1 操作，当计数值减到零时，由输出引脚 OUT 输出结束信号。计数器输入、输出信号及门控信号之间的关系与控制字中设定的工作方式有关。每个通道的工作方式和工作过程完全独立。

（2）数据总线缓冲器　这是 Intel 8253 与系统数据总线连接的 8 位双向三态缓冲器。CPU 执行 I/O 指令时，缓冲器发送或接收数据，这些数据可以是向 Intel 8253 控制寄存器写入的控制字、向各通道初值寄存器中装入的计数初值，也可以是读出的各通道当前计数值。

（3）读/写逻辑　读/写逻辑电路接收来自系统总线的信号，包括片选信号$\overline{CS}$、片内端口(包括 3 个计数器及控制寄存器)寻址信号和读写信号，其作用是控制数据在系统和 8253 间的传输方向，并产生控制整个芯片工作的控制信号。

（4）控制字寄存器　当 A_1、A_0 全为 1 时，寻址到控制字寄存器，在初始化编程时，由 CPU 写入控制字以决定各通道的工作方式，只能对其进行写操作，不能进行读操作。

2. Intel 8253 的外部引脚

Intel 8253 的外部引脚如图 7-2c 所示，除了电源信号 V_{CC}和地信号 GND 外，其他引脚信号分别为

（1）与系统总线相连的引脚

1）$D_7 \sim D_0$：8 位双向三态数据线，用于在 CPU 与 8253 间传输命令、状态及计数值。

2）A_1、A_0：用于寻址 3 个计数器和控制字寄存器。Intel 8253 内部共有 4 个可寻址的端口，分别为计数通道 0、计数通道 1、计数通道 2 和控制端口(3 个计数器的控制字寄存器共用一个控制端口地址)。

3）$\overline{RD}$、$\overline{WR}$和$\overline{CS}$。分别为读、写和片选信号，均为低电平有效。与 A_0、A_1 配合完成对各端口的寻址及操作，见表 7-1。

表 7-1　8253 的端口选择和操作

$\overline{CS}$	$\overline{RD}$	$\overline{WR}$	A_1	A_0	寄存器选择及其操作
0	1	0	0	0	计数器 0 置计数初值
0	1	0	0	1	计数器 1 置计数初值
0	1	0	1	0	计数器 2 置计数初值
0	1	0	1	1	置控制字
0	0	1	0	0	计数器 0 读出计数值
0	0	1	0	1	计数器 1 读出计数值
0	0	1	1	0	计数器 2 读出计数值
0	0	1	1	1	无操作($D_7 \sim D_0$ 三态)
1	X	X	X	X	禁止($D_7 \sim D_0$ 三态)
0	1	1	X	X	无操作($D_7 \sim D_0$ 三态)

（2）3 个计数器的引出脚

1）$CLK_0 \sim CLK_2$：计数脉冲信号输入，若 CLK 为频率精确的时钟脉冲，则通道可作为定

时器。定时时间取决于 CLK 引脚引入的时钟脉冲的频率和计数器的初值，即

$$定时时间 T = 时钟脉冲周期 t \times 计数初值 N$$

当作为计数器时，由 CLK 引脚引入需计数的外部随机脉冲信号。

2）$GATE_0 \sim GATE_2$：门控信号输入引脚，门控信号是控制计数器工作的一个外部信号，当 GATE 引脚输入为低时，禁止计数器工作；只有 GATE 引脚输入为高或者 GATE 引脚上升沿触发后，才允许计数器工作。当计数通道工作在硬启动时，GATE 信号也作为计数启动信号。

3）$OUT_0 \sim OUT_2$：计数器 0～2 的计数结束输出引脚，当计数通道内减法计数器减到"0"时，该引脚有输出，其形式取决于工作方式。

二、Intel 8253 的工作方式

Intel 8253 作为可编程的定时器/计数器接口电路，它的每个通道都具有对以下 6 种工作方式的选择权，即方式 0～方式 5。不论哪种工作方式，都应注意以下几点：

1）当控制字写入 Intel 8253 时，其内部所有的控制逻辑电路立即复位，输出端 OUT 进入初始状态(高电平或低电平)。

2）计数器的启动方式有两种：软启动和硬启动。软启动是用输出指令向计数器赋初值启动计数。硬启动是写入计数初值后计数器并未启动，需要门控信号 GATE 变成高电平时才能启动。但无论是软启动还是硬启动，都要经过一个时钟上升沿和下降沿，计数部件才开始计数。因为写入控制字后，输出端 OUT 进入初始状态。在软启动情况下，CPU 向 Intel 8253 写入的计数初值，先装入初值寄存器，在 CLK 端输入一个正脉冲(一个上升沿然后一个下降沿)后它才能被真正装入具有计数功能的减 1 计数器中，在下一个 CLK 脉冲的下降沿才开始计数，且每次在脉冲的下降沿减 1 计数，直到减为 0。所以，从输出指令写完计数初值算起到计数结束，实际的 CLK 信号个数比编程的计数初值要多一个，这种误差在软启动中都会发生。而在硬启动的情况下，当写入计数初值后，还不能启动计数，当 GATE 门控信号变为高电平后，再经 CLK 信号的上升沿采样，在随后的 CLK 下降沿才开始启动计数器减 1 计数。由于 GATE 和 CLK 信号不同步，所以在极端情况下，使得计数初值和实际计数值之间存在误差。

3）多数情况下，计数器启动一次只工作一个周期。但有两种工作方式，一旦启动，只要 GATE 门控信号维持高电平，则计数过程可周而复始地重复下去，即自动重复计数。

工作方式不同，计数器各引脚的时序关系不同。图 7-3 给出了各种工作方式下，写控制字及计数初值信号与各通道中的 CLK 信号、GATE 信号及 OUT 信号之间的时序关系，下面对 6 种工作方式分别给予介绍：

(1) 方式 0　工作于方式 0(计数结束中断方式)时，各引脚信号时序关系如图 7-3a 所示。

当 CPU 执行 OUT 指令时，将控制字写入控制字寄存器后，计数器的输出引脚 OUT 变为低电平作为初始状态，即只要方式 0 一确定，输出 OUT 就变低。当计数初值送入计数器，且 GATE 门控信号为高电平时，计数器开始计数。在计数器开始计数及整个计数过程中，OUT 都保持低电平直至计数器减至 0 时，OUT 变为高电平。

在方式 0 初值不能自动重置，所以完成一次完整计数后，停止工作，直至写入下一个初值，OUT 引脚立即变低，计数器按新初值开始计数。

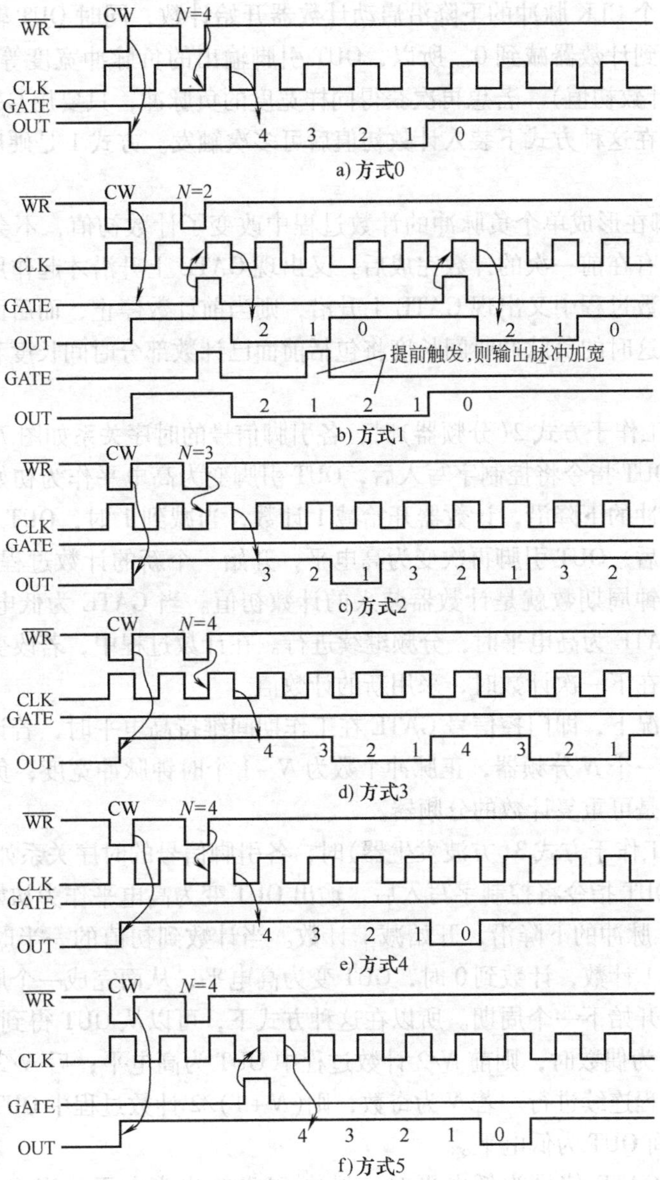

图 7-3　8253 各种工作方式的时序图

在方式 0 的计数过程中，可由门控信号控制暂停。当 GATE = 0 时，停止计数；当 GATE = 1 时，继续计数。

在实际应用中，常将计数结束后 OUT 引脚的上升跳变作为中断请求信号，所以称之为计数结束中断方式。

(2) 方式 1　工作于方式 1(可重触发的单稳态触发器)时，各引脚信号的时序关系如图 7-3b 所示。

在此工作方式下，当 CPU 执行两次 OUT 指令将控制字和计数初值写入 Intel 8253 后，输出引脚 OUT 将维持高电平，计数器并不开始计数。当 GATE 引脚上出现一个上升沿信号时，其之后的下一个 CLK 脉冲的下降沿启动计数器开始计数，同时 OUT 输出引脚变为低电平，其低电平维持到计数器减到 0。所以，OUT 引脚输出的负脉冲宽度等于 N 个 CLK 脉冲宽度(N 为写入的计数初值)。若想再次获得同样宽度的负脉冲，只要用 GATE 上升沿再触发一次即可。可见，在这种方式下装入计数初值后可多次触发。方式 1 是硬启动的可重触发的单稳态触发器。

如果 OUT 引脚在形成单个负脉冲的计数过程中改变了计数初值，不会影响正在进行的计数。计数初值只有在前一次的计数完成后，又出现 GATE 上升沿才起作用。另外，若在形成单个负脉冲的计数过程中又出现 GATE 上升沿，则当前计数停止，而后面的计数以预置的计数值开始工作。这时的负脉冲时间长度将包括前面已计数部分时间长度和预置值送到计数器后计数时间长度。

（3）方式 2　工作于方式 2(分频器)时，各引脚信号的时序关系如图 7-3c 所示。

在 CPU 执行 OUT 指令将控制字写入后，OUT 引脚变为高电平作为初始状态。计数初值写入后的下一个脉冲的下降沿，计数器开始减 1 计数，当减到 1 时，OUT 引脚变为低电平。经过一个脉冲周期后，OUT 引脚再次变为高电平，开始一个新的计数过程，如此周而复始。两负脉冲之间的时钟周期数就是计数器装入的计数初值。当 GATE 为低电平时，强迫 OUT 输出高电平。当 GATE 为高电平时，分频继续进行。在计数过程中，若改变计数值，不影响当前的计数过程，在下一次计数时，采用新的计数值。

在最简单的情况下，即门控信号 GATE 在工作期间维持高电平时，若计数初值为 N，则计数器的工作如同一个 N 分频器，正脉冲个数为 $N-1$ 个时钟脉冲宽度，负脉冲为一个时钟脉冲宽度。方式 2 是可重复计数的分频器。

（4）方式 3　工作于方式 3(方波发生器)时，各引脚信号的时序关系如图 7-3d 所示。

在 CPU 执行 OUT 指令将控制字写入后，输出 OUT 变为高电平作为初始状态，在写入初值后的下一个 CLK 脉冲的下降沿，开始减 1 计数。当计数到初值的一半时，输出变为低电平，计数器继续减 1 计数，计数到 0 时，OUT 变为高电平，从而完成一个周期。之后，初值被重新写入，自动开始下一个周期。所以在这种方式下，可以从 OUT 得到对称的方波输出。当装入的计数值 N 为偶数时，则前 $N/2$ 计数过程中 OUT 为高电平；后 $N/2$ 计数过程中 OUT 为低电平，计数过程连续进行。若 N 为奇数，则 $(N+1)/2$ 计数过程中 OUT 保持高电平；而 $(N-1)/2$ 计数期间 OUT 为低电平。

在此方式下，GATE 信号为低电平时，强迫 OUT 输出高电平。当 GATE 为高电平时，OUT 输出对称方波。在产生方波过程中，若装入新的计数值，本次计数完成后，以新的计数值开始下一轮的计数。方式 3 是可重复计数的方波发生器。

（5）方式 4　工作于方式 4(软件触发的选通信号发生器)时，各引脚信号的时序关系如图 7-3e 所示。

在 CPU 执行 OUT 指令将控制字写入后，输出 OUT 变为高电平作为初始状态，当 CPU 再次执行 OUT 指令写入计数初值后的下一个 CLK 脉冲的下降沿，计数器开始减 1 计数。当计数减到 0 时，由 OUT 输出一个时钟周期宽度的负脉冲，然后自动变为高电平。在实际应用中，一般将此负脉冲作为选通信号。

若写入的计数初值为 N，在计数初值写入后经过 $N+1$ 个时钟周期才有负脉冲出现。在此方式下，每写入一次计数值只能得到一个负脉冲。此方式同样受 GATE 信号控制。只有当

GATE 为高电平时，计数才进行；当 GATE 为低电平时，禁止计数。若在计数过程中装入新的计数值，计数器从下一时钟周期开始以新的计数值进行计数。

（6）方式 5　工作于方式 5(硬件触发的选通信号发生器)时，各引脚信号的时序关系如图 7-3f 所示。

在 CPU 执行 OUT 指令写入控制字后，OUT 引脚输出为高电平作为初始状态，CPU 再次执行 OUT 指令写入计数初值后，计数器仍不开始工作。只有 GATE 门控信号的上升沿使计数器开始计数。当计数结束时，由输出端 OUT 输出宽度为一个时钟周期的负脉冲。方式 5 的工作方式类似于方式 4，区别在于一个为软启动，一个为硬启动。

在此方式下，GATE 电平的高低不影响计数，计数由 GATE 的上升沿启动。

若在计数结束前又出现 GATE 上升沿，则计数从头开始。可见，若写入计数值为 N，在 GATE 上升沿后 N 个时钟周期结束时，OUT 输出一个时钟周期宽度的负脉冲。同样，可用 GATE 上升沿多次触发计数器产生负脉冲。表 7-2 给出了 GATE 信号功能表，即 GATE 信号在各种工作方式下对计数器计数过程的影响，表 7-3 给出了 8253 工作方式一览表。

表 7-2　GATE 信号功能表

GATE	低电平或变为低电平	上升沿	高电平
方式 0	禁止计数	不影响	允许计数
方式 1	不影响	启动计数	不影响
方式 2	禁止计数并置 OUT 为高电平	初始化计数，计数器重新装入	允许计数
方式 3	同方式 2	同方式 2	同方式 2
方式 4	禁止计数	不影响	允许计数
方式 5	不影响	启动计数	不影响

表 7-3　8253 工作方式一览表

	启动计数	中止计数	自动重复	更新初值	OUT 波形
方式 0	软启动	GATE = 0	无	立即有效	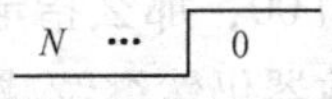 N ··· 0
方式 1	硬启动	/	无	下一轮有效	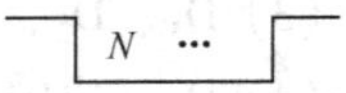 N ···
方式 2	软/硬启动	GATE = 0	有	下一轮有效	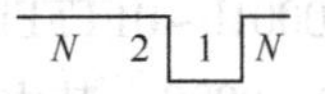 N 2 1 N
方式 3	软/硬启动	GATE = 0	有	下半轮有效	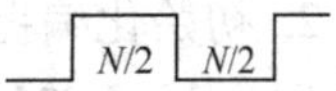 N/2 N/2
方式 4	软启动	GATE = 0	无	下一轮有效	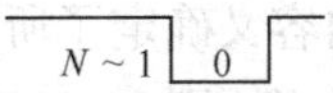 N ~ 1 0
方式 5	硬启动	/	无	下一轮有效	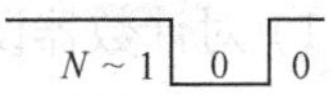 N ~ 1 0 0

三、Intel 8253 的初始化编程

当 Intel 8253 工作于实际应用系统时，首先应对其进行初始化编程。通过初始化编程可确定 Intel 8253 各通道的工作方式及计数初值。工作方式的确定是通过向 Intel 8253 控制字寄

存器中写入控制字来完成的。

1. 8253 控制字格式

Intel 8253 的控制字由 8 位二进制数构成，该 8 位二进制数的每一位均有不同的含义及设置方法，其具体格式如图 7-4 所示。

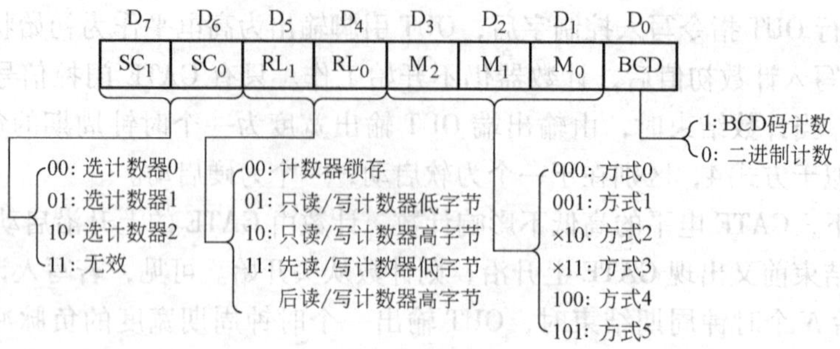

图 7-4　8253 控制字格式

控制字中：

(1) D_7、D_6　决定了控制字是送往计数器 0、计数器 1 还是计数器 2。3 个计数器必须分别设置各自的控制字。

(2) D_5、D_4　由于计数通道中计数初值寄存器和当前计数值锁存器均为 16 位的寄存器，所以控制字中规定了计数初值在写入计数初值寄存器时的写入方式，既可以只写低字节也可以只写高字节或者先写低字节后写高字节，具体方式应根据实际系统要求决定。对于只写低字节，CPU 只要送来 1B 的计数值，8253 将把它送到计数器的低 8 位，高 8 位由 8253 自动补 0。对于只写高字节，8253 收到 CPU 送来的 1B 计数值后送往计数器的高 8 位，低 8 位由 8253 自动补 0。如果规定了先写低字节后写高字节，CPU 必须按规定次序给 8253 送 2B 计数值。对于当前计数值的读取也是一样。

这两位的另一个作用是计数值锁存。当 CPU 需读取某通道当前计数值时，则将 D_5D_4 位置为 00，那么指定的计数器的当前计数值(即减 1 计数器的当前值)送往锁存器锁存，减 1 计数器仍然继续减 1 计数。随后可以用指令读出刚才锁存的计数值。

(3) D_3、D_2、D_1　这 3 位确定选定通道的工作方式。

(4) D_0　决定 Intel 8253 以二进制数还是 BCD 码计数。若选择二进制计数，其数值范围为 0000H ~ 0FFFFH，选 0000H 时计数值最大，为 65536；若选 BCD 码计数，则数值范围为 0000 ~ 9999，其中 0000 为最大值，表示 10000。

2. 初始化编程

因为 Intel 8253 的控制寄存器和 3 个计数器分别具有独立的编程地址，并且控制字本身的内容又确定了所控制的计数器通道，所以，Intel 8253 的编程比较简单、灵活。但必须遵守以下原则：

1) 对计数器设置初值前，必须先写控制字以确定工作方式。

2) 初值设置时，要符合控制字中的格式规定。

在对 Intel 8253 编程的过程中有两种情况：①对 Intel 8253 执行写操作，即写入控制字和计数初值，规定和启动计数器工作，为初始化编程；②对 Intel 8253 执行读操作，读出的是指定通道的当前计数值。

(1) 初始化编程举例　当为软启动时，写入初值后计数就开始了。例如，对计数器 0 初始化，使其工作于方式 5，按二进制计数，计数值为 5088H，若端口地址为 2A0H～2A3H，则初始化编程为

```
MOV   DX, 02A3H     ; 控制端口地址为02A3H
MOV   AL, 3AH       ; 控制字为00111010B
OUT   DX, AL        ; 送控制字到控制字寄存器
MOV   DX, 02A0H     ; 计数器0端口地址为02A0H
MOV   AL, 88H
OUT   DX, AL        ; 先写低8位计数值到计数器0
MOV   AL, 50H
OUT   DX, AL        ; 再写高8位计数值到计数器0
```

(2) 读取 Intel 8253 的计数值　当需要读取 Intel 8253 某通道当前计数值时，可直接读取该通道端口地址。由于 Intel 8253 计数器是 16 位，所以 CPU 要分两次读入。为了保证读到稳定准确的数据，通常采用以下两种作法：

1) 利用 GATE 信号使计数过程暂停。

2) 利用将控制字中 D_5D_4 位置成 00 的方法将待读计数值锁存至锁存器，这种方法不影响计数过程。注意，控制字仍写入控制端口。CPU 读取此锁存值后，锁存器自动解除。

例如：要读取计数器 1 的 16 位计数值，利用写控制字的方法锁存当前计数值，相应程序如下：

```
MOV   AL, 40H       ; 控制字为01000000
MOV   DX, 02A3H     ; 控制端口地址为02A3H
OUT   DX, AL        ; 控制字送控制端口，将计数器1当前值锁存
MOV   DX, 02A1 H    ; 选择计数器1端口地址
IN    AL, DX        ; 读取计数器1的低8位数据
XCHG  AL, AH        ; 暂存AH
IN    AL, DX        ; 读取计数器1的高8位数据
XCHG  AL, AH        ; AX中为计数器1的16位计数值
```

四、Intel 8253 的应用举例

【例 7-1】 用 Intel 8253(地址 40H～43H)将 5MHz 的脉冲变为 1Hz 的脉冲。

分析：可采用方式二分频器完成，但初值 $= F_{CLK}/F_{OUT} = 5MHz/1Hz = 5 \times 10^6 > 65536$，怎么办？解决的办法是：需要两个 T/C(定时器/计数器通道)级联，T/C_0 采用方式 3 产生连续分频方波，做 T/C_1 的 CLK，T/C_1 采用方式 2 产生 1Hz 脉冲。两个 T/C 的 GATE 统一控制。系统连接如图 7-5 所示。

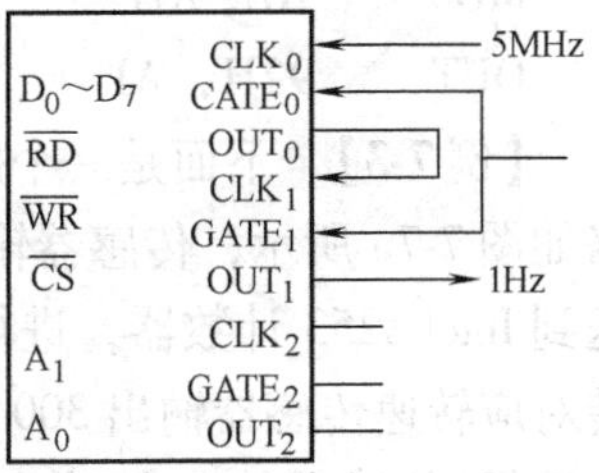

图 7-5　例 7-1 系统连接图

程序如下：

```
MOV   AL, 00110111B     ; T/C0 控制字
OUT   43H, AL
MOV   AX, 5000H         ; T/C0 初值
OUT   40H, AL
MOV   AL, AH
```

```
OUT     40H, AL
MOV     AL, 01110101B       ; T/C1 控制字
OUT     43H, AL
MOV     AX, 1000H           ; T/C1 初值
OUT     41H, AL
MOV     AL, AH
OUT     41H, AL
```

【例 7-2】 Intel 8253 的 CLK_0 时钟频率是 8kHz，系统连接方式如图 7-6 所示，编程使其能产生周期为 9s，占空比为 5:9 的方波，同时计算 T/C_0 最大定时时间是多少？

分析：

（1）在 CLK_0 已知的情况下，可算出其周期，最大定时时间与 CLK 周期及计数初值的最大值有关。

（2）根据系统连接图，可分析出 Intel 8253 端口地址为 90H、92H、94H 和 96H，同时，可将 T/C_0 设置为方式 3，使其产生 1Hz；T/C_1 设置为方式 3，产生周期为 9s，占空比为 5:9 的方波。

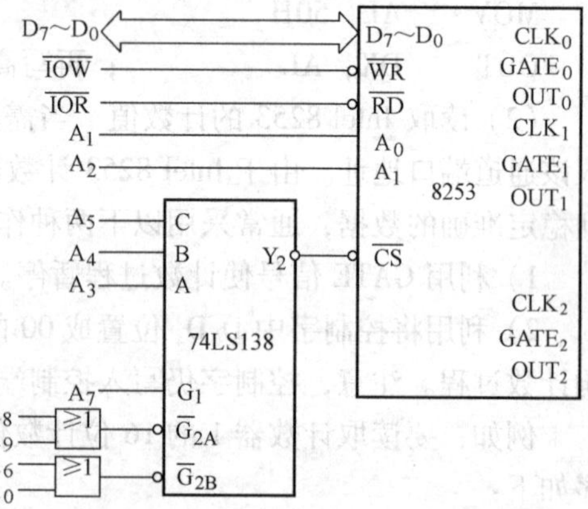

图 7-6 例 7-2 系统连接图

解 $T_{CLK0} = 1/f_{CLK0} = 1/8000\text{Hz} = 0.125\text{ms}$

最大定时时间 $= 65536 \times 0.125\text{ms} = 8.192\text{s}$

产生方波的初始化程序如下：

```
MOV     AL, 00110111B       ; T/C0 控制字
OUT     96H, AL
MOV     AX, 8000H           ; T/C0 初值
OUT     90H, AL
MOV     AL, AH
OUT     90H, AL
MOV     AL, 01110111B       ; T/C1 控制字
OUT     96H, AL
MOV     AX, 9H              ; T/C1 初值
OUT     92H, AL
MOV     AL, AH
OUT     92H, AL
```

【例 7-3】 下面是一个航空发动机数字控制系统中采用 8253 测速的实例。转速测量电路如图 7-7a 所示，传感器输出的转速信号经过衰减、滤波和光耦合处理，再经过整形电路送到 Intel 8253 计数器，进行测量。被测发动机低压转子转速 n 为 0 ~ 11156r/min，发动机每转对应转速传感器输出 300 个脉冲。基本测量原理是，测量 D 个（D 值根据当时实际转速范围选择）传感器输出脉冲 CLK，所占有的时间为多少个（设为 X 个，待测）标准时钟周期 PCLK（设为 T_r，单位 μs，由系统时钟适当分频而成），即

$$\frac{60}{n}\frac{D}{300}=XT_r\times 10^{-6}$$

从而算出实转速

$$n=\frac{2D\times 10^5}{XT_r}$$

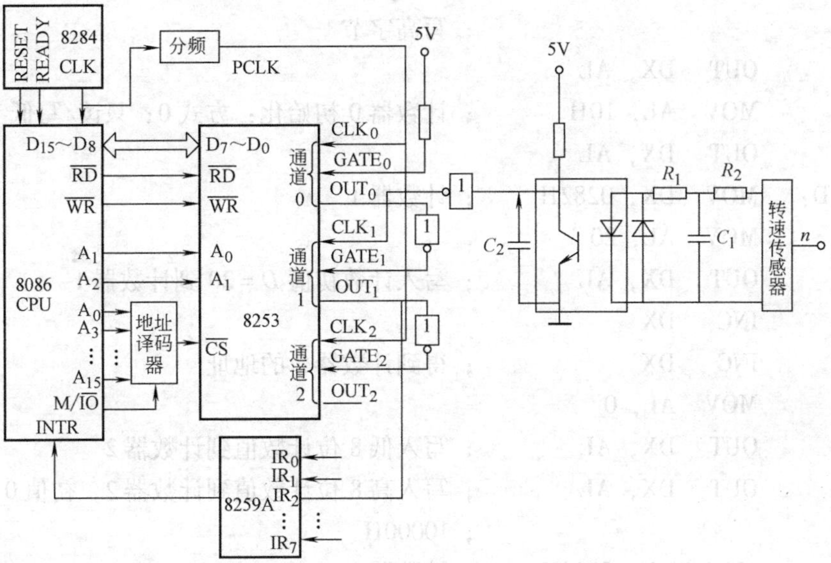

a) 转速测量电路

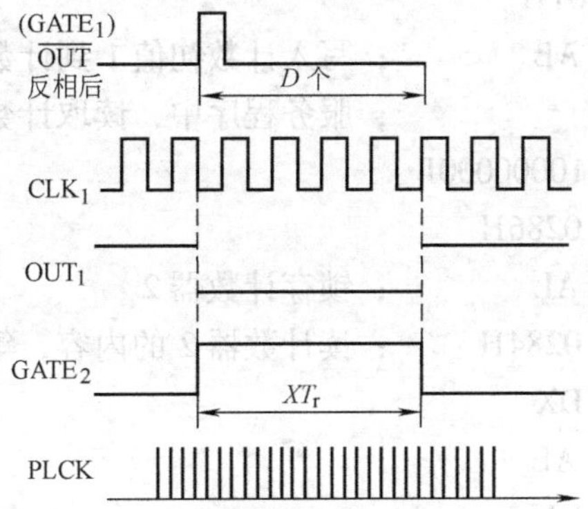

b) 测量过程时序

图 7-7 例 7-3 图

Intel 8253 的 3 个计数器分别工作于方式 0、方式 1 和方式 0。图 7-7b 为测量过程的时序。工作过程为：通过 OUT_0 的脉冲下降沿(反相后为上升沿)触发 $GATE_1$，使计数器 1 开始对被测转速脉冲计数；同时，OUT_1 经反相后使 $GATE_2$ 为高电平(在计数期间)，允许计数器 2 对基准时钟信号 PCLK 计数。在计数器 1 计满 D 个脉冲后，OUT_1 输出高电平，经反相后为低电平，迫使计数器 2 停止计数。此时，CPU 读出计数器 2 中的计数值即可算出发动机的转速。

设 Intel 8253 端口地址为 280H、282H、284H 和 286H，主要程序片段如下：

主程序中对 Intel 8253 初始化：

```
INIT_C:   MOV  DX, 0286H      ; 控制端口地址为 0286H
          MOV  AL, 52H        ; 计数器 1 初始化: 方式 1; 只读/写低字节
          OUT  DX, AL         ; 送方式控制字到控制寄存器
          MOV  AL, 0BOH       ; 计数器 2 初始化: 方式 0; 先读/写低字节, 后读/
                              ; 写高字节
          OUT  DX, AL
          MOV  AL, 10H        ; 计数器 0 初始化: 方式 0; 只读/写低字节
          OUT  DX, AL
INIT_D:   MOV  DX, 0282H      ; 计数器 1
          MOV  AL, 20
          OUT  DX, AL         ; 写入计数初值 D=20 到计数器 1
          INC  DX
          INC  DX             ; 得到计数器 2 的地址
          MOV  AL, 0
          OUT  DX, AL         ; 写入低 8 位计数值到计数器 2
          OUT  DX, AL         ; 写入高 8 位计数值到计数器 2, 初值 0 相当于
                              ; 10000H
          MOV  DX, 0280H      ; 计数器 0
          MOV  AL, 01H
          OUT  DX, AL         ; 写入计数初值 1 到计数器 0, 启动测量过程中断
                              ; 服务程序中, 读取计数器 2 的数据, 计算转速
IN_DATA:  MOV  AL, 10000000B
          MOV  DX, 0286H
          OUT  DX, AL         ; 锁存计数器 2
          MOV  DX, 0284H      ; 读计数器 2 的内容, 等于 10000H-X
          IN   AL, DX
          MOV  AH, AL
          IN   AL, DX
          XCHG AL, AH
          NEG  AX             ; AX←-X
```

第三节 可编程并行接口芯片 Intel 8255A

计算机与外部设备之间、计算机与计算机之间的信息交换称为通信。从数据传输的形式上区分，通信有两种方式：并行通信与串行通信。并行通信顾名思义即 n 位二进制数借助 n 条数据线同时传输的方式。并行通信传输速度快、效率高，常用于数据传输速度要求高而传输距离较短的场合。在并行通信的过程中，常常借助于一些并行接口电路。Intel 8255A 即 Intel 公司生产的 8 位可编程并行接口芯片。

一、Intel 8255A 的内部结构

Intel 8255A 有 3 个输入输出端口：端口 A、端口 B、端口 C，每个端口都可以通过编程设定为输入端口或输出端口，可在不同的工作方式下为输入输出提供控制联络信号、具有端口寻址功能等。Intel 8255A 内部结构框图如图 7-8 所示，主要由以下几部分构成：

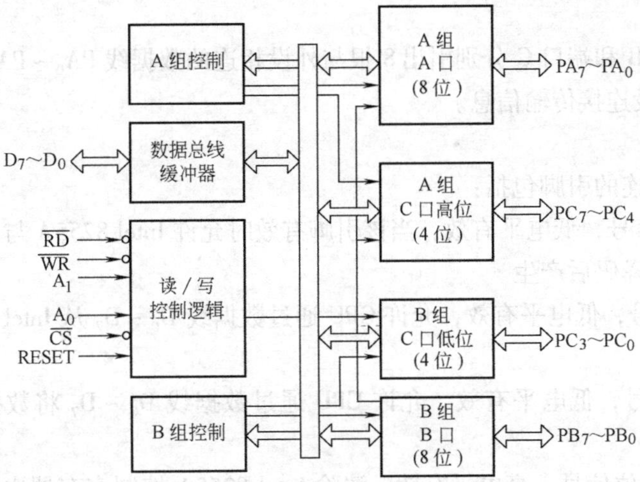

图 7-8　8255A 内部结构框图

1. 3 个 8 位并行输入输出端口

8255A 有(端口 A、端口 B、端口 C)3 个 8 位并行输入输出端口。A 口、B 口通常作为独立的 8 位 I/O 端口使用，C 口也可以作为一般的 8 位 I/O 端口使用，也可以作为两个 4 位的 I/O 端口使用。3 个端口可以通过编程设置为不同的工作方式。当 A 口工作方式 1 或方式 2 时，B 口工作于方式 1 时，C 口分别用来为 A 口、B 口提供 I/O 联络信号，各端口的功能见表 7-4。

表 7-4　8255A 端口功能

工作方式	A 口	B 口	C 口
0	基本输入输出端口，输入不锁存、输出锁存	同 A 口	同 A 口
1	选通输入输出端口，输入输出均可锁存	同 A 口	C 口中有 3 位分配给 A 口，3 位分配给 B 口，作为它们 I/O 的联络信号线，其余两位用作 I/O
2	应答式双向输入输出端口，均可锁存	不可以	C 口 5 位用作 A 口的 I/O 联络信号线

2. 数据总线缓冲器

数据总线缓冲器是一个双向三态的 8 位缓冲器，可与系统的数据总线直接相连，实现 CPU 和 8255A 之间的信息传送。

3. A 组和 B 组控制电路

A 组和 B 组控制电路接收读/写控制逻辑的信号，并根据 CPU 送入的控制字决定各端口的工作方式。A 组控制电路控制 A 口和 C 口的高 4 位(PC_7 ~ PC_4)；B 组控制电路控制 B 口和 C 口的低 4 位(PC_3 ~ PC_0)。还可根据控制字的要求对 C 口的某位实现置 0 或置 1 的操作。

4. 读/写控制逻辑

读/写控制逻辑用于管理数据、控制字或状态字通过相应端口在 CPU 与外设之间的传

送。

二、Intel 8255A 的外部引脚

Intel 8255A 芯片采用 40 脚双列直插式封装，单一 5V 电源，全部输入输出均与 TTL 电平兼容。

1. 数据线

端口 A、端口 B 和端口 C 分别引出 8 根与外设相连的数据线 $PA_0 \sim PA_7$、$PB_0 \sim PB_7$、$PC_0 \sim PC_7$。它们与外设连接传输信息。

2. 读写控制线

与系统总线相连的引脚包括：

1）$\overline{CS}$：片选信号，低电平有效，当该引脚有效时允许 Intel 8255A 与 CPU 交换信息。由地址线高位经地址译码后产生。

2）$\overline{RD}$：读信号，低电平有效，允许 CPU 通过数据线 $D_0 \sim D_7$ 从 Intel 8255A 端口中读取数据或状态信息。

3）$\overline{WR}$：写信号，低电平有效，允许 CPU 通过数据线 $D_0 \sim D_7$ 将数据、控制字写入到 Intel 8255A 中。

4）RESET：复位信号，高电平有效，清除 Intel 8255A 控制寄存器内容，并将各端口置成输入方式。

5）A_1、A_0：地址线，与系统总线的低两位相接，实现对 Intel 8255A 片内端口的寻址。

Intel 8255A 内部除具有 3 个可寻址的数据端口外，还具有一个可寻址的控制端口。该控制端口可接收 CPU 发来的两个控制字，控制 A 组和 B 组控制电路。进而控制各端口的工作，Intel 8255A 端口选择及操作功能见表 7-5。

表 7-5　Intel 8255A 端口选择及操作功能

A_1	A_0	$\overline{RD}$	$\overline{WR}$	$\overline{CS}$	端口	操作功能
0	0	0	1	0	端口 A→数据总线	输入操作（读）
0	1	0	1	0	端口 B→数据总线	
1	0	0	1	0	端口 C→数据总线	
0	0	1	0	0	数据总线→端口 A	输出操作（写）
0	1	1	0	0	数据总线→端口 B	
1	0	1	0	0	数据总线→端口 C	
1	1	1	0	0	数据总线→控制寄存器	
X	X	X	X	1	未选中 Intel 8255A，数据总线→三态	断开功能
1	1	0	1	0	非法状态	
X	X	1	1	0	数据总线→三态	

3. 数据总线

数据总线 $D_0 \sim D_7$ 与系统总线中的数据总线相连，是 CPU 与外设间传送数据信息、状态信息和控制信息的通道。

三、Intel 8255A 的工作控制逻辑

Intel 8255A 具有 3 种工作方式，分别为方式 0——基本输入输出方式；方式 1——选通

输入输出方式；方式2——双向传送方式。可通过向 Intel 8255A 中的控制端口写入相应的控制字来对各端口的工作方式进行设置。

Intel 8255A 的控制端口可以接收两个控制字：工作方式控制字和对端口 C 的置位/复位控制字。下面分别进行介绍：

1. 工作方式控制字

主要是对端口 A、端口 B 及端口 C 的工作方式进行设置，其中端口 A 可工作在方式 0、1、2 这 3 种方式中的一种；端口 B 可工作在方式 0 或方式 1；而端口 C 除作为联络信号外只能工作在基本的输入或输出方式。

Intel 8255A 控制字为一个 8 位二进制数，Intel 8255A 工作方式控制字格式如图 7-9 所示。可通过 CPU 执行输出指令将该控制字输出到 Intel 8255A 的控制端口，以决定各端口的工作方式。由于可向 Intel 8255A 的控制端口写入两个控制字，为区分不同的控制字，将 D_7 位用于特征位。当 $D_7=1$ 时为工作方式控制字；$D_7=0$ 时为端口 C 的置位/复位控制字。

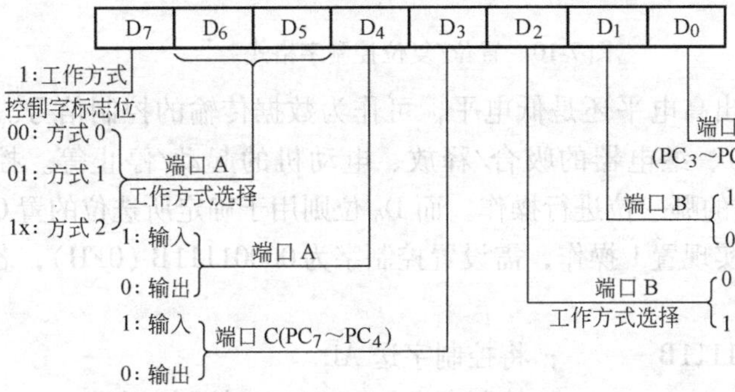

图 7-9　Intel 8255A 工作方式控制字格式

在系统上电时，应对系统中的 Intel 8255A 芯片各端口按实际要求进行工作方式设置，即初始化。通过写工作方式控制字完成初始化过程。

例如，系统要求 Intel 8255A 各个端口工作在如下方式：A 口方式 1、输出；B 口方式 0、输入；C 口高 4 位为输出，低 4 位为输入。此时方式控制字的格式为 A3H。设 Intel 8255A 控制寄存器的地址为 0208H，则其初始化程序如下：

```
MOV   DX, 0208H      ; 控制寄存器地址存入 DX 中
MOV   AL, 0A3H       ; 控制字经 AL 送控制寄存器
OUT   DX, AL
```

再例如，设 Intel 8255A 的两个端口都工作在方式 0，端口 A 为输入，端口 B 为输出，端口 C 为输出。

设 Intel 8255A 端口地址为 80H ~ 83H。此时方式控制字为 90H，则初始化程序为

```
MOV   AL, 90H        ; 方式选择控制字 10010000B
OUT   83H, AL        ; 方式选择控制字送 Intel 8255A 控制端口
```

写完控制字后，CPU 可以通过 IN/OUT 指令与 Intel 8255A 传送数据。如

```
IN    AL, 80H        ; 读端口 A 的数据至 AL
OUT   81H, AL        ; AL 中数据写入端口 B
OUT   82H, AL        ; AL 中数据写入端口 C
```

2. 置位/复位控制字

在 Intel 8255A 中，可以通过对控制端口写入控制字对 C 口中指定位进行置位、复位操作，其中控制字中 $D_7=0$ 用于区分工作方式控制字。置位/复位控制字格式如图 7-10 所示。

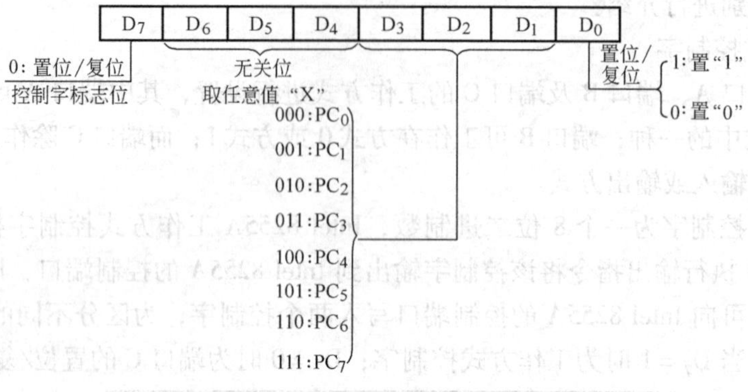

图 7-10 置位/复位控制字格式

对指定 C 口某位输出高电平还是低电平，可作为数据传输的控制信号。如用于控制开关的通(置 1)/断(置 0)、继电器的吸合/释放、电动机的起动/停止等。控制字中的 D_1、D_2、D_3 位决定对 C 口中的哪一位进行操作。而 D_0 位则用于确定所选位的置 0 或置 1 操作。

如需对 C 口 PC_7 位实现置 1 操作，需设置控制字为 00001111B (0FH)，若控制口地址为 0D6H，其程序如下：

```
MOV    AL, 00001111B        ; 将控制字送 AL
OUT    0D6H, AL             ; 控制字送 Intel 8255A 控制寄存器
```

对 PC_6 位置 1 的程序为

```
MOV    AL, 00001101B        ; 将控制字送 AL
OUT    0D6H, AL             ; 控制字送 Intel 8255A 控制寄存器
```

四、Intel 8255A 的工作方式

Intel 8255A 具有 3 种不同的工作方式，下面分别给予介绍。

1. 方式 0——基本输入输出方式

1）方式 0 的工作特点。方式 0 称为基本输入输出方式，在此方式下可将 3 个数据端口划分为 4 个独立的部分：A 口和 B 口作为两个 8 位端口，C 口的高 4 位和低 4 位可以用作两个 4 位端口(当然也可以作为一个 8 位端口)，各个端口都可以独立用作输入或输出。

2）方式 0 的使用场合。在方式 0 下，各端口可以有 16 种输入输出组合，适用于多种应用场合，既可以应用在无条件传送方式下，也可以应用在查询式传送方式中。

3）方式 0 工作方式应用举例。

【例 7-4】 Intel 8255A 作为连接打印机的接口，工作于方式 0。系统连接如图 7-11 所示。

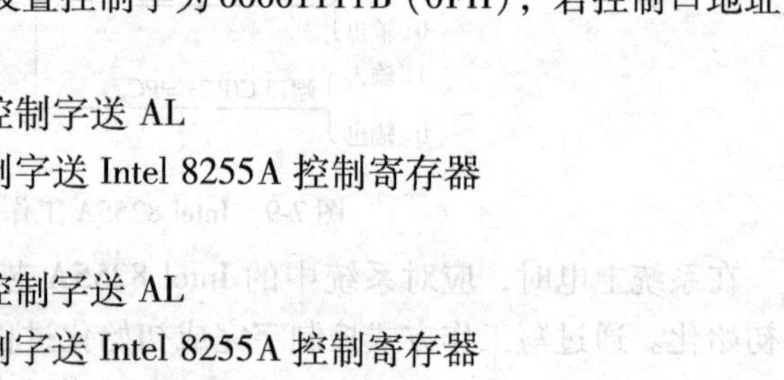

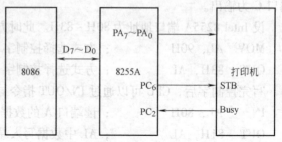

图 7-11 例 7-4 系统连接图

工作过程：主机欲向打印机输出字符时，先查打印机提供的 Busy 位，若正

处理或打印字符，则 Busy =1，否则为 0。故当查询 Busy =0 时，通过输出指令将被打印字符送往端口 A。在该系统中，打印机提供的状态信号接入 PC_2，用 PC_6 作为打印机接收数据的选通信号，在向打印机输出数据时，将 STB 先置成低后置高，即输出一个负脉冲，该负脉冲将字符送到打印机输入缓冲器中。

各端口工作方式：A 口为输出，方式 0；B 口未用；C 口为低位输入，高位输出。

地址分配：A 口：00D0H，B 口：00D2H

C 口：00D4H，控制口：00D6H

程序如下：

```
pp:     MOV   AL, 81H
        OUT   0D6H, AL        ; 设置 Intel 8255A 工作方式
        MOV   AL, 0DH
        OUT   0D6H, AL        ; 置 PC6 即 STB =1
LPST:   IN    AL, 0D4H        ; 读 PC2 即 Busy
        AND   AL, 04H         ; 判断 PC2 =0? 否，则循环等待
        JNZ   LPST
        MOV   AL, CL          ; 将被打印字符送 AL
        OUT   0D0H, AL        ; 将 AL 从 A 口输出
        MOV   AL, 0CH
        OUT   0D6H, AL        ; 使 STB =0
        INC   AL
        OUT   0D6H, AL        ; 使 STB =1，产生选通脉冲
              ⋮
```

2. 方式 1——选通输入输出方式

1）方式 1 的工作特点。方式 1 是一种选通输入输出方式。在这种工作方式下，端口 A、端口 B 和端口 C 被分为两个组。端口 A 和端口 B 用作数据的输入输出，端口 C 的一些引脚信号被规定为端口 A、端口 B 进行数据通信时的选通及联络信号，这些信号是固定的，不能由用户改变。

在方式 1 输入时，C 口各引脚的定义如图 7-12 所示。

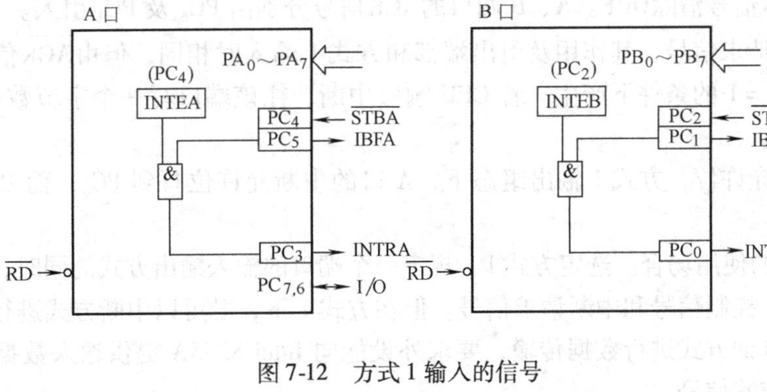

图 7-12 方式 1 输入的信号

A 口工作于方式 1 输入时，系统规定 $PC_5 \sim PC_3$ 作联络、控制线。B 口工作于方式 1 输

入时，分配 PC_2 ~ PC_0 作联络、控制线。各控制信号的作用如下：

$\overline{STB}$(strobe)选通信号，输入，低电平有效。它将外设提供的数据信号输入至 Intel 8255A 的锁存器。$\overline{STBA}$接 PC_4，$\overline{STBB}$接 PC_2。

IBF(Input Buffer Full)输入缓冲器满信号，输出，高电平有效。IBF 有效时通知外设送来的数据已被接收，由$\overline{STB}$信号的前沿产生。在 CPU 用输入指令读走数据后，此信号被清除。A、B 两口的 IBF 信号分别由 PC_5 及 PC_1 输出。

INTR(Interrupt Request)中断请求信号，输出，高电平有效。在中断允许 INTE = 1 且 IBF = 1 的条件下，由$\overline{STB}$信号的后沿产生，可接至中断管理电路 Intel 8259A 作中断请求。CPU 响应中断后在服务程序中读走数据时，由$\overline{RD}$信号将其清除。INTRA 由 PC_3 引出，INTRB 由 PC_0 引出。

INTE(Interrupt Enable)中断允许位，INTE = 1 允许中断请求，INTE = 0 禁止中断请求，可事先用位控方式写。INTEA 对应 PC_4，INTEB 对应 PC_2。

在方式 1 输出时，C 口各引脚的定义如图 7-13 所示。

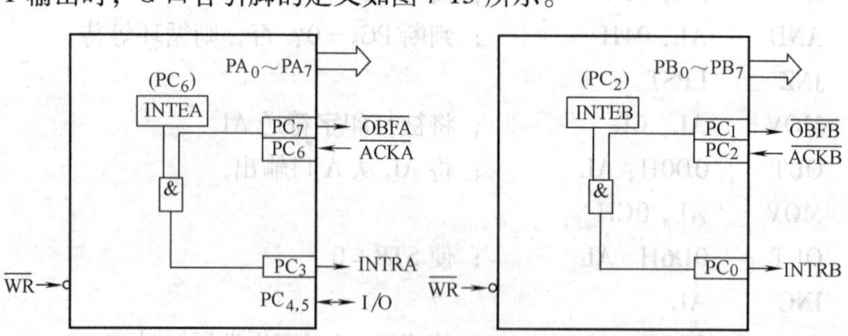

图 7-13　方式 1 输出的信号

A 口工作于方式 1 输出，所用的联络、控制线为 PC_7、PC_6 和 PC_3，而 B 口工作于方式 1 输出时，使用 PC_2 ~ PC_0 作其联络、控制线。各控制信号的作用如下所述：

$\overline{OBF}$(Output Buffer Full)输出缓冲器满，低电平有效、输出。当 CPU 给输出端口写入一个字节数据时，由$\overline{WR}$信号上升沿使$\overline{OBF}$有效，通知外设可将数据取走。A、B 两口的$\overline{OBF}$信号分别由 PC_7 及 PC_1 输出。

$\overline{ACK}$(Acknowledge)应答信号，低电平有效、输入。当外设接收到$\overline{OBF}$信号并取走数据时，要发出$\overline{ACK}$信号清除$\overline{OBF}$。A、B 两口的$\overline{ACK}$信号分别由 PC_6 及 PC_2 引入。

INTR 中断请求信号，其作用及引出端都和方式 1 输入时相同，但由$\overline{ACK}$信号的后沿在 INTE = 1 且$\overline{OBF}$ = 1 的条件下产生。若 CPU 响应中断，往该端口写一个字节数据，其$\overline{WR}$信号将清除 INTR。

INTE 中断允许位，方式 1 输出组态下，A 口的中断允许位写到 PC_6，而 B 口的仍写到 PC_2。

2）方式 1 的使用场合。选定方式 1，规定一个端口的输入输出方式的同时，就自动规定了有关的联络、控制信号和中断请求信号。但在方式 1 下，既可以中断方式进行数据输入和输出，也可以查询方式进行数据传输，要求外设能向 Intel 8255A 提供输入数据选通信号或输出数据接收应答信号。

具体使用方法如下：

中断方式。将两个 INTE 置为 1，A 组和 B 组可以使用各自的 INTR 信号申请中断。

查询方式。CPU 通过读端口 C 可以查询 IBF、$\overline{OBF}$信号的当前状态，决定是否立即进行数据传输。

3）方式 1 工作方式应用举例。Intel 8255A 中断方式应用：Intel 8255A 可用作中断方式工作的并行打印机接口，如图 7-14 所示。

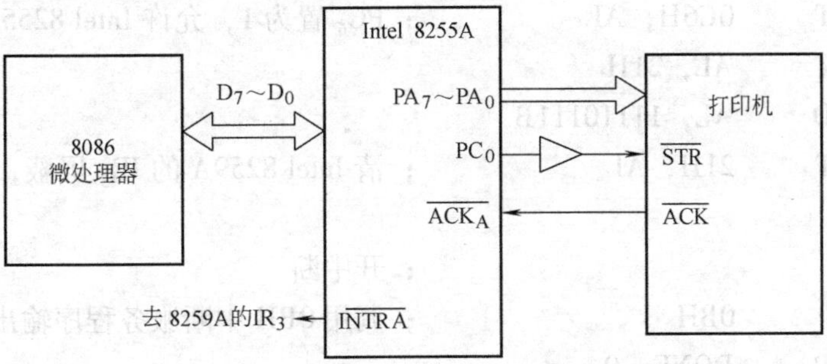

图 7-14　Intel 8255A 作为打印机接口

Intel 8255A 的 A 口工作在方式 1，输出方式，用以传送打印字符。此时，PC_6 和 PC_3 自动作为信号输入端和 INTR 信号输出端。打印机需要一个负脉冲作为数据选通信号，PC_7 不能满足打印机的要求，没有使用，另外选用 PC_0 来发送选通脉冲。

假设 Intel 8255A 的 PC_3(INTR)连到中断控制器 Intel 8259A 的 IR_3，对应的中断类型码为 0BH，中断服务程序名为 LPTINT，对 Intel 8259A 的初始化已经完成，Intel 8255A 的端口地址为 0C0H～0C6H。

此例中，由中断处理程序实现 26 个英文字母的输出。主程序装载 0BH 中断向量，设置字符输出指针，对 Intel 8255A 进行方式设置和开放中断，并启动第一次输出。源程序如下：

```
DATA SEGMENT
        BUFFER DB'abcdefghijklmnopqrstuvwxyz', 0DH, 0AH
        OUT_POINTER DW ?              ；缓冲区输出指针，存放当前输出字符地址
        DONE    DB ?                  ；完成标志，DONE =1 表示已输出完成
DATA ENDS
START：MOV      AX, SEG LPRINT
        MOV     DS, AX
        LEA     DX, LPRINT
        MOV     AX, 250BH
        INT     21H                   ；设置 0BH 中断向量
        MOV     AX, DATA
        MOV     DS, AX                ；装载 DS

        LEA     BX, BUFFER
        MOV     OUT_POINTER, BX       ；设置输出缓冲区指针
        MOV     DONE, 0               ；设置未完成标志
        MOV     AL, 0A0H
```

```
        OUT     0C6H, AL          ; Intel 8255A 的方式选择字
                                  ; A 口工作在方式 1，输出
        MOV     AL, 1
        OUT     0C6H, AL          ; PC0 置为 1，使选通无效
        MOV     AL, 0DH
        OUT     0C6H, AL          ; PC6 置为 1，允许 Intel 8255A 打印机中断
        IN      AL, 21H
        AND     AL, 11110111B
        OUT     21H, AL           ; 清 Intel 8259A 的 IR3 屏蔽，允许打印机中断

        STI                       ; 开中断
        INT     0BH               ; 调用 0BH 中断服务程序输出第一个字符
WAIT1:  CMP     DONE, 0
        JE      WAIT1             ; 未完成，循环等待
        MOV     AX, 4C00H
        INT     21H               ; 打印完成，返回操作系统
```

以下为中断服务子程序：

```
LPTINT  PROC    FAR
        PUSH    DS                ; 保护现场
        PUSH    AX
        PUSH    DI
        STI                       ; 开中断
        MOV     AX, SEG BUFFER    ; 装载输出缓冲区指针
        MOV     DS, AX
        MOV     DI, OUT_POINTER
        MOV     AL, [DI]
        OUT     0C0H, AL          ; 字符送 A 口
        MOV     AL, 0             ; PC0 置为 0，产生选通信号
        OUT     0C6H, AL
        CALL    Delay             ; 适当延时
        INC     AL                ; PC0 置为 1，撤消选通信号
        OUT     0C6H, AL
        INC     OUT_POINTER       ; 修改地址指针
        CMP     BYTE PTR[DI], 0AH
        JNE     NEXT
        MOV     DONE, 1           ; 已完成，置完成标志
        MOV     AL, 0CH
        OUT     0C6H, AL          ; PC6 置为 0，关闭 Intel 8255A 的打印机中断
        IN      AL, 21H
```

```
        OR      AL，00001000B
        OUT     21H，AL              ；重新屏蔽 Intel 8259A 的 IR3
                                     ；关闭 Intel 8259A 的打印机中断
NEXT：  CLI                          ；中断结束处理，关闭中断
        MOV     AL，20H
        OUT     20H，AL              ；向 Intel 8259A 发 EOI 命令
        POP     DI                   ；恢复现场
        POP     AX
        POP     DS
        IRET
LPRINT  ENDP
END     START
```

注意主程序除了用 STI 指令开放中断外，还要用置位/复位命令字将 PC_6 置 1，也就是将 INTEA 置 1，使 Intel 8255A 处于中断允许状态。此外，还应在主程序中通过调用中断服务程序输出第一个字符，否则中断不会产生。

在输出最后一个字符“0AH”之后，中断服务程序置完成标志 DONE，同时关闭 Intel 8255A 中断，屏蔽 Intel 8259A 的 IR_3 中断。所以，最后一个字符输出后没有中断发生。

本程序在打印结束后没有恢复原来的中断向量。如果系统原来已经设置了这个向量，那么在主程序首部要读出这个向量并保护，结束前把保护的原向量写回中断向量表。

3. 方式 2——双向输入输出方式

1）方式 2 的工作特点。方式 2 只适用于端口 A，是双向的输入输出传输方式。即在一段时间为输入，而在需要时，亦能变为输出。该方式需占用端口 C 的 5 位作为 A 口数据传输的选通和联络信号。端口 A 工作于方式 2 时，端口 B 可选方式 0 或方式 1。

方式 2 工作时的信号定义如图 7-15 所示。

端口 C 各引脚的含义同方式 1。但值得注意的是：A 口工作于方式 2 时，其输入和输出中断共用一个中断请求信号引脚，但中断允许位仍为各自的。所以，可以通过中断允许位的设置来确定是输入请求引起的中断还是输出请求引起的中断。

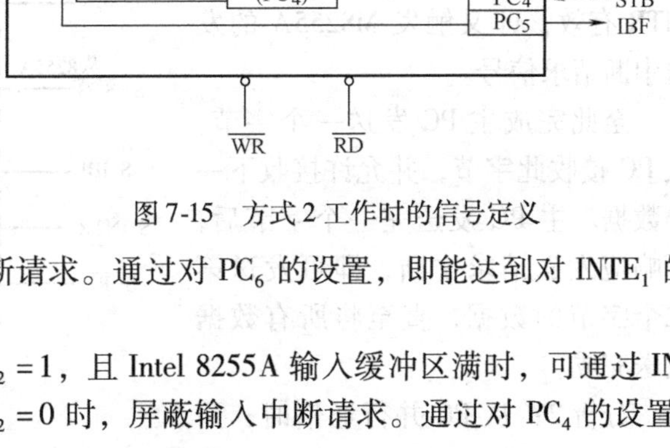

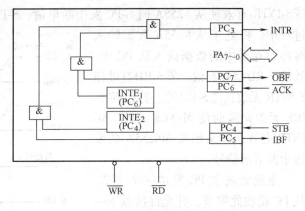

图 7-15　方式 2 工作时的信号定义

具体设置为：

$INTE_1$：输出中断允许信号。当 $INTE_1=1$，且 Intel 8255A 输出缓冲区空时，可通过 INTR 向 CPU 发出输出中断请求信号；当 $INTE_1=0$ 时，屏蔽输出中断请求。通过对 PC_6 的设置，即能达到对 $INTE_1$ 的设置。

$INTE_2$：输入中断允许信号。当 $INTE_2=1$，且 Intel 8255A 输入缓冲区满时，可通过 INTR 向 CPU 发出输入中断请求信号；$INTE_2=0$ 时，屏蔽输入中断请求。通过对 PC_4 的设置，

即能达到对 $INTE_2$ 的设置。

2）方式 2 的使用场合。方式 2 是一种双向工作方式，如果一个外设既是输入设备，又是输出设备，并且输入和输出是分时进行的，如磁盘，那么将此设备与 Intel 8255A 的 A 口相连，并使 A 口工作在方式 2 即可进行数据传输。

3）方式 2 工作方式应用举例。在如图 7-16 所示的双机通信连接中，利用了两片 Intel 8255A 作为两个 PC 之间的双机并行通信接口。在数据传输过程中，首先由主机向从机发送一组数据，系统中的两台 PC 处于主发、从收的状态，之后从机向主机发送一组数据，系统中的两台 PC 处于主收、从发的状态，直到将所有数据传送完成。两台 PC 均使用 A 口作为数据口，工作于方式 2 的工作方式。C 口为传输提供联络和控制信号。

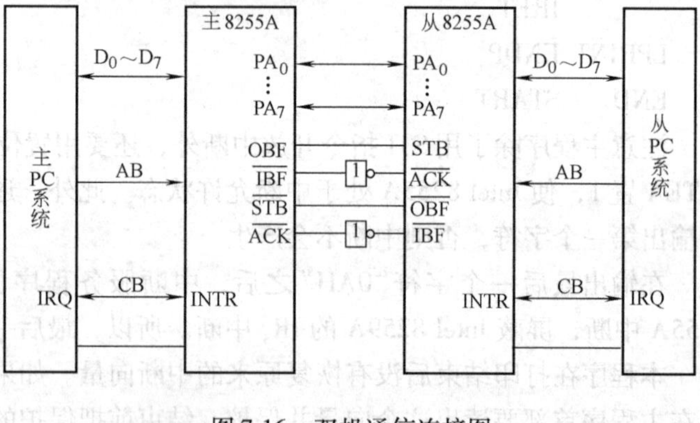

图 7-16　双机通信连接图

在编制通信程序之前，首先对系统作以下分析：

分析 1：根据双机并行通信中的时序图找出各信号之间的相关关系。图 7-17 中给出了主机发送一组命令或数据，从机接收这组信息时双机各有关信号的时序图。因电路完全对称，从机发送、主机接收与主机发送、从机接收完全类似，故只分析主机发送、从机接收一种情况。从时序图中可看出：①通信开始先由主 PC 发送给 Intel 8255A 第一个字节，M-$\overline{WR}$有效，变为低电平；②M-$\overline{WR}$使 M-INTR 无效；M-$\overline{OBF}$有效并同时使 S-$\overline{STB}$有效；③后经 T_{STB} 使 S-IBF 有效，进而使 M-$\overline{ACK}$有效；④后经 T_{AOB} 使 M-$\overline{OBF}$无效，进而使 S-$\overline{STB}$无效；从 M-$\overline{WR}$有效到 S-$\overline{STB}$无效，主 PC 的数据已写入从 8255A 的数据输入缓冲寄存器中，完成主机第一个数据的发送。⑤S-INTR 有效使从 8255A 向 S-PC 发中断申请；S-PC 响应并服务该中断请求，在中断处理过程中，将处于从 8255A 数据输入缓冲寄存器中的数据读入从 PC 中，致使 S-$\overline{RD}$信号有效。⑥S-$\overline{RD}$有效使 S-INTR 无效；⑦S-$\overline{RD}$的上升沿使 S-IBF 无效，从而使 M-$\overline{ACK}$无效，M-INTR 有效，即又触发 M8255A 的发送中断请求信号。

至此完成主 PC 发送一个字节，从 PC 接收此字节，并允许接收下一个数据。主 PC 发送完一个字节后，再响应发送请求中断，即可发送第二个字节的数据，直至将所有数据发送完成。

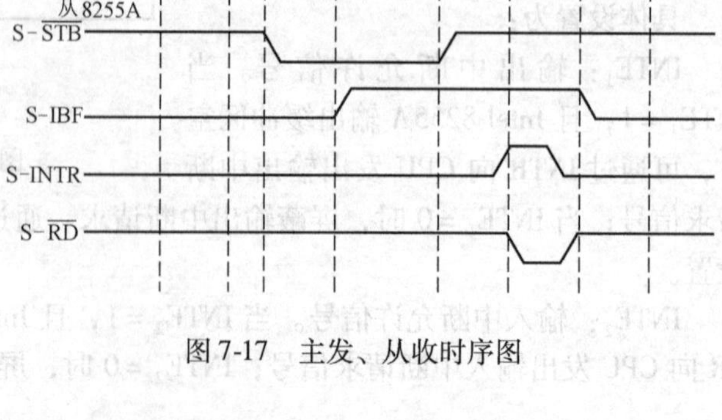

图 7-17　主发、从收时序图

分析 2：从 PC 并行通信时，两

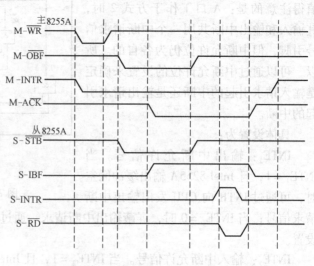

个 8255A 均工作于方式 2，并以中断方式传送数据。只要不是两个 PC 同时发送或同时接收数据，即可正常工作。一般约定一种通信方式，主机先发送数据或命令，从机先接收。以后从机发送，主机接收。重复上述过程。

主、从 8255A 均工作在方式 2。发送、接收数据的中断请求采用一个中断源、一个中断入口地址。当发生中断请求时，如何判断是输入还是输出引起的中断请求？解决的方法是通过查询中断允许状态位，即读 C 口的状态来确定。具体操作如下：

当查询到 $INTE_1=1$ 时，中断请求为发送中断，PC 可据此执行写操作将数据输出。

当查询到 $INTE_2=1$ 时，中断请求为接收中断，PC 可进行读操作将数据输入。

在编制程序的过程中，可设定一种方式的操作，将 $INTE_1$ 和 $INTE_2$ 只设定一个为 1，禁止同时设定为 1 。

一般发送是主动的，当 $INTE_1$ 设为 1 时，将有发送中断产生。而接收为被动的，$INTE_2=1$ 时，并不会马上接收中断，只是提供了前提。接收中断后，是由 $\overline{STB}$ 有效才开始的。

现设定两个 PC 定时交换信息。由一个定时器的定时中断启动一次数据传输。假定 100ms 交换一次数据，主 PC 受定时器控制，每 100ms 定时器向主机发送一次定时中断。在定时中断中，主机将使 $INTE_1=1$，$INTE_2=0$，并启动发送中断。从 PC 不受定时器控制，只依靠主 PC，但在初始化时，必须处于接收状态，即 $INTE_1=0$，$INTE_2=1$。设定后，主 PC 发送，从 PC 接收的工作即可进行。

当主机发送完一组数据后，可使 8255 的 $INTE_1=0$，$INTE_2=1$ 处于接收状态，等待从 PC 发送数据。

当从机接收完该组数据，将 8255 的 $INTE_1=1$，$INTE_2=0$ 处于发送状态，并启动发送中断；当从机发送完，可使 $INTE_1=0$，$INTE_2=1$ 处于下一次接收的准备中，这样第一次相互传送的数据即告完成，等下一个定时中断后即重复上述过程。

根据时序图及分析情况，编制相应的程序。

设主 PC 的 8255A 的 I/O 口地址为 360H ~ 363H，一次定时中断收发 100B。发送数据取自内存地址 OUT_ADDR = 0H；接收数据放入内存地址：IN_ADDR = 1000H。主机主要编制定时中断子程序和接收、发送子程序。从机主要编制接收和发送子程序，和主机的非常类似。不同之处在于从机启动发送数据是在接收完成后立即启动。下面给出主机的两个子程序。

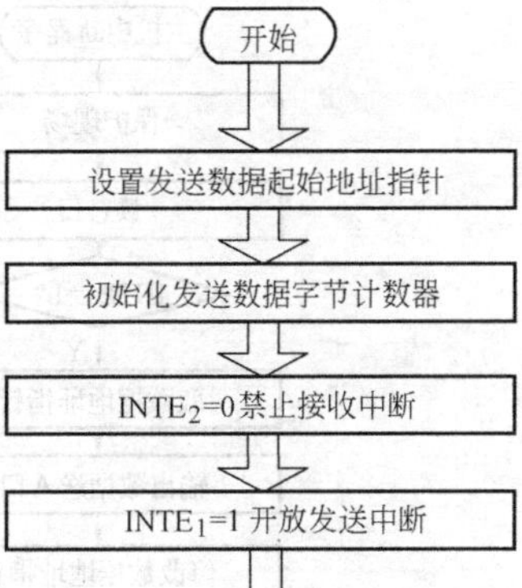

图 7-18　主机定时中断子程序流程图

图 7-18 是主机定时中断子程序流程图(由定时器产生中断)。

主机定时中断子程序：

```
TIME_INT：PUSH    DX
          PUSH    AX
          MOV     AX，100
          MOV     DS：OUT_NUM，AX        ；将输出字节数赋给 OUT_NUM 变量
          MOV     AX，0
```

```
        MOV    DS：OUT_ADDR，AX     ；发数首地址
        MOV    AX，100
        MOV    DS：IN_NUM，AX       ；将输入字节数赋给 IN_NUM 变量
        MOV    AX，1000H
        MOV    DS：IN_ADDR，AX      ；收数首地址
        MOV    DX，0363H
        MOV    AL，0C0H
        OUT    DX，AL               ；设 A 口为模式 2
        MOV    AL，08H
        OUT    DX，AL               ；PC4 =0 使 INTE2 =0
        MOV    AL，0DH
        OUT    DX，AL               ；PC6 =1 使 INTE1 =1，
                                    ；开始发送中断过程
        POP    AX
        POP    DX
        IRET
```

图 7-19 是主机接收、发送子程序流程图，主机的接收、发送子程序是由通信中断引起的。

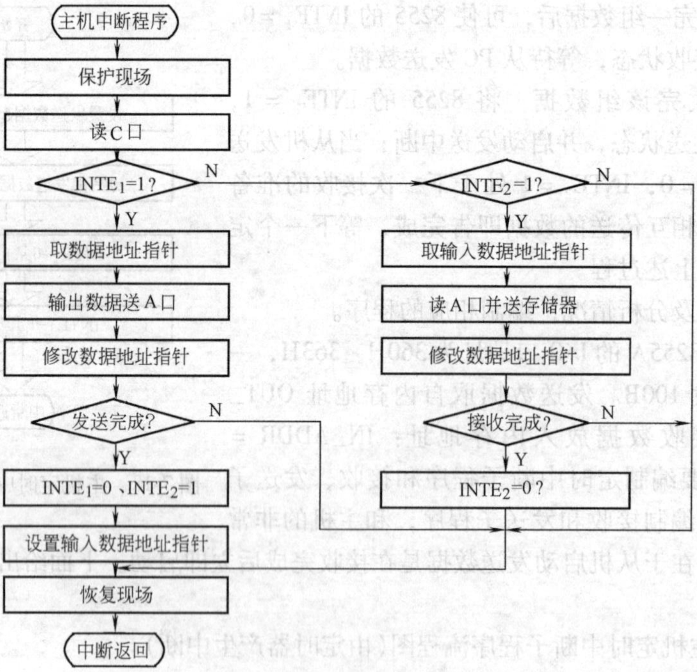

图 7-19　主机接收、发送子程序流程图

主机接收、发送子程序：

```
MAIN_C：     PUSH    DX
             PUSH    CX
             PUSH    BX
```

```
            PUSH  AX
            MOV   DX , 0362H
            IN    AL , DX                ; 读 C 口状态
            MOV   AH , AL                ; 保存状态
            AND   AL , 40H               ; INTE1 决定 PC6 的状态
            JZ    IN_DATA
OUT_DATA:   MOV   CX, DS: OUT_NUM        ; CX 为发数计数器
            MOV   BX, DS: OUT_ADDR       ; BX 为发数首地址
            MOV   DX , 0360H
            MOV   AL , [BX]
            OUT   DX , AL                ; 从 A 口发数据
            DEC   CX                     ; 计数器减 1
            JNZ   NEXT1
            MOV   DX , 0363H
            MOV   AL , 0CH
            OUT   DX , AL                ; PC7 =0 使 INTE1 =0, 即禁止中断
            MOV   AL , 09H
            OUT   DX , AL                ; PC5 =1 使 INTE2 =1, 即允许中断
            JMP   NEXT
NEXT1:      MOV   DS: OUT_NUM, CX        ; 保存计数器
            INC   BX
            MOV   DS: OUT_ADDR, BX       ; 保存发数首地址
NEXT:       POP   AX
            POP   BX
            POP   CX
            POP   DX
            IRET
IN_DATA:    MOV   AL , AH
            AND   AL , 10H               ; PC6 =0 使 INTE2 =1
            JZ    NEXT
            MOV   BX, DS: IN_ADDR        ; 取输入缓冲地址
            MOV   CX, DS: IN_NUM         ; 取输入字节数
            MOV   DX , 0360H
            IN    AX , DX
            MOV   DS : [BX] , AL
            DEC   CX
            JNZ   NEXT2
            MOV   DX , 0363H             ; 设控制口
            MOV   AL , 80H               ; PC5 复位, INTE2 =0
```

```
        OUT     DX ，AL                ；禁止发接收中断
NEXT2：  MOV     DS：IN_NUM，CX        ；存输入字节数
        INC     BX
        MOV     DS：IN_ADDR，BX       ；存输入缓存区指针
        JMP     NEXT
```

第四节　可编程串行输入输出接口 Ins 8250

随着微型计算机网络及多微机系统应用的日益广泛，通信技术的应用也日益普及。计算机可以与外部设备之间进行并行通信，如第三节所述，也可进行串行通信。

并行通信是在一些联络信号的控制下，将数据的各位同时传送，如图 7-20a 所示。并行通信中传输线数目没有限制，除若干根数据线之外，还有一定数目的控制、联络信号线。所以导致使用的通信线多，虽然传输速度快，但随着传输距离的增加，通信成本增加；又由于众多的连线间极易引入干扰，又易发生线路故障，使整个系统通信的可靠性变得十分脆弱。所以并行通信适合距离较短、要求传输速度较快的应用场合。8255A 与外设交换数据，就是采用并行通信的方式，计算机“主机”内部的部件之间，如 CPU 与存储器、CPU 与接口电路之间，大多采用并行方式传输数据。

串行通信则是将信号在一对线上传输，一根数据通信线加一根地线，如图 7-20b 所示。它把要传送的数据按照一定的数据格式一位一位地按顺序传送。由于串行通信发送每一位均占用时间，所以与并行通信相比，传输速度受到很大的影响。串行通信之所以被广泛应用，其中一个非常重要的原因就是可以借助现有的公共通信设施作为传输介质，如借助现有的电话网进行信息传送。只要加上调制解调器即可在电话线上进行远程通信。而调制解调器价钱并不高且技术并不复杂。这样可以大大降低传输线路的成本，特别是远距离数据传送时，这一优点更加突出。串行数据传输主要出现在接口与外部设备、计算机与计算机之间。

串行通信一般借助于串行接口完成。串行接口的作用是在串行通信发送时，将系统内部并行数据中的各二进制位一位一位地顺序发送出去，发送完一个完整信息后，再传送下一个信息；接收时，从通信线路上一位一位地顺序接收，再将它们拼成一个完整信息并行传输给 CPU 处理。例如，键盘、鼠标和接口采用串行方式传输，它们的接口与 CPU 之间仍然是以并行方式传输数据。这就是所谓的“并-串”和“串-并”转换，并-串和串-并转换既可由硬件完成，也可由软件完成。这无疑给系统增加了硬件成本或执行时间。图 7-20 是这两种通信方式的示意图。

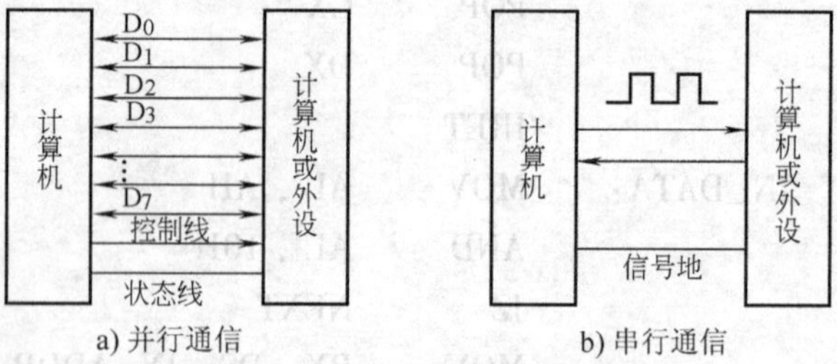

图 7-20　并行通信和串行通信

一、串行通信基本概念

1. 串行通信的两种通信方式

在串行通信中，由于在一根线上传输所有的信息，所以要求收发双方必须遵循一系列相同的约定，以保证发送方正确、完整地发送所有信息。接收方正确地识别及无误地接收所有

信息，包括正确识别一根线上传来的信息，哪一部分是数据信息，哪一部分是联络信号。

串行通信的信息格式有同步信息格式和异步信息格式两种，与此相对应有同步串行通信方式和异步串行通信方式。同步通信方式靠同步时钟信号来实现数据发送和接收的同步，异步通信方式是利用一帧字符中的起始位和停止位来完成收发双方同步的通信方式。下面分别进行简单的介绍。

(1) 异步通信方式　在进行异步传送时，收发双方约定，以一个起始位表示传输字符的开始，用停止位表示传输字符的结束。所以，异步通信是以“帧(Frame)”为传送单位传送一个字符的信息。一个帧由起始位开始，到停止位结束。两个帧之间为空闲位，一帧信息由7~12位二进制数组成，其格式如图7-21所示。每帧数据由以下4个部分组成。

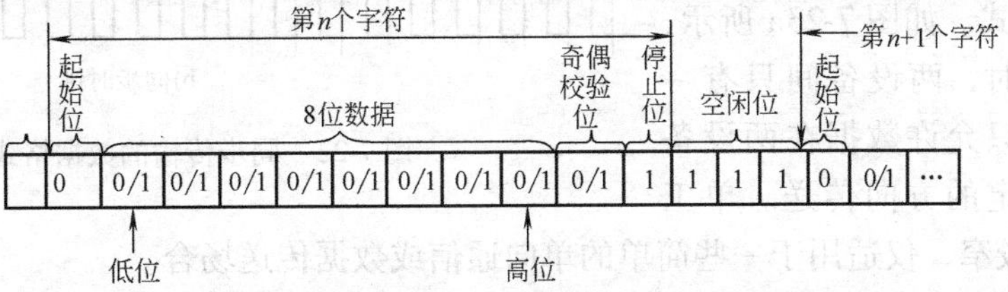

图7-21　异步通信数据帧格式

1) 起始位。传输线上没有数据传输时，处于连续的逻辑1状态。这些即为空闲位。当有数据传输时，发送方先发送1位逻辑0，通知接收方一帧数据开始，该位称为起始位。

2) 数据位。起始位之后紧接着传送的是数据位，数据位的个数为5~8位，位数由收发双方约定，先发送低位。

3) 奇偶校验位。数据位之后是奇偶校验位。通信双方要事先约定是采用奇校验还是采用偶校验。根据实际需要设置奇偶校验位，也可以采用无校验传输。

4) 停止位。最后传输的是停止位，它由1位、1.5位或2位的逻辑1信号构成，标志着一帧数据的结束。

异步通信时，发送方需用时钟信号决定对应每一位的时间长度，称为发送时钟。接收方需用一个时钟来测定每一位的时间长度，称为接收时钟。收、发双方可以使用各自的时钟信号，经过分频方法使频率接近相等，各自构成发送、接收时钟即可满足要求。为保证正确识别每一位，这两种时钟的频率可以是位传输率的16倍、32倍或64倍。这个倍数称为波特率因子。

为了避免双方时钟误差的积累，传送过程中字符与字符不连续，每个字符需独立确定起始和结束，即每一个字符都要重新同步，字符和字符间还有不等长的空闲位。所以异步传输效率较低，但异步传输硬件电路简单，在串行通信过程中大量使用。

(2) 同步通信方式　同步方式通信时，要求发送方和接收方以同一频率的时钟信号采样通信线上的数据信号，所以要求发送方一方面要发送数据信号，同时还要发送一个用于同步的时钟信号。在同步时钟信号一个周期的时间里，数据线上同步地发送、接收一位数据，“同步方式”因此得名。同步传送的一个特点是同步时钟信号可以单独用一根信号线传送，也可以和数据信号组合后同在一根信号线上传送；同步传送的另一个特点是数据连续传送，由若干个字符组成一个数据块即信息帧。在每帧信息中，每个字符可以对应5~8位，字符与字符间不允许有间隙，并由一个同步字符作为开始。根据同步字符的不同，同步通信方式有“面向字符的同步方式”和“面向位的同步方式”两种。由于同步传输中字符和字符间不允许有空隙，所以比异步传输效率要高。图 7-22 显示了同步传输的数据格式。

2. 串行通信中的数据传送方式

串行通信时，数据在两个设备之间传送，根据两设备间信号线的连接及信息的传输方向，可分为单工、半双工、全双工和多工传输 4 种方式，如图 7-23 所示。

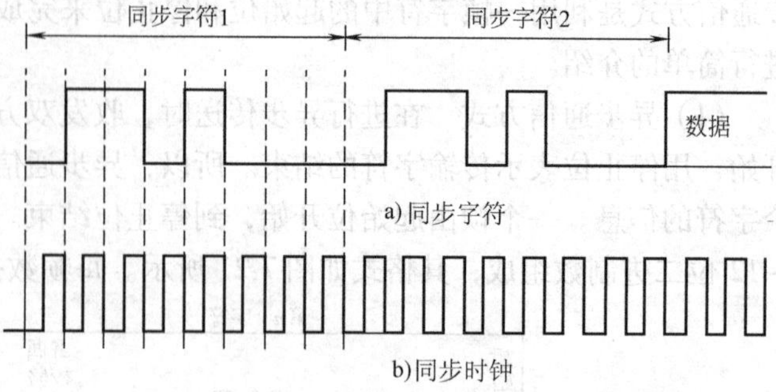

图 7-22 同步传输的数据格式

1）单工方式。如图 7-23a 所示，单工方式工作时，两设备间只有一条通信通道且只允许数据在两设备间按照一个固定的方向传送。单工传输方式用途较窄，仅适用于一些简单的单向通信或数据传送场合。

2）半双工方式。如图 7-23b 所示，半双工方式要求收发双方均具备接收和发送数据的能力，但半双工只有一条通信通道，所以必须分时单向传输数据。虽然此种方式因为线路反复切换会产生延迟积累而导致其效率下降，但由于它经济实用，在传输效率要求不高的系统中得到广泛的应用。

3）全双工方式。如图 7-23c 所示，全双工有两条通信通道，因此两个设备可以同时双向传输数据，相当于将两个方向相反的单工传输方式组合在一起。

4）多工传输方式。上述 3 种传输方式的共同点是基于在一条线路上传输一种信号频率，而多工传输方式是利用多路复用器和多路集中器（专用通信设备），将一个信道划分为若干个频带或时间片的复用技术，使多路信号同时共享信道。这样可降低成本，提高通信网的传输效率，如图 7-23d 所示。

3. 串行通信的通信速率

通信速率反映数据传输速度的快慢，主要有数据传输率和波特率两种单位。

1）传输率。传输率定义为每秒钟传送二进制数的位数（亦称比特数），以位/秒（bit/s）为单位。传输率等于每秒传送的字符数和每个字符位数的乘积。例如，每秒传送 100 个字符，每个字符包含 12 位（一个起始位，8 个数据位，一个奇偶校验位，两个停止位），则传输率为

100 字符/秒 ×12 位/字符 =1200bit/s

2）波特率。波特率表示通信线路状态的变化率，是衡量传输通道频宽的指标，它定义为一位传送时间的倒数。在不经过调制的情况下，波特率和传输率相等。当使用调相技术在同一时刻传输两位或 4 位时，传输率大于波特率。一般异

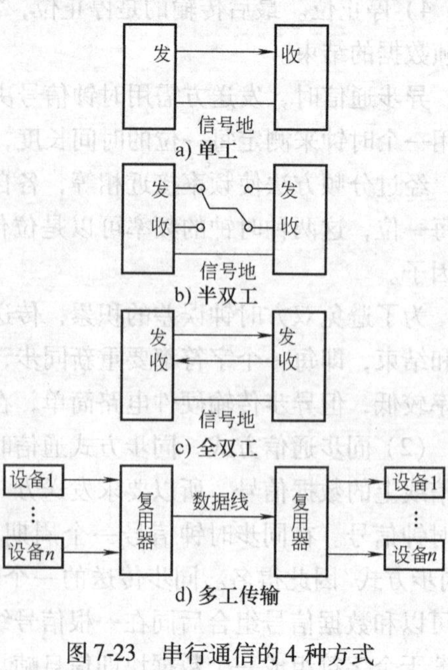

图 7-23 串行通信的 4 种方式

步通信的波特率在 50～19200 波特之间。

4. 信号的调制/解调

计算机中的二进制数一般由 TTL 电路的高低电平表示，高于 2.4V 表示逻辑 1，低于 0.5V 表示逻辑 0，这种数字信号在传送过程中要求传送线的频带很宽。在远距离传输时常常是借助现有的通信设施，如电话线进行传输，电话线仅用于通话，它的频带有限不能满足二进制数的数字波形的传输，所以会发生衰减和畸变。解决这个问题的方法是改变信号传输的形式以适应传输线带宽。即将不同频率下的数字波形变换成在电话线上传输而不受影响的模拟波形，一般选择正弦波。而任一个波形都具有 3 个特性，即幅度、频率和相位。

将一个信号加载在另一个信号上，以控制该信号的某个参数（例如，幅值、频率、相位），使之随之变化的过程称为调制。该过程由调制器完成，这两个信号分别叫做调制信号和被调制信号。经调制后参数随调制信号变化的信号称为已调制信号。从已调制信号中还原出被调制信号的过程称为解调，该过程由解调器完成。

如在发送端，调制器把数字信号调制成交变模拟信号（例如，把数字“1”调制成 2400Hz 的正弦信号，把数字“0”调制成 1200Hz 的正弦信号）送到传输线路上。在接收端，解调器把模拟信号还原成数字信号，送到数据处理设备。这种调制方法叫频率调制（调频），根据波形的 3 个特性，还有调幅、调相等调制方法。

由于通信的任一端都会有接收和发送要求，也就是同时需要调制器和解调器的功能，所以常把调制器和解调器做在一起，称为调制解调器，即 MODEM。使用 MODEM 可以实现计算机的远程通信，如图 7-24 所示。

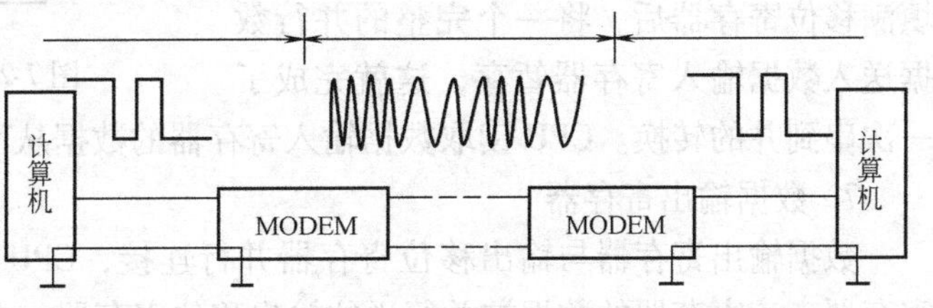

图 7-24　串行通信使用 MODEM 对信号进行调制和解调

进行串行通信时，把计算机称为数据终端设备（Data Terminal Equipment，DTE），而把 MODEM 和其他通信设备称为数据通信设备（Data Communication Equipment，DCE）。

二、串行通信接口

微型计算机与外部设备之间的数据传送可以是并行方式，也可以是串行方式。由于微型计算机系统内部的数据传送方式均采用并行传送，所以当它与外设进行串行传输时，需要在计算机与外设之间设置一个串行接口电路，其主要作用是把计算机内部的并行数据转换成串行数据发送出去，把接收到的外部串行数据转换成并行数据输入计算机内部。典型串行通信接口具有一些共性。

图 7-25 是可编程串行接口的典型结构。图中各部分的作用如下：

1. 数据总线收发器

它是双向的并行数据通道，与外部系统总线中并行数据总线引脚相接，完成 CPU 与串行接口之间的数据信息状态和控制命令信息的传输。

2. 控制信号逻辑

CPU 发来的控制信号，产生内部各寄存器的读写控制信号，并产生相应的中断信号，与片选信号结合，产生片内端口寻址信号。

除了上述部件，串行接口需要从外部输入发送和接收时钟信号，它们分别用作发送和接收数据所需的移位脉冲时钟，即为发送时钟和接收时钟。

3. 控制寄存器

在接口部件的初始化过程中，控制寄存器可接收 CPU 写入的控制信息以控制该部件的工作。

4. 状态寄存器

保存串行通信过程中的状态信号，并供 CPU 随时读取。

5. 输入、输出移位寄存器

串行接口与外设之间进行数据传送的通道，用来完成“并行”和“串行”的相互转换。

6. 数据输入寄存器

数据输入寄存器与输入移位寄存器并行连接。输入移位寄存器在接收时钟的控制下每次接收一位外部输入的数据，并把寄存器内容向右移动一位，当接收的数据填满移位寄存器后，将一个完整的并行数据送入数据输入寄存器暂存，这就完成了一次串到并的转换。CPU 读取数据输入寄存器的数据从而完成一个数据的输入过程。

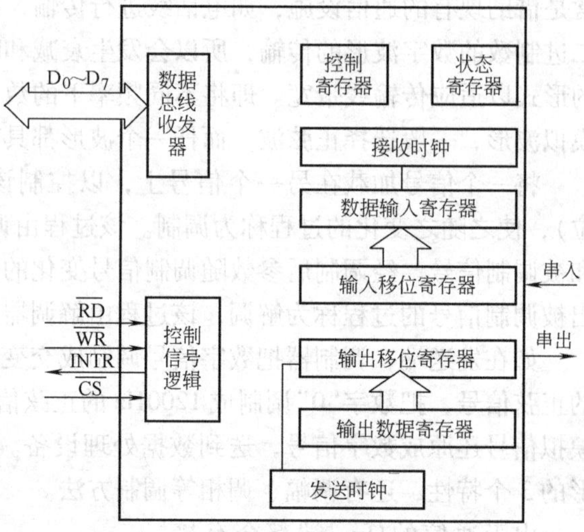

图 7-25 可编程串行接口的典型结构

7. 数据输出寄存器

数据输出寄存器与输出移位寄存器并行连接，CPU 把要输出的数据并行写入数据输出寄存器。该寄存器的数据被并行送往输出移位寄存器，在发送时钟的作用下，数据逐位右移输出。全部的内容输出后，就完成了一个串行数据的输出过程。

三、可编程串行通信接口 Ins 8250

Ins 8250 是由国家半导体公司（Nation Semiconductor）生产专用于串行通信的可编程接口芯片，共有 40 个引脚，使用单一 5V 电源。芯片内部有时钟产生电路、可编程波特率发生器、双缓冲通信数据寄存器和多种中断处理功能，对外有调制解调器控制信号，可直接与 MODEM 相连。它有很强的串行通信能力和灵活的可编程性能。

1. Ins 8250 的内部结构

Ins 8250 是全双工异步通信接口电路，其功能框图如图 7-26 所示。除与系统相连的数据缓冲、地址选择及控制信号外，还可分为 5 个功能模块，每模块内又包含两个寄存器，共 10 个寄存器。

1）数据总线缓冲器。数据总线缓冲器是 8250 与 CPU 数据总线相连的数据通道，其为 8 位双向三态缓冲器，可直接与数据总线相接。来自 CPU 的各种控制命令和待发送的数字信息经过该通道到达 8250 内部；同样，8250 内部的数据、状态信息也通过它送到系统数据总线上。

2）寻址及控制逻辑。接收来自 CPU 的地址、片选和控制信息，产生 8250 内部各端口的读写操作命令。

3）发送器。由发送保持寄存器、发送移位寄存器和发送同步控制三部分组成。输出的数据

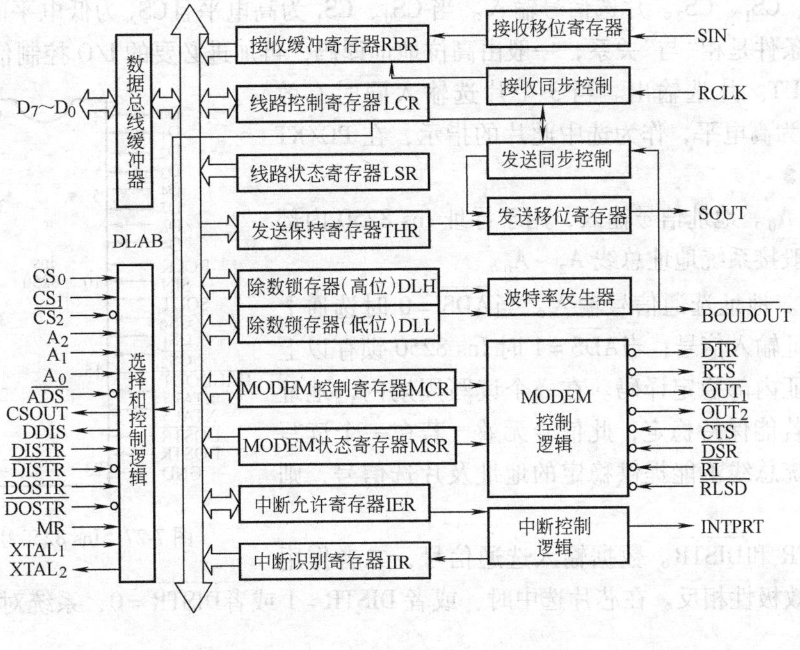

图 7-26　Ins 8250 的功能框图

以字符为单位并行写入发送保持寄存器。数据发送时，发送保持寄存器的内容自动并行传输到发送移位寄存器，在发送器时钟的控制下，按照和接收方约定的传输格式，发送移位寄存器对传输的字符添加起始位、校验位和停止位，再以约定的波特率由 SOUT 引脚发送出去。

4）接收器。接收器由接收移位寄存器、接收缓冲寄存器和接收同步控制器三部分组成。在接收时钟控制下，由引脚 SIN 输入的串行数据被逐位存入移位寄存器，接收数据时，首先搜寻起始位，然后再读入数据位，并自动去掉起始位、停止位和校验位，同时完成奇偶校验，最后把转换后的并行数据存入接收缓冲寄存器，等待 CPU 读取。

5）调制/解调器控制电路。Ins 8250 内部的调制/解调电路提供了一组控制信号，使 Ins 8250 可直接与调制解调器相连，从而完成计算机远程通信任务。

6）通信线控制寄存器和通信线状态寄存器。通信线控制寄存器指定串行通信的数据格式，由 CPU 写入。通信线状态寄存器提供串行数据发送和接收时的状态，供 CPU 读取和处理。

7）波特率发生控制电路。波特率发生控制电路由波特率发生器、除数寄存器组成。Ins 8250 对 1.8432MHz 的输入时钟进行分频，产生所要的发送器和接收器时钟信号。分频系数在初始化时分两次写入除数寄存器的高 8 位和低 8 位，分频系数可由下式算出：

$$除数 = 1843200 \div (波特率 \times 16)$$

8）中断控制逻辑。中断控制逻辑由中断允许寄存器、中断识别寄存器和中断控制逻辑三部分组成，主要完成对接口中断的优先权管理、中断申请等功能。

2. Ins 8250 的外部引脚

Ins 8250 有 40 条引脚，采用双列直插式封装，引脚分布如图 7-27 所示。各引脚信号的功能如下：

（1）与系统总线连接的引脚

1）$D_7 \sim D_0$。双向三态数据线，可直接连到系统的数据总线。

2）CS_0、CS_1、$\overline{CS_2}$。片选信号输入。当 CS_0、CS_1 为高电平且$\overline{CS_2}$ 为低电平时选中此片，即 3 个片选条件是相“与”关系，一般由高位地址译码，再加进必要的 I/O 控制信号产生。

3）CSOUT。片选输出。当 3 个片选输入同时有效时，CSOUT 为高电平，作为选中此片的指示，在 PC/XT 中未用。

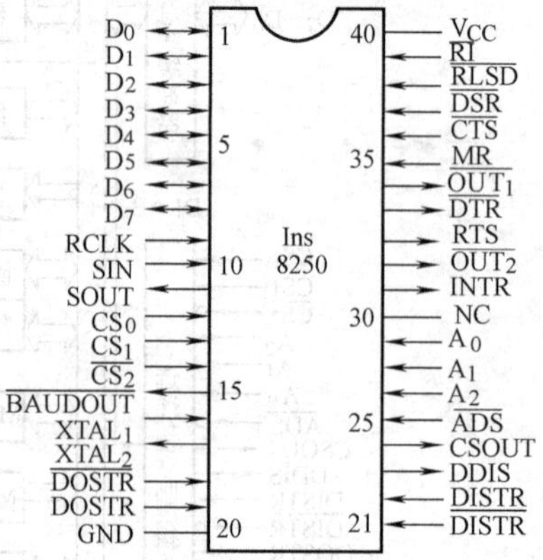

图 7-27 Ins 8250 引脚图

4）$A_2 \sim A_0$。地址信号输入，用于寻址 Ins 8250 内部寄存器，一般接系统地址总线 $A_2 \sim A_0$。

5）$\overline{ADS}$。地址选通信号输入。当$\overline{ADS}=0$ 时选通上述片选和地址输入信号；当$\overline{ADS}=1$ 时 Ins 8250 锁存以上信号，以保证内部稳定译码。在一个读写周期内，地址及片选信号若能保持稳定，此信号无效。若在一个读写周期内，系统总线不能提供稳定的地址及片选信号，则置$\overline{ADS}=1$。

6）DISTR 和$\overline{DISTR}$。数据输入选通信号，二者作用相同，但有效极性相反。在芯片选中时，或者 DISTR =1 或者$\overline{DISTR}=0$，系统对芯片进行读操作。

7）DOSTR 和$\overline{DOSTR}$。数据输出选通信号，与上面类似，当二者之一有效时，系统写入本片。通常情况下，这两对信号每对只需用一个作为选通控制信号，另一个就可以固定。

在系统中$\overline{DISTR}$接$\overline{IOR}$，$\overline{DOSTR}$接$\overline{IOW}$，而 DISTR 和 DOSTR 都接地未用。

8）DDIS。驱动器禁止信号输出，高电平有效。当系统读 Ins 8250 时，DDIS =0(解除禁止)，其他时间始终为高电平(禁止驱动)。因此若芯片向系统传送数据的通道上有三态驱动器，可用此信号来作其控制信号，平时禁止 Ins 8250 干扰系统数据总线。

9）MR。主复位信号输入，高电平有效。一般接系统复位信号 RESET，用以复位芯片内部寄存器及有关信号，见表 7-6。表中未列出的数据发送寄存器、数据接收寄存器及除数寄存器不受复位信号影响。

表 7-6 Ins 8250 内部寄存器复位后状态

寄存器或信号		复位控制	复位结果
中断允许寄存器		MR	$D_7 \sim D_0$ 全为零
中断识别寄存器		MR	$D_0=1$，其余位全为零
线路控制寄存器		MR	全为零
线路状态寄存器		MR	$D_5=D_6=0$，其余位全为零
MODEN 控制寄存器		MR	全为零
MODEN 状态寄存器		MR	$D_3 \sim D_0$ 为零，其余取决于输入
中断识别寄存器的 $D_2 \sim D_0$ 三位的状态	1 1 0	MR 或读线路状态寄存器	$D_0=1$，其余位全为零
	1 0 0	MR 或读接收寄存器	
	0 1 0	MR 或写发送寄存器或读中断识别寄存器	
	0 0 0	MR 或读 MODEN 状态寄存器	
信号 S_{OUT}、$\overline{OUT_1}$、$\overline{OUT_2}$、$\overline{RTS}$、$\overline{DTR}$		MR	全为 1

10）INTRPT。中断请求信号输出，高电平有效，Ins 8250 内部的中断控制电路在条件满足时对系统发出中断请求。在 PC/XT 中，INTRPT 输出后还要经过$\overline{OUT_2}$信号控制，只有$\overline{OUT_2}=0$时，才能最终对系统形成中断请求。图 7-28 显示了 PC/XT 中断控制系统的硬件连接。

（2）与外部通信设备相连的引脚

1）SOUT。串行数据输出。系统输出的数据以字符为单位，加进起始位、奇偶位及停止位等，按一定的波特率逐位由此送出。

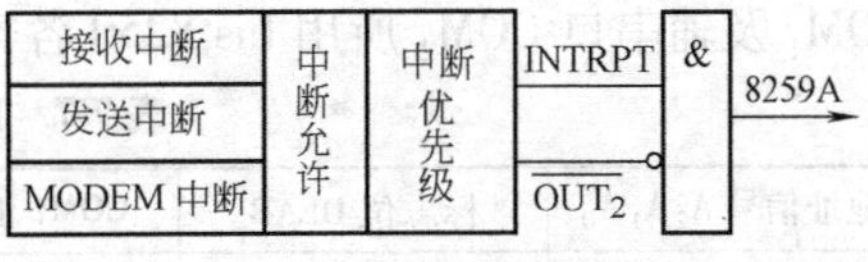

图 7-28　PC/XT 中断控制系统的硬件连接

2）SIN。串行数据输入。接收的串行数据从此引脚进入 Ins 8250。

以上两个数据信号分别和 RS_232C 标准中的 TXD 及 RXD 对应。由于计算机内部使用正逻辑而 RS_232C 使用负逻辑，故中间加进的电平转换电路也实现逻辑反相。

（3）与外设调制解调器相连的引脚

1）$\overline{RTS}$和$\overline{CTS}$。请求发送和清除发送，是一对低电平有效的联络信号，与 RS_232C 中的$\overline{RTS}$和$\overline{CTS}$对应。当 Ins 8250 准备好发送时，输出$\overline{RTS}$信号，对方的设备收到信号后，若允许发送，则回答一个低电平信号作为$\overline{CTS}$输入，于是联络成功，传送可以开始。

2）$\overline{DTR}$和$\overline{DSR}$。数据终端准备好和数据装置准备好，也是一对低电平有效的联络信号，工作过程与前述类似。

3）$\overline{RLSD}$。接收线路信号检测输入，低电平有效，与 RS_232C 中的 DCD 信号对应，从通信线路上检测到数据信号时有效，指示应开始接收。

4）$\overline{RI}$。振铃信号输入，低电平有效，与 RS_232C 中的 RI 同义。

在 PC/XT 中以上 6 个联络信号全部引至 RS_232C 接口。

5）$\overline{OUT_1}$ 和$\overline{OUT_2}$。芯片内部调制控制寄存器的 D_2D_3 两位的输出信号，用户可以通过对 D_2D_3 编程对其置位或复位，以灵活地适应外部的控制要求。在 PC/XT 中，$\overline{OUT_2}$ 用以控制 Ins 8250 的中断请求 INTRP 信号。当编程使 $OUT_2=1$（$\overline{OUT_2}$ 引脚 $=0$）时，允许 INTRP 信号发出中断请求。

6）$XTAL_1$ 和 $XTAL_2$。时钟输入信号和时钟输出信号。也可以在两端之间接一个石英晶体振荡器，在芯片内部产生时钟。此时钟信号是 Ins 8250 传输速率的时钟基准，其频率除以除数寄存器的值（分频）后得到发送数据的工作时钟。PC/XT 用外部时钟 1.8432MHz 方波接 $XTAL_1$。

7）$\overline{BAUDOUT}$。波特率输出信号，即上述发送数据的工作时钟，其频率是发送波特率的 16 倍。因此在 PC/XT 中，有，

发送波特率 = 1.8432MHz ÷ 除数寄存器值 ÷ 16

8）RCLK。接收时钟输入，要求其频率为接收波特率的 16 倍。PC 中，通常将其与$\overline{BAUDOUT}$信号短接，使接收和发送的波特率相等。

3. 8250 的内部寄存器

8250 内部共有 10 个可寻址的 8 位寄存器，在片选有效时，由地址线 $A_0 \sim A_2$ 和读/写控制信号选择要访问的寄存器。由于芯片只引入 3 根地址线，在内部至多产生 8 个地址。因此

将两个除数寄存器和其他寄存器共用地址，通过特征位来区分寻址相同地址下的不同寄存器。特征位处于线路控制寄存器的最高位即 DLAB 位，当 DLAB =1 时，寻址两个除数寄存器。当 DLAB =0 时，寻址发送寄存器（写操作时）/接收寄存器（读操作时）和中断允许寄存器。Ins 8250 内部寄存器的详细寻址情况见表 7-7。表中还列出系统中 1 号异步串行通信口 COM_1 及辅串口 COM_2 所用 Ins 8250 各寄存器的物理地址。

表 7-7 Ins 8250 内部寄存器寻址

地址信号 $A_2A_1A_0$	标志位 DLAB	COM_1 地址（H）	COM_2 地址（H）	寄存器
0 0 0	0	3F8	2F8	写发送寄存器/读接收寄存器
0 0 0	1	3F8	2F8	除数寄存器低字节
0 0 1	1	3F9	2F9	除数寄存器高字节
0 0 1	0	3F9	2F9	中断允许
0 1 0	X	3FA	2FA	中断识别
0 1 1	X	3FB	2FB	线路控制
1 0 0	X	3FC	2FC	MODEM 控制
1 0 1	X	3FD	2FD	线路状态
1 1 0	X	3FE	2FE	MODEM 状态
1 1 1	X	3FF	2FF	不用

8250 的内部寄存器按功能分为三组，第一组用于实现数据传输，有发送保持寄存器和接收缓冲寄存器；第二组用于工作方式、通信参数设置，有通信线控制寄存器、除数寄存器、MODEM 控制寄存器和中断允许寄存器；第三组称为状态寄存器，有通信线状态寄存器、MODEM 状态寄存器和中断识别寄存器。其中，接收缓冲寄存器/发送保持寄存器的地址与除数低字节寄存器的地址相同，中断允许寄存器的地址与除数高字节寄存器的地址相同，8250 使用 DLAB 位来加以区分，DLAB 位是通信线控制寄存器的最高位 D_7。

（1）发送保持寄存器　发送保持寄存器（3F8H/2F8H）保存 CPU 送来的将要发送的并行数据，并将其发送到发送移位寄存器，发送移位寄存器在发送器时钟的作用下，按设定的数据格式自动添加上起始位、校验位和停止位后，从 SOUT 引脚将数据串行输出。

只有在发送保持寄存器空时，CPU 才可以向发送保持寄存器写入下一个要发送的数据。发送保持寄存器是否为空可通过查询通信线状态寄存器，或以中断方式获得。

（2）接收缓冲寄存器　在接收时钟的作用下，从 SIN 引脚输入的串行数据被送到接收移位寄存器，按约定是去掉起始位、校验位和停止位后，串行数据转换成并行数据并存入接收缓冲寄存器（3F8H/2F8H），等待 CPU 读取，可通过中断方式或查询通信线状态寄存器获得接收缓冲寄存器是否满。

以上两个寄存器主要用于数据传输。

（3）通信线控制寄存器　CPU 通过执行 OUT 指令将一个 8 位的控制字写入通信线控制寄存器（3FBH/2FBH）的方法来设置串行异步通信的数据格式，控制字格式如图 7-29 所示。

1）D_7 位：DLAB 作为标志位，$D_7=1$，访问除数寄存器，$D_7=0$，访问接收缓冲器/发送保持寄存器或中断允许控制器。

2）D_6 位：$D_6=1$，发送方连续发送长时间中止信号（空号），当空号发送的时间超过一

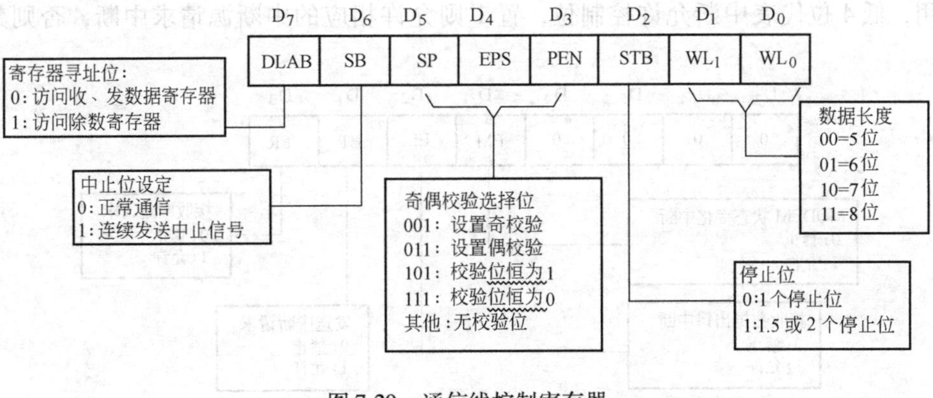

图 7-29　通信线控制寄存器

个完整的字符传送时间时，接收方就认为发送方已中止发送。$D_6=0$，发送正常。

3）D_3 位、D_4 位、D_5 位：选择奇偶校验方式。D_3 表示校验有或无，D_4 表示校验的奇偶性。D_5 的设置可以把发送方校验的奇偶性规定通过发送数据中的附加位去告诉接收方。当 $D_5=1$ 时，在发送数据的奇偶校验位和停止位（参看图 7-21 异步通信数据帧格式）之间附加一个标志位：若采用偶校验，则附加位为 0；若采用奇校验，则附加位为 1。接收方收到数据后，只要将附加位分离出去，便可知发送数据的奇偶校验规定。

4）D_2 位：规定一帧数据中停止位的位数。$D_2=1$，数据长度为 5 位（$D_0D_1=00$）时停止位是 1.5 位；在数据长度为 6、7、8 位时停止位是两位。

5）D_0 位、D_1 位：定义一帧数据中字符位的位数。

（4）MODEM 控制寄存器　MODEM 控制寄存器（3FCH/2FCH）用来设置与调制解调器连接的联络信号。其中，$D_7 \sim D_5$ 位规定为 0。D_4 位决定 8250 的工作方式。$D_4=0$，设置 8250 为正常接收/发送方式，$D_4=1$，则 8250 工作在内部自循环方式即自检的工作方式，也就是发送移位寄存器的输出在芯片内部被回送到接收移位寄存器，同时 4 个输入信号 $\overline{CTS}$、$\overline{DSR}$、$\overline{RLSD}$、$\overline{RI}$ 分别和 4 个输出信号 $\overline{DTR}$、$\overline{RTS}$、$\overline{OUT_1}$、$\overline{OUT_2}$ 也在内部相连。利用这个特性，可以测试 8250 工作是否正常。MODEM 控制寄存器的格式如图 7-30 所示。

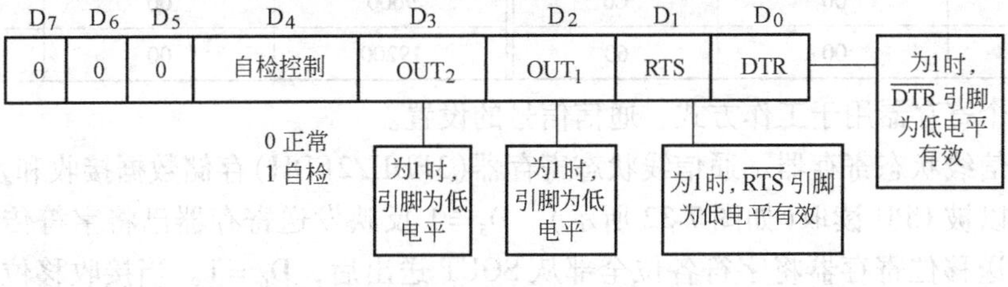

图 7-30　MODEM 控制寄存器

$D_3 \sim D_0$ 位的状态直接控制相关引脚的输出电平：

1）$D_0=1$，使引脚 $\overline{DTR}=0$，$\overline{DTR}$ 信号有效。

2）$D_1=1$，使引脚 $\overline{RTS}=0$，$\overline{RTS}$ 信号有效。

3）$D_2=1$，使引脚 $\overline{OUT_1}=0$，该引脚留给用户使用，PC 上没有用。

4）$D_3=1$，使引脚 $\overline{OUT_2}=0$，使 8250 能送出中断请求。

（5）中断允许寄存器　8250 有很强的中断管理功能，用户可通过对中断允许寄存器（3F9H/2F9H）的写操作进行设置。中断允许寄存器的格式如图 7-31 所示，其高 4 位固定为

0，不用，低4位代表中断允许控制位，置1则允许相应的中断源请求中断，否则禁止中断。

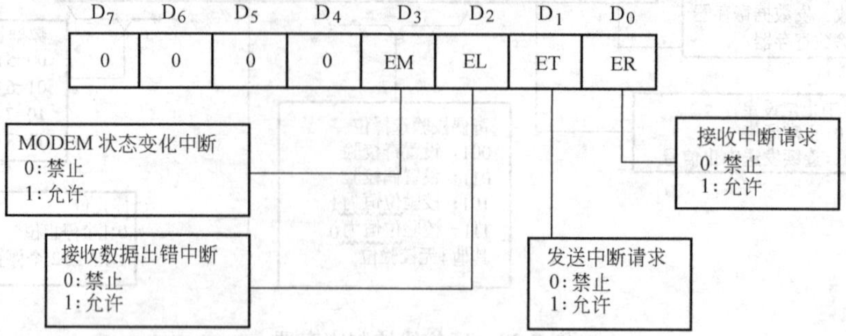

图 7-31　中断允许寄存器

（6）除数寄存器　这部分的可编程寄存器即除数寄存器（3F8H，3F9H/2F8H，2F9H），实际上是分频系数。外部输入时钟 $XTAL_1$ 的频率除以除数寄存器中的双字节数后，得到数据发送器的工作频率，再除以16，才是真正的发送波特率，在PC/XT中也就是接收波特率。PC/XT中波特率与除数的关系见表7-8。

表 7-8　波特率与除数的关系

波特率	除数(H)		波特率	除数(H)	
	高字节	低字节		高字节	低字节
50	09	00	1800	00	40
75	06	00	2000	00	3A
110	04	17	2400	00	30
134.5	03	59	3600	00	20
150	03	00	4800	00	18
300	01	80	7200	00	10
600	00	C0	9600	00	0C
1200	00	60	19200	00	06

以上4个寄存器用于工作方式、通信信号的设置。

（7）通信线状态寄存器　通信线状态寄存器（3FDH/2FDH）存储数据接收和发送的状态，这些状态可以被CPU读取（如图7-32所示）。$D_5=1$ 反映发送寄存器已将字符传送给移位寄存器，当发送移位寄存器将字符各位全部从SOUT送出后，$D_6=1$。当接收移位寄存器接收一个完整规定的字符时，使 $D_0=1$，所以，当系统工作于查询方式时，若发送数据可查询 D_5 位是否为1，若接收数据可查询 D_0 位是否为1。接收的数据是否正确还要经过多方面检查，若发生错误，则将 $D_3\sim D_1$ 相应位置"1"。若接收连续的"0"信号超过一个字符宽度时，认为对方已中止发送，则使 $D_4=1$。

（8）MODEM状态寄存器　MODEM状态寄存器（3FEH/2FEH）用来反映8250与设备之间应答信号的状态以及这些信号的变化情况。MODEM状态寄存器的格式如图7-33所示，其中，高4位反映的是相应引脚的电平状态，低4位是相应引脚变化的状态标志。当这些应答信号状态发生变化时，其相应位置1，而在CPU读取MODEM状态寄存器后，这些位自动清零。以后若高 4 位中有某位发生变化，则低 4 位的相应位就置 1。这些状态位的变化，可通过 CPU 通过输入指令查询，也可引起中断。

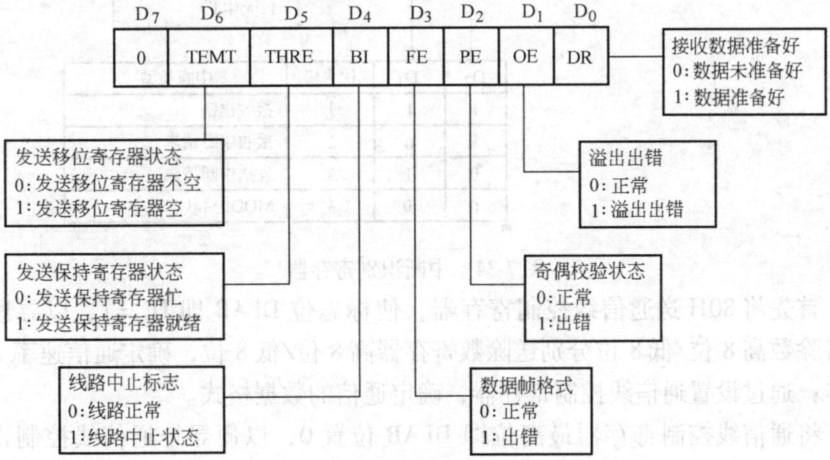

图 7-32　通信线状态寄存器

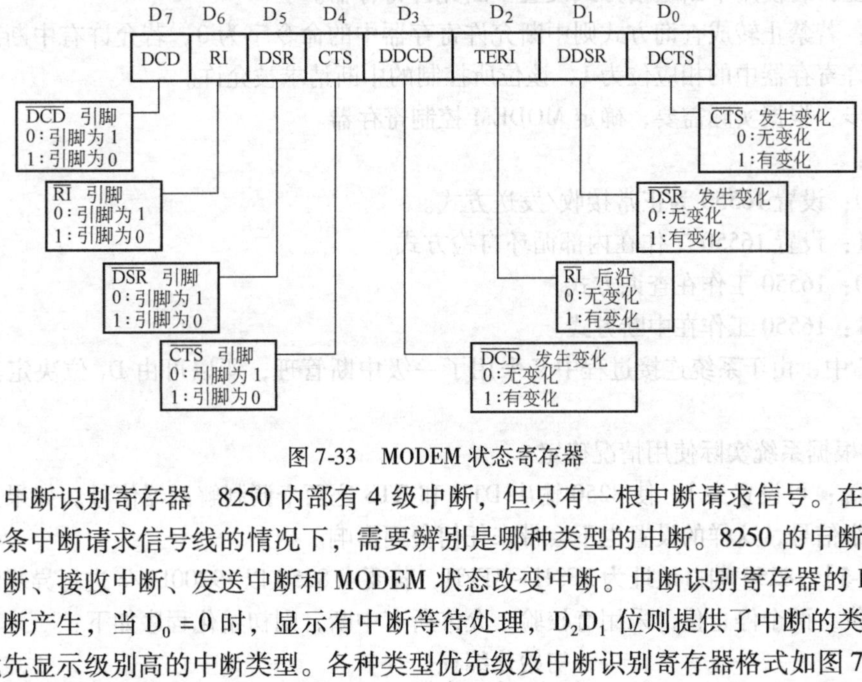

图 7-33　MODEM 状态寄存器

（9）中断识别寄存器　8250 内部有 4 级中断，但只有一根中断请求信号。在多个中断源共用一条中断请求信号线的情况下，需要辨别是哪种类型的中断。8250 的中断类型有接收错误中断、接收中断、发送中断和 MODEM 状态改变中断。中断识别寄存器的 D_0 位显示是否有中断产生，当 $D_0=0$ 时，显示有中断等待处理，D_2D_1 位则提供了中断的类型并根据优先级优先显示级别高的中断类型。各种类型优先级及中断识别寄存器格式如图 7-34 所示。其中，一级最高，四级最低。中断发生时，CPU 通过查询中断识别寄存器来辨别中断类型，并转移到相应的中断处理程序中去。

以上 3 个寄存器为状态寄存器。

4. 8250 的初始化编程

在利用 8250 进行数据通信前，要对 8250 进行初始化编程。初始化主要内容是：对通信线控制寄存器、除数寄存器、中断允许寄存器和 MODEM 控制寄存器进行设置，具体步骤如下：

第一步：通过设置除数寄存器，确定通信速率。

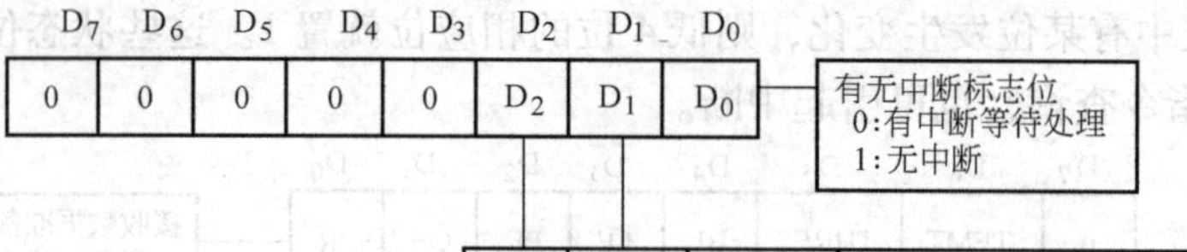

D_2	D_1	优先级	中断类型
1	1	1	接收出错
1	0	2	接收中断请求
0	1	3	发送中断请求
0	0	4	MODEM状态改变

图 7-34 中断识别寄存器

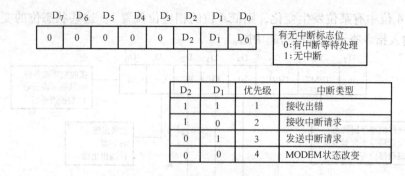

方法：首先将 80H 送通信线控制寄存器，使标志位 DLAB 即 $D_7=1$，以寻址除数寄存器。然后将除数高 8 位/低 8 位分别送除数寄存器高 8 位/低 8 位，确定通信速率。

第二步：通过设置通信线控制寄存器，确定通信的数据格式。

方法：将通信线控制寄存器最高位即 DLAB 位置 0，以便寻址通信线控制寄存器。同时，根据实际要求确定通信线控制命令字后写入通信线控制寄存器。

第三步：若使用中断通信方式设置中断允许寄存器。

方法：若禁止转成查询方式则中断允许寄存器中的命令字为 0。若允许有中断产生则设置中断允许寄存器中的相应位为 1，该位所控制的中断请求被允许。

第四步：根据实际需要，确定 MODEM 控制寄存器。

方法：

$D_4=0$：设置 16550 为正常接收/发送方式。

$D_4=1$：设置 16550 工作在内部循环自检方式。

$D_3=0$：16550 工作在查询方式。

$D_3=1$：16550 工作在中断方式。

在 PC 中，由于系统连接过程中又采用了一级中断管理，所以可由 D_3 位决定其传输方式。

D_2 可根据系统实际使用情况确定。

D_1、D_0：可设置为 1，使 8250 输出 DTR 和 RTS 这两个调制解调器信号。如果系统中不使用这两个信号，这样的设置也不会带来任何负面影响。

【例 7-5】 8250 端口地址为 3F8H ~ 3FFH，若要求 8250 以 19200bit/s 进行异步通信，每字符为一位，两个停止位，采用奇校验，允许所有中断，则初始化程序如下：

```
                        ；初始化编程
                        ；设置波特率为 19200bit/s
MOV     DX，03FBH       ；8250 控制寄存器地址送 DX
MOV     AL，80H         ；置 DLAB =1，设置除数寄存器
OUT     DX，AL
MOV     AX，0006H       ；波特率为 19200bit/s
MOV     DX，03F8H       ；除数寄存器地址送 DX
OUT     DX，AL          ；送除数低 8 位
MOV     AL，AH
```

```
INC     DX
OUT     DX, AL          ; 送除数高8位
                        ; 设置通信的数据格式
MOV     AL, 0EH         ; 7位数据位，奇校验，两位停止位
MOV     DX, 03FBH       ; 8250控制寄存器地址送DX
OUT     DX, AL
                        ; 设置中断允许控制字
MOV     AL, 0FH
MOV     DX, 03F9H       ; 中断允许寄存器地址送DX
OUT     DX, AL
                        ; 设置MODEM控制字
MOV     AL, 0BH         ; OUT2引脚为低电平，工作于中断方式，DTR和RTS引脚
                        ; 有效
MOV     DX, 03FCH
OUT     DX, AL
…
```

8250 的初始化编程主要是设置 8250 的基本工作方式，在初始化完成后，还应编制相应的通信工作程序。

5. 8250 的应用

在利用 8250 进行串行通信时，可以采用查询和中断两种数据传送方式。

（1）查询式数据传输　查询式数据传输流程图如图 7-35 所示。

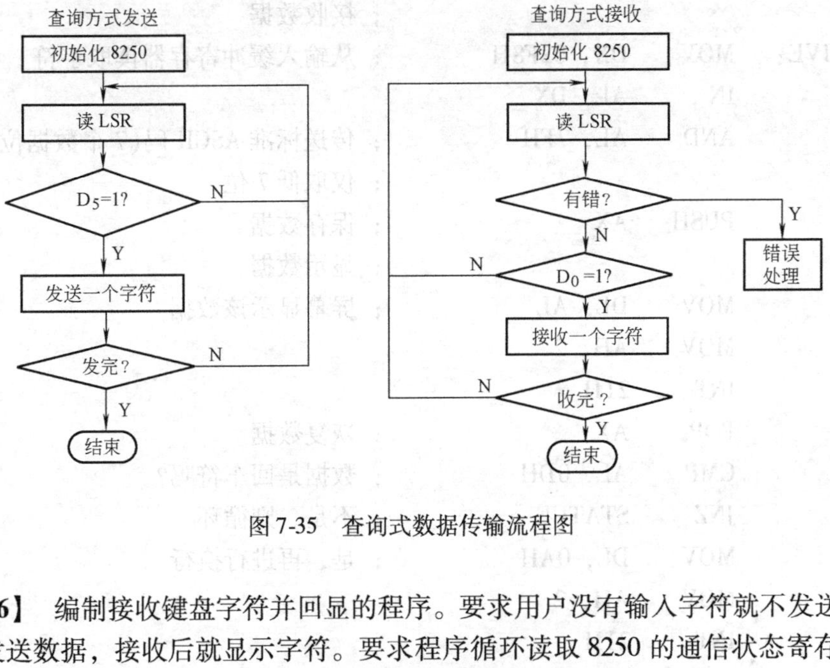

图 7-35　查询式数据传输流程图

【例 7-6】　编制接收键盘字符并回显的程序。要求用户没有输入字符就不发送，若有字符输入则发送数据，接收后就显示字符。要求程序循环读取 8250 的通信状态寄存器，数据传输错误就显示一个问号“?”。如果按下 ESC 键返回 DOS，程序如下：

```
                                        ；查询通信线状态
STATUE:    MOV    DX, 02FDH             ；读通信线路状态寄存器
           IN     AL, DX
           TEST   AL, 1EH               ；接收有错误否？
           JNZ    ERROR                 ；有错，则转错误处理
           TEST   AL, 01H               ；接收到数据吗？
           JNZ    RECEIVE               ；是，转接收处理
           TEST   AL, 20H               ；保持寄存器空吗？
           JZ     STATUE                ；不空，循环查询
                                        ；检测键盘输入
           MOV    AH, 0BH               ；检测键盘有无输入字符
           INT    21H
           CMP    AL, 0
           JZ     STATUE                ；无输入字符，循环等待
           MOV    AH, 0                 ；有输入字符，读取字符
           INT    16H                   ；采用01号DOS功能调用，则有回显
           CMP    AL, 1BH
           JZ     DONE                  ；是ESC键，程序返回DOS
                                        ；发送数据
           MOV    DX, 02F8H             ；将字符输出给发送保持寄存器
           OUT    DX, AL                ；串行发送数据
           JMP    STATUE                ；继续查询
                                        ；接收数据
RECEIVE:   MOV    DX, 02F8H             ；从输入缓冲寄存器读取字符
           IN     AL, DX
           AND    AL, 7FH               ；传送标准ASCII码(7个数据位)，所以
                                        ；仅取低7位
           PUSH   AX                    ；保存数据
                                        ；显示数据
           MOV    DL, AL                ；屏幕显示该数据
           MOV    AH, 2
           INT    21H
           POP    AX                    ；恢复数据
           CMP    AL, 0DH               ；数据是回车符吗？
           JNZ    STATUE                ；不是，则循环
           MOV    DL, 0AH               ；是，再进行换行
           MOV    AH, 2
           INT    21H
           JMP    STATUE                ；继续查询
```

```
                                        ; 接收错误处理
ERROR:      MOV     DX, 02F8H           ; 读出接收有误的数据, 丢掉
            IN      AL, DX
            MOV     DL,'?'              ; 显示问号
            MOV     AH, 2
            INT     21H
            JMP     STATUE              ; 继续查询
DONE        END

                                        ; 查询式通信
                                        ; 发送字符在CL中。若收到字符, 暂存于AL
KEEP_TRY:   MOV     DX, 02FDH
            IN      AL, DX
            TEST    AL, 1EH             ; 检查出错误否
            JNE     ERROR_ROUTINE       ; 转出错处理
            TEST    AL, 1               ; 检查收到新数否
            JNZ     RECEIVE             ; 转接收
            TEST    AL, 20H             ; 检测可否发送字节
            JZ      KEEP_TRY            ; 重新检查
            MOV     DX, 02F8H
            MOV     AL, CL
            OUT     DX, AL
            JMP     SHORT KEEP_TRY
RECEIVE:    MOV     DX, 02F8H           ; 接收字节
            IN      AL, DX
            …
```

（2）中断式数据传输

1）通信中断初始化。修改中断向量，按使用的端口 COM_1 或 COM_2，接管中断0CH或中断0BH。确定8250操作方式，设置中断允许寄存器相应位的允许或禁止，并允许中断操作(置MCR的 $D_3=1$)。确定起止式通信协议，设置通信波特率及数据帧传输格式。开放通信中断，对8259A中断控制器的屏蔽寄存器编程(OCW_1)，允许中断 IRQ_4 或 IRQ_3。

2）通信中断服务程序。首先读取中断识别寄存器，判断中断源，然后转向对应的处理子程序。判断中断源，应该按照中断优先级别次序进行。

当中断识别寄存器 $D_2D_1=11$ 时，表明接收出错中断，需要再读取线路状态寄存器，分析错误原因，再进行错误处理。

可能出现多个中断源同时引发中断。因此，每处理完一种中断源后，应继续读取中断识别寄存器，检测 D_0 是否为“0”，当 $D_0=0$ 时，表明还有未决中断，应该继续分析中断源并进行中断处理。

从中断程序返回的条件是中断识别寄存器的 $D_0=1$。

本章小结

这章主要从不同角度，介绍了三类在微型计算机接口中占有重要位置的数字接口电路（可编程接口芯片），这三类分别是：用于并行通信的可编程接口芯片 Intel 8255；用于串行通信的接口芯片 Intel 8250；用于定时/计数的接口芯片 Ins 8253。通过这章的学习，应在掌握数字接口电路所具有共性的基础上，分别针对不同芯片的特点，在了解和认识到它们基本的内部构成、外部引脚及所具有的基本工作方式的基础上，进而掌握使其能根据实际要求设置相应控制字，编制初始化程序，最后达到能灵活应用不同的数字接口电路于不同的应用场合。

习　题

7-1 用 Intel 8255A 作为接口芯片，编写满足下述要求的三段初始化程序。

(1)将 A 口和 B 口置成方式 0，A 口和 C 口作为输入口，B 口作为输出口。

(2)将 A 口置成方式 2，B 口置成方式 1，B 口作为输出口。

(3)将 A 口置成方式 1 且作为输入，PC_6 和 PC_7 作为输出，B 口置成方式 1 且 B 口作为输入口。

7-2 编写一段程序，要求 Intel 8255A 的 PC_5 输出一方波信号。

7-3 用 Intel 8255A 的 A 口作为数据口，B 口作为状态口，采用查询方式从某外设输入 10 个数据，存入 0100H 开始的单元，试进行软、硬件设计。

7-4 可编程定时器/计数器芯片 Ins 8253 有几个通道？每个通道具有几种工作方式？简述这些工作方式的主要特点。

7-5 采用 Ins 8253 作计数器/定时器，其接口地址为 0120H ~ 0123H。要求计数器 0 每 10ms 输出一个 CLK 脉冲宽的负脉冲；用计数器 1 产生 10kHz 的连续方波信号，计数器 2 在定时 5ms 后产生输出高电平。输入 Ins 8253 的时钟频率为 2MHz。画线路连接图，并编写初始化程序。

7-6 某系统利用 Ins 8253 定时器/计数器通道产生 1kHz 重复方波，问通道 0 应工作在什么工作方式？若 CLK_0 = 2MHz，试写出通道 0 的初始化程序。设 Ins 8253 端口地址为 2F0H、2F2H、2F4H、2F6H。

7-7 在串行通信中有哪几种数据传送方式，各有什么特点？

7-8 串行通信按信号格式分为哪两种？这两种格式有何不同？

7-9 Intel 8250 的通信控制寄存器中的寻址位有什么作用？在初始化编程时，应该怎样设置？

7-10 编写 PC 中 Intel 8250 采用查询方式输入 50 个字符的异步通信程序，设 8250 的端口地址为 3F8H ~ 3FFH，数据格式为：8 位数据位、一位偶校验位、两位停止位，通信速率为 19.2kbit/s。

第八章　模拟量的输入输出接口技术

由于目前大量使用的微型计算机内部对文件数据信息的处理及存储都是基于物理器件的电平状态，所以其内部均采用二进制数或二进制编码。但是在计算机实际应用系统中，需要与大量的具有各种数据类型的外部设备进行数据交换。归纳这些外设所提供或能接收的数据类型，可分为三大类：数字量、模拟量和开关量。所谓数字量就是用二进制数表示的数据形式。能提供和接收数字量的设备有键盘、磁盘、显示器、打印机等。数字量的数据类型与微型计算机内部的数据类型相同，在这些应用系统中，只需加上相应的数字接口电路，如前几章所介绍的数字接口电路，即能完成微型计算机系统与外设之间的数据通信。开关量的信息来源，如电动机的起动、停止；电灯的点亮或关灭；继电器的吸合或断开等。由于开关量也可由一位二进制数的两种状态表示，所以微型计算机系统对开关量的处理与数字量相同。而在计算机应用系统中所处理的大量的数据信息是一些随时间连续变化的量，即模拟量。尤其在计算机检测与控制系统中，大量的信息来源都是被检测或控制对象的温度、压力、流量、速度等连续变化的物理量。这些连续变化的物理量如何转化为微型计算机内部所能识别、加工、存储及传输的数据类型，并准确地完成这些外设与微型计算机系统之间的相互通信，就是这一章所介绍的模/数(A/D)和数/模(D/A)转换器所发挥的作用。

第一节　概　述

一台微型计算机检测与控制系统，往往由模拟输入通道和模拟输出通道构成。模拟输入通道的作用就是将生产过程中所需检测的连续变化的物理量转化成计算机所能接收和识别的数字信号，模拟输入通道主要由传感器、信号处理、多路开关、采样保持装置及 A/D 转换器构成。其中，A/D 转换器有非常重要的作用。模拟输出通道的作用是为了实现对生产过程的控制，将计算机对输入信号进行加工、处理后的数据输出至调节执行机构。模拟输出通道主要包括 D/A 转换器、功率放大器、执行机构等部件。有些调节执行机构所接收的数据形式为模拟量，这就要求 D/A 转换器将计算机输出的数字量转换成相应的模拟量。一个完整的实时检测与控制系统的构成如图 8-1 所示。

图 8-1 中上部的通道为模拟输入通道，下部的通道为模拟输出通道。在系统中，主要由以下几部分构成：

1. 测控对象

这一部分主要是生产过程中需要检测和调节、控制的设备，包括：

1）被测对象。如管道中的流量、物体的速度等。处于模拟输入通道的最前沿，向系统提供连续变化的物理量。

2）被控对象。如控制管道流量的电动阀门等，往往处于模拟输出通道的最末端，接收经处理后的控制信号。

被测及被控对象往往为同一个设备。

2. 模拟输入通道

模拟输入通道主要包括：

1）传感器。传感器的主要作用是将被测对象所提供的连续变化的物理量转化为连续变化的电量，如温度传感器可将被测对象连续变化的温度值转化为与之相应的连续变化的电压值或电流值。

2）信号处理。信号处理包括变送器、互感器、放大器、低通滤波器等。

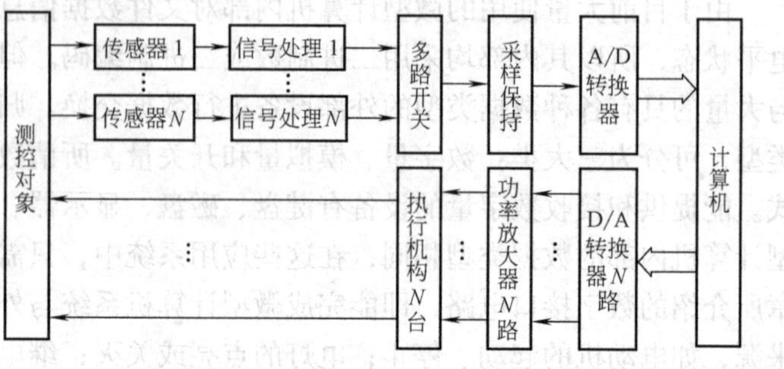

图 8-1 实时检测与控制系统的构成图

变送器是将有些传感器的微弱电信号转换成标准电流信号（0~10mA 或 4~20mA）或电压信号（0~5V），便于与 A/D 转换器相接；互感器是将发电厂、变电器等现场提供的强电信号转换为弱电信号，使之能直接输入至转换器；放大器是将传感器的微弱电信号放大后便于传输及与 A/D 相接；低通滤波器则可将传感器输出的信号中所叠加的干扰信号滤掉。这些部件使用与否取决于现场的实际情况。

3）多路开关。在生产或测控过程中往往要监测或控制几十个、几百个甚至上千个模拟量，为了提高系统的利用率，对这类模拟信号的采集，可采用多路模拟开关，使多个模拟信号共用一个 A/D 转换器进行转换。

4）采样保持。由于输入的模拟信号是连续变化的，而 A/D 转换器在对一模拟量进行转换的过程中需要一定的转换时间。为保证准确地转换模拟量，希望在转换期间被转换模拟量维持恒定值。这就需要采样保持电路。

5）A/D 转换器：模拟输入通道的重要组成部分。主要作用就是将模拟信号转换成计算机识别的数字量。

3. 计算机

计算机是测控系统中的核心。将模拟输入通道采入的数据根据实际要求加工处理后，将结果输出给模拟输出通道。

4. 模拟输出通道

模拟输出通道主要包括：

1）D/A 转换器。模拟输出通道的重要组成部分，完成将计算机输出的数字量信号转换成模拟信号，便于控制执行机构的动作。每台执行机构需要一路 D/A 转换电路。

2）功率放大器。将 D/A 转换器输出的模拟信号进行功率放大，并平滑其输出波形，便于信号的远距离传输及执行机构的驱动。

3）执行机构。根据接收到的模拟信号，产生一系列的动作，控制被控部件，以达到系统的要求。

在一个计算机实际应用系统中，若既包括模拟输入通道又包括模拟输出通道，则为一个真正的检测控制系统。若只包含有模拟输入通道，则为一个计算机数据采集系统。

第二节　D/A 转换器

一、D/A 转换器的工作原理

D/A 转换器处于模拟输出通道中，它的主要作用是将计算机输出的二进制数字量转换成模拟量。理论上将一个数字量转换成模拟量，是将二进制数上每一位的代码按权转换成相应的模拟量，再把各路模拟量相加。例如，二进制数 10010001 将其按权展开相加后得

$$10010001 = 1\times2^7+0\times2^6+0\times2^5+1\times2^4+0\times2^3+0\times2^2+0\times2^1+1\times2^0=145$$

而 D/A 转换器就是利用转换电路将输入的二进制数按权展开、相加，最后输出为连续的模拟信号。在一个 D/A 转换器中所用转换电路主要是由运算放大器和电阻网络构成，分别介绍如下。

1. 运算放大器

放大器的主要作用是将权电阻电路上形成的模拟信号稳定、放大后输出。

运算放大器的特点是开环放大倍数非常高，一般为 $10^3\sim10^6$ 倍，所以加在运算放大器输入端的电压可以非常小。另外，由于运算放大器的输入阻抗非常大，当在输入端加入一电压值后，流入运算放大器的电流就非常小。输出阻抗很小，其驱动能力就很大。图 8-2 是运算放大器的工作原理图。在图中，V_i 为输入电压，接在放大器的反相输入端，其正相输入端接地，V_o 为输出电压，R_i 是输入端的输入电阻，R_o 为反馈电阻。

在放大器这种连接方式中同相端接地，用反相端作为输入端，由于该图中 G 点为虚地，所以，流经输入电阻的电流为

$$I_i = \frac{V_i}{R_i}$$

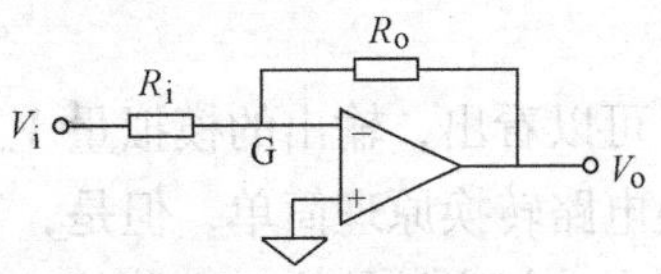

图 8-2　运算放大器的工作原理图

由于运算放大器的输入阻抗非常大，流入运算放大器的电流几乎为 0，可以认为输入电流 I_i 全部流过反馈电阻 R_o。而 R_o 一端接输出，一端为虚地，因此 R_o 上的电压降也就是输出电压 V_o，即

$$V_o = -I_iR_o = -\frac{V_i}{R_i}R_o$$

所以运算放大器的放大倍数为

$$\frac{V_o}{V_i} = -\frac{R_o}{R_i}$$

2. 权电阻的 D/A 转换电路

权电阻电路是 D/A 转换的核心。它实际上是一种解码器。它的输入为数字量 D 和模拟基准电压 V_{REF}，输出就是模拟量 V_o，主要作用就是将各位二进制数按权展开相加。

图 8-3 为简单的权电阻 D/A 转换电路示意图。在该电路中，加在反相输入端的输入信号为 4 个支路信号之和，每一支路都是由具有一定阻值的电阻和相应的电子开关构成的。每位二进制数分别对应一个开关，该开关的打开、闭合受控于加在该位上的二进制状态。当该位二进制数为 0 时，开关打开；为 1 时开关闭合；每位开关所接的电阻值又是按所接二进制数的权值配置的。如图中电阻值分别为 R、$2R$、$4R$ 和 $8R$，即为 2^iR。假如输入 4 位二进制

数为 $D_3D_2D_1D_0$，D_3 为最高位，D_0 为最低位。若 D_3 为 1，则 S_3 闭合，有电流流过；D_3 为 0，则 S_3 断开，无电流流过。

图 8-3 中 V_{REF} 是一个标准电源。开关 S_2 上连的电阻 $2R$ 阻值，是 S_3 所接电阻阻值 R 的 2 倍，$4R$ 是 R 的 4 倍，$8R$ 是 R 的 8 倍，可以算出：

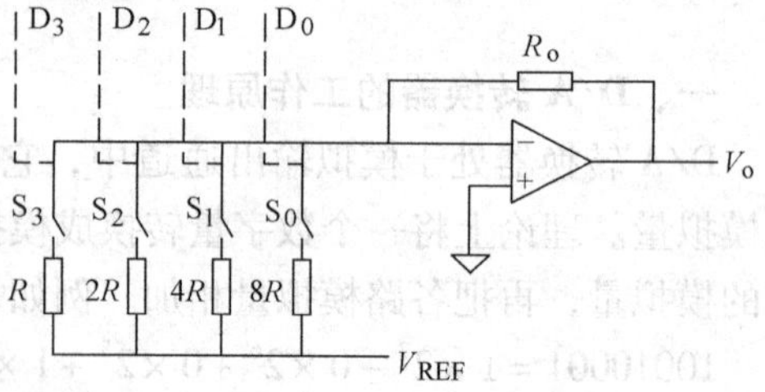

图 8-3 简单的权电阻 D/A 转换电路示意图

当 $D_3=1$ 时，S_3 闭合，流经 R 的电流为 V_{REF}/R；

当 $D_2=1$ 时，S_2 闭合，流经 $2R$ 的电流为 $V_{REF}/2R$；

当 $D_1=1$ 时，S_1 闭合，流经 $4R$ 的电流为 $V_{REF}/4R$；

当 $D_0=1$ 时，S_0 闭合，流经 $8R$ 的电流为 $V_{REF}/8R$。

当 $D_3D_2D_1D_0$ 都为 1 时，开关全闭合，输出电压

$$V_o=-\left(\frac{V_{REF}}{R}+\frac{V_{REF}}{2R}+\frac{V_{REF}}{4R}+\frac{V_{REF}}{8R}\right)R_o$$

$$V_o=-\frac{V_{REF}}{R}\left(1+\frac{1}{2}+\frac{1}{4}+\frac{1}{8}\right)R_o$$

当 $D_3=0$，S_3 断开时，有

$$V_o=-\frac{V_{REF}}{R}\left(0+\frac{1}{2}+\frac{1}{4}+\frac{1}{8}\right)R_o$$

可以看出，输出的模拟量 V_o 与输入的二进制数 D_3、D_2、D_1、D_0 相对应。权电阻 D/A 转换电路转换原理简单，但是，当被转换的二进制位数较多时，与之相应的权电阻的阻值相差很大。如当被转换二进制数为 n 位时，构成权电阻网络中电阻值的差别即为 2^n，n 大时，给电阻的制造带来很多困难，所以在实际应用中权电阻网络转换器使用并不多。

3. T 形电阻网络 D/A 转换电路

由图 8-3 可看出，当数字量的位数增多时，每个电阻阻值依次增大到前一个电阻的两倍，这在集成电路生产中实现的难度较大，因此现在使用较多的是 T 形电阻网络，图 8-4 所示为 T 形电阻网络 D/A 转换原理图。

该电路中所有电阻只有两种阻值 R 和 $2R$。$D_3D_2D_1D_0$ 为 4 位要转换的二进制数，D_3 为最高位，D_0 为最低位。D_3 对应 S_3，依此类推。从图中可以算出 D 点电压为 V_{REF}，C 点电压为 $1/2V_{REF}$，B 点电压为 $1/4V_{REF}$，A 点电压为 $1/8V_{REF}$，因此各个开关闭合流经电阻 $2R$ 上的电流从右到左依次缩小至原来的 1/2，即各路开关闭合后(倒向右边)各支路的电流从右至左分别为 $\frac{V_{REF}}{2R}$、$\frac{V_{REF}}{4R}$、$\frac{V_{REF}}{8R}$、$\frac{V_{REF}}{16R}$，当全部闭合时

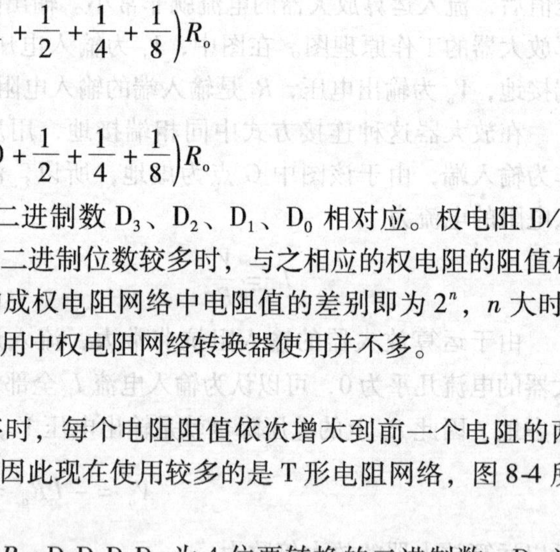

图 8-4 T 形电阻网络 D/A 转换原理图

$$I_{\mathrm{i}}=\frac{V_{\mathrm{REF}}}{2R}+\frac{V_{\mathrm{REF}}}{4R}+\frac{V_{\mathrm{REF}}}{8R}+\frac{V_{\mathrm{REF}}}{16R}$$

$$=\frac{V_{\mathrm{REF}}}{2R}\left(1+\frac{1}{2}+\frac{1}{4}+\frac{1}{8}\right)$$

$$=\frac{V_{\mathrm{REF}}}{2R}\left(\frac{1}{2^0}+\frac{1}{2^1}+\frac{1}{2^2}+\frac{1}{2^3}\right)$$

相应输出电压

$$V_{\mathrm{o}}=-I_{\mathrm{i}}R_{\mathrm{o}}=-\frac{V_{\mathrm{REF}}}{2R}R_{\mathrm{o}}\left(\frac{1}{2^0}+\frac{1}{2^1}+\frac{1}{2^2}+\frac{1}{2^3}\right)$$

各支路是否有电流与所对应的二进制数状态有关，同权电阻网络。

二、D/A 转换器的主要参数

D/A 转换器的主要参数如下：

1. 分辨率

此参数表明 D/A 转换器对模拟值的分辨能力，分辨率为最小输出电压（对应输入数字量只有最低有效位为 1）变化量与最大输出电压（对应输入数字量所有有效位全为 1）之比。如 N 位 D/A 转换器，其分辨率为 $1/(2^{N}-1)$。在实际使用中，分辨率的大小也用输入数字量的位数来表示，如 8 位、12 位等。

2. 线性误差

所谓线性误差就是在满刻度范围内偏离理想的转换特性的最大值，如图 8-5 所示。线性误差是由各种原因造成的，通常以 LSB（最低有效位）的分数形式给出。质量较好的 D/A 转换器的线性误差应不大于 ±1/2LSB。

3. 转换精度

转换精度又分为绝对转换精度和相对转换精度。

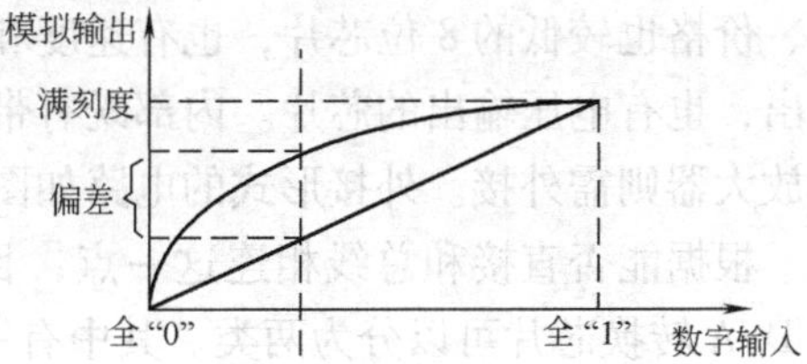

图 8-5　线性误差

所谓绝对转换精度，就是指每个输出电压接近理想值的程度，是在数字输入端加有给定的代码时，输出端实际测得的输出值与理想值之差。绝对转换精度和标准电源的精度、权电阻的精度、D/A 的增益误差、零点误差、线性误差等综合因素有关。

相对转换精度是常用的描述输出电压更加接近理想程度的物理量，它是在 D/A 的满量程校准以后，任一数字输入的模拟输出与它的理论值之差。一般用绝对转换精度相对于满量程输出的百分数来表示，如精度 ±0.1% 指的是最大误差 ΔA 为满量程电压 V_{FS} 的 ±0.1%。如 $V_{\mathrm{FS}}=10\mathrm{V}$，则 $\Delta A=\pm 10\mathrm{V}\times 0.1\%=\pm 10\mathrm{mV}$。

有时也用 LSB 的几分之几表示。比如，一个 D/A 转换器的相对转换精度为 1/2LSB，这就意味着可能出现的最大相对误差为

$$\Delta A=\frac{1}{2}\times\frac{V_{\mathrm{FS}}}{2^{n}}=\frac{V_{\mathrm{FS}}}{2^{n+1}}$$

通常，相对转换精度比绝对转换精度更有实用性。

4. 建立时间

建立时间是D/A转换速率快慢的一个重要参数，在D/A转换器的数字输入端输入满刻度值，其输出模拟信号电压（或模拟信号电流）达到最终稳定值时（一般指最大值±1/2LSB范围或与满刻度值差百分之多少）所需要的时间，一般为几个毫微秒至几微秒。

5. 温度系数

温度系数是表明受温度变化影响的特性。在满刻度输出的条件下，温度每升高1℃，输出变化的百分数定义为温度系数，可直接影响转换精度。

6. 电源抑制比

通常把满量程电压变化的百分数与电源电压变化的百分数之比称为电源抑制比。

7. 工作温度范围

一般情况下，影响D/A转换精度的主要因素是温度和电源电压的变化。由于工作温度对运算放大器和加权电阻网络等产生影响，所以只有在一定的温度范围内才能保证额定精度指标。较好的D/A转换器的工作温度范围在-40~85℃之间，较差的D/A转换器的工作温度范围在0~70℃之间。

8. 增益误差

D/A转换器的输入与输出传递性曲线的斜率称为D/A转换增益或标度系数，实际转换的增益与理想增益之间的偏差称为增益误差。增益误差在消除失调误差后用满码（全1）输入时其输出值与理想输出值（满量程）之间的偏差表示，一般也用LSB的分数值或用偏差值相对满量程的百分数来表示。

三、典型的D/A转换芯片

目前使用的数/模转换芯片中，大部分是集成电路芯片。其中，既有分辨率较低、较通用、价格也较低的8位芯片，也有速度和分辨率较高、价格也较高的16位芯片；既有电流输出，也有电压输出的芯片。内部既有带运算放大器的，也有不带运算放大器的。若不带运算放大器则需外接。外接形式的电路如图8-6所示。

根据能否直接和总线相连这一点，目前市场上的D/A转换芯片可以分为两类。其中有一类芯片内部没有数据输入寄存器，这类芯片内部结构简单，价格比较低廉，比如AD7520、AD7521、DAC0808等，但是，这些芯片不能直接和总线相连。对于一个D/A转换部件来说，当待转换的数据量加到输入端时，在输出端也随之建立相应的电流或者电压。对于没有数据输入寄存器的D/A转换器来说，随着输入数据的变化，输出电流或输出电压也随之变化。同样的道理，当输入数据消失时，输出电流或输出电压也消失。所以，要求在D/A转换器的前面增加一个数据锁存器，再与总线相连，以保证被转换数据的稳定性。另一类芯片内部有数据输入寄存器，比如DAC0832、AD7524等，这些芯片使用时可以直接和系统总线相连。下面介绍DAC0832。

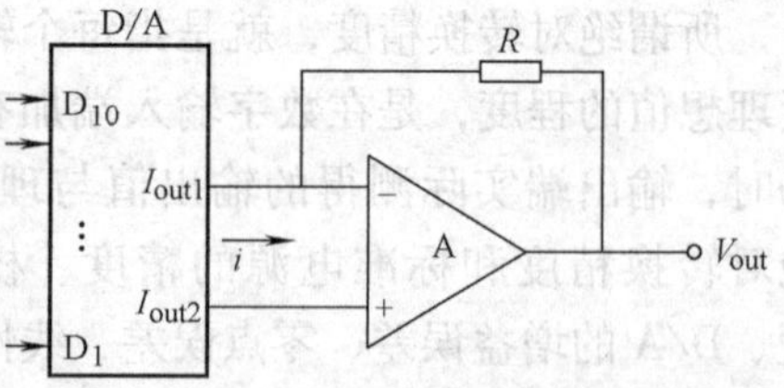

图8-6 D/A转换器外接运算放大器电路

DAC0832是CMOS工艺制造的8位电流输出型双缓冲D/A转换器，片内带有数据锁存器，可与通常的微处理器直接相连。

1. DAC0832 引脚和内部结构

图 8-7 为 DAC0832 的内部结构示意图。由图 8-7 中可看出，其内部是由两个寄存器和一个 8 位的 T 形电阻网络构成的。T 形电阻网络是用来实现 D/A 转换的。它需要外接运算放大器，才能得到模拟电压输出。两个寄存器构成两级锁存，第一级锁存器称为输入寄存器，第二级锁存器称为 DAC 寄存器。因为有两级锁存器，所以 DAC0832 可以工作在双缓冲器方式，可有效提高转换速度。另外，有了两级锁存器以后，可以在多个 D/A 转换器同时工作时，利用第二级锁存器的锁存信号来实现多个转换器同时输出。

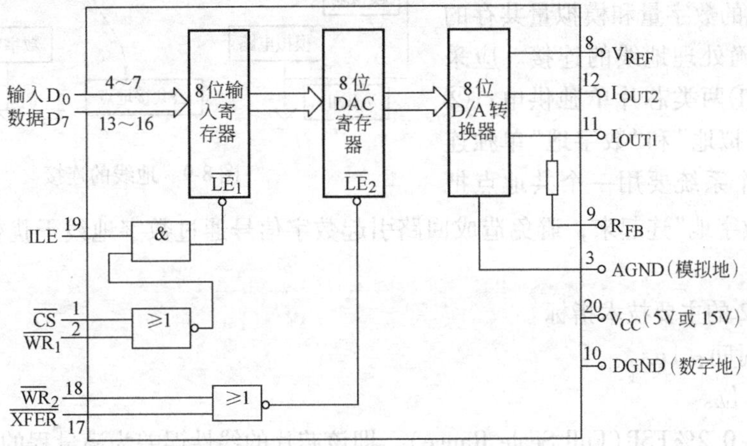

图 8-7　DAC0832 的内部结构示意图

图 8-8 给出了 DAC0832 的引脚图，其引脚主要包括：

（1）数字接口的引脚

1）$D_0 \sim D_7$：8 位数据输入线，与第一级锁存器相接，引入被转换的二进制数。

2）$\overline{CS}$：输入寄存器片选信号，低电平有效。

3）ILE：数据锁存允许信号，高电平有效，它与$\overline{CS}$、$\overline{WR_1}$一起将要转换的数据送入输入寄存器，构成第一级锁存控制信号。

4）$\overline{WR_2}$：写信号 2，低电平有效。

5）$\overline{XFER}$：数据传送控制信号，低电平有效。它与$\overline{WR_2}$一起把输入寄存器的数据装入到 DAC 寄存器，构成第二级锁存的控制信号。

（2）模拟输出引脚

1）I_{OUT1}：模拟电流输出端 1。当 DAC 寄存器中的内容为 0FFH 时，I_{OUT1} 电流最大；当 DAC 寄存器中的内容为 00H 时，I_{OUT1} 电流最小。

2）I_{OUT2}：模拟电流输出端 2。DAC0832 为差动电流输出，一般情况下 $I_{OUT1} + I_{OUT2} =$ 常数。

3）R_{FB}：反馈信号输入线。由于 DAC0832 内部具有反馈电阻，该引脚相当于一个反馈电阻的引出线，所以可以直接接运算放大器的输出。

4）V_{REF}：基准电源输入线。要求其电压值相当稳定，范围

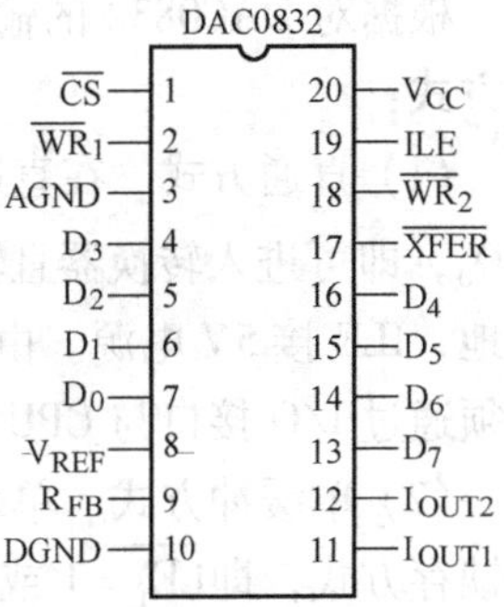

图 8-8　DAC0832 的引脚图

在 -10 ~ 10V 之间。

5) V_{CC}：电源输入线。可为 5V 或 15V。此电源为芯片工作电源。

6) AGND：模拟信号地。

7) DGND：数字信号地。

在此值得注意的是，在由模拟电路芯片(如 A/D、D/A 转换器，运算放大器等)和数字电路芯片(如 CPU、锁存器、译码器等)组成的数字量和模拟量共存的系统中，要正确处理地线的连接。应采取如下措施：①两类芯片单独供电；②将系统中的“模拟地”和“数字地”单独连在一起；③整个系统要用一个共地点把“模拟地”和“数字地”连起来，避免造成回路引起数字信号通过数字地线干扰模拟信号，如图 8-9 所示。

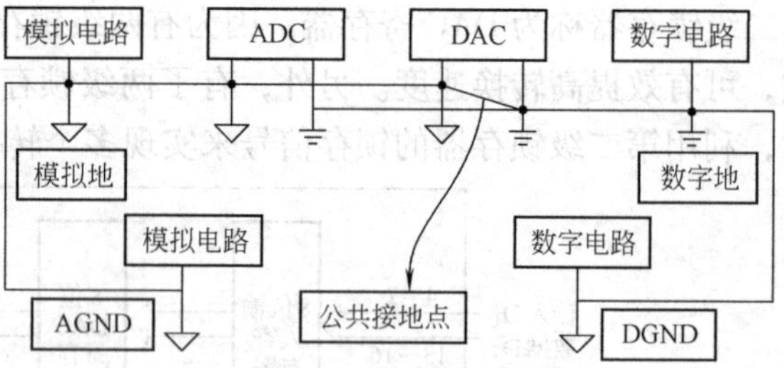

图 8-9　地线的连接

2. DAC0832 的主要技术指标

电流稳定时间：1μs。

分辨率：8 位。

线性误差：0.2% FSR(Full Scale Range)，即该芯片的线性误差为满量程的 0.2%。

数字输入与 TTL 兼容。

增益温度系数：0.002% FSR/℃。

低功耗：20mW。

单电源：5 ~ 15V。

参考电压：-10 ~ 10V。

3. DAC0832 的工作方式

DAC0832 内部的两个寄存器都是直通锁存器，其相应的两个控制信号分别为$\overline{LE_1}$和$\overline{LE_2}$。它们的工作原理相同：当$\overline{LE}=1$ 时，工作于直通方式(输出等于输入)；当$\overline{LE}=0$ 时，工作于锁存方式(输出保持不变)。在 DAC0832 中，$\overline{LE_1}$受控于 ILE、$\overline{WR}$和$\overline{CS}$引脚。当 ILE = 1，$\overline{CS}$和$\overline{WR}$均为 0 时(执行 OUT 指令时产生这两个信号)，则$\overline{LE_1}=1$；其中任一个信号无效时，$\overline{LE_1}=0$。$\overline{LE_2}$受控于$\overline{XFER}$和$\overline{WR_2}$，当它们同时为低电平有效时，$\overline{LE_2}=1$。

根据对 DAC0832 的输入锁存器和 DAC 寄存器的不同控制方法，DAC0832 有如下 3 种工作方式：

(1) 直通方式　在直通方式下，数据不锁存，此时，被转换数据一旦到达输入端口 $D_7 \sim D_0$，即可进入转换器且输出。在这种方式下使$\overline{LE_1}=\overline{LE_2}=1$，即$\overline{WR_1}$、$\overline{WR_2}$、$\overline{XFER}$、$\overline{CS}$均接地，ILE 接 5V 电源。由于在直通方式下，DAC0832 不能直接与 CPU 的数据总线相连接，必须通过 I/O 接口与 CPU 相连，故在实际工程实践中很少采用。

(2) 单缓冲方式　单缓冲方式是将两个寄存器之一始终置于直通方式，另一个寄存器处于锁存方式，即$\overline{LE_1}=1$ 或$\overline{LE_2}=1$。单缓冲方式适用于只有一路模拟量输出或几路模拟量非同步输出的情形，其电路连接如图 8-10 所示。在此连接方式下，DAC 寄存器处于直通方式，输入寄存器为锁存方式。

(3) 双缓冲方式　两个寄存器都处于锁存状态，在这种工作方式下，能够对一个数据进行 D/A 转换的同时，输入另一个数据，提高了 D/A 转换速率；同时这种工作方式还适用于多个 DAC0832 同时输出的情形。方法是先分别使这些 DAC0832 的输入寄存器接收数据，再控制这些 DAC0832 同时传送数据到 DAC 寄存器。由此可见，在这种方式下 CPU 要对 DAC0832 进行两步写操作：

第一步：将数据写入输入寄存器。

第二步：将输入寄存器的内容写入 DAC 寄存器，其电路连接如图 8-11 所示。

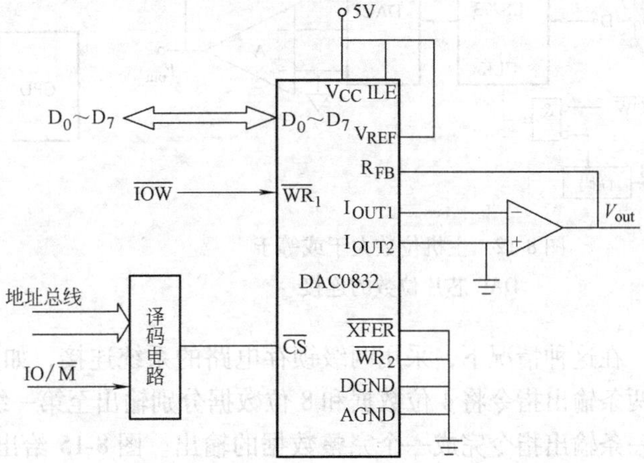

图 8-10　DAC0832 单缓冲方式下的电路连接

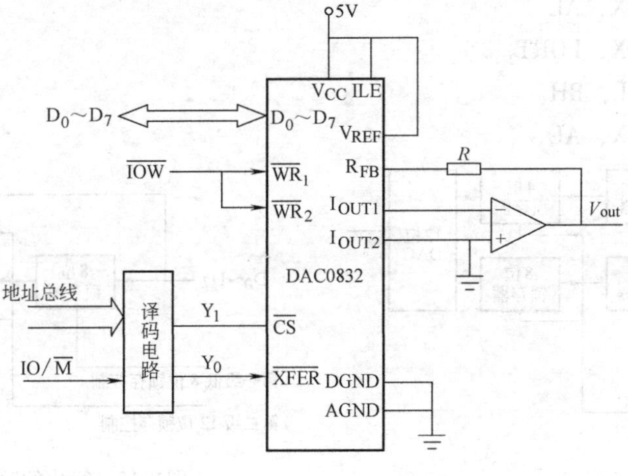

图 8-11　DAC0832 双缓冲方式下的电路连接

四、DAC 芯片与主机的连接

DAC 芯片相当于一个“输出设备”，至少需要一级锁存器作为接口电路。考虑到有些 DAC 芯片的数据位数大于主机数据总线宽度，所以分成两种情况。

1）主机位数大于或等于 DAC 芯片位数，如图 8-12 所示。

在执行程序时，可直接执行下列语句即可完成被转换数据输出。

```
MOV     AL, BUF
MOV     DX, PORTD
OUT     DX, AL
```

2）主机位数小于 DAC 芯片位数，如图 8-13 所示。当主机位数小于 DAC 芯片位数时，需转换的数字数据需要多次输出，而且接口电路也需要多个（级）锁存器保存多次输出的数据，并需要同时将完整的数字量提供给 DAC。

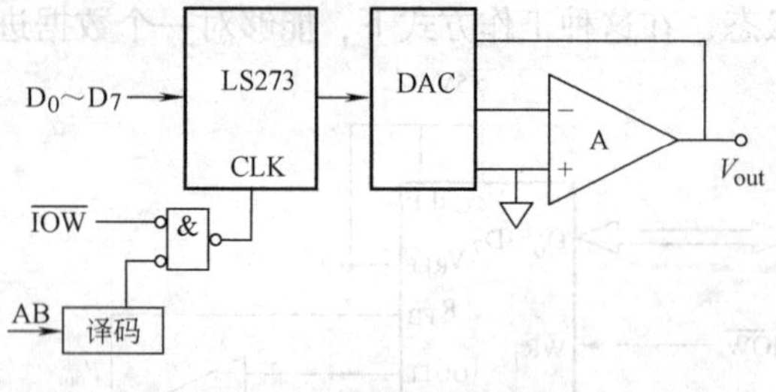

图 8-12　主机位数大于或等于 DAC 芯片位数的连接

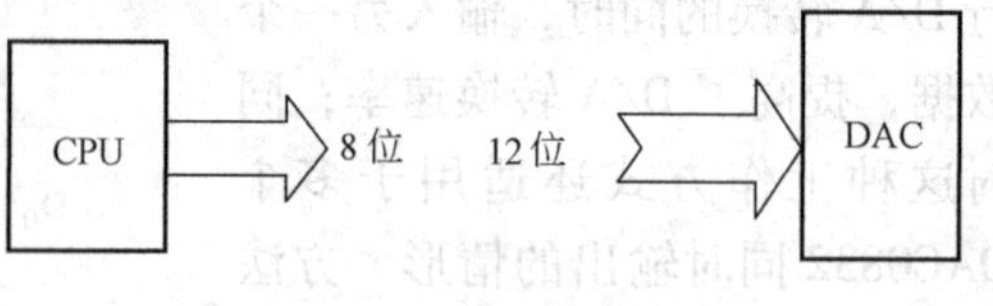

图 8-13　主机位数小于 DAC 芯片位数的连接

在这种情况下，采用两级锁存电路的系统连接，如图 8-14 所示。这种连接方式首先通过两条输出指令将 4 位数据和 8 位数据分别输出至第一级的 4 位锁存器和 8 位锁存器，再通过一条输出指令完成一个完整数据的输出。图 8-15 给出了简化的两级锁存电路，此种连接方式可用两条指令完成数据输出，同时亦节省了部分硬件资源，程序如下：

```
MOV    DX, PORT1
MOV    AL, BL
OUT    DX, AL
MOV    DX, PORT2
MOV    AL, BH
OUT    DX, AL
```

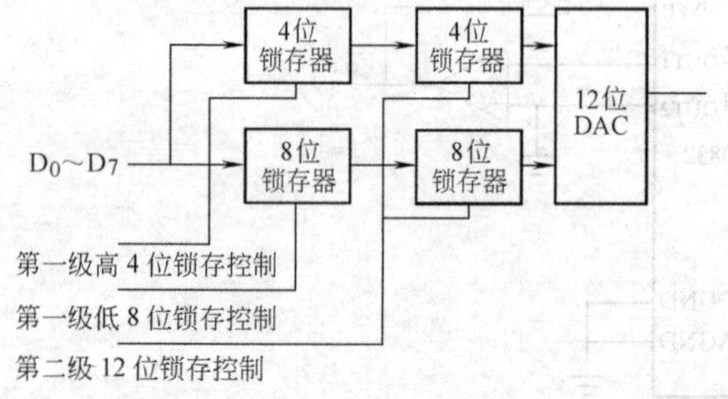

图 8-14　两级锁存电路

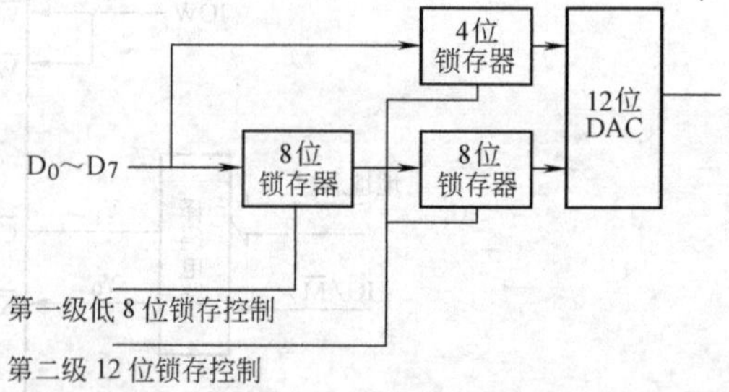

图 8-15　简化的两级锁存电路

五、DAC 芯片的应用

【例 8-1】　在实际应用中，有利用线性增长的电压去控制某一检测过程或扫描电压控制一个电子束稳定等要求，这时即可利用 D/A 转换器输出 1 个锯齿电压，如图 8-16 所示。在这种应用中，硬件连接如图 8-17 所示。软件编程如下：

```
        MOV    DX, PORTD
        MOV    AL, 0FFH
Repeat: INC AL
        OUT    DX, AL
        JMP    Repeat
```

若改变锯齿波周期，可用 NOP 或延时指令控制，如下：

```
        MOV    DX, PORTD
```

```
          MOV       AL, 0FFH
Repeat:   INC       AL
          OUT       DX, AL
          CALL      DELAY1
          JMP       Repeat
DELAY1:   MOV       CX, DATA1
DELAY2:   LOOP      DELAY2
          RET
```

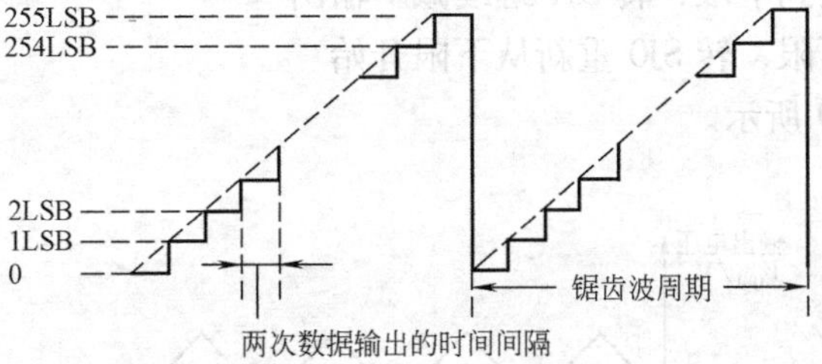

图 8-16　输出正向锯齿波

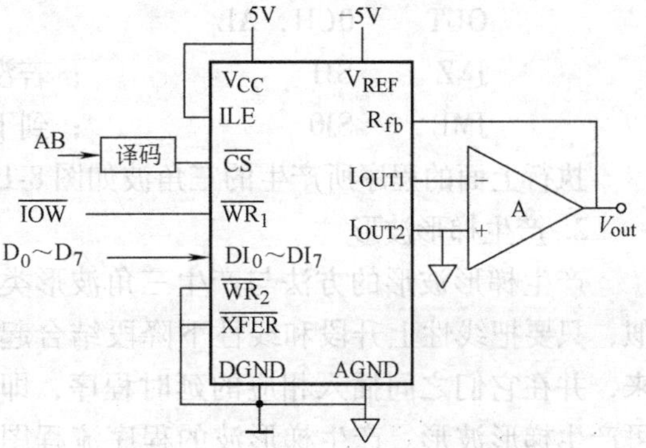

图 8-17　DAC0832 单缓冲方式

【例 8-2】　图 8-18 是 CPU 通过 Intel 8255A 与 DAC0832 转换器的接口电路。图 8-18 中 Intel 8255A 的 PA_7 ~ PA_0 与 DAC0832 的数据输入线 DI_7 ~ DI_0 相连，转换后的输出电压经运算放大器接至示波器的 Y 轴。通过编制不同的程序，就可在示波器上观察到相应的波形。

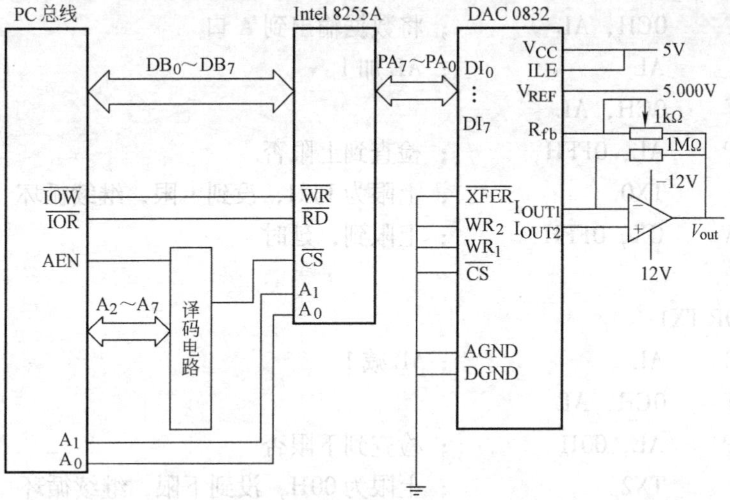

图 8-18　波形发生器接口电路

1. 产生三角波形

将线性增长段和线性下降段结合起来，便可产生三角波形。程序如下：

```
          MOV       AL, 80H             ; 设定 Intel 8255A 的 A 口为输出方式
```

```
        MOV    DX, 0DH        ; 8255 的口地址为 0AH ~ 0DH
        OUT    0FH, AL        ; 8255 的口地址为 0CH ~ 0FH
        MOV    DX, 0AH
        MOV    AL, 00H        ; 送下限值
SJ0:    OUT    0CH, AL        ; 将数据输出到 A 口
        INC    AL             ; AL 加 1
        JNZ    SJ0            ; 上限为 FFH，没到上限，继续循环
SJ1:    DEC    AL             ; 到上限，AL 减 1
        OUT    0CH, AL
        JNZ    SJ1            ; 若没到下限，转 SJ1 继续减 1 输出
        JMP    SJ0            ; 到下限，转 SJ0 重新从下限开始
```

执行上面的程序所产生的三角波如图 8-19 所示。

2. 产生梯形波形

产生梯形波形的方法与产生三角波形类似，只要把线性上升段和线性下降段结合起来，并在它们之间插入相应的延时程序，即可产生梯形波形。产生梯形波的程序流程图如图 8-20 所示。

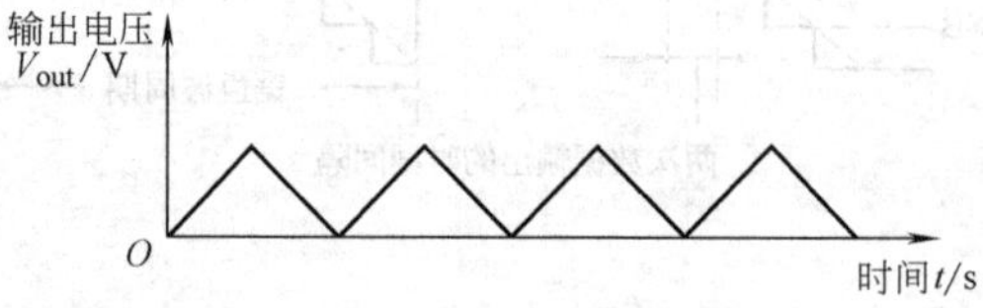

图 8-19 三角波波形图

程序如下：

```
        MOV    AL, 80H        ; 设定 Intel 8255A 的 A 口为输出方式
        OUT    0FH, AL
        MOV    AL, 00H        ; 从 0 开始
        OUT    0CH, AL        ; 将数据输出到 A 口
TX0:    INC    AL             ; AL 加 1
        OUT    0CH, AL
        CMP    AL, 0FFH       ; 检查到上限否
        JNZ    TX0            ; 上限为 FFH，没到上限，继续循环
        MOV    CX, 0FFH       ; 上限到，延时
TX1:    NOP
        LOOP TX1
TX2:    DEC    AL             ; AL 减 1
        OUT    0CH, AL
        CMP    AL, 00H        ; 检查到下限否
        JNZ    TX2            ; 上限为 00H，没到下限，继续循环
        MOV    CX, 0FFH       ; 下限到，延时
TX3:    NOP
        LOOP   TX3
        JMP    TX0            ; 转 TX0 开始下一个周期
```

梯形波的波形图如图 8-21 所示。

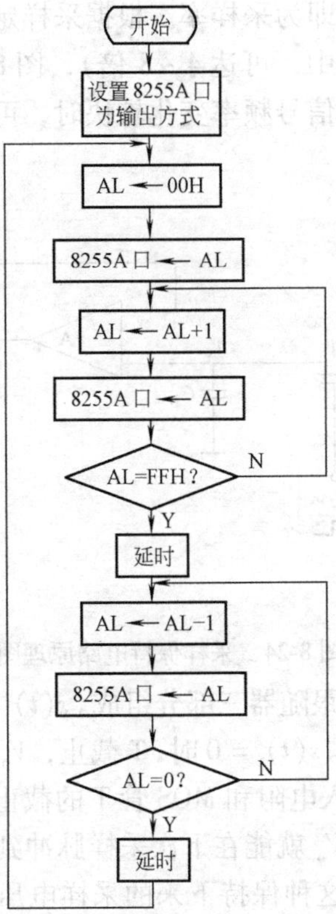

图 8-20 产生梯形波的程序流程图

图 8-21 产生梯形波波形图

第三节 A/D 转换器

一、A/D 转换器的工作原理

A/D 转换器处于模拟输入通道中，是模拟信号源与计算机或其他数字系统之间传递信息的桥梁，它主要是将连续变化的模拟量信号转换为 n 位二进制数字量信号，便于计算机或数字系统对其进行处理、存储或显示。它在计算机控制系统或数字采集系统中，占有不可缺少的重要位置。A/D 转换通常分四步进行：采样→保持→量化→编码。

1. 采样和保持

进入 A/D 转换器的模拟信号是随时间连续不断变化的量。A/D 转换器对其进行转换需要一定的转换时间。为了能够保证转换的精度，需在转换前对模拟量进行采样。

所谓采样，是将一个时间上连续变化的模拟量转换为时间上离散的模拟量的过程。通常采用等时间间隔进行采样。采样过程示意图如图 8-22 所示。

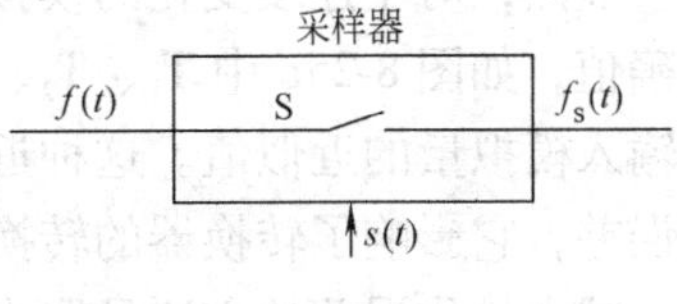

图 8-22 采样过程示意图

采样器相当于一个受控的电子开关，采样器的输入端接入连续变化的模拟信号，如图 8-

23b 所示；采样器的电子开关受控于一个脉冲信号，如图 8-23a 所示。采样器输出端即为代表模拟信号的离散量，如图 8-23c 所示。脉冲信号的频率即为采样率。根据采样定理，当采样频率高于或至少等于输入信号频率的两倍时(实际应用中，可达 4 ~ 8 倍)，图 8-23c 中的离散值，即可代表图 8-23b 中连续变化的模拟量。当模拟信号频率变化较快时，可采用保持电路，原理如图 8-24 所示。

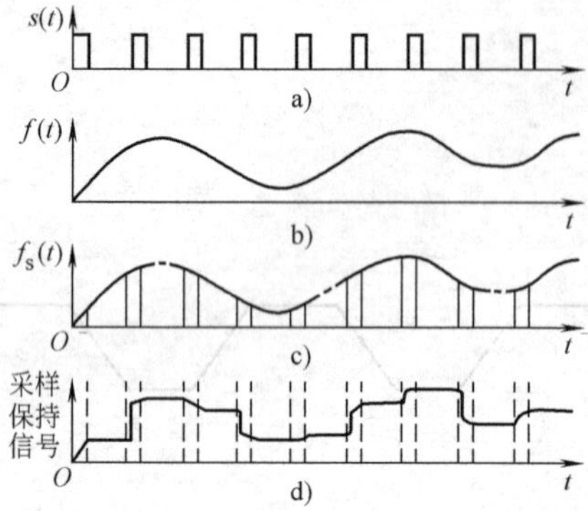

图 8-23 采样保持波形图

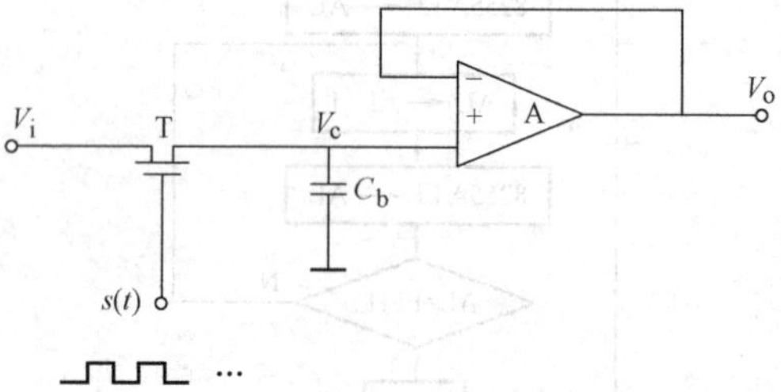

图 8-24 采样保持电路原理图

它由 MOS 管采样开关 T、保持电容 C_b 和运放做成的跟随器三部分组成。$s(t)=1$ 时，T 导通，V_i 向 C_b 充电，V_c 和 V_o 跟踪 V_i 变化，即对 V_i 采样。$s(t)=0$ 时，T 截止，V_o 将保持前一瞬间采样的数值不变。只要 C_b 漏电电阻、跟随器的输入电阻和 MOS 管 T 的截止电阻都足够大，大到在短时间内可以忽略 C_b 的放电电流的程度，V_o 就能在下次采样脉冲到来之前保持不变。实际中进行 A/D 转换时所用的输入电压，就是这种保持下来的采样电压，也是每次采样结束时的输入电压，如图 8-23d 所示。

2. 量化和编码

当用数字量表示模拟量时，都会遇到量化问题，它是模拟量转化为数字量的核心。所谓量化，就是用基本的量化电平 q 的个数来表示采样保持电路得到的模拟电压值。这一过程是把时间上离散而阶梯幅值仍是连续可变的模拟量以一定的准确度变为时间上、数字上都离散的、量级化的等效数字值。这就像天平称重物，被称重物为一连续变化的模拟量，砝码的最小值为量化单位，天平则为量化装置。从原理上讲量化相当于只取近似值的除法运算。量化的方法通常有两种：只舍不入法和有舍有入法(四舍五入法)。这两种量化法的示意图如图 8-25a 和 b 所示。

图 8-25c 给出了一个用只舍不入法量化的实例，从图中可以看出，量化过程也就是把采样保持下来的模拟量与量化电平对比得到的数值舍入成整数的过程。

显然，对于连续变化的模拟量，只有当数值正好等于量化电平的整数倍时，量化后才是准确值，如图 8-25c 中 T_1、T_2、T_4、T_6、T_8、T_{11}、T_{12} 时刻所示。否则，量化的结果都只能是输入模拟量的近似值。这种近似的表示法势必带来误差，这种由量化所带来的误差称为量化误差，它影响了转换器的转换精度且只能减小，但无法消除。

减少量化误差的方法是取小的量化电平。另外，在量化电平一定的情况下，一般采用四舍五入法带来的量化误差是只舍不入法引起的量化误差的一半。

将量化的模拟数值(它一定是量化电平的整数倍)用二进制数的原码或补码、BCD 码或其他编码表示的过程就是编码，比如用二进制数对图 8-25c 的量化结果进行编码，则可得到

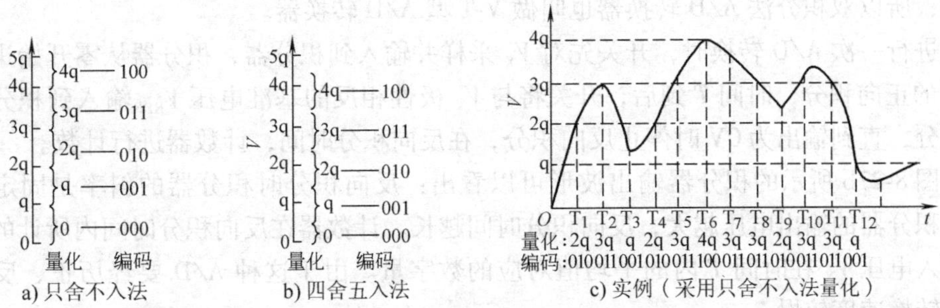

图 8-25　量化码示意图

图 8-25c 所示的编码输出。

至此，完成了 A/D 转换的全过程，将各采样点的模拟电压转换成了与之相对应的二进制数。

二、A/D 转换方法

实现 A/D 转换的方法很多，可以用硬件方法实现，也可以用软件方法实现。常用的有逐次逼近法、双积分法及电压频率转换法等。

1. 逐次逼近法 A/D 转换器

大多数 A/D 转换器都采用逐次逼近转换方法，它实际就是一个具有反馈回路的闭路系统，主要由三大部分组成：逐次逼近寄存器 SAR、D/A 转换器、比较器及相应的时序和控制逻辑部分。图 8-26 所示是逐次逼近法 A/D 转换器的工作原理图。其工作原理是逐次把设定的 SAR 寄存器中的数字量经 D/A 转换后得到电压 V_1，与待转换模拟电压 V_{IN} 进行比较。就类似于天平称量重物，V_{IN} 相当于被称物，V_1 相当于所放砝码的重量，而比较器就相当于天平。当天平达到平衡时，砝码所示的重量即为重物重量。同样，当 V_{IN} 与 V_1 相同时，比较器输出有效值，锁存 SAR 当前的数据值，其值即为输入模拟量 V_{IN} 所对应的数字量。逐次逼近寄存器提供二进制数时是遵循一定规律的，其方法是：首先将 SAR 中的最高位置 1，其余位清零，此时 D/A 转换器有一个相应的输出 V_1。若 $V_1 > V_{IN}$，则比较器输出为 0 并将该位清零（说明该砝码重于被称重物，换下），第二次将次高位置 1；若 $V_1 < V_{IN}$，则比较器输出为 1 并将该位置 1（说明该砝码轻于被称重物，保留），同时将下一位再置 1，经过同样的过程，依次比较完成，直至 $V_1 = V_{IN}$。由于是逐位进行，所以称为逐次逼近式。

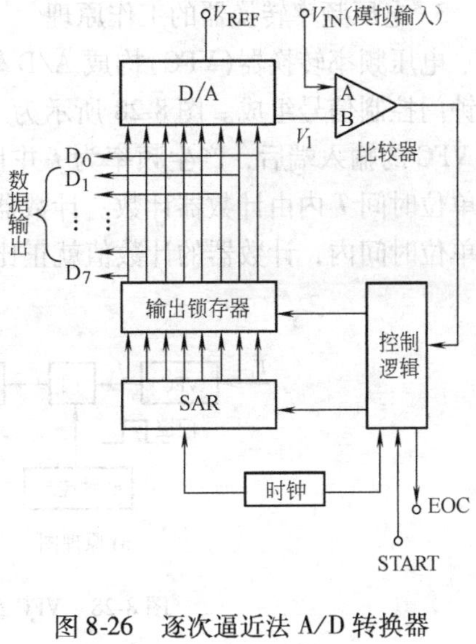

图 8-26　逐次逼近法 A/D 转换器的工作原理图

2. 双积分法 A/D 转换器

双积分法 A/D 转换器由电子开关、积分器、比较器和控制逻辑等部件组成，如图 8-27a 所示。双积分法 A/D 转换器是将待转换的模拟输入信号的未知电压 V_X 转换成时间值来间接测量的，所以双积分法 A/D 转换器也叫做 V-T 型 A/D 转换器。

在进行一次 A/D 转换时，开关先对 V_X 采样并输入到积分器，积分器从零开始进行固定时间 T 的正向积分，时间 T 到后，开关将与 V_X 极性相反的基准电压 V_{REF} 输入到积分器进行反向积分，直到输出为 0V 时停止反向积分，在反向积分时间，计数器进行计数。

从图 8-27b 所示的积分器输出波形可以看出：反向积分时积分器的斜率是固定的，V_X 越大、积分器的输出电压越大，反向积分时间越长。计数器在反向积分时间内所计的数值就是与输入电压 V_X 在时间 T 内的平均值对应的数字量。由于这种 A/D 要经历正、反两次积分，故转换速度较慢。

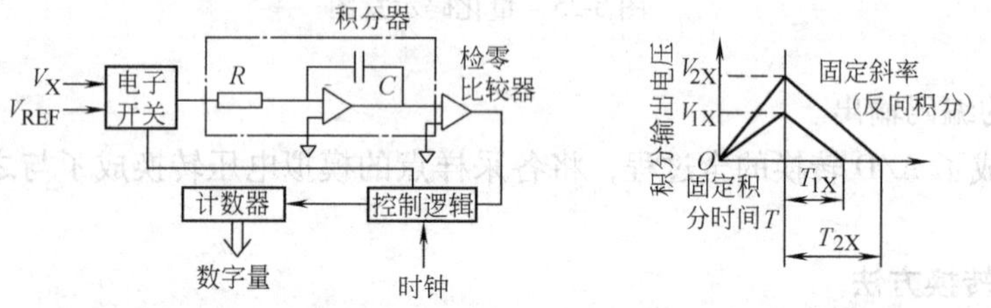

a) 原理图　　b) 波形图

图 8-27　双积分法 A/D 转换器工作原理图

3. 电压频率转换器的工作原理

电压频率转换器(VFC)构成 A/D 转换器时，由计数器、控制门及一个具有恒定时间的时钟门控制信号组成。图 8-28 所示为 VFC 型 A/D 转换器的原理图和波形图。当电压 V_i 加至 VFC 的输入端后，产生频率为 f 并且与 V_i 成正比的脉冲。该脉冲通过由时钟控制的门，在单位时间 T 内由计数器计数。计数器在每次计数开始时，原来的计数值被清零。这样，每个单位时间内，计数器的计数值就正比于输入电压 V_i，从而完成 A/D 变换。

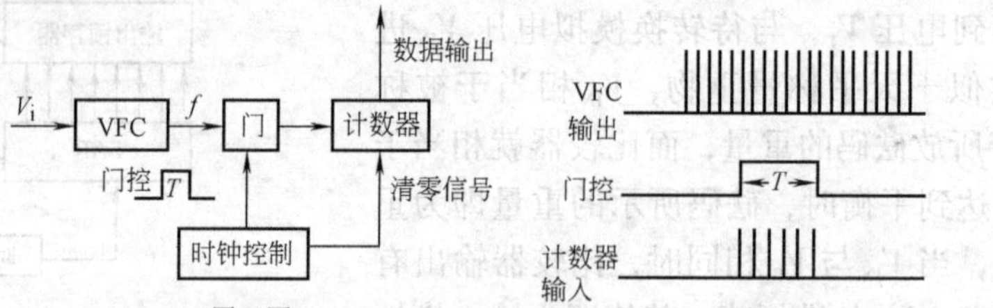

a) 原理图　　b) 波形图

图 8-28　VFC 型 A/D 转换器的原理图和波形图

三、A/D 转换器的主要参数

1. 分辨率

分辨率表示转换器对微小输入模拟量变化的分辨能力，通常用转换器输出数字量的位数来表示。例如，对 8 位 A/D 转换器，其数字输出量的变化范围为 0 ~ 255，当输入电压满刻度为 5V 时，转换电路对输入模拟电压的分辨能力为 5V ÷ 255 ≈ 19.6mV。目前常用的 A/D 转换集成芯片的转换位数有 8 位、10 位、12 位和 16 位等。

2. 量化误差

量化误差即在 A/D 转换过程中，由于量化所产生的固定误差。

3. 精度

精度包括绝对精度和相对精度两种表示方法。

(1) 绝对精度　A/D 转换器的绝对精度是指与数字输出量所对应的模拟输入量的实际值与理论值之差，有时也称为“绝对误差”。通常以数字量最低有效位的分数值来表示绝对误差，如：±1/2LSB。

(2)相对精度　A/D 转换器的相对精度是指满刻度校准以后，在整个转换范围内数字输出量所对应的模拟输入量的实际值与理论值之差。一般用模拟电压满量程的百分比表示。如满量程为5V，8 位 A/D 转换芯片，若其绝对误差为±1/2LSB，则其最小有效位所对应的模拟值范围(称为当量△)为19.6mV，其绝对精度为±1/2△=9.8mV，相对精度为9.8mV/5V=0.196%。

4. 转换时间

完成一次转换所需要的时间，称为 A/D 转换电路的转换时间。转换时间的倒数称为转换速率。目前常用的 A/D 转换集成芯片的转换时间约为几个微秒到200μs。

5. 量程

量程是指所能转换的模拟输入电压范围，分单极性、双极性两种类型。

例如，单极性量程为0~5V，0~10V，0~20V；双极性量程为-5~5V，-10~10V。

6. 输出逻辑电平

多数 A/D 转换器的输出逻辑电平与 TTL 电平兼容，但要考虑数字量输出与微处理器的数据总线接口问题。

7. 温度系数和增益系数

温度系数和增益系数都是表示 A/D 转换器受环境温度影响的程度，一般用每摄氏度变化所产生的相对误差作为指标，以 10^{-6}/℃为单位表示。

8. 抑制比

A/D 转换器对电源电压变化的抑制比(PSRR)，用改变电源电压使数据发生±1LSB 变化时所对应的电源电压变化范围来表示。

四、典型 A/D 转换芯片

理想的 A/D 转换器对于 CPU 应该是一个简单的输入接口，或表现为一个只读 ROM。

目前市场上 A/D 转换器芯片的种类很多，它们内部都包括 D/A 转换器、比较器、逐次逼近式寄存器、控制电路和数据输出缓冲器等。下面以较为常用的 A/D 转换器 ADC0809 为例，介绍 A/D 芯片与微型计算机系统的连接与应用。ADC0809 是国家半导体公司生产的 CMOS 材料的 A/D 转换器。它具有8 个通道的模拟量输入引脚，可在程序控制下对任意通道进行 A/D 转换，得到8 位二进制数字量，其转换精度和转换时间都不是很高，但其性能价格比有明显的优势，是目前应用较为广泛的芯片之一。

1. ADC0809 的引脚

ADC0809 外部引脚图如图 8-29 所示，ADC0809 共有 28 根引脚，引脚信号含义如下：

1）$D_0 \sim D_7$：8 位数字量数据输出引脚，可直接与系统数据总线相连。

2）$IN_0 \sim IN_7$：8 通道模拟量输入，可接入 8 路模拟输入信号。

3）ADDA、ADDB、ADDC：8 路开关地址选择，用于选择 $IN_0 \sim IN_7$ 中 8 路中的一路输入。ADDA 为最低位，ADDC 为最高位。

4）START：启动转换输入。该信号上升沿清除 ADC 的内部各寄存器，下降沿启动一次 A/D 转换。

5）ALE：地址锁存有效输入信号，上升沿有效，把 ADDA、ADDB、ADDC 这 3 个选择线的状态锁存到多路开关地址寄存器中。

6）EOC：转换完成输出信号，高电平有效。该引脚输出低电平时表示正在转换，输出高电平时表示一次转换结束。

7）OE：读允许信号，高电平有效。该信号有效时，将锁存其内部的转换后的 8 位数字量通过 $D_0 \sim D_7$ 引脚输出至系统数据总线。

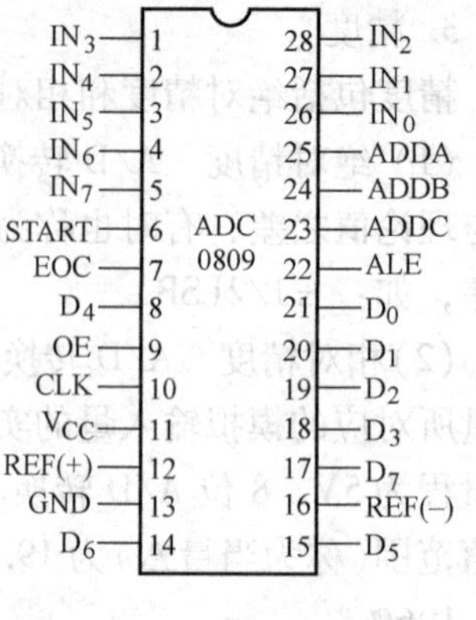

图 8-29 ADC0809 外部引脚图

8）CLK：时钟信号输入端。ADC 内部时钟信号，必须由外部加入时钟信号。

9）REF(＋)，REF(－)：参考电压输入端，决定输入模拟电压的最大值和最小值。

10）V_{CC}：5V 电源输入。

11）GND：接地线。

2. ADC0809 的内部结构

ADC0809 主要由模拟输入通道选择、转换器和三态输出缓冲器三部分组成。ADC0809 的内部结构框图如图 8-30 所示。

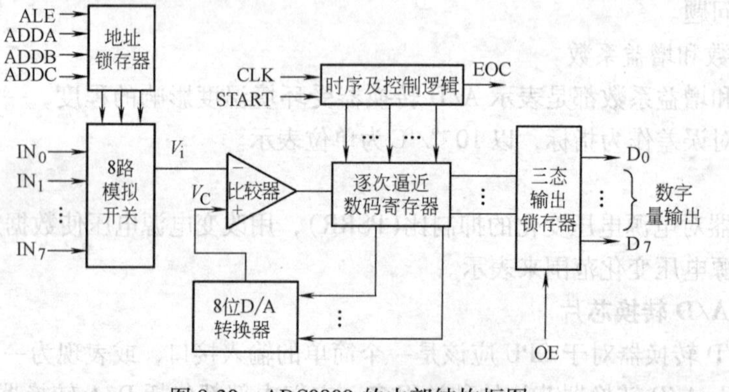

图 8-30 ADC0809 的内部结构框图

1）模拟输入通道选择部分。模拟输入通道选择部分包括一个 8 路模拟开关和地址锁存与译码电路。输入的 3 位通道地址信号 ADDA、ADDB、ADDC 由 ALE 锁存到锁存器，经译码电路译码后，控制模拟开关选择通过引脚 IN_0、IN_1、…、IN_7 引入的 8 路单极性模拟电压中的 1 路进行 A/D 转换。ADC0809 地址译码与输入通道的关系见表 8-1。

表 8-1 地址译码与输入通道的关系

模拟通道	ADDC	ADDB	ADDA
IN_0	0	0	0
IN_1	0	0	1
IN_2	0	1	0
IN_3	0	1	1
IN_4	1	0	0
IN_5	1	0	1
IN_6	1	1	0
IN_7	1	1	1

2）转换器部分。转换器部分主要包括比较器、8 位 D/A 转换器、逐次逼近寄存器以及控制逻辑电路等。这部分是芯片的核心。

3）输出部分。输出部分包括一个 8 位三态输出缓冲器，可以锁存逐次逼近寄存器中的转换结果，并由 OE 引脚控制输出至系统总线。

3. ADC0809 的主要技术指标

电源电压：5V。

分辨率：8 位。

时钟频率：640kHz。

转换周期：100μs。

未经调整的误差：1/2LSB 和 1LSB。

模拟量输入电压范围：0 ~ 5V。

功耗：15mW。

五、ADC 芯片与系统的连接

在 ADC 芯片与主机的连接过程中，除了有数据信息的传输外，还应有控制信息和状态信息的相互联系，所以 ADC 芯片相当于“输入设备”，不仅需要接口电路提供数据缓冲器，而且主机还要控制转换的启动，同时主机还需要及时获知转换是否结束，并进行数据输入等处理。为了更好地完成它们之间的配合，在 A/D 转换器与 CPU 接口中必须考虑如下问题：①A/D 转换器的转换时间；②A/D 转换器的数字输出特性；③A/D 转换器的分辨率和微处理器数据总线的位数；④A/D 转换器的控制和状态信号。

下面分别讨论这几种情况：

1. A/D 转换器的转换时间——A/D 与 CPU 间的时间配合问题

A/D 转换器与 CPU 的接口中，重点要解决的是时间配合问题。A/D 转换器从接到转换命令到转换结束，一般需要几微妙，慢的几十微秒，甚至几百微秒。大多数 A/D 转换器的转换时间慢于 CPU 的指令周期。为了得到正确结果，必须根据要求解决好启动转换和读取结果操作间的时间配合问题。下面是几种相应的解决方法。

（1）固定延时等待法　采用固定延时等待法时，A/D 转换芯片与 CPU 的连接如图 8-31 所示。主要过程是 CPU 通过 WRITE“写”指令启动 A/D 转换之后，CPU 执行延时程序。经过一段时间的延时后，对同一端口执行读操作，即将转换结果读入 CPU。这种方法的优点是接口简单；缺点是使 CPU 处于单一的等待过程，降低了 CPU 的效率。

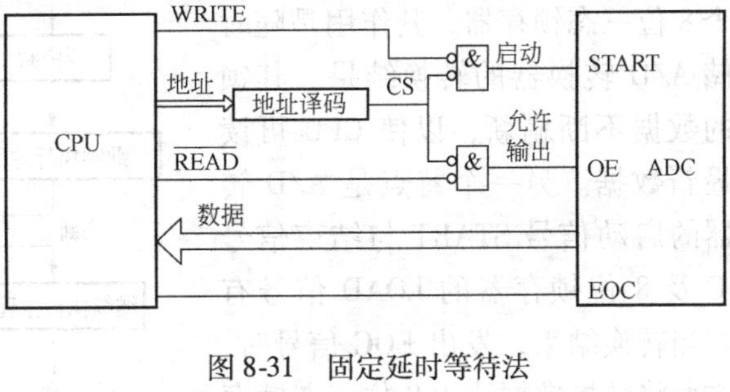

图 8-31　固定延时等待法

（2）保持等待法　采用保持等待法的系统连接如图 8-32 所示。这种方法是利用了有些 CPU 可提供一个保持输入引脚 WAIT。利用启动后 A/D 的信号（如 EOC 信号）去控制 CPU 插入等待周期，从而延长 CPU 的读周期。

此种方法优点：①CPU 对 ADC 芯片的控制只需一条输入指令；②在最短时间内读到数据。

但使用此方法需注意：①AD 的启动信号类型极性；②CPU 对 WAIT 时间有无限制；③

启动 A/D 转换器后，能否及时得到 EOC 信号。

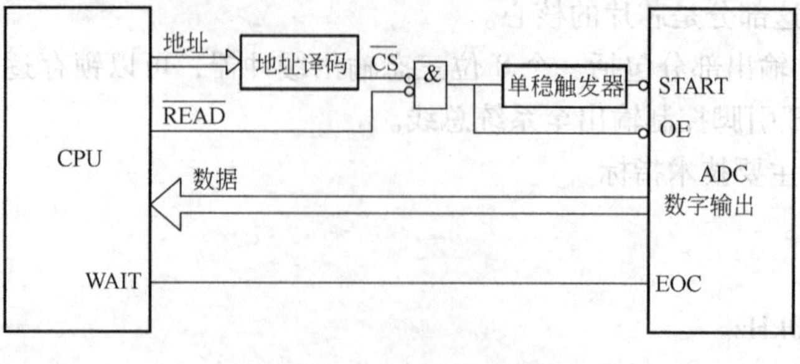

图 8-32　保持等待法

（3）中断响应法　上述两种方法适用于转换时间较短的 A/D 转换器。若转换时间较长，则应采取中断响应法。图 8-33 显示了中断响应法的系统连接图。其过程是：CPU 对 A/D 占用的口地址执行一条输出指令，即启动 A/D 转换器工作。之后，CPU 与 A/D 转换器同时工作。当 A/D 转换完成，发出 EOC 信号时，此信号就可作为中断请求信号，CPU 在相应中断处理过程中，执行输入指令读数据。此种方法的特点是不花费等待时间，硬件连接简单，但程序较复杂。图 8-34 给出此种方法的程序流程图。

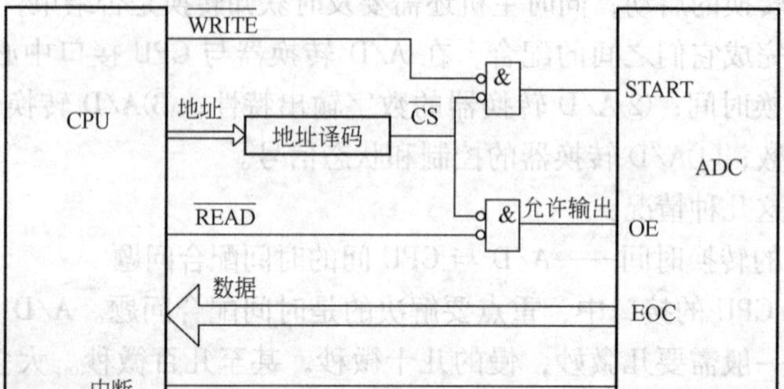

图 8-33　中断响应法

（4）双重缓冲法　为提高对 A/D 转换器转换结果的利用率，可采用双重缓冲法，系统连接如图 8-35 所示。此种方法的特点是，在系统中增加了一个 8 位三态锁存器，其作用是随时存储 A/D 转换器的转换结果。其锁存的数据不断刷新，以使 CPU 可读到最新数据。另一个特点是 A/D 转换器的启动信号 START 与结束信号 EOC 及 8 位锁存器的 LOAD 信号有关。当转换结束，发出 EOC 信号时，一方面将转换数据读入 8 位三态锁存器，另一方面启动下一次 A/D 转换。

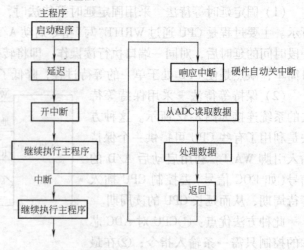

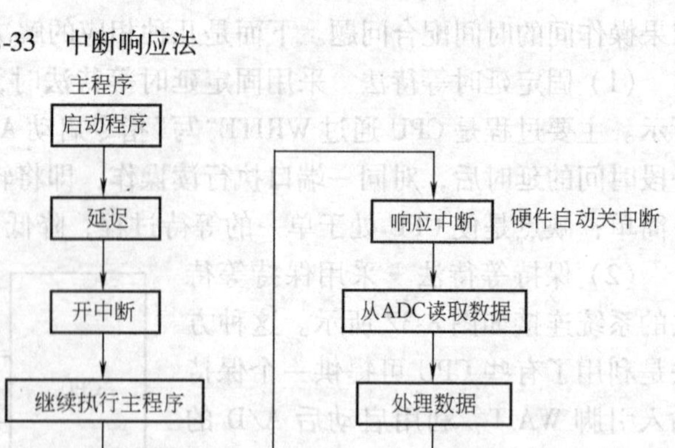

图 8-34　中断响应流程图

此种方法提高了效率，CPU 执行一条输入指令即可将数据读入而不必等待。

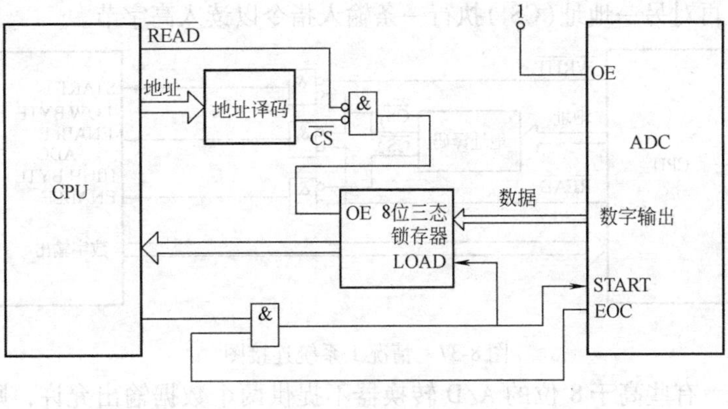

图 8-35　双重缓冲法

（5）查询法　查询法系统连接如图 8-36 所示。可用转换结束信号 EOC 作为状态信号，当系统对数据在时间上要求并不迫切时，可采用此法。

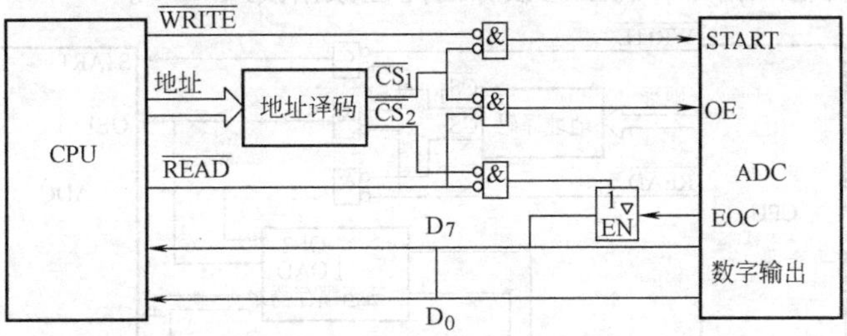

图 8-36　查询法

2. A/D 转换器的数字输出特性

A/D 转换器与 CPU 间除了明显的电气相容性以外，对 A/D 的数字输出必须考虑的关键两点为：①转换结果数据应由 A/D 转换器锁存；②数据输出最好具有三态能力。因为有些芯片具有三态门输出，如 ADC0809，这种芯片的输出端可直接和系统总线相连，由读信号控制三态门。转换结束后，由 CPU 执行一条输入指令，从而产生读信号将数据从 A/D 转换器取出。有些芯片内部有三态门，但并不受外部控制，而是由 A/D 转换电路在转换结束时自动接通的。还有一些芯片甚至根本没有三态输出门电路，这种情况 A/D 芯片不能直接与系统的数据总线相连，而必须通过 I/O 通道或者附加的三态门电路实现连接。所以，与主机的连接可分成两种方式：

1）直接相连：用于输出带有三态锁存器的 A/D 转换器芯片。

2）通过三态锁存器相连：适用于不带三态锁存器的 ADC 芯片，也适用带有三态锁存缓冲器的芯片。

3. A/D 转换器的分辨率和微处理器数据总线位数统一的问题

当 A/D 转换器分辨率超过 CPU 数据总线位数时，采用两条输入指令读取完整数据，可分如下两种情况：

（1）情况一　有不少 A/D 转换器提供两个数据输出允许信号：HIGH BYTE ENABLE 和 LOW BYTE ENABLE，系统连接如图 8-37 所示。在这种情况下 CPU 对一个口（$\overline{CS_1}$）执行一条输出指令启动 A/D 转换。经过一定时间后，CPU 再对该地址执行一条输入指令以读入低字节，随后，CPU 再对另一地址($\overline{CS_2}$)执行一条输入指令以读入高字节。

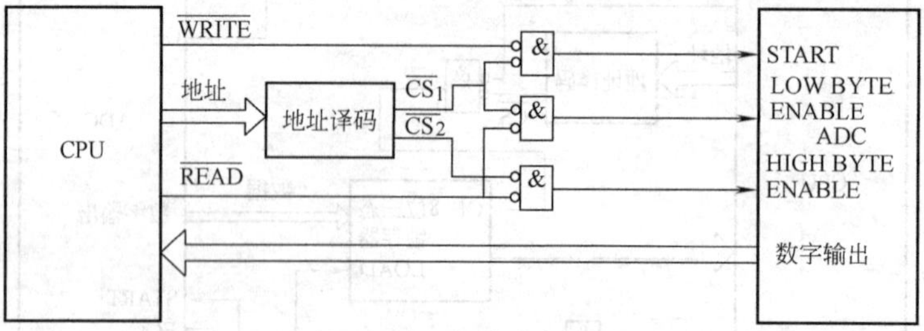

图 8-37　情况 1 系统连接图

(2) 情况二　有些高于 8 位的 A/D 转换器不提供两个数据输出允许，则必须外加缓冲器，如图 8-38 所示。具体执行过程：CPU 对$\overline{CS_1}$ 执行输出指令启动 A/D 转换；经过一定时间后，对$\overline{CS_1}$ 执行输入指令，则将转换数据的低 8 位读入 CPU，高位进入三态锁存器；再对 CS_2 对应的端口执行输入指令，将三态锁存的高位数据读入 CPU。

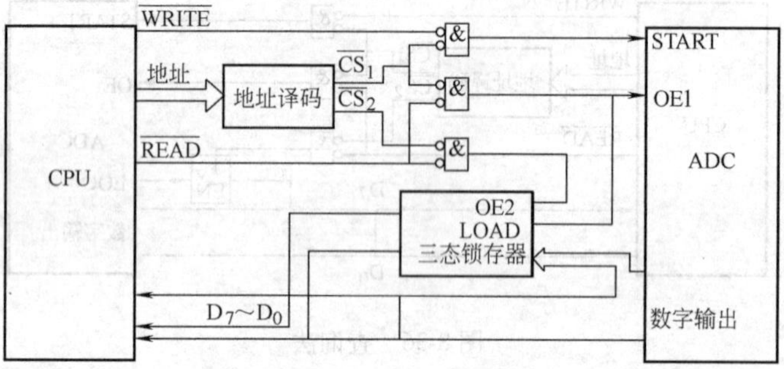

图 8-38　情况 2 系统连接图

4. A/D 的控制和状态信号

(1) 启动信号　启动 A/D 转换的输入信号。启动信号(START)一般有两种形式：脉冲信号和电平信号。若是电平启动，则有极性要求，若要求脉冲启动，往往前沿用于复位，后沿用于启动，如图 8-39 所示。主机产生启动信号有两种方法：

1) 编程启动。软件上，执行一个输出指令；硬件上，利用输出指令产生 A/D 转换器启动脉冲，或产生一个启动有效电平。

2) 定时启动。启动信号来自定时器输出。

(2) 转换结束信号　A/D 的输出信号标志转换结束(EOC 或 READY 或 BUSY)，注意极性和时间。

(3) 输出允许信号(OE)　这是对一个具有三态输出能力的 A/D 转换器的输入控制信号，可由 CPU 的$\overline{READ}$信号与$\overline{CS}$信号结合产生。

六、ADC 芯片的应用

【例 8-3】 编程启动 ADC，当转换结束后采用中断处理方式。系统连接如图 8-40 所示。

1. 主程序

```
                        ; 数据段
    ADTEMP DB   0       ; 给定一个临时变量
```

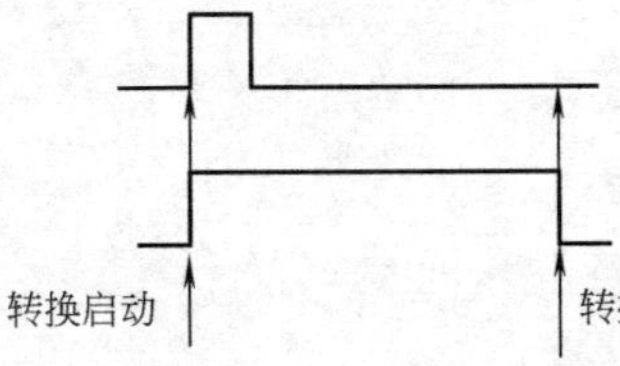

图 8-39　A/D 转换

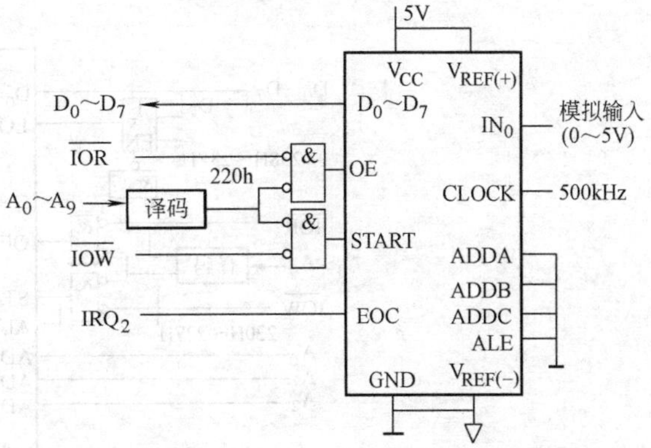

图 8-40　中断方式

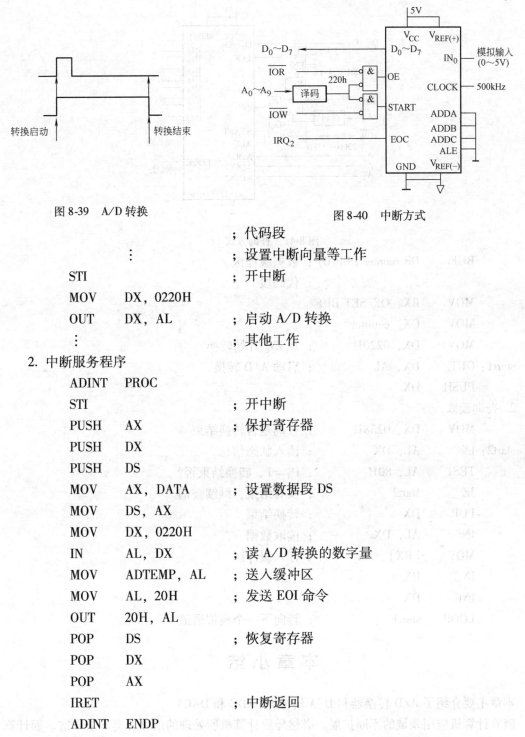

```
                                ；代码段
            ⋮                   ；设置中断向量等工作
    STI                         ；开中断
    MOV     DX，0220H
    OUT     DX，AL              ；启动 A/D 转换
    ⋮                           ；其他工作
```

2. 中断服务程序

```
    ADINT   PROC
    STI                         ；开中断
    PUSH    AX                  ；保护寄存器
    PUSH    DX
    PUSH    DS
    MOV     AX，DATA            ；设置数据段 DS
    MOV     DS，AX
    MOV     DX，0220H
    IN      AL，DX              ；读 A/D 转换的数字量
    MOV     ADTEMP，AL          ；送入缓冲区
    MOV     AL，20H             ；发送 EOI 命令
    OUT     20H，AL
    POP     DS                  ；恢复寄存器
    POP     DX
    POP     AX
    IRET                        ；中断返回
    ADINT   ENDP
```

【例 8-4】 编程启动 ADC，转换结束时，采用查询处理方式，系统连接如图 8-41 所示。

1. 启动转换

```
                                ；数据段
    counter EQU 8
```

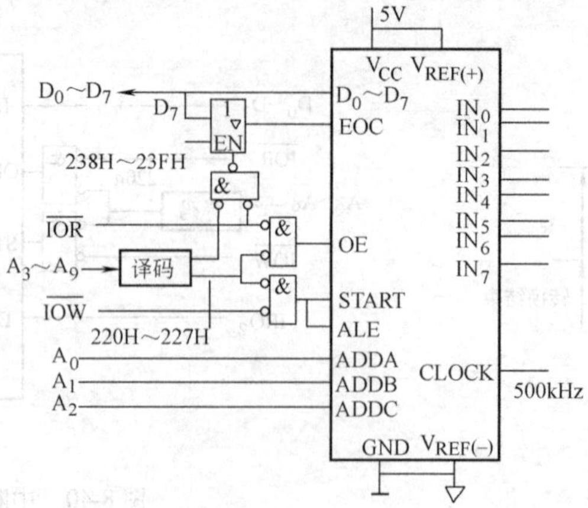

图 8-41 查询方式

```
BUF      DB counter DUP(0) ; 数据缓冲区
                           ; 代码段
         MOV    BX, OFFSET BUF
         MOV    CX, counter
         MOV    DX, 0220H   ; 从 IN0 开始转换
start1:  OUT    DX, AL      ; 启动 A/D 转换
         PUSH   DX
```

2. 查询读取

```
         MOV    DX, 0238H   ; 查询是否转换结束
start2:  IN     AL, DX      ; 读入状态信息
         TEST   AL, 80H     ; D7 =1, 转换结束否?
         JZ     start2      ; 没有结束, 继续查询
         POP    DX          ; 转换结束
         IN     AL, DX      ; 读取数据
         MOV    [BX], AL    ; 存入缓冲区
         INC    BX
         INC    DX
         LOOP   start1      ; 转向下一个模拟通道
```

本章小结

本章主要介绍了 A/D 转换器和 D/A 转换器(ADC 和 DAC)。

随着计算机应用领域的不断扩展，必然导致计算机所处理的信号种类不断丰富。而计算机内部所接收、存储和处理的数据只能是二进制数。A/D 转换器的作用是将随时间连续变化的模拟量转换成计算机所能识别的数据；D/A 转换器则将计算机输出的二进制数据转换成被控外设所能接收的模拟信号。这两种转换器在计算机监测及控制系统中占有不可缺少的重要地位。在本章的学习中，应正确掌握这两种转换器的转换原理；了解 A/D 转换器

ADC0809 的内部结构、外部引脚、不同的工作方式及在实际中的灵活应用；了解 D/A 转换器 DAC0832 的转换原理及使用方法。最终能达到在实际系统设计过程中，正确地选择、设计并使用 ADC 和 DAC。

习 题

8-1 D/A 转换器有哪些主要性能指标？A/D 转换器有哪些主要性能指标？

8-2 试用 10 位 D/A 转换器（片内无三态输入锁存器）与 CPU 连接，画出它们的接口原理图，并写出进行一次 D/A 转换过程的程序段。

8-3 试用 10 位 A/D 转换器（片内无输出锁存器）与 CPU 连接，画出它们的接口原理图，并写出进行一次 A/D 转换过程的程序段。

8-4 DAC 分辨率和微机系统数据总线宽度相同或高于系统数据总线宽度时，其连接方式有何不同？

8-5 在如图 8-42 所示的 ADC0809 接口电路中，若改为中断方式读取转换后的数字量，且对模拟量轮流采样一次，则电路应作哪些改动？请编写程序。设读取的数字量存放在 STORE 开始的 8 个内存单元。

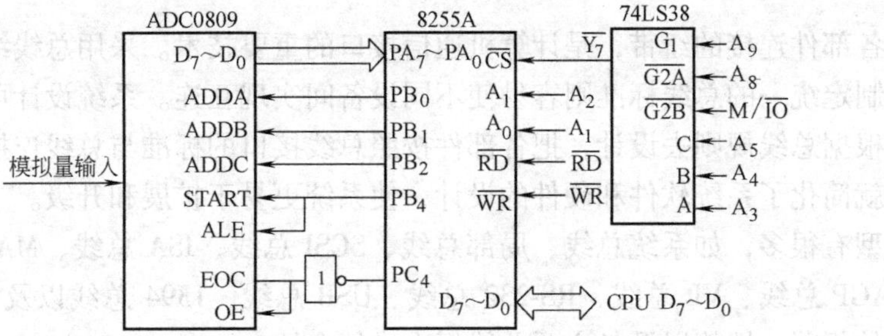

图 8-42 ADC0809 利用 8255A 构成的查询式接口电路

第九章　总线技术

任何一个微处理器都要与一定数量的部件和外部设备连接，但如果将各部件和每一种外部设备都分别用一组线路与 CPU 直接连接，那么连线将会错综复杂，甚至难以实现。

为了简化硬件电路设计、简化系统结构，常用一组线路配置适当的接口电路，与各部件和外部设备连接，这组共用的连接线路称为总线。简而言之，总线是各种信号线的集合，是计算机中公用的数据信号传输通道。总线技术已经成为计算机设计与制造中一项十分重要的技术。

第一节　总线概述

总线是各部件连接的纽带，是计算机通信接口的重要技术。采用总线结构便于部件和设备的扩充，制定统一的总线标准则容易使不同设备间实现互连。系统设计可依照总线为出发点，设计者根据总线规则去设计，把各部件按照总线接口的标准与总线连接而无需单独设计连接，这样就简化了系统软件和硬件的设计，使系统更易于扩展和升级。

总线类型有很多，如系统总线、局部总线、SCSI 总线、ISA 总线、MAC(微通道总线)、PCI 总线、AGP 总线、VL 总线、RS-232 总线、USB 总线、1394 总线以及 PCIE 总线等。本章将对总线的规范、性能以及各主要总线标准进行介绍。

一、总线标准

总线标准是人们把各种不同的模块组成系统时所需要遵守的总线规范，它为不同模块互连提供了透明的标准，任何一方只需要根据总线接口标准要求实现和完成接口功能，而不必要去考虑另一方的接口方式。采用总线接口标准可以为接口的硬件、软件设计提供方便。对硬件结构来说，各模块的设计接口相对独立，只要达到功能要求便可，不必要求结构上的一致，而接口软件也可以进行模块化设计。采用总线标准可以简化系统设计和系统结构，提高系统可靠性，便于系统的扩展和更新。

总线形成标准通常有两种方式：

(1) 先有产品后有标准　一般是某公司为自己开发的微机系统所使用的一种总线，而其他兼容机厂商按其公布的总线规范开发相关配套产品并投入市场。由于这类产品的广泛使用，其总线标准也被国际工业界广泛支持，有的还被国际标准化组织承认并授予标准代号。例如，PC 总线。

(2) 先有标准后有产品　这些总线标准是由国际权威机构(如 IEEE)或多家大公司联合起来根据技术和产品发展的需要而制定的。在总线标准确定以后，有关厂商推出符合相应标准的产品。例如，USB 总线。

在国际上，从事接纳和主持制定总线标准工作的有美国电气与电子工程师协会(IEEE)、国际电工委员会(IEC)、国际电信联盟(ITU)和美国国家标准局(ANSI)组织的专门标准化委员会，这些委员会一方面为适应不同应用水平的要求，从事开发和制定总线标准和建议草案；另一方面对现有的由一些公司提出的并为国际工业界广泛支持的通用总线标准进行筛选、研究和修改，对所通过的总线标准进行统一标号，表示对该总线标准的认可。

不同的总线有不同的详细规范，但一般都应包含以下三部分：

1）机械规范。规定模块尺寸、总线连接器、插头规格等。

2）电气规范。规定信号逻辑电平、负载能力及最大最小额定值以及动态转换时间等。

3）功能规范。规定总线接口引脚的定义、传输速率的设定、定时及信号格式和功能。

二、总线分类

1. 按物理位置划分

根据总线的功能和应用场合等，可以从不同的角度对总线进行分类，本书根据总线所处的物理位置不同可以把总线分为4种类型：片内总线、元器件级总线、系统总线和外部总线，如图9-1所示。

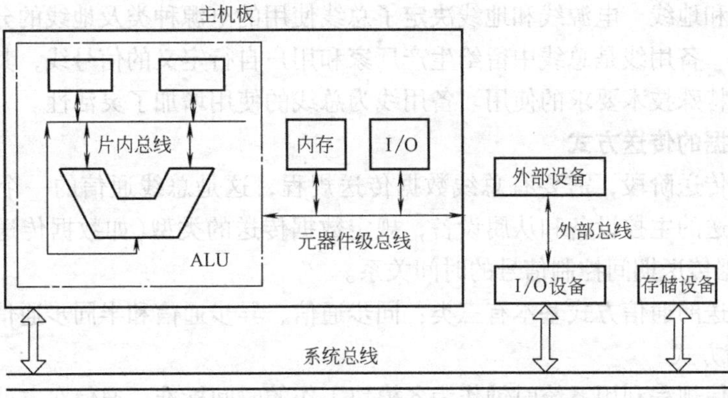

图9-1 微型计算机各级总线接口示意图

（1）片内总线 片内总线是集成在电路芯片内部用于连接各功能单元的信息通路。例如，微处理器芯片内部总线用于ALU和各寄存器等功能单元之间的互相连接。片内总线一般由芯片生产厂家设计，用户不必关心。但是随着微电子技术的发展和ASIC技术的大量应用，用户可以借助CAD技术，设计符合自己要求的专用芯片，在这种情况下，用户就必须掌握片内总线技术。

（2）元器件级总线 元器件级总线又称片总线或局部总线，是一块印制电路板上连接各芯片之间的公共通路。例如，CPU板上CPU芯片与接口芯片之间的连接通路。元器件总线与芯片引脚的关系密切，难以形成总线标准。

（3）系统总线 系统总线又称内部总线或板级总线，是目前微型计算机机箱内的底板总线，用以连接微型计算机系统的各插件板。例如，多处理器系统中各CPU板之间的通信通道就是系统总线。系统总线是微机系统最重要的一种总线，在组建或扩充微机系统时，要选用恰当的系统总线，并按总线规范设计制作插板。有的系统总线的性能与某种CPU芯片有关，是元器件级总线经过重新驱动和扩展而成的，也有不少系统总线并不依赖于具体型号的CPU，可以为多种型号的CPU和其配套芯片使用。常用的系统总线有ISA、PCI等。

（4）外部总线 外部总线也叫通信总线。它主要用于微机系统之间，微机系统与仪器仪表之间或与其他外部设备之间的连接。外部总线有并行的、串行的，其数据传输速率一般比系统总线低。外部总线并非微机系统专用，一般都是在电子工业的其他领域已有的总线标准。例如，RS-232C 是从 CCITT 远程通信标准中导出的。常用的外部总线有 RS-232C、IEEE-488、SCSI、IDE、USB、IEEE1394 等。

2. 按传送信号类型划分

总线上的信号有很多，为方便学习，按其所完成的功能可分为以下几种：

（1）地址总线　地址总线为单向、三态总线，它是微机系统用于传送地址的信号线。地址总线的数目决定了直接寻址的范围。

（2）数据总线　数据总线一般为双向、三态总线，它用来传送数据和代码。

（3）控制总线　控制总线用来传送控制信号，实现命令和状态的传送，包括读信号、写信号等，中断、DMA 控制信号、系统时钟、复位信号等也是通过控制总线来传送的。控制总线决定了总线功能的强弱和适应性，是一组很重要的信号线。控制总线根据不同的使用条件，其信号线可分为单向或双向，三态或非三态。

（4）电源线和地线　电源线和地线决定了总线使用的电源种类及地线的分布和用法。

（5）备用线　备用线是总线中留给生产厂家和用户自行定义的信号线，其作用是为了功能的扩充和用户特殊技术要求的使用。备用线为总线的使用增加了灵活性。

三、总线数据的传送方式

在总线数据传送阶段，需要有总线数据传送规程，这是总线通信的一个规约。规约包括：指定数据传送的主控设备和从属设备，规定数据传送的类型（如数据传送方向、数据宽度等），规定数据传送期间控制信号的时间关系。

总线数据传送的通信方式基本有三类：同步通信、异步通信和半同步通信。

1. 同步通信方式

同步总线通信规程利用系统时钟作为各模块工作的时间标准，通信双方严格按时钟规定完成相应的操作。其主要优点是简单，每个模块什么时候发送或接收信息都由统一的时钟信号控制。但作为主控信号的时钟不适合长距离的传输，否则会因为传输线效应使整个系统工作不正常。同时，同步总线在处理相对低速的从设备时也存在问题，由于数据传送必须在限定的时钟周期内完成，它不能适应那些存取时间较长的设备。为了满足这些低速设备的需要，不得不放慢时钟频率，这样整个系统的性能因此而降低了。

2. 异步通信方式

为了满足对高速设备具有高速操作而对低速设备具有低速操作的要求，可采用异步通信总线。异步通信允许总线上的各模块有各自的时钟，这样在模块间进行通信时就不需要公共的时钟了。但要实现不同速度模块间的配合，必须增加应答信号线，应答信号常用请求（Request）和响应（Acknowledge）来表示。异步通信总线正是利用这两个应答信号的联络来保证可靠通信的。异步通信的优点是能在同一系统中兼容不同速度的设备。缺点是由于两个应答信号的相互联系，使得应答信号在一个数据传送期间内在总线上至少经过两次传输，降低了传送速率。

3. 半同步通信方式

由于异步通信总线的传输延迟限制了数据的传送速率，而同步通信总线又不能满足不同速度设备的传送要求。因此有了半同步总线，这是一种结合同步总线和异步总线优点的总线方式。半同步通信总线总能像同步通信总线一样，采用统一的系统时钟同步双方的通信。同时，为了能像异步通信一样，允许不同速度的模块协同工作，引入了“等待（wait）”响应线。

当慢速设备在规定时间内未完成操作时，该信号线有效，插入等待周期，以此来达到同步双方通信的目的。

第二节 系统总线

一、系统总线及其发展

计算机技术的发展日新月异，处理器的主频越来越高。与此同时，在计算机中有重要地位的I/O技术也在不断发展，不过相较其他计算机技术来说，I/O技术的发展相对沉稳。自从IBM PC问世至今，虽然经历了包括MCA、VESA等在内的多种总线规格，但从整体来看，大致只经过了ISA和PCI总线两个阶段。大致的情况如图9-2所示。

1. 系统总线的发展概况

最早的PC总线是IBM公司1981年在PC/XT上采用的系统总线，它是基于8位的8088处理器的，称为PC总线或者PC/XT总线。1984年，IBM推出基于16位Intel 80286处理器的PC/AT，系统总线也相应地扩展为16位，称为PC/AT总线。为了开发与IBM PC兼容的外部设备，行业内逐渐确立了以IBM PC总线规范为基础的工业标准架构(Industry Standard Architecture，ISA)即ISA总线。ISA是8/16位的系统总线，最大传输速率仅为8MB/s，但允许多个CPU共享系统资源。由于兼容性好，成为20世纪80年代最广泛采用的系统总线。不过它也有不少缺点，比如传输速率过低、CPU占用率高、占用硬件中断资源等。

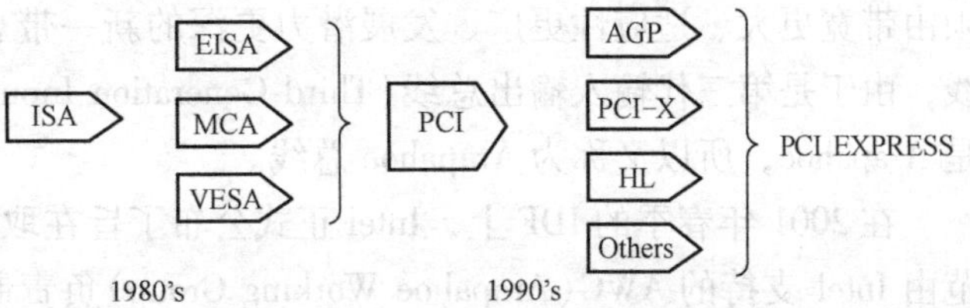

图9-2 计算机系统总线的发展概况简图

ISA总线基本上可以满足以80286或80386SX以下CPU为核心的计算机的要求。当80386DX处理器出现之后，总线的宽度就已经成为严重的瓶颈，并影响到处理器性能的发挥。1988年，康柏、惠普等9个厂商协同把ISA扩展到32位，这就是著名的扩展ISA总线(Extended ISA，EISA)。EISA总线的工作频率仅为8MHz，并且与8/16位的ISA总线完全兼容，带宽比ISA总线提高了一倍，达到了32MB/s。但EISA速度有限，并且成本过高，在还没成为标准总线之前，在20世纪90年代初的时候，就被周边组件互连总线(Peripheral Component Interconnect Local Bus，PCI)即PCI总线给取代了。

1992年，Intel在发布80486处理器的时候，同时提出了32位的PCI总线。最早提出的PCI总线工作在33MHz频率之下，带宽达到了132MB/s(33MHz×32位/8)，与ISA总线相比有了极大的改善，基本上满足了当时处理器的发展需要。1993年，提出了64位的PCI总线，后来又提出把PCI总线的频率提升到66MHz。目前广泛采用的是32位、33MHz的PCI总线。PCI总线是独立于CPU的系统总线，采用了独特的中间缓冲器设计，可将显卡、声卡、网卡、硬盘控制器等高速的外部设备直接挂在CPU总线上，打破了瓶颈，使CPU的性能得到充分的发挥。可惜的是，由于PCI总线只有133MB/s的带宽，能满足声卡、网卡、视频卡等绝大多数输入输出设备的传输要求，但对于数据传输量比较大的3D显卡却力不从心，成为了制约显示子系统和整机性能的瓶颈。此时PCI总线的补充——AGP总线应运而生。

Intel 于 1996 年 7 月正式推出了加速图形接口(Accelerated Graphics Port, AGP)，即 AGP 接口。这是显示卡专用的局部总线，是基于 PCI 2.1 版规范扩充修改而成的总线标准，工作频率为 66MHz，1X 模式下带宽为 266MB/s，是 PCI 总线带宽的两倍。后来依次又推出了 AGP2X、AGP4X、AGP8X，AGP8X 的传输速度达到了 2.1GB/s。利用 PCI 总线技术的显卡，第一次真正地实现了多媒体效果，并且可以支持增强色和真彩色等色彩模式，这与当时只能支持 256 色的 VESA VLB 显卡相比，在性能上有了很大的提高。

随着新的技术和设备的出现以及游戏和多媒体的广泛应用，PCI 的工作频率和带宽都已经无法满足需求。除此之外，PCI 还存在 IRQ 共享冲突，只能支持有限数量设备等问题。对于整个计算机架构来说，PCI 总线只有 133MB/s，带宽早已是不堪负荷，处处堵塞。经历了长达 10 年的修修补补之后，PCI 总线标准仍然无法满足计算机性能提升的要求，决定了必须由带宽更大、适应性更广、发展潜力更深的新一带总线取而代之，这就是 PCI Express 总线，由于是第三代输入输出总线(Third-Generation Input/Output, 3GIO)，另外它的开发代号是 Arapahoe，所以又称为 Arapahoe 总线。

在 2001 年春季的 IDF 上，Intel 正式公布了旨在取代 PCI 总线的第三代 I/O 技术，该规范由 Intel 支持的 AWG(Arapahoe Working Group)负责制定。在 2002 年 4 月 17 日，AWG 正式宣布 3GIO 1.0 规范草稿制定完毕，并移交 PCI-SIG 进行审核。开始的时候大家都以为它会被命名为 Serial PCI(受到串行 ATA 的影响)，但最后却被正式命名为 PCI Express，Express 意思是高速、特别快的意思。2002 年 7 月 23 日，PCI-SIG 正式公布了 PCI Express 1.0 规范，2006 年推出 Spec2.0(2.0 规范)。

2. 系统总线发展过程中几种技术的比较

系统总线的发展实质上是 PC 系列微机发展的一个缩影。数据位的宽度、支持的数据传输速率、对设备支持的程度、规范性以及可扩展性，都是衡量一个总线标准的技术指标。对于一种总线标准来说，它能否得到广泛的应用，取决于这个标准是否符合当时计算机发展的要求。表 9-1 为几种系统总线标准的性能比较。

表 9-1　几种系统总线标准的性能比较

总线	宽度	传输速率/(Mbit/s)	突发方式	自动配置	规范性	复杂性	可扩展性
PC	8	5	无	无	差	简单	较好
ISA	16	8	无	无	差	简单	较好
MCA	32	33	有限	有	好	复杂	较好
EISA	32	40	有限	有	差	复杂	差
VL	32	132	有限	无	差	简单	差
PCI	32/64	132/528	无限	有	较好	复杂	好

二、ISA 总线及 EISA 总线

在计算机技术发展的早期，出现了几种比较有代表性的总线，这些总线曾经得到了非常广泛的应用，其中一些技术为以后高性能总线的出现奠定了一定的基础。PC/XT 总线，也称 PC 总线，是 IBM 公司于 1981 年推出的基于准 16 位系统的总线，是最早出现的 PC 总线。这种总线是一种开放的结构总线，在总线母板上有几个系统插槽，可用于 I/O 设备与 PC 连接。PC/XT 总线支持 8 位数据传输和 20 位地址寻址空间，它把 CPU 当作总线的唯一控制设

备，其余外围设备均为从属设备，包括暂时掌管总线的 DMA 控制器或协处理器。这种总线价格低廉、可靠简便、使用灵活，对插板的兼容性好，因此，总线的兼容产品非常多，而且应用相当广泛。这种总线在标准出现的初期，一般用于办公自动化，后来应用到实验室和工业环境下的数据采集和控制。

1. ISA 总线

工业标准结构总线(Industry Standard Architecture，ISA)是指以 80286 CPU 为核心处理器的 IBM PC/AT 中所使用的总线，又称 PC/AT 总线，它是在 8 位的 PC 总线基础上扩展而成的 16 位总线体系结构。因此，这种总线结构兼容 8 位的数据传送。ISA 插槽有两种类型：8 位和 16 位。8 位扩展的 I/O 插槽由 62 个引脚组成，用于 8 位的插接板；8/16 位的插接板除了具有一个 8 位 62 线的连接器外，还有一个附加的 36 线连接器。这种扩展 I/O 插槽既支持 8 位的插接板，也支持 16 位的插接板。

ISA 总线数据宽度为 16 位，地址总线宽度为 24 位，可寻址空间为 16MB；除系统的 CPU 外，DMA 控制器、刷新控制器、带处理器的智能接口控制卡都可以成为 ISA 的总控设备，因此，ISA 总线是一种多主控总线。ISA 总线支持 8 种类型的总线周期：存储器读、存储器写、I/O 读、I/O 写、中断请求与响应、DMA 传输、刷新和仲裁周期。从表面上看，ISA 总线只是扩充了数据总线的宽度和地址总线的宽度，实际上，ISA 总线不仅增加了数据线的宽度和寻址空间，而且还加强了中断处理和 DMA 数据传输能力，并且具备了一定的多主控功能。故 ISA 总线适合于控制外设和进行数据通信的功能模块。下面分别介绍 ISA 总线的结构和 ISA 总线的引脚定义。

(1) ISA 总线结构　ISA 总线结构示意图如图 9-3 所示。

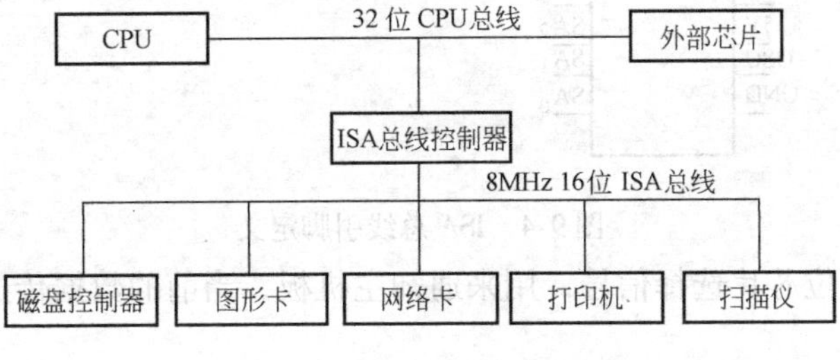

图 9-3　ISA 总线结构示意图

(2) ISA 总线引脚定义　ISA 总线由同一轴线的基本插槽和扩展插槽两段组成。基本插槽有 62 条信号线，兼容 PC 总线；扩展插槽有 36 条信号线，为 ISA 新增加的信号线。ISA 信号线如图 9-4 所示。

1) 数据总线。

$SD_7 \sim SD_0$：数据总线宽度信号，8 位，双向，为微处理器、存储器和 I/O 端口提供了数据信息传送通道。其中 D_0 为最低有效位，D_7 为最高有效位，每次只能传输一个字节。

$SD_{15} \sim SD_8$：数据总线的高 8 位信号。

$\overline{SBHE}$：数据总线高字节有效信号，用于表示当前数据总线传送的是高位字节 $SD_{15} \sim SD_8$。

$\overline{MEMCS_{16}}$：存储器 16 位芯片选择信号，用来通知主机板，当前的数据传送是一个等待状态的 16 位存储周期。

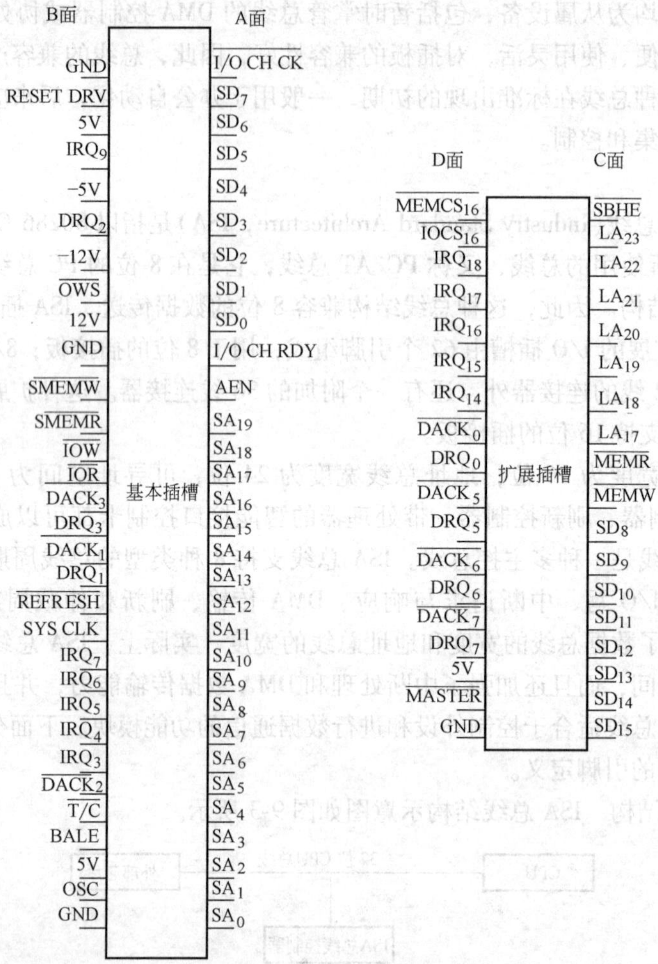

图 9-4　ISA 总线引脚定义

$\overline{IOCS_{16}}$：I/O 16 位芯片选择信号，用来通知主机板，当前的数据传送是一个等待状态的 16 位 I/O 周期。

2）地址总线。

SA_{19} ~ SA_0：20 根地址总线，输出信号，用来寻址与系统总线相连接的存储器和 I/O 端口。

LA_{23} ~ LA_{17}：非锁定地址总线，也用于系统中存储器及 I/O 设备的寻址，这些信号的加入给系统提供多达 16MB 的寻址能力。

BALE：地址锁存允许信号，用于主机板上锁存从处理器来的有效地址。

AEN：地址允许信号，用来使主机板上的微处理器进入保持状态，以便进行 DMA 传送。

3）控制总线。

$\overline{MEMR}$：存储器读命令，表示存储器将数据送上数据总线。

$\overline{MEMW}$：存储器写命令，表示存储器将当前数据总线上的数据存入。

$\overline{IOR}$：I/O 读命令，表示 I/O 设备将数据送上数据线。

$\overline{IOW}$：I/O 写命令，表示 I/O 设备将当前数据总线上的数据读入。

$\overline{\text{SMEMR}}$、$\overline{\text{SMEMW}}$：存储器读、存储器写信号，指示存储器将数据送上数据总线或把总线上的数据存入存储器。

I/O CH RDY：通道准备好信号，可用于控制是否延长 I/O 或存储器周期。

$\overline{\text{I/O CH CK}}$：I/O 通道校验信号。

IRQ_3 ~ IRQ_7、IRQ_9 ~ IRQ_{12}、IRQ_{14}、IRQ_{15}：中断请求信号，用来对微处理器产生中断请求。

DRQ_0 ~ DRQ_3、DRQ_5 ~ DRQ_7：DMA 中断请求信号。

T/C：计数结束信号，表示 DMA 通道字计数器满。

$\overline{\text{REFRESH}}$：刷新信号，指示一个存储器刷新周期。

$\overline{\text{MASTER}}$：主设备信号，用于对系统进行控制。

4）电源、地线、时钟线及其他。

OSC：振荡器信号。

SYS CLK：系统时钟信号。

RESET DRV：复位驱动信号。

$\overline{\text{OWS}}$：零等待状态信号。

5V、-5V、12V、-12V、GND：电源及地线。

2. EISA 总线

EISA 总线是扩展工业标准结构(Extended Industrial Standard Architecture，EISA)的简称，它是以康柏(COMPAQ)为核心的一个联合组织制定的一组总线标准。EISA 总线是 ISA 总线的扩展，它与 ISA 总线完全兼容。EISA 总线是一种 32 位的总线结构，除了支持 ISA 所支持 8 位或 16 位数据传输外，还支持 32 位地址总线和 32 位数据总线的数据传输。与 ISA 总线相比，EISA 总线数据传输速率更高，且支持多主控总线功能，可使普通微机的单处理器系统升至多处理器的工作状态，使运行达到峰值，其峰值总线数据传输速率可达到 32MB/s。最多可支持 6 个总线主控，是一种支持多处理器的高性能 32 位数据总线。

三、PCI 总线

由于微处理器的性能不断提高，ISA、EISA 总线均不能满足处理器的需要。因为总线的速度偏低，硬盘、图形卡和其他外设只能通过一个慢速且狭窄的瓶颈发送和接收数据。为了提高计算机的整体运行效率，业界推出了一项新技术——局部总线。局部总线是在 ISA 总线和 CPU 之间增加一级总线。这样可将一些高速的外设，如网卡、磁盘控制器等通过局部总线直接挂到 CPU 总线上，使之与高速的 CPU 总线相匹配。局部总线中的典型即为 Intel 公司开发的 PCI 局部总线(Peripheral Component Interconnect Local Bus)。

1. PCI 总线的结构特点

PCI 总线定义了 32 位数据线，可以扩展到 64 位。它体积小、支持无限突发操作，使用 33MHz 和 66MHz 时钟频率，最大传输速率为 132 ~ 528MB/s，支持并发工作方式。PCI 总线是在 CPU 和外设之间插入一个复杂的管理层，以协调数据传输并提供总线接口。由于采用信号缓冲，PCI 能支持 10 种外设。PCI 总线结构图如图 9-5 所示。

PCI 总线允许在一台计算机上安装多达 10 个 PCI 附加卡，允许将 ISA、EISA 等扩充总线控制卡安装在上面，以使所有已安装的系统总线更好地同步。PCI 总线可以使用 32 位和 64 位与 CPU 交换数据。另外，还允许智能化的 PCI 辅助适配器采用一种称为总线管理(Bus

Mastering)的技术协助CPU执行各种任务。PCI规范允许复用，即在一个时间内允许有一个以上的电信号出现在总线上。PCI局部总线为外设提供了访问微处理器更宽、更快的通路，有效地克服了数据传输的瓶颈现象。PCI局部总线接口是许多适配器的首选接口，如网络适配器、内置MODEM卡、声音适配器等。

PCI既支持单存储周期的传送方式，也支持成组的传送方式。在单存储周期的传送方式下，它要用两个时钟时间对数据字进行读写操作。在第一个时钟内，PCI总线提供的是地址信息，而在后续的每个时钟内，访问的则是数据信息。PCI总线时钟频率为33MHz，所以时钟周期为30ns。在单存储周期传送方式下，每次传送均要用两个时钟，那么传送4个字节(32位)则需要总共60ns时间，由此可算出，总线带宽：(1/60ns)×4B = 66MB/s。在成组传送方式下，进行地址计算时，要忽略掉第一个时钟的内务开销，它传送32位的数据则需要一个时钟周期约30ns的时间，所以其总线带宽为：(1/30 ns)×4B = 133 MB/s。

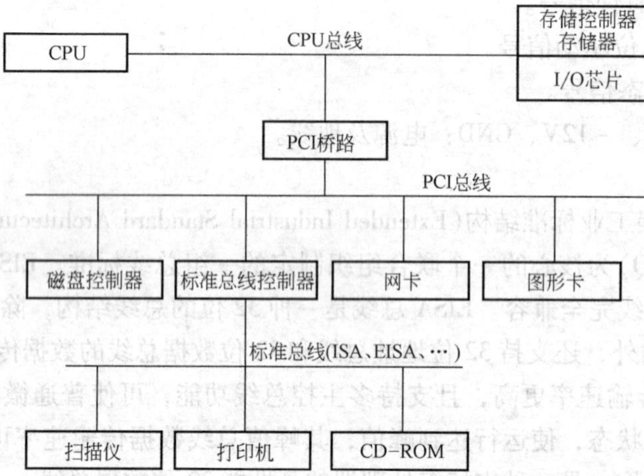

图9-5 PCI总线结构图

2. PCI总线信号定义

PCI总线信号如图9-6所示，左边为必要信号，右边为可选信号。

(1) 系统信号

CLK：系统时钟信号线，该信号的频率为PCI总线的工作频率。除$\overline{RST}$、$\overline{INTA}$、$\overline{INTB}$、$\overline{INTC}$和$\overline{INTD}$信号外，其他PCI信号都与CLK上升沿同步。

$\overline{RST}$：复位信号线。

(2) 地址和数据信号

$AD_{31}\sim AD_0$：地址、数据复用信号线。$\overline{FRAME}$有效，表示地址传送阶段开始，接下来为数据传送阶段($\overline{IRDY}$和$\overline{TRDY}$同时有效)。

$C/\overline{BE}_3\sim C/\overline{BE}_0$：总线指令和字节允许信号的复用线。在地址传送阶段是4位编码的总线指令。在数据传送阶段，用做字节允许标志，以决定数据线上哪些字节数据为有效数据。

PAR：为AD和$C/\overline{BE}$所指示的有效数据校验位。

(3) 接口控制信号

$\overline{FRAME}$：周期帧信号，由当前总线控制者产生，表示一个总线传输的开始和延续。

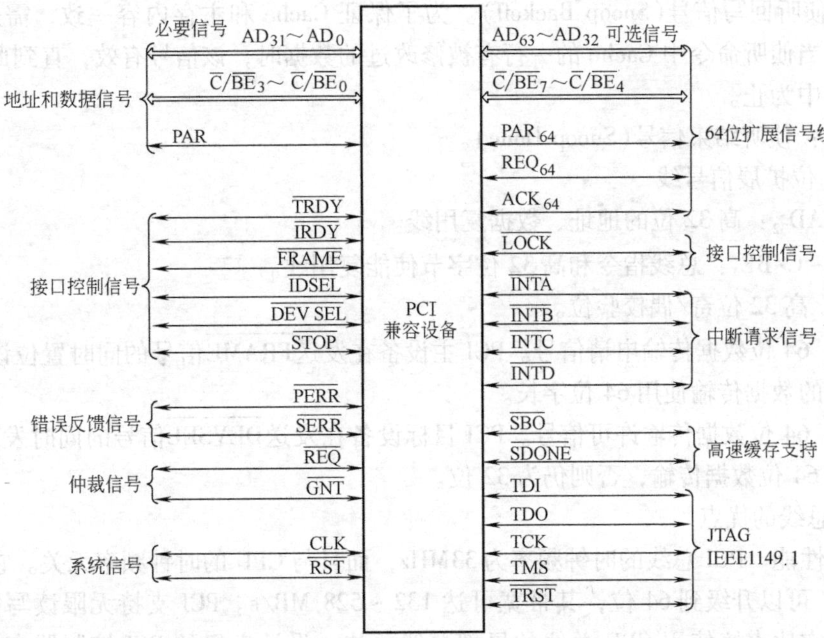

图 9-6 PCI 总线信号

IRDY：主设备就绪(Initiator Ready)，表明数据传输的启动者(主控者)已经准备好，等待完成当前的数据节拍。

TRDY：目标设备就绪(Target Ready)，说明数据传输的目标设备已经准备好，等待完成当前的数据节拍。

STOP：停止信号。信号有效表明当前的目标设备要求总线控制者停止当前的数据传输。

IDSEL：初始化时的设备选择信号。由当前的总线控制者驱动。用于在配置空间内选择总线上的某个设备。

DEVSEL：设备选择信号。每个目标设备在地址传送阶段进行地址译码，若被选中，则使该信号线有效，用来向总线控制者报告已有目标设备被选中。

LOCK：总线锁定信号。用来实现多处理器、多 PCI 总线主设备系统中存储设备的保护。

(4) 仲裁信号(只对总线控制者有用)

REQ：总线请求信号，用来向总线仲裁器申请总线的控制权。

GNT：总线响应信号，由总线仲裁器发出，通知申请总线控制权的设备已获得控制权。

(5) 错误反馈信号

PERR：奇/偶校验错误，该引脚用于反馈在除特殊周期以外的其他传输过程中的数据奇/偶校验错误。

SERR：系统错误，用于反馈地址奇/偶校验错误、特殊周期指令中的数据奇/偶校验错误和将引起重大故障的其他系统错误。

(6) 中断请求信号

INTA、INTB、INTC、INTD：中断请求信号。一个 PCI 设备接口卡可有多个功能，可使用多个中断请求信号，最多为 4 个。单一功能的 PCI 接口卡只能使用一根中断请求线INTA。

(7) 高速缓存支持

$\overline{SBO}$：侦听回写信号(Snoop Backoff)。为了保证 Cache 和主存内容一致，需采用 Cache 侦听技术。当侦听命令中 Cache 的一行有被修改过的数据时，该信号有效，直到此行数据被写回到主存中为止。

$\overline{SDONE}$：侦听结束信号(Snoop Done)。

(8) 64 位扩展信号线

$AD_{63} \sim AD_{32}$：高 32 位的地址、数据复用线。

$C/\overline{BE_7} \sim C/\overline{BE_4}$：总线指令和高 32 位字节使能复用线。

PAR_{64}：高 32 位奇/偶校验位。

REQ_{64}：64 位数据传输申请信号。PCI 主设备在发送$\overline{FRAME}$信号的同时置位该信号，表明本次申请的数据传输使用 64 位字长。

ACK_{64}：64 位数据传输许可信号。PCI 目标设备在发送$\overline{DEVSEL}$信号的同时发送该信号，表明它许可 64 位数据传输，否则仍为 32 位。

3. PCI 总线的优点

(1) 高性能　PCI 总线的时钟频率为 33MHz，而且与 CPU 的时钟频率无关。它的总线宽度是 32 位，可以升级到 64 位，其带宽可达 132 ~ 528 MB/s。PCI 支持无限读写突发方式，这一点使得它比直接使用 CPU 总线的局部总线要快。设计良好的 PCI 控制器有多级缓冲，例如 CPU 要访问 PCI 总线上的设备，它可以把一批数据快速写入缓冲器中，当这些数据还在不断写入 CPU 过程中，CPU 可以去执行其他的操作，这种并发工作提高了系统的整体性能。此外，PCI 总线的周期短而且可以预测，一般为数微秒，这样也提高了响应速度，并且扩展卡的设计更为方便。

(2) 低成本　PCI 总线优化了内部结构，其技术是标准的专用集成电路 ASIC 技术与其他技术的结合。多路复用结构减少了引脚个数(从设备 47 个信号、主设备 49 个信号)，缩小了 PCI 部件封装尺寸。PCI 扩展电路板单独工作在 ISA、EISA 或 MCA 系统中减少开发成本和避免用户混乱。

(3) 兼容性　PCI 总线可以与 ISA、EISA、VL 总线兼容。PCI 总线在微处理器与其他总线之间架起了一座桥梁，它也支持 ISA、EISA 等低速总线操作，如图 9-7 所示。“桥梁”内的缓冲器是为微处理器写入数据所用的，所以准许微处理器先将数据写到缓冲区内，然后再去处理自己的事务。而低速的 ISA、EISA 设备等则是放下正在处理的任务再到“桥梁”缓冲器去取信息。

严格来说，由于 PCI 指标与 CPU 指标以及时钟无关，PCI 的插件是通用的，可以插到任何一个有 PCI 总线的系统上去。在实际应用中，因为卡上的 BIOS 与 CPU 以及操作系统有关，不一定能够完全通用。但对同一个类型 CPU 的系统，一般能够通用。在这方面 PCI 总线比 VL 总线有了很大的进步，PCI 插卡可以对所有 80x86 体系结构的微机都通用。

(4) 可靠性和可操作性　PCI 总线扩展板更加小型化，并且它允许使用扩展卡，在实际应用中就可以超过电力负荷预算的最大值。32 位和 64 位两种类型的 PCI 扩展板和 PCI 部件正反向兼容，而且由于排除了缓冲和粘附逻辑，PCI 总线的部件更加容易满足负载和频率的要求，这些特征大大提高了扩展卡的可靠性和可操作性。

(5) 自动配置　PCI 总线提供了自动配置能力，用户可以安装一个新的插卡，且不用设置 DIP 开关、跳线和选择中断。配置软件会自动选择未被使用的地址和中断，以解决可能出

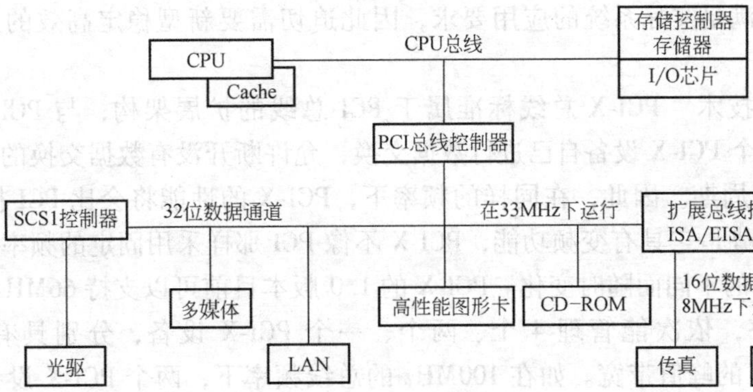

图 9-7 PCI 总线兼容性的体现

现的冲突问题。每个 PCI 设备都有 256B 的空间用来存放自动配置信息，当 PCI 插卡插入系统时，系统 BIOS 将根据读到的关于该扩展卡的信息，结合系统实际情况为插卡分配存储地址、端口地址、中断和某些定时信息，从根本上免除了人工操作。

4. PCI 总线的操作

PCI 总线额定的时钟频率在 0 ~ 33MHz 之间，在电池供电的系统里，这种方式非常有用。在机器空闲的方式下，它有效地减少了电能消耗。数据总线采用的是多路传送的操作方案，在这种方案中，接插件引脚可以当作地址总线也可以当作数据总线。一般来说，PCI 设备有主控设备和从属设备(目标设备)。主控设备指的是只对系统总线有控制权的设备，从属设备(目标设备)指的是只对访问请求给予响应的设备。

PCI 总线的存取操作通常有两个步骤：①地址操作；②数据操作。以读操作为例，一个读周期通常要 3 个时钟脉冲周期时间，第一个时钟周期用来输出地址信息；第二个时钟周期把地址线传送操作转换为数据访问操作；第三个时钟周期用来传送数据。使用标准的 32 位总线宽度，在读操作期间数据传送速率为 44MB/s；而在写操作期间，不需要把地址总线操作转换为数据访问操作，这样用两个时钟周期即可完成一次写操作。其数据传送速率比读操作周期快 50%，达到 66MB/s。

PCI 总线配套有一种功能非常强的成组方式(Burst Mode)。在这种操作方式下，在地址操作之后，紧跟着的是一次数据量不受限制的数据传送操作。在进行成组传送操作时，发送设备和接收设备都是根据自身情况各自独立更新地址。每次传送操作仅需要一个时钟周期。在 32 位数据总线的情况下，其数据传送速率可达 132MB/s；在 64 位数据总线的情况下，数据传送速率可达 264MB/s。

PCI 总线桥拥有将单个处理机访问合并成一次组操作的能力，避免了一种潜在的瓶颈现象；除此之外，PCI 总线桥在一次成组传送的操作过程中所传送的字节数不受限制。即使处理机自己有可能把一次成组传送的字节数限定在某一范围内，但 PCI 总线不受处理机这一限制的制约。为了避免 PCI 总线上的某个设备长期占用 PCI 总线，在 PCI 的每个设备上都配备了一个延迟计时器，用这个延迟计时器给每一个设备规定它能使用总线的最长时间。

四、发展中的系统总线标准

随着微处理器技术的发展，PCI 总线也面临着 ISA 在发展过程中所存在的问题，即使是经过改进的、用于服务器和高端计算机系统的 64 位/66MHz 的 PCI 总线(提供的带宽可达

533Mbit/s)仍然无法满足实际系统的应用要求，因此迫切需要新型稳定高效的总线标准出现。

(1) PCI-X 总线技术　PCI-X 总线标准属于 PCI 总线的扩展架构，与 PCI 总线相比，PCI-X 允许连接的单个 PCI-X 设备自己进行数据交换，允许断开没有数据交换的 PCI-X 的连接以减少总线的等待周期。因此，在同样的频率下，PCI-X 的性能将会比 PCI 提高 14% ~ 35%。PCI-X 另一优势是它具有变频功能，PCI-X 不像 PCI 那样采用固定的频率，工作时的具体频率可根据设备的不同而随时变化。PCI-X 的 1.0 版本目前可以支持 66MHz、100MHz、133MHz 这 3 种频率，依次能管理 4 个、两个、一个 PCI-X 设备，分别具有 533MB/s、800MB/s、1066MB/s 的峰值带宽。如在 100MHz 的总线频率下，两个 PCI-X 设备正好拥有 1.6GB/s 的总带宽。

PCI-X 总线另一个优势在于它的兼容性。无论 32 位还是 64 位 PCI-X 总线，均采用同样的接口形式，而且普通 PCI 的设备也能插在 PCI-X 插槽之中。另外 PCI-X 总线也无需在 BIOS 程序中进行任何修改，所有功能的实现可完全由板卡本身决定，所有的 PCI-X 和 PCI 设备都能在一个系统中和平共处，不会发生任何冲突。因此，PCI-X 总线的引入可以最大限度地确保用户原有的投入不会浪费。

(2) InfiniBand 总线技术　InfiniBand 是 Intel 提出的一种全新的总线结构，用于在服务器系统中取代 PCI 总线。使用 InfiniBand 总线可增强系统的灵活性，系统将会得到更高的带宽和扩展能力。InfiniBand 总线来源于 NGIO(Next Generation I/O)和 Future I/O 这两种竞争的总线结构，经过各方的努力，终于在 1999 年中期将这两种技术成功融合在一起，形成了 InfiniBand 总线标准。

与 PCI-X 一样，InfiniBand 也是用来取代 PCI 总线的。不同的是，InfiniBand 采用了一种全新的架构，与传统的 PCI 无法兼容。InfiniBand 总线标准既可把 I/O 看做是服务器的组成部分，也可看成是机箱的一部分，这时远程存储器、网络和服务器之间的连接是通过一条位于中心的 InfiniBand 控制芯片和中继线完成的。采用这种方式，InfiniBand 解决了 PCI 总线中存在的距离问题。在使用铜线设计 InfiniBand 通道的情况下，外部设备可以放到离服务器 17m 远的地方；如果使用多模光缆，最远距离可达 300m；如果使用单模光缆，最远距离甚至可以达到 10km。由于不需要内部总线的装置，服务器体积可能会缩小 60% 以上。InfiniBand 总线还支持即插即用，用户只需将设备连接到 InfiniBand 接口上，剩下的事就由控制芯片自己完成了，不需要用户介入，而且这一过程也不需要中断服务器的运行。

根据不同的需要，InfiniBand 标准为通道适配器设置了 3 种工作方式，分别提供 1、4 和 12 条中继线，这 3 种工作方式提供的带宽分别可以达到 500MB/s、2GB/s 和 6GB/s。对比可以看出，这个速度要高于 PCI-X 总线提供的带宽。InfiniBand 可以让应用程序直接访问外部设备，其间不需要 CPU 协助。而在使用 PCI 总线的系统上，一个最简单的打开或关闭文件请求都需要 CPU 的协助才能完成。因此，InfiniBand 技术的应用可以使设计人员解放出来，开发出速度更快、效率更高的应用软件，可极大提高系统的访问速度。

(3) PCI Express 总线技术　在目前的微机平台中，软件应用越来越依赖于硬件平台，特别是输入输出子系统，日常应用中常常会出现从视频源和音频源传来的大量的流数据要处理，甚至有许多的数据是要求实时处理的。PCI Express 总线技术可满足这些应用的需求。

PCI Express 总线是第三代输入输出总线(Third-Generation Input/Output，3GIO)，又因为

它的开发代号是 Arapahoe，所以又称为 Arapahoe 总线。PCI Express 总线架构的适用途径非常广，比如桌面计算机、笔记本式计算机、企业级别的应用、通信和工作自动化等。PCI Express 总线可适应流媒体和即时通信的需要，它还能够支持更多的 I/O 设备，并且完全不需要担心不同的设备会占用中断的问题，因此它没有这个缺陷。由于 PCI Express 总线技术海量的带宽，基本上可以满足图形处理器在很长一段时间内的需要，这将大大满足游戏和多媒体爱好者的需求。PCI Express 总线结构如图 9-8 所示。

一个 PCI Express 总线拓扑结构由一个主桥(Host Brige)和数个 I/O 设备(Endpoint)组成。在这种拓扑结构中，交换节点(Switch)取代了 multi-drop 的总线，为 I/O 总线提供输出端。交换节点充当了不同终端设备运输的通信桥梁，如果不需要进行处理缓存内滞留的信息，就不用通过主桥来处理。交换节点是作为单独的逻辑元件而存在的，它必须连接到一个主桥组件。在 PCI Express 系统中，每个设备都有自己的专用连接，不需要向整个总线请求带宽，而且可以把数据传输率提高到一个很高的频率，达到 PCI 所不能提供的高带宽。相对于传统 PCI 总线在单一时间周期内只能实现单向传输，PCI Express 的双单工连接能提供更高的传输速率和质量，它们之间的差异跟半双工和全双工类似。

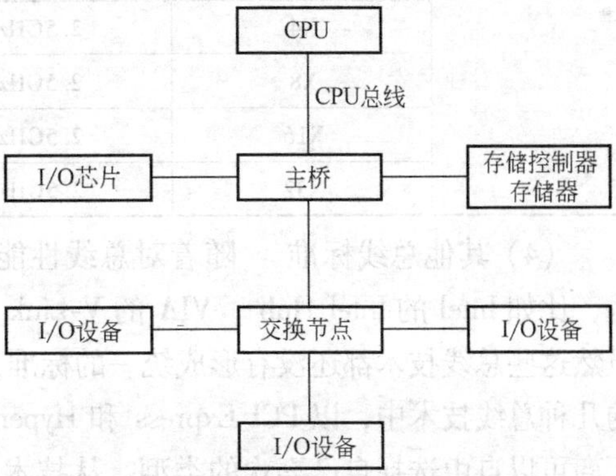

图 9-8 PCI Express 总线结构

PCI Express 的接口根据总线位宽不同而有所差异，包括 X1、X4、X8 以及 X16，而 X2 模式用于内部接口而非插槽模式。PCI Express 规格从一条通道连接到 32 条通道连接，有非常强的伸缩性，以满足不同系统设备对数据传输带宽不同的需求。此外，较短的 PCI 卡可以插入较长的 PCI Express 插槽中使用，PCI Express 接口还能够支持热拔插。PCI Express X1 的 250MB/s 传输速度已经可以满足主流声效芯片、网卡芯片和存储设备对数据传输带宽的需求；X16 能够提供 5GB/s 的带宽，远远超过 AGP 8X 的 2.1GB/s 的带宽，完全可以满足图形芯片对数据传输带宽的需求。此外，PCI Express 也具有支持高级电源管理，支持数据同步传输，为优先传输数据进行带宽优化等优点。

几类 PCI 总线的速度比较见表 9-2。

表 9-2 几类 PCI 总线的速度比较

总线名称	宽度/bit	工作频率/MHz	最高速率	备 注
PCI	32	33 MHz	133 MB/s	PCI 1.0
	64	33 MHz	266 MB/s	PCI 2.2
	64	66 MHz	533 MB/s	
PCI X1.0	64	66 MHz	533 MB/s	已有实用产品
	64	100 MHz	800 MB/s	
	64	133 MHz	1.06GB/s	
PCI X2.0	64	266 MHz	2.1 GB/s	

（续）

总线名称	宽度/bit	工作频率/MHz	最高速率	备　注
	64	533 MHz	4.3 GB/s	
	64	1066 MHz	8.6 GB/s	
PCI Express	X1	2.5GHz	312 MB/s	推出进度稍晚于 PCI X2.0
	X2	2.5GHz	625 MB/s	
	X4	2.5GHz	1.25 GB/s	
	X8	2.5GHz	2.5 GB/s	
	X16	2.5GHz	5 GB/s	
	X32	2.5GHz	10 GB/s	

（4）其他总线标准　随着对总线性能要求的不断提高，芯片厂商不断提出新的总线技术，比如 Intel 的 Intel Hub，VIA 的 V-Link，SiS 的 MuTIOL 以及 AMD 的 Hyper Transport 等。虽然这些总线技术都还没有形成统一的标准，但它们都使得数据的处理更宽更快。在已经出现的几种总线技术中，以 PCI Express 和 Hyper Transport 最为流行，它们都是通用的协议，应用厂商可以自由选择自己喜欢的类型。从技术角度而言，无论是工作形式还是技术规格，Hyper Transport 技术和 PCI Express 技术都有不少相似之处。这使得许多人不自觉地将它们放在一起相提并论。从定位来看，两者的利益冲突不大，PCI Express 的服务对象更多的是计算机设备，而 Hyper Transport 则是高端网络设备的一个高带宽的解决方案，可满足数据吞吐量巨大的网络路由器、交换机的需求。

第三节　外部总线

外部总线是微机和外部设备之间的总线，用于在系统间实现互连，也可以作为可编程控制的仪器、设备与计算机相连接的总线。因而在实现形式上，外部总线接口同系统总线有很大的区别。系统总线一般都做成多个插槽的形式，集成在主板上，供用户扩展计算机的功能时插入各种适配器，如网卡、声卡、显卡等。而外部总线接口则大都置于机箱的外部，以便连接不同的设备。

为了支持不同应用的需要，计算机系统接入外围设备（如键盘、鼠标、打印机）的输入输出接口有许多独立运行且互不兼容的标准。如键盘的插口是圆的，连接打印机要用 9 针或者 25 针的并行接口，以前鼠标则要用 9 针或 25 针的串行接口；为了将计算机后的串口留给其他用途，如 MODEM 等使用，IBM 推出了 PS/2 型接口，专门用于连接鼠标和键盘。每一种总线标准都能用于一个或几个方面，因而外围设备的接口并没有统一的标准。因此机箱后面要留大小不等、形状各异的多种接口，十分繁琐。USB 总线提出后，PC 连接外设应用同一种标准成为可能。

依据数据传输方式的不同，外部总线可分为串行和并行两大类。依据数据是否可以实现双向传输，又可以分为全双工、半双工和单工等工作方式。随着计算机技术的飞速发展以及人们不断增多的应用需要，外部总线的改进和完善在不断进行，新的标准也层出不穷。其中最有代表的是 USB 总线以及应用于高速数据传输领域的 IEEE1394 总线。

一、USB 总线

通用串行总线(Universal Serial Bus，USB)是由 Intel、Compaq、Digital、IBM、Microsoft、NEC、Northern Telecom 等 7 家世界著名的计算机和通信公司共同推出的一种新型接口标准。这种新的连接技术极大简化了计算机与外设的连接过程。1995 年由通用串行总线论坛(USB-IF)对通用串行总线进行了标准化，并发布了通用串行总线的串行技术规范，简称 USB。该规范的目标是发展一种兼容低速和高速的技术，从而可以为广大用户提供一种可共享的、可扩充的、使用方便的串行总线。该总线独立于计算机系统，并在整个计算机系统结构中保持一致。

USB 可把多达 127 个外设同时连到用户的系统上，所有的外设通过协议来共享 USB 的带宽。其 12Mbit/s 的带宽对于键盘鼠标等低中速外设是完全足够的(2000 年发布的 USB 规范版本 2.0 中，将 USB 支持的带宽提升到 480Mbit/s)。USB 允许外设在主机和其他外设工作时进行连接、配置、使用及移除，即所谓的即插即用(Plug and Play)。

USB 总线的应用减少了 PC 上形状、标准各异的 I/O 端口，使 PC 与外设之间的连接更加容易。自 1996 年 2 月 USB 1.1 规范发布后的短短几年间，USB 不仅成为了微机主板上的标准端口而且还成为大部分外设(比如键盘、鼠标、显示器、打印机、数字相机、扫描仪和游戏柄等)与主机相连的标准协议之一，这种连接较以往的普通并口和串口连接而言，其主要优点是速度高、功耗低、支持即插即用。

1. USB 规范

USB 规范主要包括以下几个方面：

(1) 数据传输速率　USB 设备的数据传输速率有 3 种类型，可分为高速、中速和低速 3 种情况。高速、中速的设备传输是同步的，高速设备用于连接磁盘驱动器、视频设备等，标准速度为 480Mbit/s；中速设备用于连接扫描仪、交换机等，标准速度为 12Mbit/s；低速设备用于和交互设备交互的设备，如：连接键盘、鼠标、调制解调器等，标准速度为 1.5Mbit/s。USB 的速率见表 9-3。在实际的应用系统中，根据软件的自动识别设置具体的传输速率。

表 9-3　USB 的速率

性能	应用	特性
低速交互设备 10kbit/s ~ 1.5Mbit/s	键盘、鼠标、游戏柄	低价格、热插拔、易用性
中速电话、音频、压缩视频 2 ~ 12Mbit/s	ISDN、PBX、POTS、ADSL、扫描仪、交换机等	低价格、易用性、动态插拔、限定带宽延迟
高速视频、磁盘 25 ~ 500Mbit/s	硬盘驱动器、视频会议	高带宽、限定延迟、易用性

(2) 连接电缆的种类　USB 连接电缆有两种：高、中速传输速率使用屏蔽双绞线，低速设备的连接线为普通的无屏蔽双绞线。

(3) USB 连接器　USB 连接器为四芯插针：两条用于信号连接，这两条信号线为 90Ω 双向差分屏蔽双绞线；两条用于电源馈电线路(VBUS 和地)的连接，其中 VBUS 电压为5V。常见的 USB 连接器的形状如图 9-9 所示。

(4) 最大连接设备数　包括转换器 HUB，最多可连接 127 个设备。

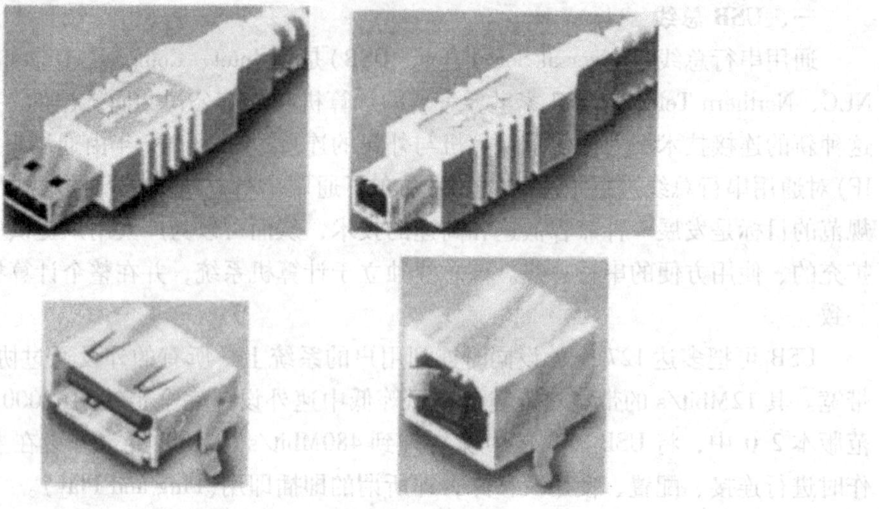

图 9-9 常见的 USB 连接器的形状

（5）连接点之间的最大距离 连接点之间的距离可达 5m。

2. USB 总线体系

（1）USB 总线的拓扑结构 USB 设备和 USB 主机通过 USB 总线相连。USB 的物理连接是一个星形结构，集线器（HUB）位于每个星形结构的中心，每一段都是主机和某个集线器或某一功能设备之间的一个点到点的连接，也可以是一个集线器与另一个集线器或功能模块之间点到点的连接，如图 9-10 所示。

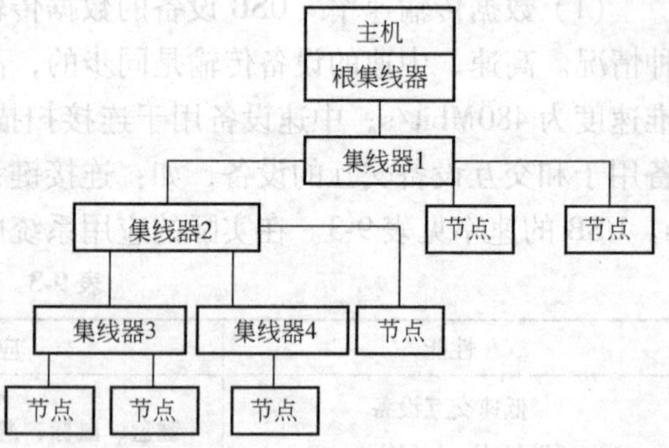

图 9-10 USB 总线拓扑图

（2）USB 总线的物理接口 USB 物理接口包括电气特性和机械特性两部分。

对于电气特性，USB 总线中的物理介质由一根四线的电缆组成，其中两条用于提供设备工作所需的电源，另外两条用于传输数据。信号线的特性阻抗为 90Ω，而信号是利用差模方式送入信号线的。利用这种差模传送方式，接收端的灵敏度可以达到不低于 200mV。USB 1.1 支持两种信号的速率，USB 1.1 的最高速率为 12Mbit/s，但它可以工作在 1.5Mbit/s 的较低速率，而这种较低的传送速率是依靠较少的 EMI 保护实现的。利用一种对设备透明的方式来实现数据传送模式的切换。同一个 USB 1.1 系统可以同时支持高速和低速模式。1.5 Mbit/s 低速率方式用来支持数量有限的像鼠标这样低带宽要求的设备，这类设备不能太多，因为其数目越多对总线利用率的影响就越大。时钟信号编码后也在信号线上传输。时钟信号的编码方式采用 NRZI（非归零）方式，为了保证有足够的跳变沿进行了比特填充。接收器利用每一个分组前的同步（SYNC）域来同步它的比特恢复时钟。有关电气规范的详细内容可参考有关资料。

关于机械特性，对于所有的 USB 设备上都有“上行”（UP-Stream）和“下行”（Down-stream）连接，在机械特性方面是不可以互换的，所以要尽量消除集线器上出现非法的环路连接。一条电缆有4根导线，一对具有标准规格的双绞信号线和一对在允许的规格范围内的电缆线。每个连接器都有4个点，并且具有屏蔽的外壳、规定的坚固性和易于插拔的特性。详细的机械特性请参考有关手册。

(3) USB总线传送协议 USB总线上的数据处理包括最多3个分组的传送。每一次数据传送操作开始时，都是由USB主控制器根据一个计划的步骤，发送一个用于描述数据传送类型和方向、USB设备地址、端点号的USB分组，这一分组为令牌分组，被寻址的USB设备通过对指定的地址域进行解码后，就可以知道这是不是发给自己的分组。USB令牌分组中规定了数据传送的方向，数据处理操作的信源可以发送令牌分组来指出信源本身有没有数据需要发送。

USB总线中，主机和设备端点之间传送数据的模型被称为"管道"，这种管道模型有两种：流管道和消息管道。流管道中的数据没有确定的帧结构，消息管道中的数据有确定的帧结构。另外，管道还同时与传输带宽、传送服务类型以及传送缓冲区大小端点等特性相联系。只要某一USB设备完成初始配置之后，就会存在管道0，管道0提供对设备配置、状态和控制信息的访问。当一个USB设备上电以后，消息管道会一直存在。

对数据处理操作进行合理安排，可以对一些流模式的管道实现流控制功能。硬件方面，流控制功能可以使用否定应答(NACK)信号实现，以限制数据传输速率，防止缓冲区溢出情况的发生。当有可以利用的总线时间出现时，系统可以为一个收到否定应答的处理操作重新发出令牌分组。这种流控制机制允许建立灵活的操作规划，从而可以服务于许多不同种类的流管道通信。因此，在USB中多个流管道可以拥有大小不同的分组，并可在不同时间获得服务。

(4) USB总线的组成 USB由4个主要的部分组成：第一部分是主机和设备，它是USB系统的主要构件；第二部分是物理构成，它表示USB元件是如何连接的；第三部分是逻辑构成，它表示不同USB元件的角色和责任，以及从主机和设备的角度出发，USB所呈现的结构；第四部分是客户软件。

1) USB主机的组成。USB主机的结构图如图9-11所示，包括USB主控制器、USB系统软件(USB驱动程序和主机软件)和客户软件。USB主机是USB中唯一的一个用于协调工作的实体。对USB的访问都是由主机控制，当主机允许对其访问时，USB设备才取得总线的访问权。

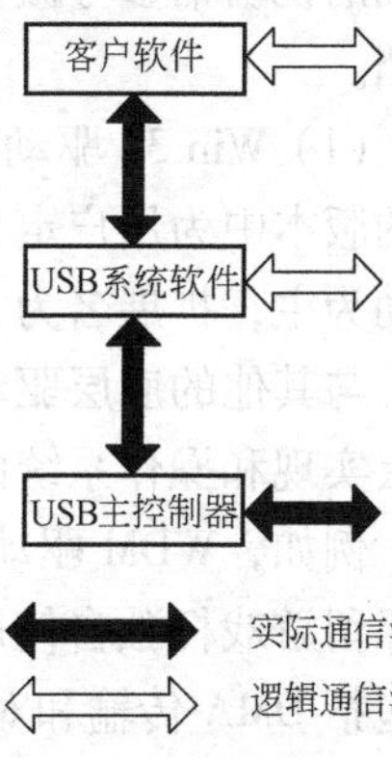

图9-11 USB主机的结构图

2) USB设备的组成。一个USB物理设备的逻辑组成包括：USB总线接口、USB逻辑设备、功能模块，如图9-12所示。从图中可以看出，USB物理设备分成三层。最低一层是用于传送和接收分组的总线接口。中间一层则用于控制总线的接口和设备上的各个端点之间所形成的数据路由。一个端点是数据的最终使用者或提供者，可以认为它是一个信源或信宿。最高一层是串行总线设备所提供的功能模块。例如，一个鼠标或ISDN接口。

3) USB物理总线的拓扑结构。USB总线上的设备以星形拓扑结构实现与主机的物理连接，如图9-13所示。USB的接入点由集线器来提供。这种由集线器提供的额外接入点称为端口。主机中包含了嵌入的集线器，它称为根集线器。通过根集线器，主机可以提供一个或多个接入点。为了防止出现环行接入的情况，在 USB 中使用了分层的拓扑结构，这种配置结果是形成了层次的星形或树形结构。

多个功能模块可以套装在一起成为一个单一的物理设备。例如，一个键盘和一个鼠标可以组合在同一个包装之内。在该包装内，一个集线器上永远都接着不同的功能模块，而且由这一内部集线器实现与主机互连。当多个功能模块和一个集线器组合在一个包装内时，称其为多功能(复合)设备。对主机而言，一个复合设备与一个连有多个功能设备的分离的集线器之间没有区别。

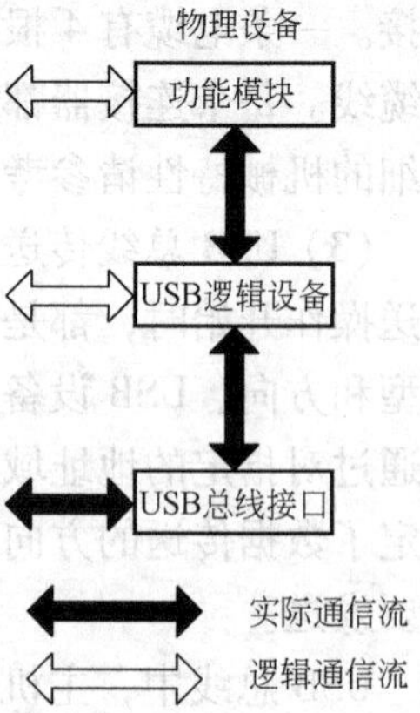

图 9-12 USB 物理设备的组成

3. USB 驱动程序

主机与外设通过 USB 接口的通信是通过驱动程序来实现的。在 Windows 环境中，定义了 Windows 设备驱动程序模型，其中设立了两种模式：用户模式和内核模式。应用程序只能工作在用户模式下，而驱动程序大多运行在内核模式下。驱动程序采用了分层结构。设备驱动知道如何与系统的 USB 驱动和访问设备的应用程序通信。设备驱动通过在应用层和硬件专用代码之间的转换来完成它的任务。应用层代码一般使用一套操作系统支持的函数。硬件代码则处理那些访问外设电路的必要协议，包括监视状态信号和在合适的时间切换控制信号。

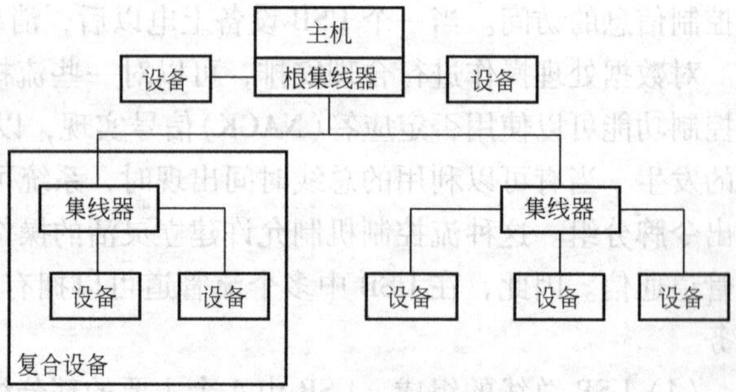

图 9-13 USB 物理总线的拓扑结构

设计 Windows 环境下的设备驱动程序是一件很复杂的事，有关 Windows 对 USB 支持的详细的说明请参考微软公司提供的设备驱动开发包(Device Driver Developer's Kit，DDK)中的文档。

(1) Win 32 驱动模式 Windows 的 USB 设备驱动必须遵照微软公司在 Windows 98 和更新的版本中为用户定义的 Win 32 驱动模式。这些驱动以 Windows 设备驱动程序模型(WDM)驱动为主，扩展名为 . sys。

与其他的底层驱动程序一样，WDM 驱动程序不能驱动应用程序，因为它负责在一个特权层实现和操作系统的通信。WDM 驱动可以允许或拒绝一个应用程序对一个设备提出的访问。例如，WDM 驱动程序可以允许任一应用程序来使用一个游戏杆，或者允许一个应用程序保留游戏杆独自使用。Windows 为其他底层设备驱动程序和 WDM 驱动程序所保留的能力还包括 DMA 传输和对硬件中断的响应。

在 Windows 早期版本中，使用不同的设备驱动模型。Windows 95 使用 VxDS(虚拟设备启动)；Win NT 4.0 使用一种成为内核模式驱动的驱动类型。想要 Windows 95 和 Win NT 都支持，开发者就需要为每种操作系统分别写驱动程序。而 Win 32 设备驱动程序模型是设计用来运行为 Windows 98 和其他以后的版本(包括 Windows 2000 和 Windows XP 系统)下的任何设备，提供一个通用的驱动程序模型。

WDM 定义了一个基本模型处理所有类型的数据。例如，USB 类型驱动程序为所有 USB 设备提供了一个抽象的模型，提供了所有客户驱动程序使用的接口。这样就使得同一类型的设备具有相同类型的驱动程序模型，从而大大降低了开发的工作量。

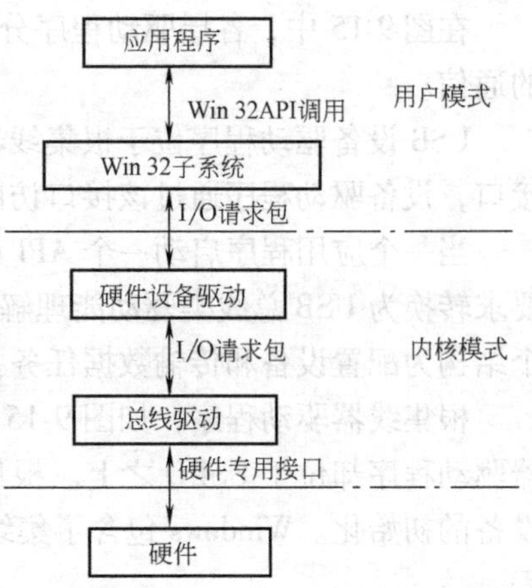

图 9-14　用户模式和内核模式在 USB 通信中的主要组成

Win 32 驱动程序有两种工作模式：用户模式和内核模式。应用程序只能工作在用户模式下，而驱动程序大多运行在内核模式下。在用户模式下，操作系统限制访问内存和其他系统资源，不允许访问设定为被保护的内存区域。因此 PC 可同时运行多个程序而不互相干扰。在用户模式下，运行的代码如果不通过操作系统的某种机制，就不能进入内核模式。从理论上讲，即使一个应用程序崩溃了，其他应用程序也不会受到影响。在 80×86 处理器上，用户模式对应于 3 级环。在内核模式下，代码自由访问系统资源，包括执行内存管理指令和控制访问 I/O 端口。在 80×86 模式中，内核模式对应于 0 级环。用户模式和内核模式在 USB 通信中的组成如图 9-14 所示。

(2) USB 分层驱动

1) USB 驱动程序的分层结构。USB 通信使用分层驱动模型，每层处理一部分通信任务。把通信分成层是有效的，因为这样可以使不同的设备在一些任务上使用相同的驱动。当所有设备都连接到 USB 上，有一套可以被所有设备访问、用来处理 USB 专用通信的驱动是明智的。当然也可以选择，让每个设备驱动直接与 USB 硬件通信，这样就会出现很多重复劳动。

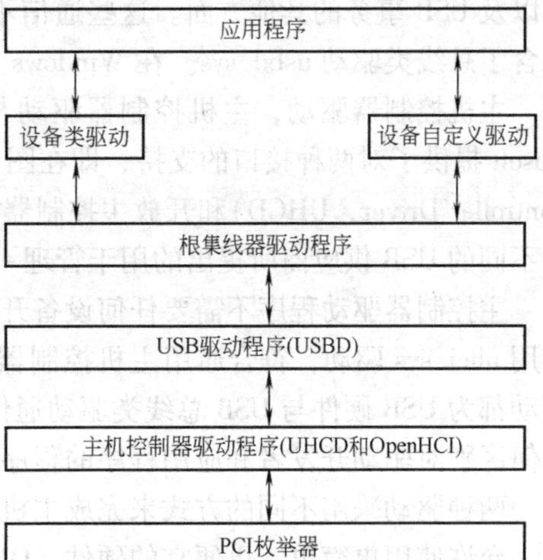

图 9-15　USB 分层驱动体系结构

图 9-15 为 USB 分层驱动体系结构，即在 Window 系统中，如何对构成一个 USB 主机的不同软件部分进行划分的情况。

应用程序通过访问一系列的 API 函数，与设备驱动程序交互。设备驱动程序把应用程序的请求转换成 IRP(I/O 请求包)的标准形式。设备驱动程序通过对 Windows 所定义的一个软件接口来同根集线器驱动程序进行通信。而 USB 根集线器驱动程序则要通过 USB 驱动接口 USBDI 来实现同通用串行总线驱动程序(USBD)的通信。然后，USBD 会选择两种主控制器驱动程序之一来同其下方的主控制器进行通信。最后，主控制器驱动程序会直接实现对 USB 物理总线的访问(通过 PCI 枚举器软件)。

像 Windows NT 环境下的驱动设备一样，USB 取得那个程序软件堆栈内的层间通信也使用了一个称之为 IRP 的机制。首先，客户以 IRP 的标准形式向 USBD 请求数据传输。IRP 在不同层的驱动程序之间传送，从而在不同的分层结构之间实现了通信。

在图 9-15 中，各层驱动程序分别承担一定的通信任务，并一起保证了 USB 外设到主机的通信。

USB 设备驱动程序位于根集线器驱动程序之上，Windows 操作系统给出了 Windows USB 接口，设备驱动程序通过该接口访问其下层的 USB 软件。

当一个应用程序启动一个 API 调用后，Windows 把调用传递给合适的设备驱动，驱动把要求转换为 USB 总线类驱动能理解的格式。IRP 包含被称为 USB 请求块(URB)的结构，这个结构为配置设备和传输数据任务指定协议。URB 记录在 Windows 98 的 DDK 文档中。

根集线器驱动程序，如图 9-15 所示，主控制器驱动程序处于 USBD 的下方，而根集线器驱动程序却位于 USBD 之上。根集线器驱动程序处理根集线器端口和这个端口的任何下行设备的初始化。Windows 包含了集线器驱动 usb-hub. sys，因此该驱动不需要由设备开发者编程。

每一个支持 USB 系统的主机中，都会有一个根集线器提供的两个 USB 端口，即位于主机箱上的两个 USB 端口。一个 USB 系统中的所有 USB 设备，包括 USB 功能设备和 USB 集线器都必须以一定的方式直接进入，或通过 USB 集线器以菊花链式的星形接入 USB 根集线器。在 Windows 环境中，所有的设备驱动程序都可以通过指向根集线器驱动的接口，来和所有接入的 USB 设备进行通信。另外还有一种方法就是通过 USBDI 直接同 USBD 进行通信。

USBD(通用串行总线驱动程序)是 USB 系统中负责管理通用串行总线工作的一个位于主机上的软件。它在集线器驱动和主机控制器驱动之间翻译通信请求、处理总线列举、电源管理以及 USB 事务的其他方面。这些通信不要求设备开发者编程。Windows 98 以后的系统中包含了总线类驱动 usbd. sys。在 Windows 系统中，USBD 属于 WDM 驱动。

主机控制器驱动，主机控制器驱动与主机控制器硬件通信，后者连接到总线上。Microsoft 提供了对两种接口的支持，即在图 9-15 所示的通用主控制器驱动程序(Universal Host Controller Driver，UHCD)和开放主控制器接口(Open Host Controller Interface，OpenHCI)。这是不同的 USB 供应商所提出的用于管理一个系统中的 USB 主控制器的两个软件接口。

主控制器驱动程序不需要任何设备开发者编程。符合开放主机控制器接口标准的控制器使用 uhci. sys 驱动，符合通用主机控制器接口标准的控制器使用 openhci. sys 驱动。这两种驱动都为 USB 硬件与 USB 总线类驱动通信提供了途径。尽管它们具有不同的实现方式，但任何区别对驱动开发者和应用程序的程序员都是透明的。

两种驱动采用不同的方式来完成主机控制器的功能。UHCD 把更多的通信负荷放在软件上，允许使用更简单、更便宜的硬件，OHCI 则把更多的通信负荷放在硬件上，使用更简单的软件控制。UHCI 是由 Intel 开发的，技术规范可以在 Intel 的网站上找到。OHCI 是由 COMPAQ、Microsoft、Panasonic 这三家公司联合开发的，技术规范可以在网站上找到。USB 开发者论坛上也有对应的链接说明。

2）设备和总线驱动。在 Windows 下，USB 通信使用两种驱动类型：设备驱动和总线驱动。设备驱动处理单一设备或一类设备之间的通信。单个的 USB 设备可能使用一个或多个设备驱动。在设备驱动下有 3 个驱动负责处理总线通信的各个方面：Hub 驱动、USB 总线驱动和主机控制器驱动。在图 9-14 中描述出了这些驱动在 USB 通信中是如何一起工作的。

4. USB 总线的优点

USB 总线标准可以针对不同的性价比要求，提供不同的选择，针对不同的系统和部件提供不同的功能，可以说 USB 是外部设备发展的必然趋势。其主要优点如下：

（1）方便终端用户的使用 USB 总线标准为电缆和连接头提供了单一模型，其电气特性与用户无关，外设可由自身供电也可由 USB 供电；可自动检测外设，自动完成配置和到驱动程序的功能映射；支持动态连接，动态对外设进行重置。

（2）应用广泛 USB 总线可适应不同的设备，传输速率从每秒几千位到每秒几百兆位，在同一根电缆上支持同步和异步传输模式，可同时支持多个设备操作，在主机和设备间可传输多个数据流和报文。

（3）同步传输带宽 确定的带宽和低延时使得其可应用于电话系统和音频、视频的应用，同步载荷可使用总线上的全部带宽。

（4）应用中的灵活性 USB 总线支持一系列大小的数据包，允许对设备缓冲器大小的选择；可通过指定数据缓冲区大小和执行时间而支持各种传输速率。

（5）容错性 在协议中规定了出错处理和差错恢复机制；用户可以动态地插入和拔出 USB 设备；可对默认的设备进行识别。

（6）与 PC 产业的一致性 整个 USB 协议与 PC 的即插即用的体系结构完全一致，与现存操作系统接口可以进行良好的衔接，整个协议完整并容易实现。

（7）性价比高 USB 总线标准把外设和主机硬件进行了最优化的集成，这样可促进低价格外设的发展；标准中定义的电缆和连接头比较廉价，有利于商业的推广应用。

二、IEEE 1394 总线

IEEE 1394 是一种与平台无关的串行通信协议。早在 1985 年，Apple 公司就已经开始着手研究这一技术，并称之为火线（FireWire）。后来 TI 与 Sony 公司等也加入了支持该技术的行列。Apple 公司称其为火线（FireWire），而 Sony 公司则称其为 iLink，Texas Instruments 公司称其为 Lynx。

IEEE 1394 接口标准化作业开始于 1986 年，1987 年 Apple 公司发布第一个完整规范，1992 年 Apple 公司的提案被采纳为 IEEE 1394 标准规范，1994 年 9 月正式成立了 IEEE 1394 Trade Association，主持推进 IEEE 1394 为标准的家庭网络规格普及工作，并推出了用于保证高质量和兼容性的规范。

1995 年，IEEE 正式制定了 IEEE 1394—1995 正式的标准。后来又制定了 IEEE 1394a，它是 IEEE 1394—1995 的改良版，支持 100Mbit/s、200Mbit/s 和 400Mbit/s 的数据传输速率，而新版本 IEEE 1394b 则能够实现 800Mbit/s、1600Mbit/s 和 3200Mbit/s 的数据传输速率。由于 IEEE 1394 的数据传输速率相当快，因此有时又叫它“高速串行总线”，并被认为可以取代并行总线 SCSI。

1. IEEE 1394 的主要特点

（1）通用性强 IEEE 1394 采用树形或菊花链结构，以级联方式在一个接口上允许连接 63 个不同类型的设备，包括多媒体设备、传统外设以及家电等消费电子类产品，为计算机和电子产品提供了统一的接口。而且允许两节点之间最大距离为 4.5m。IEEE 1394b 标准可以实现 100m 范围内的设备互连。

（2）传输速率高 目前普遍使用的 IEEE 1394 支持最高 400Mbit/s 的数据传输速率，新版本可以支持 1.6Gbit/s 甚至 3.2Gbit/s 的传输速率，这样高的传输速率可满足大部分高速设备对数据传输的要求。

（3）实时性好　IEEE 1394 具有很高的数据传输速率，可以支持异步传送和等时传送两种模式，使数据传送的实时性明显提高。这对多媒体应用是非常重要的，因为它保证图像和声音不会出现时断时续的现象。

（4）对被连接设备提供电源　IEEE 1394 连线由 6 芯组成，其中 4 根形成两对双绞线用来传送数据，其余两根是电源线，可以向设备提供 4～10V/1.5A 的电源。由于 IEEE 1394 总线能向设备提供电源，这样不但可以免除为每台设备配备独立的供电系统，而且可以保证设备断电时不影响整个系统的正常运行。

（5）连接简单，使用方便　IEEE 1394 采用设备自动配置技术，允许热插拔和即插即用。因为 IEEE 1394 标准接口的通信协议明确规定，当网络上附加结构和撤消节点时，能够自动实现网络重构和自动分配 ID。

2. Windows 平台下的 1394 接口方案

（1）整体方案　以一个 1394 功能演示系统方案为例来说明 1394 接口方案的应用，整个系统方案的思想体现了基于 1394 高速串行总线分时共享的特点，让总线上的多个节点同时传输，实现 1394 的等时、异步传输功能以及部分总线管理功能，并验证其高速传输性能。1394 演示系统结构图如图 9-16 所示。

图 9-16　1394 演示系统结构图

系统包括如下几部分：

1）带有 1394 接口的数据显示处理主机，如带有 1394 接口卡的 PC 或主板上有 1394 接口的 PC。这部分的主要功能是对 1394 数据进行接收、显示及传输。

2）带有 1394 接口的摄像头。摄像头作为数据源来产生高速的视频数据。可供选择的摄像头如鹰眼 CF-2000 CMOS1394 接口的 PC 摄像头，33 万像素，最大分辨力 640×480，位宽为 24 位，支持多种传输模式：15 帧 640×480，30 帧 320×240 等。总线的最大传输率可达 400Mbit/s。

3）总线监测设备。总线监测设备可以采用 Nital 公司的 FireBuilder/Firesnooper。该产品可以在 PC 的 Windows 系统下与 TI 公司的 TSBPCI403 卡联合使用，负责监测总线上的事务。

1394 演示系统工作流程如图 9-17 所示，1394 总线传输的发送端首先从摄像头捕获视频数据，并回放，然后通过 1394 总线通信将数据传输给接收端；接收端接收数据，存储并显示出来。而且接收端可以发送异步指令来控制发送端的状态，如开始发送、停止发送等。

系统设计包括方案选定、软件/硬件设计。下面以基于 PCI 总线的方案为例介绍 IEEE 1394 总线接口方案的实现。在这种方案中，硬件设计的主要任务是实现 1394—PCI 的适配卡，软件设计是指在 Windows 下完成用户与硬件的通信，实现卡的驱动程序和应用程序。其中，应用程序接收用户指令，驱动程序作为用户与硬件间的接口将用户指令转化为相应的 1394 请求并交由硬件实现 1394 数据 DMA 传输。

（2）IEEE 1394 总线接口方案　在本方案设计中所遵循的设计原则是：标准化、模块化、可扩展性、实现可行性、可维护性。1394 系统总线接口方案结构图如图 9-18 所示。

系统设计中考虑了各种可实现的 1394 高速总线方案，其中主要包括基于微处理器的 1394 方案和基于系统总线技术的 1394 方案。鉴于应用系统总线技术和模块化的方式来组装系统的好处，以及要实现系统的可扩展性和可维护性，确定在系统设计中首先实现基于系统总线技术的1394方案。

由于采用共同的总线接口方式，1394模块与其他系统模块的连接为标准化连接。其他模块只需要提供相应的总线接口，通过1394模块就可以实现指定的1394功能，从而实现整个1394传输系统。

要实现一个基于总线接口方案的1394系统，总线接口的选型就是整个系统设计的核心。依照标准化、可扩展性和可行性的原则，确定基于PCI总线实现1394系统。

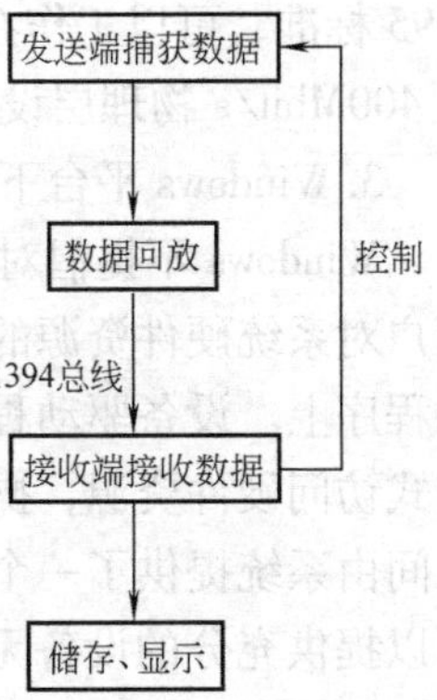

图9-17　1394演示系统工作流程

（3）硬件设计

1）1394-PCI适配卡的设计。通过对1394系统设计原则以及总线选型的可扩展性和可行性分析，不难得出1394系统设计的实质性内容在于1394-PCI适配卡的设计。适配卡的实现主要由1394控制芯片组完成，如图9-19所示。

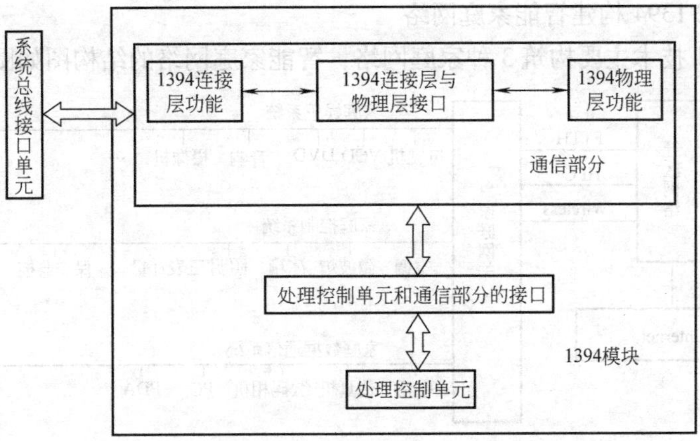

图9-18　1394总线接口方案结构图

2）芯片的选择。

1394技术的实现取决于相应的1394控制芯片。生产1394控制芯片的厂家主要有：TI、SONY、IBM、PHILIPS、NEC等。其中TI公司首家突破1394芯片技术，产品系列面向各类应用。选定TI公司的1394控制芯片TSB12LV23作为链接层和物理层协议芯片。TSB12LV23（OHCI-Lynx）为链接层控制芯片，是一个开放式主机控制器接口1.0（OHCI）和IEEE 1394a的连接层设备，可以在PCI总线和PHY接口之间传输数据。这为设计PCI-1394适配卡提供了方便的PCI接口，而且OHCI为1394的实现提供了标准的软件平台，便于软件在不同操作系统间的移植。通过串行总线连接层协议，允许任何支持1394标准的控制器间实现通信。

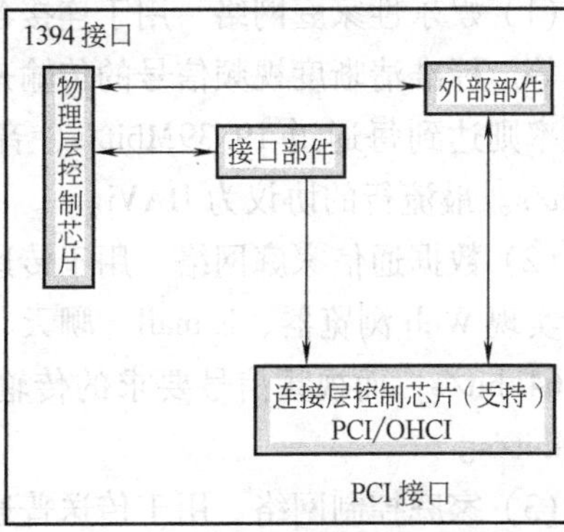

图9-19　1394-PCI适配卡的原理图

其他可以使用的芯片还有TSB41LV02、TSB41LV03等。TSB41LV02兼容IEEE 1394-

1995 标准，可以工作在 100Mbit/s、200Mbit/s 和 400Mbit/s 速率下；TSB41LV03 是一个三端口 400Mbit/s 物理层设备，遵从 IEEE 1394a 标准。

3. Windows 平台下的 1394 开发方案

Windows 不提倡对硬件的直接访问，它为用户提供了一个与设备无关性的操作平台，使用户对系统硬件资源的操作变得完全透明。底层操作由操作系统完成，这具体体现在设备驱动程序上。设备驱动程序提供连接到计算机硬件的软件接口，使用户程序可以以一种规范的方式访问硬件资源，操作系统认为驱动程序是可靠无错和规范的，这样就在用户程序和硬件之间由系统提供了一个保护屏障，实现硬件资源的合理分配，既可以保护系统的稳健性，又可以提供充分的设备无关性。应用程序通过 1394 设备驱动程序访问串口。

为了在 Windows 下实现 1394 功能，必须编写符合 Windows 规范的驱动程序。Windows 95 和 Windows 98 使用虚拟设备驱动程序 VxD 访问硬件；Windows NT，Windows 2000 和 Windows XP 使用 Windows 驱动模型 WDM 或 NT 式设备驱动程序访问硬件。在 Windows NT 和 Windows 2000 中硬件抽象层 HAL 为实际的硬件提供一个可以移植的接口。

4. 使用 IEEE 1394 构建智能家庭网络

用 IEEE 1394 技术主要构筑 3 种家庭网络，智能家庭网络的结构图如图 9-20 所示。

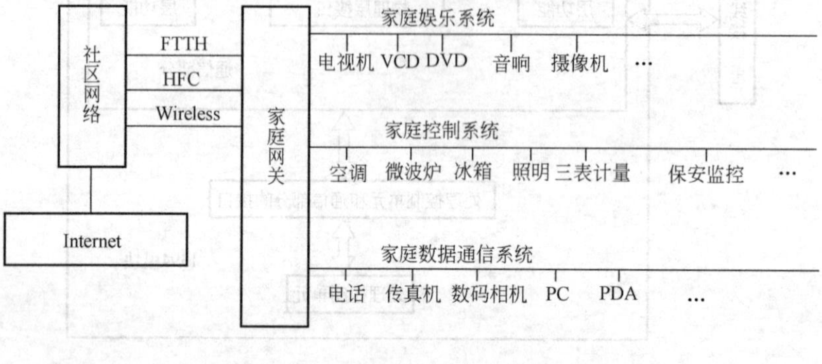

图 9-20 智能家庭网络的结构图

（1）娱乐性家庭网络 用于连接各种娱乐性家用电器，如高清晰度电视机、DVD、家庭影院等。标准清晰度视频信号的传输速率要求每通道 1.5 ~ 8Mbit/s，高清晰度视频信号的传输速率则达到每通道 19.39Mbit/s，音频信号要求的传输速率根据压缩情况在 128kbit/s ~ 1Mbit/s。最流行的协议为 HAVi。

（2）数据通信家庭网络 用于传递数字与多媒体信息，可连接电话、传真、计算机等设备，实现 Web 浏览器、E-mail、聊天、网上购物等。语音信号要求比较低的传输速率，为 15 ~ 64kbit/s，而视频信号要求的传输速率可达 128 ~ 384kbit/s，数据传输速率可在 5.5 ~ 9.5Mbit/s。

（3）家庭控制网络 用于传送普通家用电气的控制信号和监视信号，实现家电设备的远程监视和自动控制，保证家庭安全。该系统对传输速率要求比较低，是智能家庭网络中唯一的低速网络，数据传输速率只需每秒几千比特。用的较多的标准协议有 Lonworks、CEBUS、EIB 和包含所有欧洲流行标准的 Konnex。

5. 1394 技术在 DV 中的应用

DV 是 Digital Video 的缩写。Digital 是相对于 Analog 而言的，比如家用 VHS 录像技术和

Laser Disc 是模拟的，VCD 和 DVD 就是数字的。从这个意义上说，PC 上的视频处理都是数字的了。

DV 的另外一个含义是指专门的一种定义压缩图像和声音数据记录及回放过程的记录标准视频格式，这就同时包含 DV 格式的设备和数字视频压缩技术本身。DV 并不雷同于 MPEG 或 Motion-JPEG，它是一种新的数字压缩格式，是一种将 DCT 压缩的视频数字信号保存到盒式录像带的方法。所谓的 DV 摄像机就是以这种格式记录视频数据的。DV 作为新一代的数位录像带的规格，体积更小，时间更长。使用 6.35mm 带宽的录像带，以数位信号来录制音像，录像时间为 60min，用 LP 模式可延长拍摄时间至带长的 1.5 倍。目前市面上的 DV 录像带有两种规格：一种是标准的 DV 带，另一种则是缩小的 minDV 带，一般家用的摄像机所使用的录像带都是属于缩小的 minDV 带。

DV 一般采用 1394 接口卡与 PC 进行数据交换，1394 卡与 USB 一样只是通用接口转换卡，而不是视频采集卡。例如，可以连接一个高速外接硬盘到 1394 卡上。但是因为 1394 卡的绝大多数用途是接摄像机，所以，通常把它看作采集卡了。1394 卡的功能不过是把 DV 格式的数据从摄像带上传输到硬盘而已，并不是像 MPEG 采集卡一样，需要有视频压缩的硬件。

1394 卡可以简单地分成两类：①带有硬件 DV 实施编码功能的 DV 卡；②用软件实现压缩编码的 1394 卡(软卡中最常见的是 OHC1394 卡)。

带有硬件编码的 DV 卡可以大大提高 DV 编辑的速度，可以实时地处理一些特技转换，而且许多此类卡带有 MPEG-2 的压缩功能。软件编码的 1394 卡需要 Codec 软件来进行 DV 的编辑。速度较慢，但成本比较低，目前，价格在 2000 元以内。随着 CPU 的不断提速，软卡的性能也会逐渐提升。软卡也分两类：第一类使用厂商专门 Codec 的软卡，比如 EZDV；第二类是 OHCI(Open Host Connect Interface)卡。

OHCI1394 卡是 PC 的标准接口卡，与 USB、SCSI 等是一样的概念，在 Windows 98、Windows 2000 中作为标准设备加以支持。此类卡生产厂商不提供软件 DV codec，但是 Microsoft 的 DirectX 中提供了免费的 DV codec，也可以更换成别的 Codec 来提高质量。OHCI 卡的一个突出优点是价格比非 OHCI 的软卡更便宜，而且可以连接除了 DV 摄像机之外的 1394 设备，比如硬盘、Webcam 等。各种 OHCI 卡的差异其实很小，价格差异主要是因为品牌、附送软件、地区差异等因素造成的。由于控制芯片的差异，1394 卡可能有软件兼容性的问题，业余爱好者可选用 OHCI1394 卡，专业工作者可考虑硬件 DV 卡。

本章小结

本章首先对微机总线进行了概述，然后较为详细地介绍了系统总线和外部总线。在对微机总线进行概述时，从总线的标准、总线分类、总线数据的传送方式等方面进行了介绍。在介绍系统总线时，从系统总线的发展、ISA 总线、EISA 总线、PCI 总线、发展中的系统总线标准等方面作了较为详细的讲解。在介绍外部总线时，着重讲解了 USB 总线和 IEEE 1394 总线。通过本章的学习，要对微机总线有一个总体的概念，对系统总线和外部总线有一定程度的了解。

习　题

9-1　试列举总线的分类方式有哪些，在每种分类中又包含哪些具体总线？

9-2　总线标准中必须要包含的内容有哪些？

9-3　请对比 ISA 总线与 PCI 总线的异同，试分析目前 PC 中采用 PCI 总线技术的原因。

9-4　请简述 PCI 总线的发展趋势。

9-5　请列举几种消费电子类产品所使用的接口类型，试分析其使用该类型的原因。

9-6　USB 技术的特点有哪些？一台计算机最多可以连接多少个 USB 设备？

9-7　IEEE 1994 与 USB 相比较，其技术优势是什么？

第十章　高性能微处理器

在微型计算机诞生之前，电子数字计算机中的元器件主要由电子管、晶体管、继电器以及磁心存储器等组成。后来，随着大规模集成(LSI)技术的发展，在一块半导体芯片上可以集成几千个电子器件，所生产出的大规模集成芯片完全取代了原电子数字计算机中的电子管和晶体管等。随着芯片制造技术的不断进步，集成度更高、处理速度更快的处理器不断出现，微型计算机也得到了飞跃的发展。

第一节　80286 微处理器

一、实模式下的微处理器

1971 年，微机中的关键部件微处理器(Micro Processor，MP)也称中央处理单元(Central Processor Unit，CPU)在美国问世。Intel 公司于 1971 年推出了以 4 位微处理器 Intel 4004 为核心，型号为 MCS-4 的世界上第一台微型计算机，Intel 4004 微处理器含有 2300 个晶体管，使用 PMOS 工艺，可寻址内存小于 16KB，CPU 工作频率在 0.5～1.0MHz 之间，MCS-4 微机使用机器语言和简单的汇编语言，基本指令执行时间 10～15μs。1972 年，Intel 公司又推出了 8 位微处理器 Intel 8008，并由它组成了 MCS-8 微型计算机。

1974 年 Intel 公司推出了第二代微处理器 Intel 8080，1975～1976 年相继出现了集成度更高、功能更强的 Zilog Z-80 等微处理器，芯片包含有 5000～9000 个晶体管，使用了 NMOS 工艺，工作频率为 2～4MHz，数据总线 8 位，地址总线 16 位，可寻址内存 64KB，基本指令执行时间 1.2μs，软件上首次使用了操作系统，并使用了 BASIC、FORTRAN 等高级语言。

1978 年，Intel 公司推出的 8086 微处理器是第三代微处理器。8086 CPU 内部和外部数据总线均为 16 位，故称之为 16 位微处理器，地址总线 20 位，可寻址内存 1MB，Intel 公司还推出了与之相配合的数字协处理器 8087。这两种芯片使用相互兼容的指令集，8087 协处理器设立了专门用于对指数、三角函数以及对数等数学计算的指令。1979 年，Intel 公司推出了 8088 CPU，与 8086 相比，其差别只有两点：①它的外部数据总线只有 8 位；②预取指令队列只有 4B，而不是 8086 的 6B。

1981 年，IBM 公司以 8088 微处理器为核心首次组成了 IBM PC 微型计算机，开创了微型计算机的新时代。由于 8088 微处理器的出现，个人计算机(PC)开始在全世界蓬勃发展起来。此阶段 Motorola 公司推出了 MC 68000，Zilog 公司推出了 Z-8000 等微处理器。第三代微处理器构成的微机系统，在软件上采用了支持多种高级语言、常驻汇编程序、管理功能强的操作系统以及大型数据库，并且微机中可支持多个处理器，其性能达到了小型计算机水平，它们都只能工作在实模式下。

二、80286 微处理器

1982 年，Intel 公司推出了划时代的 80286 微处理器，如图 10-1 所示。第四代微处理器诞生了，80286 微处理器具有实模式与保护模式两种工作方式，突破了 CPU 只能工作在实模式下的局限。80286 对 8086 等微处理器是向上兼容的，在实地址方式下，80286 的目标代码与 8086 软件方式兼容。

处于保护模式的 CPU 在硬件上支持存储器管理、虚拟地址、分页、保护等功能，具有多任务切换机制。在保护模式下，通过应用存储管理方法，可使系统获得 1024MB 的存储空间，并可把此虚拟空间映射到 16MB 的物理存储器上。80286 的保护功能可对存储器边界、属性及访问权等进行自动检查，通过四级保护环结构支持任务与任务间以及用户和操作系统间的保护；也支持任务中程序和数据的保密性，从而确保在系统中建立高可靠性的系统软件。80286 还具有高效的任务转换功能，可以适应多任务、多用户要求。在保护虚地址方式下，8086 的软件源代码可以使用 80286 存储器管理和保护机构支持的虚地址。80286 也可配置协处理器，以增加数值计算的能力和速度，它所支持的数值协处理器 80287 也对数值处理器 8087 向上兼容。

图 10-1　80286 微处理器

1. 80286 CPU 引脚及其功能

80286 微处理器采用 PQFP (Plastic Quad Flat Package) 封装，共 68 个引脚，图 10-2 是 80286 引脚封装示意图。

(1) 数据线

$D_{15} \sim D_0$：数据总线。数据总线是双向三态信号线。在存储器读周期、I/O 读周期、中断响应周期时用作输入数据；在存储器写周期，I/O 写周期时用作输出数据。在数据总线上，可能传送的是指令码、操作数、操作数地址、中断类型码等。当 80286 CPU 释放总线时，数据总线处于高阻状态。

(2) 地址线

$A_{23} \sim A_0$：地址总线。地址总线是输出物理存储器地址或 I/O 端口地址的单向三态信号线，寻址范围为 16MB。当 80286 CPU 释放总线时，地址总线处于高阻状态。当数据信息在数据总线低 8 位 $D_7 \sim D_0$ 上传输时，A_0 为低电平。

$\overline{BHE}$：总线高位允许线。这是一条三态输出信号线，低电平有效。该信号有效时，表示数据在数据总线的高字节 $D_{15} \sim D_8$ 上传输。$\overline{BHE}$信号线与地址线 A_0 一起确定当前数据总线是低字节有效还是高字节有效，或是 16 位数据线有效。

(3) 控制线

M/$\overline{IO}$：存储器或输入输出选择线。它是三态输出信号线，用于区分当前操作是存储器访问还是 I/O 访问。若此引脚为高电平，则为存储器访问；若此信号为低电平，则为 I/O 访问。

COD/$\overline{INTA}$：代码/中断响应确认线。它是一个三态输出信号线，用于区别指令周期和读数周期，也可以对中断响应周期和输入输出周期加以区别。对于 M/$\overline{IO}$的高电平状态，COD/$\overline{INTA}$作为取指令代码的指示信号，当 COD/$\overline{INTA}$也为高电平时，表示取指令代码；对于 M/$\overline{\text{IO}}$的低电平状态，COD/$\overline{\text{INTA}}$作为中断响应，当 COD/$\overline{\text{INTA}}$为低电平时，表示中断确认。

$\overline{S_1}$、$\overline{S_0}$：总线周期状态线。这两根线也是三态输出的信号线，它们与COD/$\overline{\text{INTA}}$和 M/$\overline{\text{IO}}$一起，表明80286 总线的状态，80286 总线周期的状态定义见表 10-1。总线周期状态信号提供给系统中的总线控制器，以产生存储器或输入输出读、写所需要的命令控制信号。

$\overline{\text{LOCK}}$：总线封锁信号线。它是一根低电平有效的三态输出信号线，表示在当前的总线周期后，其他的系统总线控制设备将得不到系统总线的控制权。$\overline{\text{LOCK}}$信号可以直接由前缀指令“lock”激活，也可以由80286 的硬件在存储器 XCHG 指令、中断响应或访问描述符表期间自动产生。

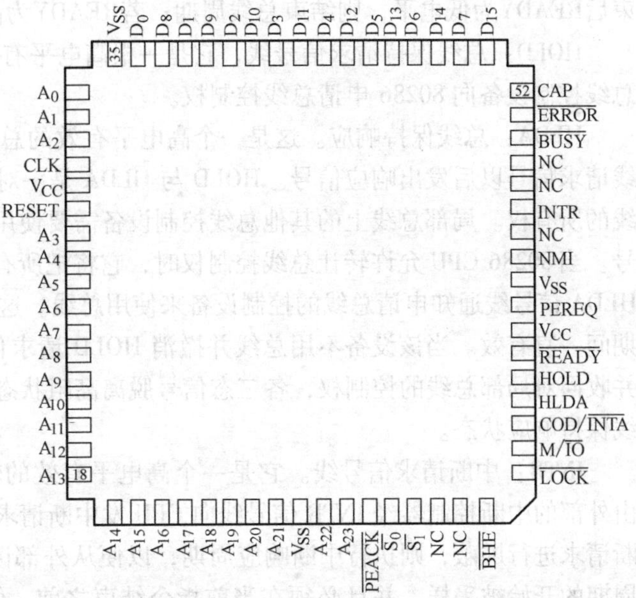

图 10-2　80286 引脚封装示意图

表 10-1　80286 总线周期的状态定义

COD/$\overline{\text{INTA}}$	M/$\overline{\text{IO}}$	$\overline{S_1}$	$\overline{S_0}$	总线周期状态
0	0	0	0	中断响应
0	0	0	1	保留
0	0	1	0	保留
0	0	1	1	空闲状态
0	1	0	0	停机或暂停状态
0	1	0	1	读存储器数据
0	1	1	0	写存储器数据
0	1	1	1	空闲状态
1	0	0	0	保留
1	0	0	1	读 I/O 端口
1	0	1	0	写 I/O 端口
1	0	1	1	空闲状态
1	1	0	0	保留
1	1	0	1	读存储器中的指令代码
1	1	1	0	保留
1	1	1	1	空闲状态

$\overline{\text{READY}}$：总线准备信号。它是个低电平有效的三态输出信号线。它控制总线周期的结束、请求建立和保持与系统时钟有关的时间，以满足正常操作的需要。若在一个总线周期结

束后$\overline{READY}$为低电平，则结束总线周期；若$\overline{READY}$为高电平，则重复一个总线周期。

HOLD：总线保持请求信号线，它是一根高电平有效的总线请求输入信号线，用于其他总线控制设备向 80286 申请总线控制权。

HLDA：总线保持响应。这是一个高电平有效的总线响应信号线，用于 80286 在收到总线请求信号以后发出响应信号。HOLD 与 HLDA 是一对信号线，它们用于控制 80286 局部总线的所有权。局部总线上的其他总线控制设备需要使用总线时，通过 HOLD 输入总线请求信号。当 80286 CPU 允许转让总线控制权时，它将把所有的三态总线置于高阻状态，然后通过 HLDA 信号线通知申请总线的控制设备来使用总线。这根信号线在使用总线的控制设备工作期间一直有效。当该设备不用总线并撤消 HOLD 请求信号线后，80286 将撤消 HLDA 信号，并收回对局部总线的控制权，各三态信号脱离高阻状态，恢复到原来的状态，从而终止了总线保持响应状态。

INTR：中断请求信号线。它是一个高电平有效的输入信号线。在 80286 系统中，一般由外部的中断控制器经 INTR 信号线向 CPU 发中断请求信号。在 80286 的内部如果没有对中断请求进行屏蔽，则执行中断响应周期，以便从外部读取中断类型码。INTR 是在每个总线周期的开始被采样，并且必须在当前指令结束之前，保持高电平有效至少两个系统时钟周期，以便在下一条指令之前实现中断。

NMI：非屏蔽中断请求信号线。这是由外部送来的高电平有效的非屏蔽中断请求信号，并且不受 CPU 内部中断允许标志位的控制。该信号可以异步于系统时钟，并且经过内部同步后由系统时钟边沿触发。为了正确地识别这种中断请求，要求其输入必须先有至少 4 个系统时钟周期的低电平，而后保持至少 4 个系统时钟周期的高电平。

PEREQ：协处理器操作请求信号线。这是一个高电平有效的输入信号线，当 80286 CPU 访问存储器的 ESC 指令时，数值协处理器 80287 送来的 PEREQ 信号被 80286 接收，以执行协处理器的一个数据操作数传输。

$\overline{PEACK}$：操作数响应线。它是输出信号线，低电平有效。当被请求的操作数正被传输时，$\overline{PEACK}$输出给协处理器，作为确认信号。

BUSY：协处理器忙碌信号。它是输入信号线，低电平有效。它把数值运算协处理器 80287 的工作状态通知 80286。从$\overline{BUSY}$信号变为低电平，到$\overline{BUSY}$再次变为高电平期间，80286 将不执行 ESC 指令和 WAIT 指令。

$\overline{ERROR}$：协处理器出错信号线。它是数值运算协处理器 80287 要求 80286 进行异常处理时使用的输入信号。80286 收到此信号时，将产生 16 号中断，进行异常处理。

RESET：系统复位信号线。它传输输入信号，高电平有效，用于对 80286 内部进行初始化操作。

(4) 时钟及电源线

CLK：系统时钟。这是外部送到 80286 的时钟信号，根据处理器的要求，该信号有 12MHz、16MHz、20MHz 和 24MHz 等多种。通过 80286 内部分频电路对 CPU 进行二分频处理，形成处理器时钟 PCLK，提供给芯片内部各工作电路。

V_{CC}：5V 电源。

V_{SS}：信号地。

CAP：电源基片滤波器电容输入连接端。

2. 80286 基本结构

80286 芯片内含 13.5 万个晶体管，集成了存储管理和存储保护机构。80286 将 8086 中的 BIU 和 EU 两个处理单元进一步分离成 4 个处理单元，它们分别是总线单元 BU、地址单元 AU、指令单元 IU 和执行单元 EU。BU 和 AU 的操作基本上和 8086 的 BIU 一样，AU 专门用来计算物理地址，BU 根据 AU 算出的物理地址预取指令(可多达6B)和读写操作数。80286 微处理器结构图如图 10-3 所示。

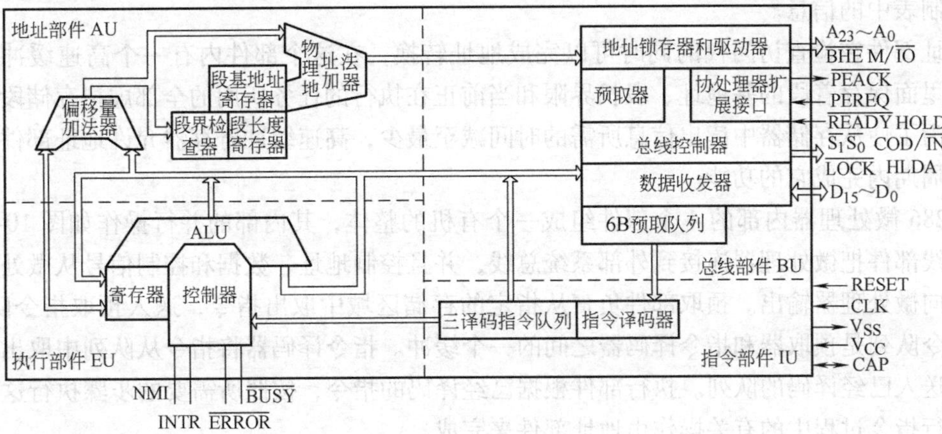

图 10-3　80286 微处理器结构图

(1) 总线部件　总线部件由地址锁存器、驱动器、预取器、协处理器扩展接口、总线控制器、数据收发器和 6B 预取队列组成。

总线部件是系统和微处理器之间的一个高速接口，负责管理、控制总线的操作，管理微控制器和存储器、外部设备之间的联系。它在存取代码和数据期间有效地满足了微处理器对外部总线的传送要求，以最高的速率传送数据，即在两个处理器时钟周期内传送一个字。除了这些功能之外，80286 的总线部件还负责预取指令的操作。所谓预取指令，就是在指令执行之前把它从存储器中取出，并送入指令队列，等待进一步的译码操作。80286 的指令预取队列最多可以保存 6B 的指令机器码。预取器总是尽量使该队列装满有效字节，每当队列有部件空闲或发生一次空闲转移后，预取器便请求预取。

(2) 指令部件　指令部件由三译码指令队列和指令译码器组成。这个部件用来对指令进行译码，并做好执行部件执行所需的准备工作。来自 6B 预取队列的指令被指令译码器译码后，就被存放在已经译码的指令队列中，准备执行。已经译码的指令包含执行部件所需要的所有指令域。在 80286 微处理器中引入指令部件可进一步改善流水线操作，改变了如同 8086 等微处理器那样需要由指令执行部件进行译码的状况。指令部件连续译码，使得已经译码的队列内总有几条已经完成译码操作的指令等待执行，而执行部件总是执行已经译好的指令。于是译码部件和执行部件并行操作，大大提高了 80286 的工作速度。指令部件以每个时钟周期 1B 的速度接收数据。

(3) 执行部件　执行部件由算术与逻辑运算单元(ALU)、寄存器、控制器和微程序只读存储器构成，它负责执行指令。所有的逻辑运算、算术运算以及数值加工操作等都在执行部件完成，在进行这些工作的同时，它还必须和其他的逻辑部件交换时序信息和控制信息。微程序只读存储器规定了指令执行的内部微指令序列，指令在内部微指令序列的控制下执行。

当一条指令的微程序序列快要执行完时，执行部件就从指令队列里再取下一条指令，这项技术的采用，使得执行部件总是处于忙碌状态，这是微程序典型的控制做法。

（4）地址部件　地址部件由偏移量加法器、段界检查器、段基地址寄存器、段长度寄存器和物理地址加法器等部件组成。这个部件可以计算出操作数的物理地址、检查保护权、实施存储器的管理和保护功能。在保护模式下，地址部件提供完全的存储管理、保护和虚拟存储等支持。地址部件在存储器中建立操作系统的控制表来描述全部的存储器，然后由硬件来执行控制表中的信息。

地址部件在检查访问权的同时可以完成地址转换，在这个部件内有一个高速缓冲寄存器，它里面保存着段的基地址、段长界限和当前正在执行的任务所用的全部虚拟存储段的访问权。为了使从存储器中读出信息所需的时间减至最少，高速缓冲寄存器允许地址部件在一个时钟周期内完成它的功能。

80286 微处理器内部的 4 个部件组成一个有机的整体，其内部的并行操作如图 10-4 所示。总线部件把微处理器连接到外部系统总线，并且控制地址、数据和控制信号从微处理器输入或向微处理器输出。预取部件负责从指定的存储区域中取出指令，送入预取指令队列。预取指令队列是预取器和指令译码器之间的一个缓冲。指令译码器将指令从队列中取出，译码之后送入已经译码的队列。执行部件根据已经译码的指令，按照所需要的步骤执行这条指令。执行指令过程中的有关操作由地址部件来完成。

3. 80286 状态和控制寄存器

80286 内部有 15 个 16 位寄存器，其中 14 个与 8086 寄存器的名称和功能完全相同。不同之处有二：其一，标志寄存器增设了两个新标志，一个为 I/O 特权层标志 IOPL（I/O Privilege），占 D_{13}、D_{12} 两位，有 00、01、10、11 四级特权层；其二，增加了一个 16 位的机器状态字（MSW）寄存器，但只用了低 4 位，D_3 为任务转换位 TS，D_2 为协处理器仿真位 EM，D_1 为监督协处理器位 MP，D_0 为保护允许位 PE，其余位保留未用。

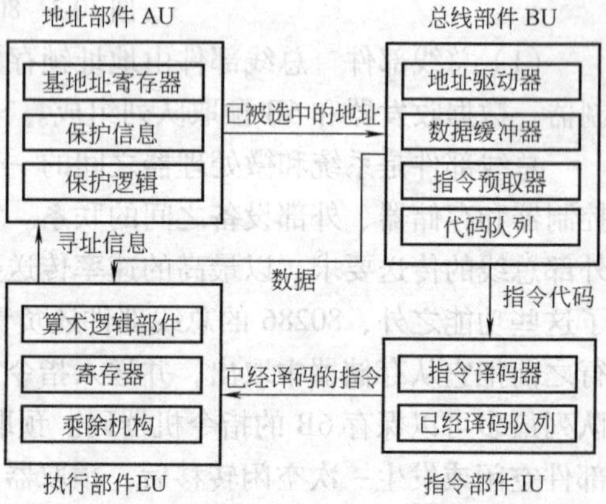

图 10-4　80286 微处理器内部的并行操作

（1）标志寄存器　标志寄存器 FLAG 主要功能是用来记录 CPU 运行过程中的相关状态信息的，如图 10-5 所示。它一般包括算术运算指令、逻辑运行指令或其他指令操作后的结果特征。80286 的标志寄存器共有 16 位，实际使用的有 11 位。

这些标志大部分与 8086 中的功能相同，如进位标志 CF、奇偶标志 PF、辅助进位标志 AF、零标志 ZF、符号标志 SF、溢出标志 OF、自陷阱标志 TF、允许中断标志 IF、方向标志 DF。当 80286 处于保护模式时，才使用输入输出特权标志 IOPL 和嵌套任务标志 NT。输入输出特权标志有两位，用于指定输入输出处于系统特权等级的某一级。任务嵌套标志 NT 用于说明任务的嵌套状况，如果 NT 位置“1”，则说明该任

15	14	13 12	11	10	9	8	7	6	5	4	3	2	1	0
	NT	IOPL	OF	DF	IF	TF	SF	ZF		AF		PF		CF

图 10-5　80286 标志寄存器

务嵌套在另一个任务中执行，执行完该任务后，要再返回到原来的任务中去，否则把 NT 置“0”。该位的置“1”和置“0”都是通过其他任务的控制转移来实现的。

(2) 机器状态字寄存器 80286 机器状态字寄存器 MSW 如图 10-6 所示。

图 10-6 80286 机器状态字寄存器 MSW

允许保护位 PE：该位设置了 80286 CPU 的工作方式。当把 PE 置“1”时，80286 进入保护方式工作；若置“0”，则 80286 在实地址下工作。

监控处理器位 MP：用 MP 位与 TS 位一起确定 WAIT 操作码是否将要生成一个协处理器不可用的异常 7，此时 TS 位为 1。

协处理器仿真位 EM：若 EM 置“1”就会使所有的协处理器操作码生成协处理器不可用的异常 7；EM 置“0”，则所有的协处理器操作码都在一个实际的协处理器 80287 上执行。

任务转换位 TS：每当完成一次任务转换就把 TS 置“1”。如果在 TS 位置“1”时，也把 MP 位置“1”，则处理器的操作码将会产生一个协处理器不可用的自陷。此时，自陷任务处理程序通常保存前一任务与 80287 的相关信息，装入现行任务的 80287 状态，并在返回到这个引起故障的协处理器操作码之前将 TS 置“0”。

4. 80286 系统总线

(1) 80286 总线状态 80286 与其他微处理器一样，采用了总线周期和 T 状态构成的总线时序系统。它的处理器时钟 PCLK 与系统时钟 CLK 周期宽度不同。微处理器把系统时钟除以 2 产生处理器时钟，并由它来确定状态。两种不同的时钟用以满足系统中不同部件的需要。80286 系统总线有 3 种基本状态：空闲状态 T_i、传送状态 T_s 和执行状态 T_c。还有一种局部总线状态，也称保持状态 T_h，它表示的是在响应总线请求 HOLD 后，已经把局部总线的控制权转让给其他的总线设备。这 4 种总线状态之间的转换图如图 10-7 所示。

空闲状态 T_i 表示总线空闲没有数据传送发生。传送状态 T_s 是总线周期的有效状态，在 T_s 期间，指令编码、地址和数据在 80286 输出引脚上是有效的，传送状态之后，总是进入执行命令状态 T_c。在执行命令状态期间，存储器和 I/O 设备响应总线的操作，将数据送入微处理器或接收微处理器写入的数据。为了确保存储器或 I/O 设备有足够的时间做出响应，执行命令状态 T_c 通常是可以重复的，由 READY 就绪信号来决定是否需要重复状态。

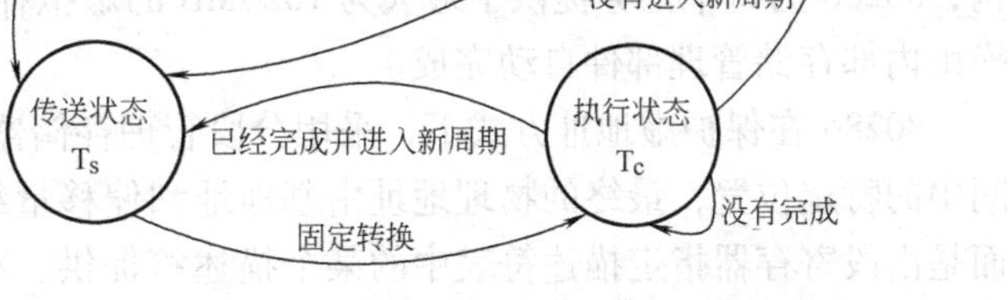

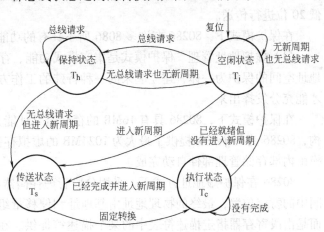

图 10-7 80286 总线状态之间的转换图

在保持状态 T_h 期间，80286 将所有的地址、数据和状态输出引脚浮空，以便使别的主设备可以使用局部总线。80286 引入的 HOLD 信号线可以使 80286 进入保持状态。80286 的 HLDA 输出信号有效时，表示处理器已经进入了保持状态。

(2) 80286 总线周期 80286 的每一个基本总线周期包含着两个处理器时钟周期，或称作两个总线状态。

图 10-8 所示为 80286 基本总线读写周期的信号状况。

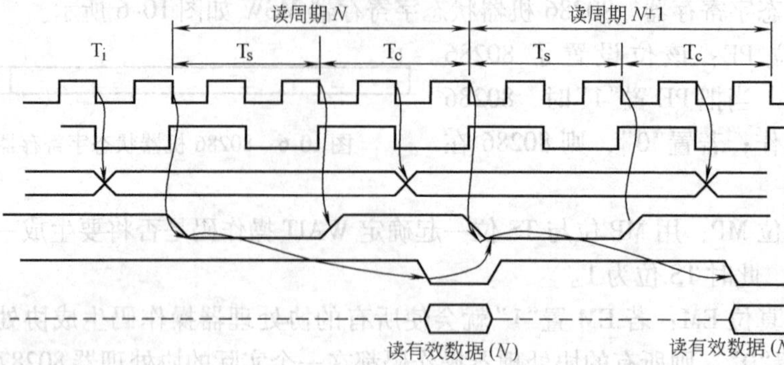

图 10-8　80286 基本总线读写周期的信号状况

总线周期的第一个状态是传送状态 T_s，它由 S_1、S_2 通知；第二个状态是命令执行状态 T_c。由图 10-8 可见，80286 采用了流水线控制方式，其地址输出的定时也是流水线方式的。在任何一个 T_c 的节拍 2 期间，可发出下一个总线操作的地址，而在 T_c 节拍 1 期间现行地址有效，即下一个总线操作的第一个时钟周期与现行总线操作的最后一个时钟周期是重叠的。因此，下一个总线操作的地址译码和路径选择逻辑可以在下一总线操作之前进行操作。80286 将各基本操作落实到总线周期，它所支持的总线操作有：存储器读、存储器写、I/O 读、I/O 写、中断响应和暂停/停机共 6 种，且每两个处理器时钟周期便可传送一个字。

5. 保护模式和多任务

80286 具有实地址模式和保护模式两种工作方式。工作在实地址模式下，80286 相当于一个高性能的 16 位 8086 CPU，可访问 1MB 的内存地址空间，地址码通过 80286 地址总线的低 20 位进行传送。

在保护模式下，80286 有许多 8086 所不具有的功能。

（1）虚拟地址管理　保护模式是集实模式功能、存储管理、对虚拟存储器的支持以及对地址空间的保护为一体，建立起来的一种特殊的工作方式。80286 的功能只有在保护模式下才能充分发挥出来。

在保护模式下，80286 具有 16MB 的存储器寻址能力。通过微处理器内的保护虚地址结构，80286 为每个任务提供了最大为 1024MB 的虚拟存储空间。虚拟地址和实地址之间的转换由内部存储管理部件自动完成。

80286 在保护虚地址方式下，采用分段管理存储器的方法，使用逻辑地址表示存储器空间中的特定位置，最终的物理地址由基地址和偏移量组成。基地址不是由段寄存器提供的，而是由段寄存器指定描述符表中的某个描述符提供。在描述符中有 24 位作为基地址，这一点与实地址方式是不同的。这种虚地址管理方式为 80286 的虚地址实现提供了方便。

（2）特权保护　在存储器访问中拥有优先权叫做特权。特权保护包括数据段与堆栈段访问的授权保护和代码段的特权维护。不同的任务在对应的描述符中记录着相应的特权等级，存储管理将会不断地判断其所拥有的优先等级，来决定当前的访问是否合法。

80286 设置了 4 级特权，分别编号 0～3。0 级是操作系统的核心，也是最高级；1 级是 I/O 驱动程序；2 级是操作系统的扩展，比如数据库系统等；3 级是用户程序，为最低级优先权。在多任务工作方式下，为不同的用户、不同的任务、不同的过程设置优先权，可以有效地防止系统的混乱。

(3) 多任务系统 80286 本身并不能同时执行多个程序，在操作系统的调度下可以把 80286 的执行时间进行划分，分别分配给不同的任务。于是各任务就可以分时、间隔地运行，达到了多任务操作的目的。80286 的任务状态段 T_{SS}是保护方式下使用的一种特殊段，对于每一个任务，都对应一个任务状态段 T_{SS}。任务的定义、转换，都是通过 T_{SS}的管理来实现的。

6. 80286 CPU 子系统

80286 系统采用多用途的总线结构，具有一整套的支持组件，使得系统在大范围内有灵活的结构。总的来说，80286 系统由微处理器、RAM、ROM、中断控制器、DMA 控制电路以及 I/O 等逻辑部件组成。图 10-9 是 80286 CPU 子系统结构图，它包括 80286 微处理器、一个 82284 时钟发生器、一个 82288 总线控制器以及两个 8259A 中断控制器等。另外，还有地址锁存器电路、数据接收/发送器电路和 I/O 译码电路。这些电路组成了系统的控制核心。

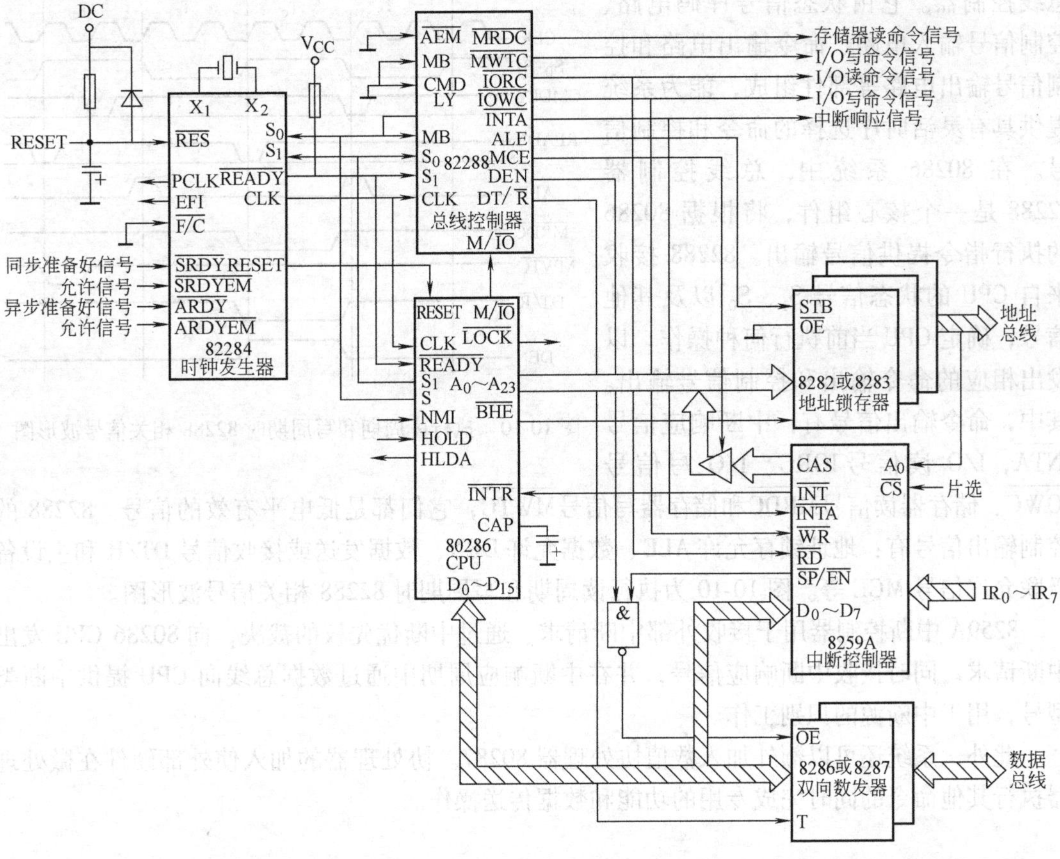

图 10-9 80286 CPU 子系统结构图

8282 是 8 位锁存器，系统使用 8282 芯片对 24 位地址线以及 $\overline{BHE}$信号进行锁存，为地址总线提供稳定的地址值。8282 的地址锁存信号由总线控制器 82288 提供。

8286 是 8 位双向数据缓冲器，系统使用 8286 对 16 位的数据线进行数据驱动。8286 的方向控制由总线控制器 82288 的 $DT/\overline{R}$信号控制；8286 的输出允许控制分别由 82288 和中断控制器 8259A 控制，表示在正常的总线周期以及与中断相关的操作中，8286 处于数据允许输出状态，否则处于高阻状态。

82284 是时钟发生器，是 Intel 公司专门为 80286 系统配套设计的单片时钟发生器。它能为系统提供处理器时钟 PCLK、系统时钟 CLK、准备就绪信号$\overline{READY}$以及系统复位信号 RESET。其中，通过 X1 和 X2 之间连接的振荡晶体，使 82284 内部的晶体振荡电路工作。CLK 引脚输出时钟信号，同时 82284 还对 CLK 引脚输出的系统时钟进行二分频产生 PCLK 信号。这个信号与 80286 CPU 的时钟是同步的。另外，82284 还提供与系统时钟同步的 READY 信号和 RESET 信号。就绪信号 READY 用以控制是否延长 80286 的总线周期。在 80286 总线周期的执行状态 T_c 的最后，如果 READY 为高电平，则 T_c 的后面再插入一个 T_c 以延长总线周期；如果 READY 为低电平，则总线周期结束。复位信号 RESET 用于向 80286 输入 16 个 CLK 以上宽度的脉冲信号，对 80286 内部状态进行初始化。

82288 是专门为 80286 系统设计的总线控制器。它由状态信号译码电路、控制信号输入电路、命令输出电路和控制信号输出电路等部件组成，能为系统提供具有灵活时序选择的命令和控制信号。在 80286 系统中，总线控制器 82288 是一个核心组件，将根据 80286 的执行指令提供信号输出。82288 接收来自 CPU 的状态信号 S_1、S_0 以及其他信号，确定 CPU 当前执行何种操作，以发出相应的命令输出和控制信号输出。其中，命令输出信号有：中断响应信号 $\overline{INTA}$，I/O 读信号$\overline{IORC}$、I/O 写信号$\overline{IOWC}$、储存器读信号$\overline{MRDC}$和储存器写信号$\overline{MWTC}$，它们都是低电平有效的信号。82288 的控制输出信号有：地址锁存允许 ALE、数据允许 DEN、数据发送或接收信号 DT/R 和主设备级联允许信号 MCE 等。图 10-10 为执行读周期和写周期时 82288 相关信号波形图。

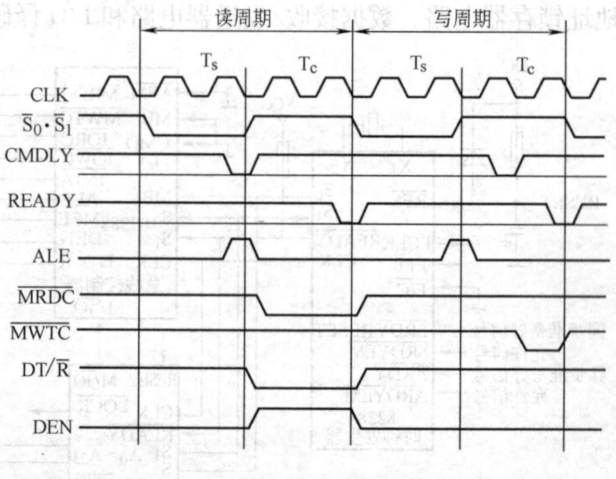

图 10-10　执行读周期和写周期时 82288 相关信号波形图

8259A 中断控制器用于接收外部中断请求，通过中断优先权的裁决，向 80286 CPU 发出中断请求，同时接收中断响应信号，并在中断响应周期中通过数据总线向 CPU 提供中断类型号，用于中断源的识别工作。

此外，系统还可以额外加入数值协处理器 80287。协处理器的加入使外部硬件在微处理器执行其他命令的同时完成专用的功能和数据传送操作。

第二节　80386、80486 和 Pentium 微处理器

一、80386 处理器

1985 年，Intel 再度发力推出了 80386 处理器，如图 10-11 所示，这标志着处理器进入了 32 位时代。80386 集成了 275000 只晶体管，超过了 4004 芯片的一百倍。并且 80386 还是 Intel 第一种 32 位处理器，同时也是第一种具有“多任务”功能的处理器——这对微软的操作系统发展有着重要的影响，所谓“多任务”是指处理器可以同时处理几个程序的指令。

80386 CPU 内部结构由 6 个逻辑单元组成，它们分别是：总线接口部件(Bus Interface Unit，BIU)、指令预取部件(Instruction Pre-fetch Unit，IPU)、指令译码部件(Instruction Decode Unit，IDU)、执行部件(Execution Unit，EU)、段管理部件(Segment Unit，SU)和页管理部件(Paging Unit，PU)。CPU 采用流水线方式，可并行地运行取指令、译码、执行指令、存储管理、总线与外部接口等功能，达到 4 级并行流水操作(取指令、指令译码、操作数地址生成和执行指令操作)。80386 采用 PGA(引脚栅格阵列)封装技术，芯片封装在正方形管壳内，管壳每边三排引脚，共 132 根。

图 10-11　80386 处理器

二、80486 处理器

Intel 公司于 1989 年推出了第二代 32 位微处理器 80486。80486 的集成度是 80386 的 4 倍以上，168 个引脚，PGA 封装，体系结构与 80386 几乎相同，但在相同的工作频率下处理速度比 80386 提高了 2 ~ 4 倍，80486 的工作频率最低为 25MHz，最高达到 132MHz。在 80486 DX4 内部首次采用了精简指令集计算机(Reduction Instruction Set Computer，RISC)技术，工作速度大大提高，可以在一个主频时钟周期内执行一条指令。除了内部包含有 80387 数字协处理器之外，内部还增加了数据与代码混合存放的 8KB 高速缓冲存储器(Cache Memory)，在同等时钟频率下，80486 相对 80386 的处理速度提高了 2 ~ 3 倍。其主要特点如下：

1）采用精简指令系统计算机(Reduced Instruction Set Computer，RISC)技术，减少不规则的控制部分，从而缩减了指令的译码时间，使微处理器的平均处理速度达到 1.2 条指令/时钟。

2）内含 8KB 的高速缓存(Cache)，用于对频繁访问的指令和数据实现快速的存取。如果 CPU 所需要的指令或数据在高速缓存中(即命中)，则勿需插入等待状态便直接把指令或数据从 Cache 中取到；相反，如果未命中，CPU 便从主存中读取指令或数据。由于存储访问的局部性，高速缓存的“命中”率一般很高，使得插入的等待状态很少，同时高“命中率”必然降低外部总线的使用频率，提高了系统的性能。

3）80486 芯片内包含有与独立的 80387 完全兼容且功能又有所扩充的片内 80387 协处理器，称作浮点运算部件(FPU)。

4）80486 采用了猝发式总线(Burst Bus)技术，系统取得一个地址后，与该地址相关的一组数据都可以进行输入输出，有效地解决了 CPU 与存储器之间的数据交换问题。

5）80486 CPU 与 8086/8088 的兼容性是以实地址方式来保证的。其保护地址方式和 80386 指标一样，80486 也继承了虚拟 8086 方式。

6）80486 CPU 的开发目标是实现高集成化，并支持多处理机系统。可以使用 N 个 80486

构成多处理机的结构。

三、Pentium 微处理器

1993 年 3 月，Intel 公司推出 Pentium 微处理器，后又相继推出了高能 Pentium Pro、Pentium MMX、Pentium 第二代(PⅡ)、第三代(PⅢ)和PⅣ。Pentium 主频也从最初的 60MHz 提高到 1GHz 以上。

1. 第一代 Pentium 芯片

Pentium 芯片内含 310 万个晶体管，原来被置于片外的单元如数学协处理器和 Cache 等，被集成到片内，速度得到显著的提高，其具体外形如图 10-12 所示。其工作频率达到了 120MHz 以上，利用了亚微米级工艺(高达 0.35μm 制造工艺)，内部包含晶体管高达 310 万个。具有 64 位的数据处理能力。Pentium 的设计中采用了新的体系结构，大大提高了 CPU 的主体性能。第一代 Pentium 芯片内置 32 位地址总线和 64 位数据总线以及浮点运算单元、存储管理单元和两个 8KB 的 Cache(分别用于指令和数据)，还有一个 SMM(System Management Mode)系统管理模式。

Pentium 新型体系结构可以归纳为以下 4 个方面：

(1) 超标量流水线　超标量流水线(Superscalar)设计是 Pentium 处理器技术的核心，它由 U 与 V 两条指令流水线构成。每条流水线都拥有自己的 ALU、地址生成电路和数据 Cache 接口。这种流水线结构允许 Pentium 在单个时钟周期内执行两条整数指令，比相同频率的 80486 CPU 性能提高了一倍。与 80486 流水线相类似，Pentium 的每一条流水线也分为 5 个步骤：指令预取、指令译码、地址生成、指令执行、回写。当一条指令完成预取步骤时，流水线就可以开始对另一条指令的操作。但与 80486 不同的是，由于 Pentium 的双流水线结构，它可以一次执行两条指令，每条流水线中执行一条。这个过程称为“指令并行”。在这种情况下，要求指令必须是简单指令，且 V 流水线总是接受 U 流水线的下一条指令。但如果两条指令同时操作产生的结果发生冲突时，则要求 Pentium 还必须借助于适用的编译工具产生尽量不冲突的指令序列，以保证其有效使用。

图 10-12　Pentium 微处理器

(2) 独立的指令 Cache 和数据 Cache　80486 片内有 8KB 的 Cache，而 Pentium 有两个 8KB 的 Cache，指令和数据各使用一个 Cache，使 Pentium 的性能大大超过 80486 微处理器。例如，流水线的第一步骤为指令预取，在这一步中，指令从指令 Cache 中取出来，如果指令和数据合用 Cache，则指令预取和数据操作之间将很可能发生冲突。而提供两个独立 Cache 将可避免这种冲突并允许两个操作同时进行。

(3) 重新设计的浮点运算单元　Pentium 的浮点单元在 80486 的基础上进行了彻底的改进，每个时钟周期能完成一个或两个浮点运算。

(4) 分支预测　循环操作在软件设计中使用十分普遍，而且每次在循环中对循环条件的判断占用了大量的 CPU 时间，为此，Pentium 提供一个称为分支目标缓冲器(Branch Target

Buffer，BTB)的小 Cache 来动态地预测程序分支，提高循环程序运行速度。

2. 更强性能的 Pentium 芯片

Pentium 是 X86 系列的一大革新。其中晶体管数大幅提高，增强了浮点运算功能，并把十年未变的工作电压降至 3.3V。此后不断有更高主频的 Pentium 处理器推出。

1995 年 2 月，Intel 公司推出了 Pentium Pro(译名为“高能 Pentium”)，主时钟频率 166MHz 以上，供电电压仅 2.9V，采用了 0.6μm 工艺，内部集成了 550 万个晶体管，内部具有 8KB 指令和 8KB 数据的第一级高速缓存(L1 cache)，还有 256~512KB 的第二级高速缓存(L2 cache)，L2 cache 能与 CPU 内部时钟同步运行。与此同时，IBM、Apple 和 Motorola 三家公司联盟推出的第五代微处理器有 PowerPC，AMD 公司推出的 K5 以及 Cyrix 公司推出的 M1 等。

1997 年 1 月，Intel 公司推出了 Pentium MMX 芯片，如图 10-13 所示，它在 X86 指令集的基础上加入了 57 条多媒体指令。这些指令专门用来处理视频、音频和图像数据，使 CPU 在多媒体操作上具有更强大的处理能力，Pentium MMX 还使用了许多新技术。单指令多数据流 SIMD 技术能够用一个指令并行处理多个数据，缩短了 CPU 在处理视频、音频、图形和动画时用于运算的时间；流水线从 5 级增加到 6 级，一级高速缓存扩充为 16KB，一个用于数据高速缓存，另一个用于指令高速缓存，因而速度大大加快；Pentium MMX 还吸收了其他 CPU 的优秀处理技术，如分支预测技术和返回堆栈技术。Pentium MMX 是 Pentium 的加强版中央处理器芯片(CPU)，除了增加 57 个 MMX(Multi-Media eXtension)指令以及 64 位数据型态之外，也将内建指令及数据缓存(Cache)从之前的 8KB 增加到 16KB，内部工作电压降到 2.8V。

图 10-13 Pentium MMX 芯片

1997 年 6 月 2 日，Intel 发布 MMX 指令技术的 Pentium Ⅱ 233MHz 处理器，采用了 0.35μm 工艺技术，核心提升到 750 万个晶体管组成。采用 SLOT1 架构，通过单边插接卡(SEC)与主板相连，SEC 卡盒将 CPU 内核和二级高速缓存封装在一起，二级高速缓存的工作速度是处理器内核工作速度的一半；处理器采用了与 Pentium Pro 相同的动态执行技术，可以加速软件的执行；通过双重独立总线与系统总线相连，可进行多重数据交换，提高系统性能；Pentium Ⅱ 也包含 MMX 指令集。

1998 年 4 月 15 日，Intel 发布 Pentium II 350MHz、Pentium II 400MHz 和第一款 Celeron 266MHz 处理器，此三款 CPU 都采用了最新 0.25μm 工艺技术，核心由 750 万个晶体管组成。

1998 年 8 月 24 日，Intel 发布 Pentium II 450MHz 处理器，采用了 0.25μm 工艺技术，核心由 750 万个晶体管组成。

1999 年 2 月 26 日，Intel 发布 Pentium III 450MHz、Pentium III 500MHz 处理器，同时采用了 0.25μm 工艺技术，核心由 950 万个晶体管组成，从此 Intel 开始踏上了 PIII 旅程。Pentium III 是给桌上型计算机的中央处理器芯片(CPU)，等于是 Pentium II 的加强版，新增 70 条新指令(SIMD，SSE)。Pentium III 与 Pentium II 一样有 Mobile、Xeon 以及 Celeron 等不同的版本。Celeron 系列与 Pentium III 最大的差距在于二级缓存，100MHz 外频的 Tualatin Celeron 1GHz 可以轻松地跃上 133MHz 外频。其后，Intel 又开创了辉煌的 Pentium Ⅳ时代。

第三节 当前流行的微处理器及发展趋势

一、微处理器的新纪元

1. Pentium Ⅳ处理器

2000 年，Intel 推出 Pentium Ⅳ处理器，这也是 Intel 市场策略进入新纪元的开始。P4 采用了 0.13μm 制造工艺，内含 4200 万个晶体管，外部多达 478 根引脚。它采用了全新的 Net Burst 微处理器体系结构，有以下的特点：

1）增加了超标量流水线的深度，显著提高了处理器的处理速度；高速执行引擎使得算术逻辑单元的工作速度为双倍内核频率，从而具有更高的执行吞吐量，并缩短了等待时间。

2）由于采用了先进的 400MHz 系统总线，可提供三倍于 PⅢ系统总线的带宽。此总线在 P4 与内存控制器之间提供了 3.2GB/s 的传输速度，它是现有台式机传输速度最快的总线，增强了高级动态的执行；增强的浮点使数据能够有效地穿过流水线，可以实现逼真的视频和三维图形；MMX 和 SSEZ 指令集(共计 144 条)更便于加速视频、数字音乐、多媒体和图像的处理。

3）P4 处理器采用了全新的指令高速缓存(L1 Cache)技术，并采用了 512KB 3D 全速 L2 Cache，有利于提高系统的整体性能。

随着处理器主频和内部集成晶体管数目的增加，处理器消耗的能量也开始大大增加。P4 处理器的功率达到了 72W。为了满足处理器所需要的巨大电能，它需要在主板上附设额外的电源接口来满足处理器的供电需要；由于发热量的增加，一个散热风扇也成了一个必需品。

2. 超线程技术

2002 年 11 月 14 日，Intel 在全新 Intel Pentium Ⅳ处理器 3.06 GHz 上推出创新超线程(HT)技术。超线程(HT)技术支持全新级别的高性能台式机同时快速运行多个计算应用程序，或为采用多线程的单独软件程序提供更高性能。超线程(HT)技术可将计算机性能提升达 25%。前端总线为 533MHz 的 Pentium 4 3.06 GHz 处理器，采用了 0.13μm 工艺技术，提供 L2 cache 为 512KB 的二级缓存，核心由 5500 万个晶体管组成。

2003 年，Intel 发布了支持超线程(HT)技术的 P4 处理器至尊版 3.20 GHz。基于这一全新处理器的高性能计算机专为高端游戏玩家和计算爱好者而设计。Intel PentiumⅣ处理器至尊版采用Intel的0.13μm工艺构建而成，具备512 KB二级高速缓存、2MB三级高速缓存和800MHz系统总线速度。该处理器可兼容现有的Intel 865和Intel 875芯片组家族产品以及标准系统内存。2MB三级高速缓存可以预先加载图形帧缓冲区或视频帧，以满足处理器随后的要求，使在访问内存和I/O设备时实现更高的吞吐率和更快的帧带率。最终，带来了更逼真的游戏效果和改进的视频编辑性能。增强的CPU性能还可支持软件厂商创建完善的软件物理引擎，从而带来栩栩如生的人物动作和人工智能，使计算机控制的人物更加形象、逼真。

2004年6月，Intel发布了P4 3.4GHz处理器，该处理器支持超线程(HT)技术，采用0.13 μm工艺，具备512 KB二级高速缓存、2 MB三级高速缓存和800MHz系统前端总线速度。

3. Intel双核处理器

2005年4月，Intel的第一款双核处理器平台——包括采用Intel 955X高速芯片组、主频为3.2 GHz的Intel Pentium处理器至尊版840推出。此款产品的问世标志着一个新时代来临了。双核和多核处理器设计用于在一枚处理器中集成两个或多个完整执行内核，以支持同时管理多项活动。Intel超线程(HT)技术能够使一个执行内核发挥两枚逻辑处理器的作用。与超线程技术结合使用时，Intel Pentium处理器至尊版840能够充分利用以前可能被闲置的资源，同时处理4个软件线程。2005年5月，带有两个处理内核的Intel Pentium D处理器随Intel 945高速芯片组家族一同推出，带来某些消费电子产品的特性发挥，例如：环绕立体声音频、高清晰度视频和增强图形功能。2006年1月，Intel发布了Pentium D 9XX系列处理器，包括了支持VT虚拟化技术的Pentium D 960(3.60GHz)、950(3.40GHz)和不支持VT的Pentium D 945(3.4 GHz)、925(3 GHz)(注：925不支持VT虚拟化技术)和915(2.80 GHz)。

2006年7月Intel发布了十款全新Intel酷睿2双核处理器和Intel酷睿至尊处理器。Intel酷睿2双核处理器家族包括五款专门针对企业、家庭、工作站和玩家(如高端游戏玩家)而定制的台式机处理器，以及五款专门针对移动生活而定制的处理器。这些Intel酷睿2双核处理器设计用于提供出色的能效表现，并更快速地运行多种复杂应用，支持用户改进各种任务的处理。例如，更流畅地观看和播放高清晰度视频；在电子商务交易过程中更好地保护计算机及其资产；以及提供更耐久的电池使用时间和更加纤巧时尚的便携式计算机外形。

这种全新的双核处理器可实现处理器性能的大幅提升，其能效比最出色的Intel Pentium处理器高出40%。Intel酷睿2双核处理器包含2.91亿个晶体管。此前的Pentium D谈不上是一套完美的双核架构，Intel只是将两个完全独立的CPU核心做在同一枚芯片上，通过同一条前端总线与芯片组相连。两个核心缺乏必要的协同和资源共享能力，而且还必须频繁地对二级缓存作同步化刷新动作，以避免两个核心的工作步调出问题。

二、微处理器的发展趋势

得益于IC设计和半导体制造技术的交互拉动，在过去数十年历史中，微处理器业界一直为提高芯片的运算性能而努力。微处理器的运算性能始终保持高速度提升状态，芯片的集成度、工作频率、执行效率在这个过程中不断提升，计算机工业也由此而改变。作为PC的核心，X86处理器事实上担任起信息技术引擎的作用，伴随着X86处理器的性能提升，PC可以完成越来越多的任务：从最初的Basic到功能完善的DOS系统，再到图形化的Windows

系列；从平面二维到3D环境渲染；从一个无声的纯视觉界面进入到视觉、音频结合的多媒体应用，计算机实现彼此相互联网，庞大的Internet日渐完善，电子商务应用从概念到全球流行。与硬件技术高速发展相对应，PC应用也朝前所未有的深度和广度拓展：视频媒体转向HDTV高清晰格式，3D渲染向电影画质进发，操作系统的人机界面也从2D的GUI进入到三维时代，高速互联网接入和无线技术方兴未艾，应用软件越来越智能化，所有这些应用都要求有高性能的处理器作为基础。

微处理器领域真正意义的架构革命将在未来数年内诞生，那就是多核架构将从通用的对等设计迁移到"主核心+协处理器"的非对等设计，也就是处理器中只有一个或数个通用核心承担任务指派功能，诸如浮点运算、HDTV视频解码、Java语言执行等任务都可以由专门的DSP硬件核心来完成。由此实现处理器执行效率和最终性能的大幅度跃进——IBM Cell、Intel Many Core和AMD Hyper Transport协处理器平台便是该种思想的典型代表。

1. IBM Cell：开创全新的多核架构

Cell的多核结构同以往的多核心产品完全不同。在Cell芯片中，只有一个核心拥有完整的功能，被称为主处理器，其余8个核心都是专门用于浮点运算的协处理器。其中，主处理器只是PowerPC 970的精简版本，其主要职能就是负责任务的分配，实际的浮点运算工作都由协处理器来完成。由于Cell中的协处理器只负责浮点运算任务，所需的运算规则非常简单，对应的电路逻辑同样如此，只要CPU运行频率足够高，Cell就能够获得惊人的浮点效能。由于电路逻辑简单，主处理器和协处理器都可以轻松工作在很高的频率上——Cell起步频率即达到4GHz就是最好的证明。在高效率的专用核心和高频率的帮助下，Cell获得了高达256 Gigaflops(2560亿次浮点运算每秒)的浮点运算能力，接近超级计算机的水准，远远超越目前所有的X86和RISC处理器。

Cell并非通用的处理器，虽然它具有极强悍的浮点运算性能，可很好地满足游戏机和多媒体应用，但整数性能和动态指令执行性能并不理想，这是由任务的形态所决定的。未来耗费计算机运算性能最多的主要是3D图形、HDTV解码、科学运算之类的应用，所涉及的其实都是浮点运算，整数运算只是决定操作系统和应用软件的运行效能(操作系统、Office软件等)，而这部分应用对处理器性能要求并不苛刻。

相较而言，当前的X86处理器都采用通用的核心，为了同时提高整数性能和浮点性能，CPU核心被设计得越来越臃肿，晶体管消耗越来越多，不仅导致芯片的功耗急剧增大，频率提升速度也非常缓慢。而且通用设计的另一个弊病在于，不管执行什么任务，芯片内的所有逻辑单元都消耗电力，导致X86芯片普遍存在能源利用率低的问题。可以预见，倘若继续沿着现有的通用、多核设计方案向前发展，X86处理器将会陷入一系列的困境，例如芯片高度复杂、开发和制造成本越来越高、芯片功耗无法控制等。面对这样的现实，X86业界转变思想势在必行。显然，IBM Cell的新颖设计非常值得参考，Intel的Many Core和AMD HyperTransport协处理器计划可以视作Cell思想的变种。

2. Intel：Many Core

Intel的Many Core可以说是Cell思想的继承和发展。在2005年的IDF技术峰会上，Intel对外公布了Many Core超多核发展蓝图。随着时间推移，Many Core计划越来越明晰，可以肯定它将成为Intel未来的X86处理器架构。Many Core采用的也是类似Cell的专用化结构。Intel的四核心处理器采用对等设计，每个内核地位相同。而转到Many Core架构之后，其中的某一个或几个内核可以被置换为若干数量的 DSP 逻辑，保留下来的 X86 核心执行所有的通用任务以及对特殊任务的分派；DSP 则用于某些特殊任务的处理。依照应用不同，这些 DSP 类型可以是 Java 解释器、MPEG 视频引擎、存储控制器、物理处理器等。在处理这类任务时，DSP 的效能远优于通用的 X86 核心，功耗也低得多。

第一代 Many Core 架构处理器可能采用“3 个通用 X86 核心 + 16 个 DSP 内核”的组合，如图 10-14 所示。可以看到，它的原型是一个四核心处理器，只是将其中一个核心置换成 16 个 DSP 逻辑而已，因此处理器的总体结构和晶体管规模都不会有多大变化，但产品的实际水准将获得大幅度增强。在执行 Java 程序、视频解码、3D 渲染等耗用 CPU 资源的任务中，DSP 的效能都大幅优于通用核心，因此 Many Core 产品在执行这类专用任务时会有飞跃性的性能增益。同时，DSP 逻辑的能耗只有通用核心的几十分之一，可以让处理器的功耗出现可观的降低。当然，如果将 Intel 的 Many Core 处理器与 Cell 相比，便会发现一个明显的差异：Cell 的主核心非常简单，协处理器则非常强大；而 Many Core 的通用核心仍然居于主导地位，DSP 更多只是一种辅助。这种差异源自于二者不同的定位：Cell 只要求具备强劲的浮点效能，而对整数运算不作要求，因此通用的主核心可以非常精简；但 Many Core 必须考虑兼容大量的 X86 应用软件，专用的任务居于从属性地位，在第一代产品中采用“3 个通用核心 + 16 个 DSP 核心”的组合应该是比较恰当的。

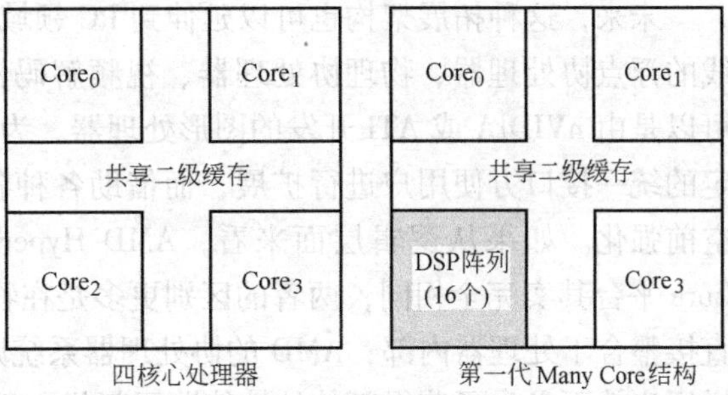

图 10-14 四核心处理器和第一代 Many Core 结构对比图

根据 Intel 的远景规划，第二代 Many Core 产品将在 2015 年前后面世。它的大致结构如图 10-15 所示。它是一个拥有 8 个通用 X86 核心，64 个专用 DSP 逻辑，片内缓存容量高达 1GB，晶体管规模则达到 200 亿。受限于半导体工艺，后两个目标或许很难完全实现，但 Many Core 设计将毋庸置疑成为标准，而 Intel 逐步引入 Many Core Array 架构，不断增强 DSP 的数量以及执行能力，通用核心的地位将随着时间推移不断减弱，直到最后完全可能实现以 DSP 占主导地位的专用化运算模式。

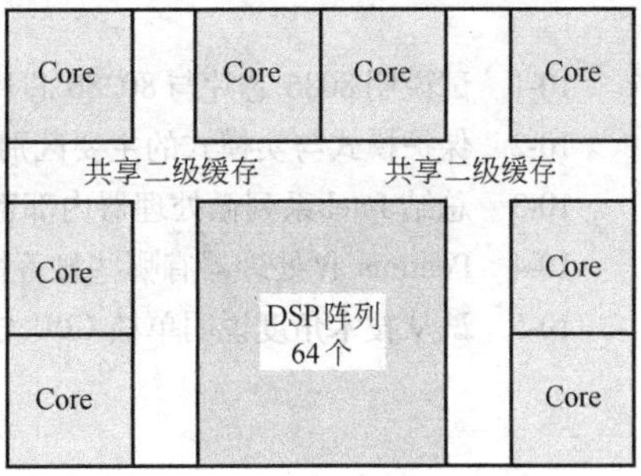

图 10-15 第二代 Many Core 结构图

3. AMD：HyperTransport 协处理器系统

AMD 利用现有的 HyperTransport 连接架构，对多路服务器系统进行拓展。著名的高性能计算机制造商克雷公司(Cray)希望能在基于 Opteron(AMD“皓龙”处理器，世界上首款同时支持 32 位计算的 64 位处理器)的超级计算机中使用矢量处理单元，以提升计算机的矢量运算效能。AMD 方面并不是简单考虑在 Opteron 核心中增加一个矢量逻辑了事，而是计划以此为契机，建立一个以 AMD 为中心的企业生态圈。在该套平台中，HyperTransport 总线处于中枢地位，而它除了作为处理器连接总线外，还可以连接 PCI-X 控制器、PCI Express 控制器以及 I/O 控制芯片，来充当芯片间的高速连接通路。AMD 公司考虑的一套协处理器扩展方案也是以此为基础，即为多路 Opteron 平台开发各种功能的协处理器。这些协处理器都通过 HyperTransport 总线与 Opteron 处理器直接连接。AMD 将 8 路 Opteron 中的一枚 Opteron 处理器置换成矢量协处理器，以此实现矢量计算性能的大幅度增长，而 Opteron 平台本身不需要作任何形式的变动即可满足 Cray 提出的需求。

未来，这种拓展架构也可以延伸到 PC 领域。例如，在 PC 中挂接基于 HyperTransport 总线的浮点协处理器、物理协处理器、视频解码器、专门针对 Java 程序的硬件解释器，甚至可以是由 nVIDIA 或 ATI 开发的图形处理器。为达成上述目标，AMD 必须设计出一个高度稳定的统一接口方便用户进行扩展，而借助各种各样的协处理器，AMD64 系统的性能将获得空前强化。如果从逻辑层面来看，AMD HyperTransport 协处理器系统的实质与 Intel Many Core 平台其实完全相同，两者的区别更多是在物理组成方式：Many Core 将专用的 DSP 逻辑直接整合于处理器内部；AMD 的协处理器系统则是借助 HyperTransport 总线在外部挂接，这样用户就不必为了获得额外的性能购买新机，而直接选择相应的协处理器挂接即可。由于协处理器类型将会非常丰富，每个用户都能从中找到最适合自己的产品，这在无形之中增强了 AMD HyperTransport 协处理器平台与 Many Core 平台的竞争力。

本章小结

本章讲解了 80286、80386、80486、Pentium 及当前流行的微处理器，并对微处理器的发展趋势进行了介绍。通过本章的学习，对除 8086/8088 微处理器以外的其他高性能微处理器有所了解。

习 题

10-1 试说明 8086 芯片与 80286 芯片的封装区别。

10-2 保护模式与实模式的主要区别是什么？

10-3 总结 Intel 系列微处理器内部寄存器的变化情况，分析其变化的原因。

10-4 Pentium Ⅳ处理器有哪些显著特点？

10-5 试从技术角度说明单核 CPU 与双核 CPU 的区别。

第十一章　微机接口技术应用

如何把微机系统与外部设备通过合适的总线标准连接起来，是微机接口技术研究的内容。根据实际需要，选用合适的芯片，设计与之相配的外围电路，组成可满足需求的应用系统，这个设计过程即为微机接口技术的应用。

总线的标准化为微机接口技术的应用奠定了基础，板卡上带有符合这些标准的接口，构成一个标准的插卡，可以插到标准的系统总线的扩展插槽上。在操作系统中为这些卡配置好驱动程序后，即可完成所设定的功能。以前的板卡标准一般为ISA总线，随着技术的不断进步，目前的产品一般为PCI总线兼容设备，也有少量的符合PCI-E标准的设备出现。

基于微机的应用系统的设计包括硬件设计和软件设计两大部分。根据设计目标和需要完成的任务来确定所需的硬件，以及哪些功能可以由硬件直接实现，哪些功能需要编写对应的软件才能实现。根据实际的需求，设计出合理的方案；在此基础上，合理选择集成电路芯片，进行硬件接口电路的设计和连接。之后，根据所设计的电路的连接情况以及所确定的软硬件分工方案，进行驱动软件的分析和设计。

第一节　在自动控制系统中的应用

在日常生活以及一些工业应用环境中，常常需要对温度进行控制。下面介绍如何应用计算机接口技术实现温度的自动控制。

一、温度自动控制系统下位机设计

1. 系统需求分析

对于温度自动控制系统下位机来说，一般需要完成如下功能：

1）可以对设备的温度进行实时检测并本地显示。

2）可以对设备按照要求进行线性升温和降温。

3）可以通过自动控制系统使设备温度恒定在某个值。

4）低于最低温度或高于最高温度时可发出报警信号。

5）备有通信功能，可与类似设备组成网络。

根据以上需求，系统需具备以下电路模块：温度传感电路模块、A/D转换模块、微控制器、执行电路模块以及通信模块。微控制器方面采用最常用的MCS-51系列单片机来管理整个自动控制系统。当温度在所设定的最高温度以下且在最低温度以上时，不对执行设备进行调节；当温度在预定范围之外时，可起动蜂鸣器，并起动步进电动机，升高或降低温度，以控制系统的温度。

2. 系统设计方案

下位机系统硬件电路框图如图11-1所示，由温度检测、信号放大、A/D转器换、MCS-51单片机、功率放大及执行电路、8279键盘显示模块、485通信模块和蜂鸣器等部分组成。

（1）温度传感器模块　采用如图11-2所示的温度传感器电路及信号放大电路，用铂电阻作为温度测量元件。这类材料有性能稳定、抗氧化能力强、测量精度高的特点。由测量元件 R_t 和电阻元件组成桥式电路，将由于温度的变化而引起的铂电阻阻值的变化转换成电压信号送入放大器。由于铂电阻安装在测量现场，通过长线接入控制台，为了减少引线电阻的影响，采用三线式接线法。显然，外界温度变化对连接导线电阻 r 的影响在桥路中相互抵消了。

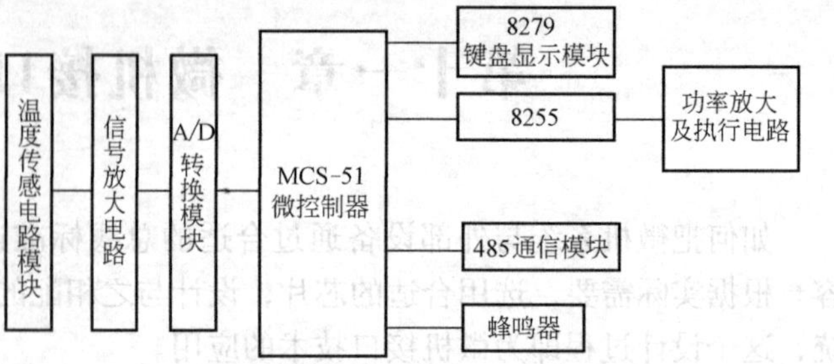

图 11-1　下位机系统硬件电路框图

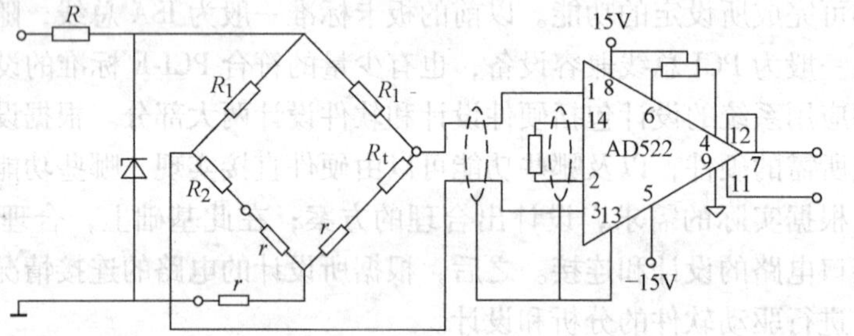

图 11-2　温度传感器电路及信号放大电路

(2) 传感信号放大电路　传感信号放大电路由单芯片集成精密放大器 AD522 组成，AD522 是 AD 公司推出的高精度数据采集放大器，利用它可在恶劣工作环境下获得高精度数据，当 $K_0 = 100$ 时，非线性仅为 0.005%，在 0.1 ~ 100Hz 频带内噪声的峰值为 1.5μV，其中共模抑制比大于 110dB(当 $K_0 = 1000$ 时)。图 11-3 为 AD522 引脚图。INPUT 和 -INPUT 为信号差动输入端，2、14 脚之间外接电阻 R_a，用于调节放大倍数，4、6 脚为调零端，13 引脚为数据屏蔽端，12 引脚为测量端，11 引脚为参考端，这两个引脚之间的电位差即为加到负载上的信号电压。使用时，测量端与输出端在外部相连接，输出放大后的信号。在图 11-3 中，将信号地与放大器电源地相连，为放大器的偏置电流提供通路。

AD522 的非线性度仅为 0.005% ($G = 100$ 时)，在 0.1 ~ 100Hz 的频带范围中，噪声的峰-峰值为 1.5μV，共模抑制比大于 110dB。信号输入线的屏蔽端接到放大器的数据屏蔽端，有效地减少了外电场对输入信号的干扰。

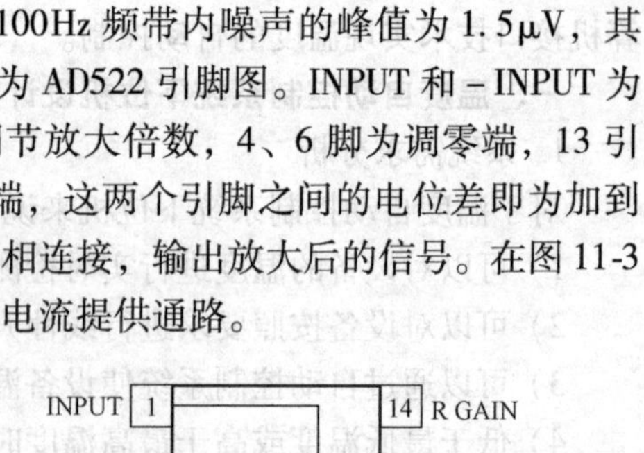

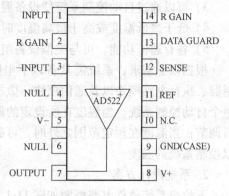

图 11-3　AD522 引脚图

(3) A-D 转换电路　采用 12 位 A-D 转换器 AD574A 组成转换电路。AD574A 运行方式灵活，可进行 12 位 A-D 转换，也可进行 8 位 A-D 转换。作为 12 位转换时，可直接 12 位输出，也可先输出高 8 位，后输出低 4 位，可直接与 8 位、12 位或 16 位 CPU 接口。输入既可设置成单极性也可设置成双极性。片内有时钟，在工作的时候无需加外部时钟，典型的转换时间为 25 ~ 35μs。适用于对精度和速度要求较高的数据采集系统和实时控制系统。它所具有的特征完全可以满足本系统的需要。

AD574A 与 MCS-51 单片机接口图如图 11-4 所示。

由图 11-4 可以看出，在 D_0 上扩展了一位输入口作为状态信号 STS 的输入端口，可通过读入此端口的数值来判断 D_0 的状态。查询到系统转换完毕之后，在$\overline{CS}$端为 0、R/$\overline{C}$端为 1 的情况下，A_0 为 0 时，读入高 8 位数据；A_0 为 1 时，读入低 8 位数据。

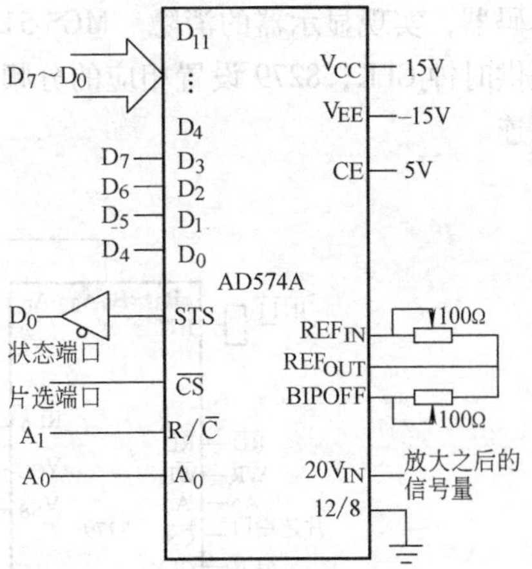

图 11-4　AD574A 与 MCS-51 单片机接口图

（4）功率放大及执行模块　功率放大及执行模块由 8255 和功率放大执行电路组成。8255 的 A 口的 PA_0、PA_1、PA_2 分别作为步进电动机的三相控制端口。功率放大及执行模块电路图如图 11-5 所示。通过对 8255 的编程控制，可完成对步进电动机的控制，完成温度调节任务。

执行元件为步进电动机，由于步进电动机具有快速起停、精确步进以及直接接收数字量等特点，因而在工业控制中应用很广泛。它可以把电脉冲转换为机械位移，而且步距值不受任何干扰因素的影响，其运动的速度主要取决于电脉冲信号的频率，而转子的总位移量取决于总脉冲的个数。步进的误差不累积，转子每转动一圈累计误差为 0。

步进电动机驱动电路部分采用光耦将单片机与步进电动机驱动电路隔离，以增强系统的抗干扰能力，并能防止晶体管的损坏，电动机驱动电路的高压对单片机安全造成威胁。晶体管可根据步进电动机的电流值大小选用合适的大功率管，以完成驱动任务。二极管作为保护元件，为停电的电动机绕组提供低阻抗续流回路，把集电极电位钳制在电源电压上，防止过高的反向击穿电压损坏晶体管。

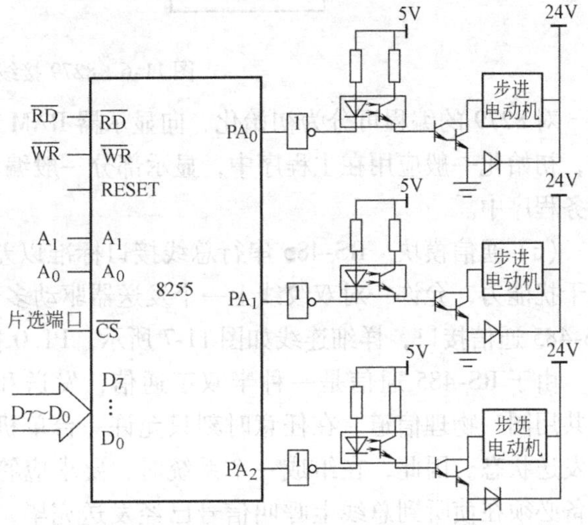

图 11-5　功率放大及执行模块电路图

（5）键盘及显示模块　8279 是一种通用可编程键盘、显示器接口，它能完成键盘输入和显示控制两种功能。键盘部分采用扫描工作方式，可与 64 个按键的矩阵式键盘连接，能对键盘不断扫描，自动消抖，自动识别出按下的键并给出编码，能对多个键同时按下进行保护。显示部分按扫描方式工作，它可以为显示器提供多路复用信号，最多能显示 16 位的字符或数字。在本系统中，共扩展出 4 个按键接口和 8 位的数码管。4 个按键接口中使用了 3 个按键，分别为“+”、“-”、“确定”键，这几个键用来设定系统的温度。8 位数码管使用了5个，用于显示系统的温度，可以显示到小数点后一位。8279接线电路图如图11-6所示。由2-4译码器对SL_0 ~ SL_1译出键扫描线，查询线由反馈输入RL_0提供，由3-8译码器对SL_0 ~ SL_2译出显示器位扫描线，段选线由B_3 ~ B_0、A_3 ~ A_0通过驱动器提供，$\overline{BD}$信号用来控制译码器，实现显示器的消隐。MCS-51的数据线直接与8279的数据线相连，由ALE为8279提供时钟CLK，8279设置相应的分频数，分频至100kHz，8279的中断请求经反相器与$\overline{INT1}$相连。

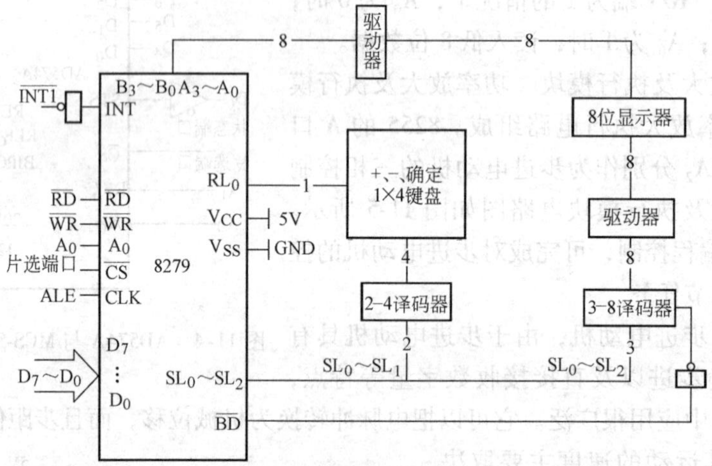

图11-6 8279接线电路图

对8279的编程可分为初始化、向显示器RAM写入数据和读键盘数据三部分。实际应用中，初始化一般应用在主程序中，显示部分一般编为子程序，读键盘部分则在键输入的中断服务程序中。

(6) 通信模块 RS-485串行总线接口标准以差分平衡方式传输信号，具有很强的抗共模干扰能力，允许一对双绞线上一个发送器驱动多个负载设备。本系统采用MAX485来扩展RS-485通信接口，详细连线如图11-7所示，P1.0控制MAX485的收发。

由于RS-485通信是一种半双工通信，发送和接收共用同一物理信道。在任意时刻只允许一台单机处于发送状态。因此，在组成一个系统时，要求应答的设备必须在侦听到总线上呼叫信号已经发送完毕，并且没有其他设备发出应答信号的情况下，才能应答。半双工通信对主机和从机的发送和接收时序有严格的要求。如果在时序上配合不好，就会发生总线冲突，使整个系统的通信瘫痪，无法正常工作。要做到总线上的设备在时序上的严格配合，在程序设计中，必须要使设备遵从以下几项原则来工作：①复位时，设备应处于接收状态；②控制端$\overline{RE}$、DE的信号的有效脉宽应该大于发送或接收一帧信号的宽度；③总线上所连接的各单机的发送控制信号在时序上完全隔开。

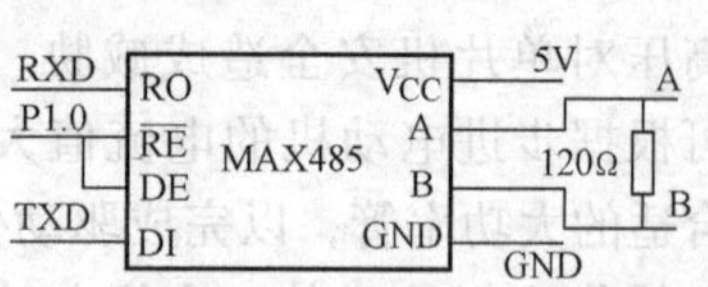

图11-7 MAX485与MCS-51接线图

二、温度自动控制系统上位机软件设计

多个下位机协同工作时，需要对设备进行统一管理。通过RS-485总线网络，上位机可查询各个工作点的工作状态，并可根据实际需要对某一个设备或某几个设备发送控制指令。

温度控制系统整体结构图如图 11-8 所示。

1. 上位机串口通信的实现方法

系统首先要实现的任务是微机与下位机之间的串口通信。在 DOS 操作环境下，要实现单片机与微机的串行通信，只要直接对微机接口的通信芯片 8250 进行口地址操作即可。然而在 Windows 环境下，由于系统硬件的无关性，不再允许用户直接操作串行口地址。如果用户要进行串行通信，可以调用 Windows 的 API 应用程序接口函数，但是由于其专业化程度较高，应用起来比较复杂。

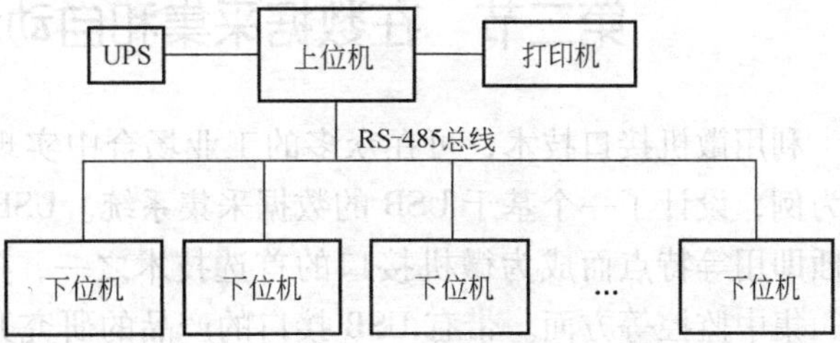

图 11-8 温度控制系统整体结构图

微软公司的 VisualBasic 提供了一个通信控件(Mscomm)，使用它可以很容易地解决这一问题。VB 把 Windows 的图形工作环境与 Basic 语言编程的简便性巧妙结合，简明易用，实用性强。VB 提供了一个名为 MSCOMM32. OCX 的通信控件，它具备基本的串行通信能力：即通过串行端口传输和接收数据，为应用程序提供串行通信功能。该控件可以从 VB 的 ToolBox 中加入到窗体 Form 中，若 ToolBox 中没有此控件，则用 Project 的 Component 将它从 Windows 的 System 目录中加入到 VB 的 ToolBox 中。这样便可自由地设置它的属性，并用 VisualBasic 语句与串口沟通。Mscomm 控件有许多重要的属性，主要如下：

1）CommPort，设置并返回通信端口号。

2）Settings，以字符串的形式设置并返回波特率、奇偶校验、数据位、停止位。

3）PortOpen，设置并返回通信端口的状态，也可以打开和关闭端口。

4）Input，从接收缓冲区返回和删除字符。

5）Output，向传输缓冲区写一个字符串。

借助这个控件可以很容易地实现上下位机之间的通信，根据实际需要编程。

2. 上下位机通信协议

为使上下位机能很好地通信，制定合理高效的通信协议十分关键。通信协议可采用主从方式，上位机永远是主控者，下位机只是被动接收者。上下位机都采用数据帧的形式，按照下述帧的格式发送或接收数据。对上位机协议规定如下：①上位机每发一帧命令，采用如下过程：清空发送与接受缓冲区→发送命令→等待→超时错→退出报错→接收到响应帧→判断正误→退出；②上位机每发一帧命令必须收到响应帧后才能开始与单片机的下一次通信；③上位机在不发命令字期间与非等待响应期间，间隔一定时间间隔向单片机发送状态查询命令，显示当前系统状态。

（1）上位机命令协议　帧头标志 0x55(1 B) + 命令标识(1 B) + 命令字(1 B) + 数据长度(1 B) + 数据区(n B) + 校验字节(1 B) + 结束标志 0x05(1 B)。

（2）下位机响应协议　帧头标志 0x55(1 B) + 命令标识(1 B) + 命令字(1 B) + 数据长度(1 B) + 数据区(n B) + 校验字节(1 B) + 结束标志(1 B)。

上位机发出一条指令给下位机后，经过一段时间，下位机应返回相应的响应指令。指令正常完成与否都在命令标识字节的最后一位表示。为了统一帧的格式，单字节指令的响应也需要包含数据长度项，长度为 0。

第二节　在数据采集和自动测量系统中的应用

利用微机接口技术，可在众多的工业场合中实现数据采集和自动测量，本节以 USB 接口为例，设计了一个基于 USB 的数据采集系统。USB 接口以其高速、总线供电、价格低廉、即插即用等特点而成为微机接口的首选技术之一，广泛用于控制调度、数据采集、智能仪表、集中监控等方面。带有 USB 接口的产品的研究开发，尤其是嵌入式 USB 产品的开发是目前的一个热点。

一、系统硬件结构

在实际应用中，USB 数据采集系统硬件模块的一般组成包括微控制器、传感器、多路模拟开关、A-D 转换器和 USB 接口，如图 11-9 所示。多个传感器送出模拟传感变量，多路模拟开关选择其中的一路送入 A-D 转换器，USB 接口芯片将所得的数据送入 PC 或者工控机进行分析和处理。其中，USB 接口芯片负责处理 USB 通信，微控制器（MCU）负责管理 USB 接口芯片的寄存器、设备描述符的获取和数据包的交换等。

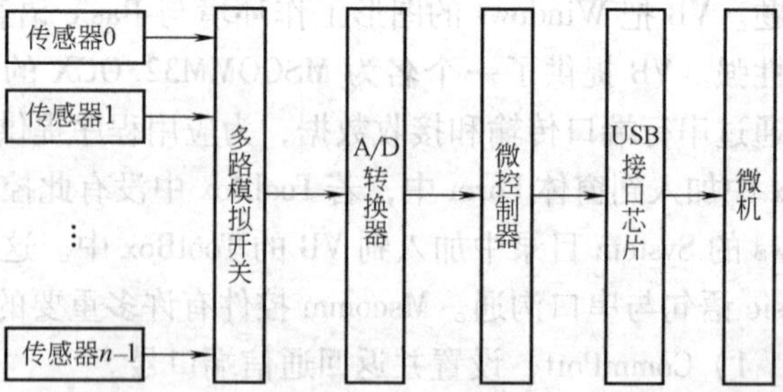

图 11-9　USB 数据采集系统一般组成

USB 接口芯片可选择的范围很大，如 NS（National Semiconductor）公司的 USBN9604、朗讯公司的 USB820/825、NetChip 公司的 NET2888、飞利浦公司的 PDIUSBD11 和 PDIUSBD12。在本采集系统中，选用飞利浦公司的 PDIUSBD12 作为 USB 接口芯片进行设计。图 11-10 给出了采用 PDIUSBD12 和 ADC0809 的 USB 数据采集系统电路图。其中，ADC0809 为通用的 A-D 转化芯片，微处理器 W78E54 与标准的 MCS-51 系列单片机指令和基本功能均兼容，并且在其基础上扩展了很多功能，详细内容可参考相关资料。ADC0809 与 W78E54 采用并行总线方式相连，W78E54 与

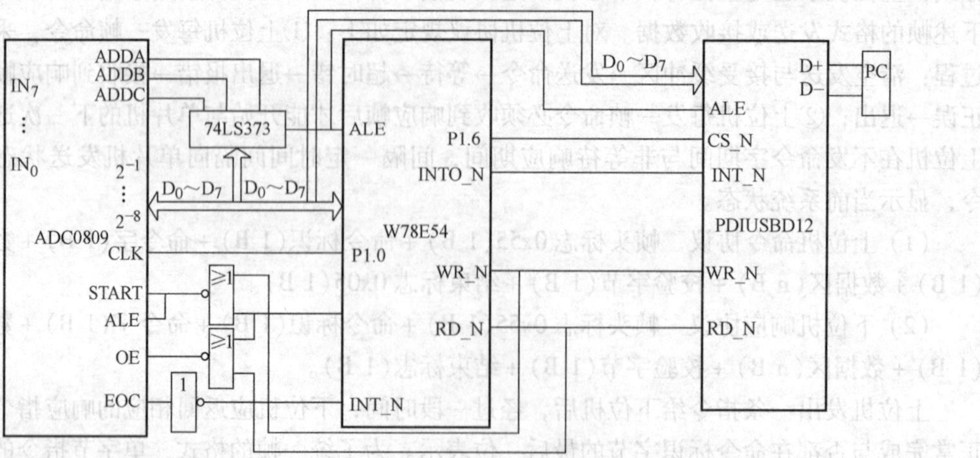

图 11-10　采用 PDIUSBD 和 ADC0809 的 USB 数据采集系统电路图

PDIUSBD12 也采用并行总线相连，按照中断方式实现数据交互。PDIUSBD12 通过 USB 总线与工控机相连。一台工控机可随时带若干个这样的数据采集装置，构成一个扩展方便、简单易用的系统。

二、PDIUSBD12 芯片介绍

PDIUSBD12 是一款性能优异的 USB 器件，它通过高速并行接口和 DMA 数据传输与微控制器进行通信，通常用于基于微控制器的系统。PDISUBD12 采用模块化的方法实现 USB 接口，使得不带 USB 接口的外设易于添加 USB 功能。它允许在众多品牌种类的微控制器中选择最合适的作为系统微控制器，允许使用现存的体系结构并且可使整个系统的硬件成本减至最少。这种灵活性减少了开发时间、风险和成本，是一种开发成本低且高效的 USB 外围设备解决方案。

PDIUSBD12 完全符合 USB1.1 规范，也能适应大多数设备类规范的设计，如成像类、大容量存储类、通信类、打印类和人工输入设备等。因此，PDIUSBD12 非常适合用于很多外围设备的开发，如打印机、扫描仪、外部大容量存储器和数码相机等。PDIUSBD12 挂起时的低功耗以及 LazyClock 输出符合 ACPI、On-Now 和 USB 电源管理设备的要求。低功耗工作适用于总线供电的外围设备。PDIUSBD12 还集成了其特有的 SoftConnect™、GoodLink™、可编程时钟输出、低频晶振和终端电阻等特性。所有这些特性都能在系统实现时节省成本，同时在外围设备上易于实现更高级的 USB 功能。

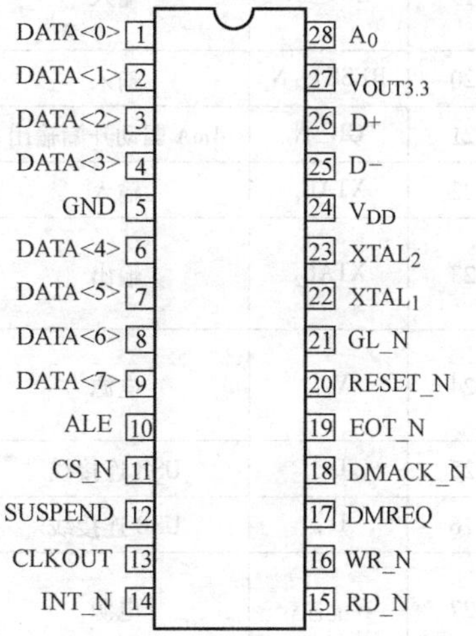

图 11-11　PDIUSBD12 芯片引脚图

1. PDIUSBD12 芯片引脚功能和主要特征

(1) PDIUSBD12 芯片引脚功能　PDIUSBD12 芯片引脚图如图 11-11 所示。

表 11-1 说明了各引脚的详细功能。

表 11-1　PDIUSBD 引脚说明

引脚	符号	类型	描　述
1	DATA <0>	输入/2mA 输出	双向数据位 0
2	DATA <1>	输入/2mA 输出	双向数据位 1
3	DATA <2>	输入/2mA 输出	双向数据位 2
4	DATA <3>	输入/2mA 输出	双向数据位 3
5	GND	电源	地
6	DATA <4>	输入/2mA 输出	双向数据位 4
7	DATA <5>	输入/2mA 输出	双向数据位 5
8	DATA <6>	输入/2mA 输出	双向数据位 6
9	DATA <7>	输入/2mA 输出	双向数据位 7
10	ALE	输入	地址锁存使能，在多路地址/数据总线中下降沿关闭地址信息锁存，将其固定为低电平用于单地址/数据总线配置
11	CS_N	输入	片选(低有效)
12	SUSPEND	输入/4mA 驱动开漏输出	器件处于挂起状态

（续）

引脚	符号	类型	描述
13	CLKOUT	2mA 输出	可编程时钟输出
14	INT_N	4mA 驱动开漏输出	中断（低有效）
15	RD_N	输入	读选通（低有效）
16	WR_N	输入	写选通（低有效）
17	DMREQ	4mA 输出	DMA 请求
18	DMACK_N	输入	DMA 应答（低有效）
19	EOT_N	输入	DMA 传输结束（低有效）。EOT_N 仅当 DMACK_N 和 RD_N 或 WR_N 一起激活时才有效
20	RESET_N	输入	复位（低有效且不同步）。片内上电复位电路，该引脚可固定接 V_{CC}
21	GL_N	4mA 驱动开漏输出	GoodLink LED 指示器（低有效）
22	$XTAL_1$	输入	晶振连接端 1（6MHz）
23	$XTAL_2$	输出	晶振连接端 2（6MHz）。如果采用外部时钟信号取代晶振可连接 XTAL1，XTAL2 应当悬空
24	V_{CC}	电源	电源电压（4.0～5.5V），要使器件工作在 3.3V，对 V_{CC} 和 $V_{OUT3.3}$ 脚都提供 3.3V
25	D_-	USB 连接线	USB D－数据线
26	D_+	USB 连接线	USB D＋数据线
27	$V_{OUT3.3}$	电源	3.3V 调整输出。要使器件工作在 3.3V，对 V_{CC} 和 $V_{OUT3.3}$ 脚都提供 3.3V
28	A_0	输入	地址位。$A_0=1$ 选择命令指令，$A_0=0$ 选择数据。该位在多路地址/数据总线配置时可忽略，应将其接高电平

（2）PDIUSBD12 芯片的主要特征

1）符合通用串行总线 USB1.1 版规范。

2）集成了 SIE、FIFO 存储器、收发器以及电压调整器。

3）可与任何外部微控制器/微处理器实现高速并行接口 2MB/s。

4）完全自治的直接内存存取 DMA 操作。

5）主端点的双缓冲配置增加了数据吞吐量并轻松实现实时数据传输。

6）具有良好 EMI 特性的总线供电能力。

7）在挂起时可控制 LazyClock 输出。

8）可通过软件控制与 USB 的连接。

9）采用 GoodLink 技术的连接指示器，在通信时使 LED 闪烁。

10）可编程的时钟频率输出。

11）符合 ACPI OnNOW 和 USB 电源管理的要求。

12）内部有上电复位和低电压复位电路。

13）具有 SO28 和 TSSOP28 封装。

14）工业级操作温度－40～85℃。

15) 高于8kV的在片静电防护电路，减少了额外的元件费用。

16) 具有高错误恢复率(>99%)的全扫描设计确保了高品质。

17) 双电源操作：(3.3±0.3)V或扩展的5V电源，范围为3.6~5.5V。

18) 多中断模式实现批量和同步传送。

2. PDIUSBD12芯片内部结构

图11-12是PDIUSBD12内部功能结构框图，各功能模块分别描述如下：

(1) 模拟收发器　集成的收发器直接通过终端电阻与USB电缆接口。

(2) 电压校准器　片上集成的3.3V电压校准器为模拟收发器供电，也提供了连接到外部1.5kΩ上拉电阻的输出电压。PDIUSBD12提供集成1.5kΩ上拉电阻的SoftConnect技术。

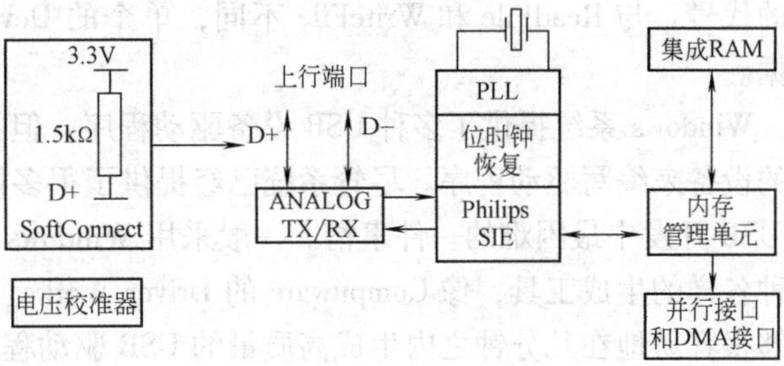

图11-12　PDIUSBD12内部结构框图

(3) PLL　片上集成一个6~48MHz的倍频PLL(锁相环)，允许使用6MHz的晶振，使用低频晶振可以减小电磁干扰EMI。PLL的工作不需要外部器件。

(4) 位时钟恢复　位时钟恢复电路用4倍采样原理从输入USB数据流中恢复时钟，能跟踪USB规范中指出的信号抖动和频率漂移。

(5) Philips串行接口引擎PSIE　Philips的SIE完全实现USB协议层。为保证速度，它采用全硬件设计，无需固件(微程序)介入。该模块功能包括：同步模式识别、并/串转换、位填充/提取、CRC校验、PID确认、地址识别以及握手鉴定。

(6) SoftConnect　高速设备与USB的连接是靠把D+通过1个1.5kΩ的上拉电阻接到高电平来建立的。在PDIUSBD12中，这个上拉电阻是集成在芯片内的，默认情况是没有连接到V_{DD}，必须由外部MCU发一个命令来建立连接。这使得系统微处理器可以在决定建立USB连接之前完成初始化，重新初始化USB总线连接也不需要拔掉电缆即可进行。

(7) GoodLink　从PDIUSBD12一个引脚接发光二极管，从而实现GoodLink技术。在USB设备被成功枚举并配置时，LED指示灯将会始终亮；USB数据传输过程中，LED将会闪烁，传输成功后LED熄灭；在挂起期间，LED熄灭。这些特性可以使用户知道PDIUSBD12的状态，方便电路调试。

(8) 存储器管理单元MMU和集成RAM　MMU和集成RAM能缓冲USB(工作在12Mbit/s)数据传输和微控制器之间以及并行接口之间的速度差异，这允许微控制器以自己的速度读写USB包。

(9) 并行和DMA接口　并行接口容易使用、速度快且能直接与主微控制器接口。对于微控制器，PDIUSBD12可以看成是一个有8位数据总线和1位地址线的存储设备。PDIUSBD12支持多路复用和非多路复用的地址和数据总线。在主端点和局部共享存储器之间也可以使用DMA传输。它支持单周期模式和块传送模式两种DMA传输。

三、软件设计

1. 主机侧软件设计

主机侧软件包括应用程序、设备驱动程序和一些调试软件。应用软件可以使用任何能访问 API 函数的编程语言。Windows API 提供两种途径来访问设备：使用 ReadFile/WriteFile 或 DeviceIOControl 调用。每个调用包括请求代码和其他需要的数据，如读/写的数据和数据量、设备的句柄等。MSDN 库中的 Platform SDK 部分描述了这些调用指令。ReadFile 和 WriteFile 不仅仅能用于文件的操作，还可与它们所支持的任何驱动进行数据传输。DeviceIOControl 是与缓冲器进行数据传输的另一种方式，包括在每个 DeviceIOControl 的请求是一个识别特定请求的代号。与 ReadFile 和 WriteFile 不同，单个的 DeviceIOControl 调用可以在两个方向传输数据。

Windows 系统提供了多种 USB 设备驱动程序，但并不是包括所有外设；所以可能要为特定的设备来编写驱动程序。尽管系统已经提供了很多标准的接口函数，但编制程序驱动仍然是 USB 开发中最困难的一件事情。一般采用 Windows DDK 实现，目前很多软件厂商提供了各种各样的生成工具，像 Compuware 的 Driver Works、Blue Waters 的 Driver Wizard 等，它们能够很容易地在几分钟之内生成高质量的 USB 驱动程序。

在调试 USB 设备时，可使用 UsbView 程序检测设备是否能被 Windows 枚举并配置成功，如果成功，还可在该程序中查看设备描述符、配置描述符和端点描述符是否正确。之后可以使用 Driver Wizard 生成一个通用驱动程序，在 Windows 提示安装驱动程序时，选择 Driver Wizard 生成的驱动程序。其实 Driver Wizard 生成的仅是一个 Windows 控制台的应用程序。使用该程序就可测试设备是否能够正确传输数据以及传输数据的速度。该程序也可作为最终产品 USB 传输部分的框架；如果不能满足要求，也可用 WDM 重新编制驱动程序，用调试好的 USB 设备去开发、调试主机软件。

2. 设备侧软件设计

对于微处理器控制程序，目前没有任何厂商提供自动生成固件(Firmware)的工具，因此所有的程序要由用户手工编制。USB 微处理器控制程序通常由三部分组成：①初始化微处理器和所有的外围电路(包括 PDIUSBD12)；②主循环部分，其任务是可以中断的；③中断服务程序，其任务是对时间敏感的，必须马上执行。

根据 USB 协议，任何传输都是由主机(Host)开始的，微处理器进行前台工作，等待中断。主机首先要发令牌包给 USB 设备(这里指的是 PDIUSBD12)，PDIUSBD12 接收到令牌后就向微处理器申请中断。微处理器进入中断服务程序，首先读取 PDIUSBD12 的中断寄存器，判断 USB 令牌包类型，然后执行相应的操作。因此，微处理器的 USB 相关程序主要就是中断服务程序的编写。在 USB 相关程序中要完成对各种令牌包的响应，其中较难处理的是 SETUP 包，即端口 0 的编程。

Philips 公司提供的 USB D12 SMART 编程套件可以让用户知道 Philips 的 PDIUSBD12 的所有潜能。通过这个套件用户能够了解到它是如何工作的，且可以进一步知道如何将现有的器件转换成 USB 器件。这个套件里面包括 D12 SMART 板测试程序和一些固件例子的源代码。下文以相关的例子分析固件的编程问题。

固件设计的目标就是使 PDIUSBD12 在 USB 上达到最大的传输速率。外围设备，比如打印机、扫描仪、外部的海量存储器和数码相机都可以使用 PDIUSBD12。在 USB 上传输数据，这些设备的 MCU 要忙于处理许多设备控制数据和图像处理任务等。PDIUSBD12 的固件可设计为完全的中断驱动，当 MCU 处理前台任务时 USB 的传输可在后台进行。这就确保了最佳的传输速率和更好的软件结构，同时简化了编程和调试。如图 11-13 所示，后台 ISR 中断服务程序和前台主程序循环之间的数据交换通过事件标志和数据缓冲区来实现。例如，PDIUSBD 的批量输出端点可使用循环的数据缓冲区，当 PDIUSBD12 从 USB 收到一个数据包，那么就对 MCU 产生一个中断请求，MCU 立即响应中断。在 ISR 中，固件数据包从 PDIUSBD12 内部缓冲区移到循环数据缓冲区，并清空 PDIUSBD12 的内部缓冲区，以使其能接收新的数据包。MCU 可以继续完成当前的前台任务，然后返到主循环，检查缓冲区内是否有新的数据并开始其他的前台任务。

这种结构中主循环不关心数据是来自 USB 串口还是其他并口，它只检查循环缓冲区内需要处理的新数据。这使得主循环程序专注于数据的处理，而 ISR 能够以可能的最大速度进行数据的传输。相似的控制端点在数据包处理时采用了同样的概念，ISR 接收和保存数据缓冲区中的控制传输并设置相应的标志寄存器。主循环向协议处理程序发出请求，由于所有的标准器件级别和厂商请求都是在协议处理程序中进行处理，ISR 得以保持它的效率。而且，一旦增加新的请求只需要在协议层中进行修改。

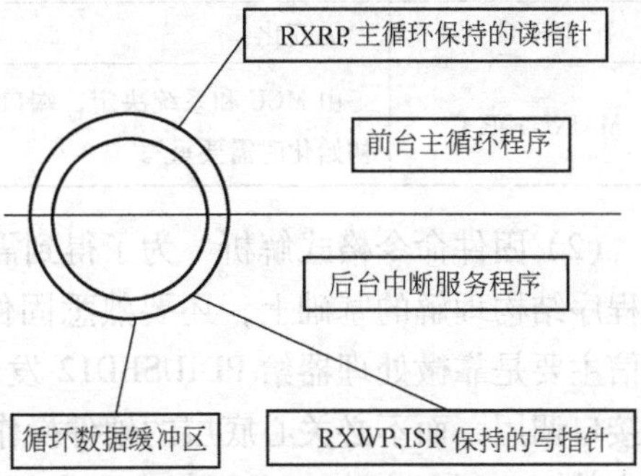

图 11-13　固件程序结构

（1）固件结构　SMART 评估板的固件有着如图 11-14 所示的积木式结构，其中各要素分别描述如下：

1）硬件提取层 EPPHAL. C 是固件中的最底层代码，它执行 PDIUSBD12 和评估板硬件对 I/O 的相关访问。当与其他 MCU 平台接口时这部分代码需要修改。

2）PDIUSBD12 命令接口 D12C1. C 是为了进一步简化 PDIUSBD12 的编程固件，而定义的一套压缩了所有访问 PDIUSBD12 功能的命令接口。

3）中断服务程序 ISR. C。这部分代码处理由 PDIUSBD12 产生的中断。它将数据从 PDIUSBD12 的内部 FIFO 取回到 MCU 存储器，并建立正确的事件标志以通知主循环程序进行处理。

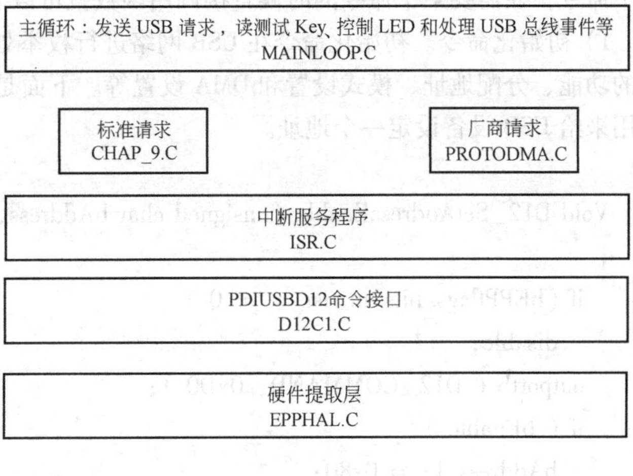

图 11-14　固件结构

4）主循环程序 MAINLOOP. C。主循环检查事件标志并进入相应的子程序进行处理，它还包含人机接口代码。例如，LED 和键盘扫描。

5）协议层 CHAP_9. C 和 PROTODMA. C。协议层处理标准的 USB 器件请求和特殊的厂商请求。例如，DMA 和 TWAIN。

表 11-2 描述了使用不同的 MCU 平台时，从设备协议和具体产品两个层次上以上各部分

的变化情况。

表 11-2 固件接口的变化情况

文件名	设备协议级	产品级
EPPHAL. C	端口定义依赖于具体的硬件	端口定义依赖于具体的硬件
D12C1. C	无变化	无变化
CHAP_9. C	无变化	产品专门的 USB 描述符
PROTODMA. C	无变化	如果需要增加厂商请求
ISR. C	无变化	普通和主端点上增加产品专门处理
MAINLOOP. C	由 MCU 和系统决定，端口、定时器和中断初始化时需要重写	增加产品专门的主循环处理

（2）固件命令格式解析　为了得到需要的设备功能，就要对固件程序做相应的修改，在对程序结构理解的基础上，还要熟悉固件本身支持的命令格式。微处理器与 PDIUSBD12 的通信主要是靠微处理器给 PDIUSBD12 发命令和数据来实现的。一般程序开发只需要知道命令接口调用，而不必关心底层的硬件操作，当然这是在不更改 MCU 平台的前提下。固件程序中的 D12C1. C 详细定义了每个命令的接口，在使用的时候，直接调用就可以了。这样就做到了对底层细节的屏蔽，大大缩短了系统开发的时间。

PDIUSBD12 命令分为 3 种：初始化命令字、数据流命令字和通用命令字。PDIUSBD12 给出了各种命令的代码和地址。微处理器先给 PDIUSBD12 的命令地址发命令，根据不同命令的要求再发送或读出不同的数据。因此，可以把每种命令做成函数，用单个的函数来实现各个命令，在需要某个命令的时候直接调用函数就可以了。这些命令在 DI2C1. C 中定义。

1）初始化命令。初始化命令在 USB 网络进行枚举处理时使用，这些命令可用于设置端点的功能、分配地址、模式设置和 DMA 设置等。下面是用 C51 语言写的范例代码，这些代码用来给 USB 设备设定一个地址。

```
Void D12_SetAddressEnable（unsigned char bAddress, unsigned char bEnable)
{
  if (bEPPflags. bits. in_isr = = 0 )
     disable;                                   //禁止中断
  outportb ( D12_COMMAND, 0xD0 );               //写命令
  if ( bEnable )
     bAddress |  = 0x80;
     outportb ( D12_DATA, bAddress );           //写地址
  if (bEPPflags. bits. in_isr = = 0 )
     enable;                                    //开放中断
}
```

对 PDIUSBD12 所有的 I/O 访问都可以由函数 outportb 和 inportb 来完成，outportb 和 inportb 定义在硬件提取层。

其中 PDIUSBD12 的命令接口中定义了代码 D0h，该命令用于设置 USB 分配的地址和使能该设备。在调用 D12_SetAddressEnable 命令时，程序会把 D0h 送入控制寄存器(告诉程序要执行的操作是设置地址使能)，接下来把要设置的地址参数写入数据寄存器，再通过硬件操作完成设置。参数 bAddress 的位段定义如图 11-15 所示，位 0 至位 6 是 7 位地址段，位 7 是使能位。

2）数据流命令。数据流命令用于管理 USB 端点和外部微控制器之间的数据传输。通过微控制器中断初始化大量的数据流。微控制器利用这些命令访问和决定端点的 FIFO 是否含有有效的数据。读中断寄存器、选择端点、读写缓冲区、设置端点状态等都是数据流命令。下面是 C51 语言书写的范例代码，用这些代码来读写缓冲区。

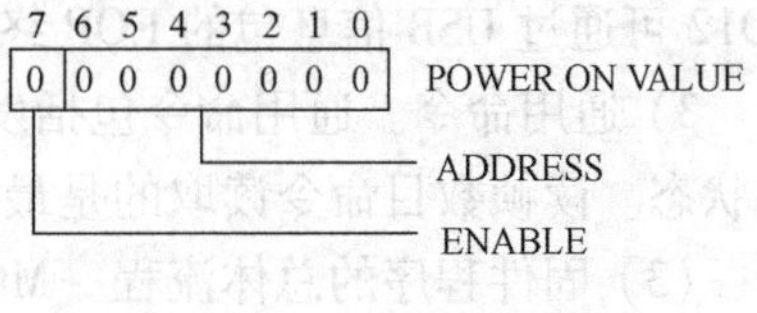

图 11-15 地址参数定义

```
unsigned char D12_ReadEndpoint ( unsigned char endp, unsigned char * buf, unsigned char len)
  {
      unsigned char i,j;
      if (bEPPflags. bits. in_isr == 0 )
         disable;
         outportb ( D12_COMMAND, endp ) ;                    //选择端点
      if (( inportb ( D12_DATA ) & D12_FULLEMPTY ) = = 0 )
         {
         enable;
         return 0;
         }
      outportb ( D12_COMMAND, 0xF0 ) ;                       //发送读缓冲区命令
      j = inportb ( D12_DATA ) ;
      j = inportb ( D12_DATA ) ;                  //读缓冲区第二字节(数据长度)
      if ( j > len ) ;               //检查数据缓冲区数据的长度,如果大于规定去掉
      j = len;
      for (i = 0 ; i < j ; i ++ )
         * ( buf + i ) = inportb ( D12_DATA ) ;
                                           //读 D12 缓冲区的数据到 MCU 缓冲区
  outportb ( D12_COMMAND, 0xF2 ) ;                       //发送清除缓冲区命令
      if (bEPPflags. bits. in_isr = = 0 )
         enable;
         return j ;
  }
```

其中，PDIUSBD12 的命令接口中定义了代码 F0H，用来读多字节缓冲区(最大 130)，该命令返回一系列从选择的端点数据缓冲区读出的数据，每读一个字节内部缓冲区指针自动加

1，读缓冲区命令不会将缓冲区指针复位到缓冲区起始端，这意味着可能被其他的命令中断，端点命令除外。

端点的缓冲区数据结构如下：字节1保留可为任意值；字节2为缓冲区的字节长度；字节3为数据字节1；字节4为数据字节2；剩下的字节依此类推。头两个字节在DMA读操作中可跳过，因此第一个读出的字节是数据字节1，第二个读出的是数据字节2等。PDIUSBD12可通过USB信息包的EOP终止来决定包的最后一个字节。

3）通用命令。通用命令包括发送恢复命令和读当前帧数目命令。恢复命令用于唤醒挂起状态。读帧数目命令读取的是最后成功接收的SOF帧数目。

（3）固件程序的总体流程　MCU一旦上电就需要初始化其所有端口、存储区、定时器和中断服务程序。之后MCU将重新连接USB，包括Soft_Connect寄存器设置为ON。这些过程是很重要的，因为它确保了在MCU为D12准备好服务之前，D12不会进行任何操作。然后主程序开始轮询操作。

在固件中使用轮询模式是十分方便的，只需在主循环中增加一段查询代码。下面是用C51语言编写的范例代码，这些代码询问是否有USB传输发生，若有则进入相应的服务程序：

```
if ( interrupt_pin_low )
    fn_usb_isr ( ) ;
```

通常ISR由硬件初始化，在轮询模式中主循环检测中断引脚状态并在需要的时候调用ISR。ISR与前台主循环通过事件标志"EPPFLAGS"和数据缓冲区"CONTROL_XFER"进行通信。主循环和ISR各自分工不同，ISR从D_{12}收集数据而主循环对数据进行处理，当ISR收集了足够的数据时，则通知主循环已经准备好数据并等待处理。例如，在OUT数据阶段建立包时，ISR将建立包和OUT数据都存入CONTROL_XFER缓冲区中，然后将setup_packet标志送到主循环，从而减少主循环不必要的服务等待时间，并且简化了主循环的编程。当主循环轮询是否检测到建立包时，标志在之前是否被中断服务程序置了位，如果建立标志置了位，则向协议层发送一个器件请求进行处理，这样中断服务程序不需要关心这方面的处理，它可以保持一定的速率。而且，也使得结构较为清楚，增加或改变请求只要在协议中进行修改。

当USB器件PDIUSBD12接收到建立包时产生的一个中断通知MCU，微控制器响应中断，然后通过读D_{12}中断寄存器决定包是发到控制端点还是普通端点。如果包是发送到控制端点，MCU需要通过读D_{12}的最后处理状态寄存器进一步确定数据是否是一个建立包。然后进入控制端点和普通端点不同的处理程序。在ISR程序的入口，固件使用D12_ReadInterruptRegister( )来决定中断源，然后进入相应的子程序进行处理。在ISR总线复位和挂起的检测，不要求在ISR中进行特殊的处理，只需设置相应的标志位，即可推出。

3. 设备固件处理程序

设备固件主要完成两个方面的工作：控制A-D的采样和通过PDIUSBD12与主机进行通信。

微处理器控制A-D采样的工作比较简单，主要包括读采样值、存储数据至FIFO等，如图11-16所示。

基于USB的数据采集系统可采用两种数据传输方式：控制传输和批量传输。控制传输实现位于主机上 USB 总线驱动程序（USBD. SYS）以及编写的设备驱动程序对设备的各种控制，而批量传输将采集数据从设备传送到主机。PDIUSBD12 的工作原理可以简单地描述为：当 PDIUSBD12 检测到主机启动的某一传输请求时，就通过中断方式将此请求通知微处理器。微处理器通过访问 PDIUSBD12 的状态寄存器和数据寄存器获得与此次传输有关的各种参数，并根据具体传输参数判断是哪种事件（总线复位、挂起改变、请求读事件、请求写事件中的一种），然后根据具体事件类型对控制寄存器和数据寄存器进行相应的操作，以满足主机的传输要求。

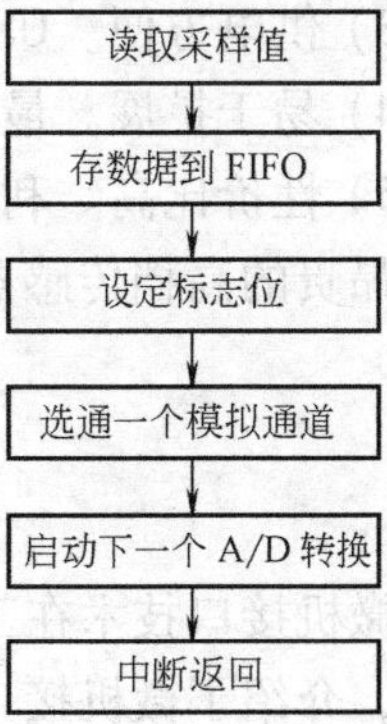

图 11-16　控制 A-D 转换的中断服务程序

主程序框图如图 11-17 所示。

4. 应用程序设计

PC 或工控机的应用程序是 USB 数据采集系统的重要组成部分，因为用户关心的是操作是否简单高效，以及如何处理和分析采集到的大量数据。这就要求应用程序有友好的界面和强大的数据处理能力。

为提高数据的处理精度，一般采用精度高的传感器。这样的传感器通常采用硬件措施，使用各种补偿电路来减少非线性，价格比较昂贵。基于 USB 微处理器的数据采集系统传输速率高，可以利用 PC 上的应用程序进行大量高速的线性拟合运算，对传感器的非线性进行矫正。这样即使使用廉价的传感器，也可以得到精确的数据，节省了开销。实际的应用程序流程图如图 11-18 所示。

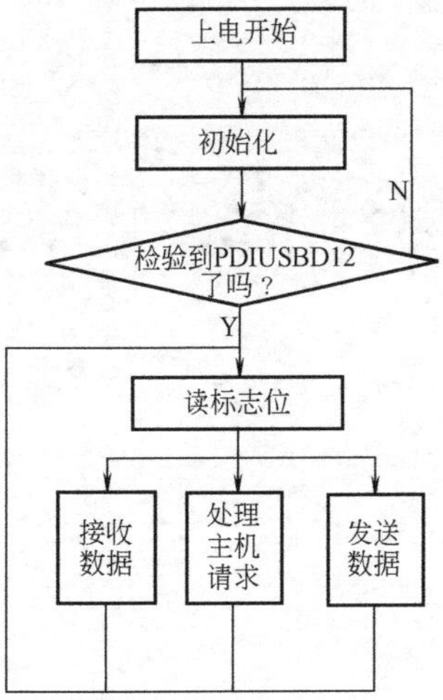

图 11-17　主程序框图

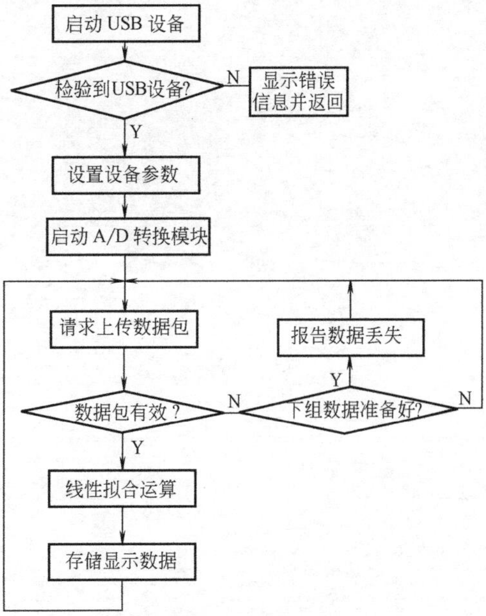

图 11-18　应用程序流程图

基于 USB 的数据采集系统有如下优点：

1）受电磁干扰影响小。该数据采集系统放置在计算机机箱外，因而受箱内的电磁干扰小。

2）安装方便。该系统支持即插即用，可以在不关机、不打开机箱的情况下，将设备直接插入 USB 插槽。

3）供电方便。USB 总线直接利用主机电源为外设供电，系统无需另外加电源。

4）易于扩展。最多可扩展 127 个设备。

5）性价比高。利用主机的线性拟合运算，可修正传感器的非线性参数，这样不必使用价格昂贵的高档传感器也能获得很高的测量精度。

本章小结

微机接口技术在工农业生产、科学研究等方面具有广泛的应用。本章以温度的自动控制为例，介绍了微机接口技术在自动控制系统中的应用；以基于 USB 的数据采集系统为例，介绍了微机接口技术在数据采集与自动测量系统中的应用。

附录　ASCII 码表

行	列 高 低	0 000	1 001	2 010	3 011	4 100	5 101	6 110	7 111
0	0000	NUL	DLE	SP	0	@	P	、	p
1	0001	SOH	DC1	!	1	A	Q	a	q
2	0010	STX	DC2	″	2	B	R	b	r
3	0011	ETX	DC3	#	3	C	S	c	s
4	0100	EOT	DC4	$	4	D	T	d	t
5	0101	ENQ	NAK	%	5	E	U	e	u
6	0110	ACK	SYN	&	6	F	V	f	v
7	0111	BEL	ETB	’	7	G	W	g	w
8	1000	BS	CAN	(	8	H	X	h	x
9	1001	HT	EM	)	9	I	Y	i	y
A	1010	LF	SUB	*	:	J	Z	j	z
B	1011	VT	ESC	+	;	K	[	k	{
C	1100	FF	FS	，	<	L	\	l	|
D	1101	CR	GS	-	=	M	]	m	}
E	1110	SO	RS	.	>	N	Ω	n	~
F	1111	SI	US	/	?	O	—	o	DEL

控制符号的定义

NUL	Null	空白	DLE	Data line escape	转义
SOH	Start of heading	序始	DC1	Device control 1	机控 1
STX	Start of text	文始	DC2	Device control 2	机控 2
ETX	End of text	文终	DC3	Device control 3	机控 3
EOT	End of tape	送毕	DC4	Device control 4	机控 4
ENQ	Enquiry	询问	NAK	Negative acknowledge	未应答
ACK	Acknowledge	应答	SYN	Synchronize	同步
BEL	Bell	响铃	ETB	End of transmitted block	组终
BS	Backspace	退格	CAN	Cancel	作废
HT	Horizontal tab	横表	EM	End of medium	载终
LF	Line feed	换行	SUB	Substitute	取代
VT	Vertical tab	纵表	ESC	Escape	换码
FF	Form feed	换页	FS	File separator	文件隔离符
CR	Carriage returu	回车	GS	Group separator	组隔离符
SO	Shift out	移出	RS	Record separator	记录隔离符
SI	Shift in	移入	US	Union separator	单元隔离符
SP	Space	空格	DEL	Delete	删除

参考文献

[1] 冯博琴,吴宁. 微型计算机原理与接口技术[M]. 3 版. 北京:清华大学出版社,2011.
[2] 杨素行. 微型计算机系统原理及应用[M]. 3 版. 北京:清华大学出版社,2009.
[3] 王玉良,吴晓非,张琳,等. 微机原理与接口技术[M]. 北京:北京邮电大学出版社,2006.
[4] 杨文显. 现代微型计算机原理与接口技术教程[M]. 2 版. 北京:清华大学出版社,2012.
[5] 周明德. 微型计算机系统原理及应用[M]. 5 版. 北京:清华大学出版社,2007.
[6] 刘彦文. 微型计算机原理与接口技术[M]. 2 版. 北京:清华大学出版社,2012.
[7] 戴梅萼,史嘉全. 微型计算机技术及应用[M]. 4 版. 北京:清华大学出版社,2008.
[8] 李广军. 实用接口技术[M]. 成都:电子科技大学出版社,1998.
[9] 刘乐善. 微型计算机接口技术及应用[M]. 3 版. 武汉:华中科技大学出版社,2011.
[10] 贾智平. 微机原理与接口技术[M]. 北京:中国水利水电大学出版社,1999.
[11] 张凡. 微机原理与接口技术[M]. 2 版. 北京:清华大学出版社,2010.
[12] 李文英. 微机原理与接口技术[M]. 北京:清华大学出版社,2001.
[13] 周佩玲,彭虎,傅忠谦. 微机原理与接口技术(基于 16 位机)[M]. 北京:电子工业出版社,2005.
[14] 龚义建,严运国. 微机原理与接口技术[M]. 北京:科学出版社,2005.
[15] 李捍东. 微机原理与接口技术[M]. 重庆:重庆大学出版社,2004.
[16] 姚放吾. Pentium 微机原理与接口技术[M]. 北京:清华大学出版社,2001.
[17] 雷晓平,屈莉莉,罗海天. 微机原理与接口技术[M]. 北京:人民邮电出版社,2006.
[18] 於国荣. 微型计算机原理与接口技术[M]. 北京:北京师范大学出版社,2003.
[19] 王荣良. 计算机接口技术[M]. 北京:电子工业出版社,2003.
[20] 刘星. 计算机接口技术[M]. 北京:机械工业出版社,2003 .
[21] 于英民,于佳. 计算机接口技术[M]. 3 版. 北京:电子工业出版社,2004.
[22] 张荣标. 微型计算机原理与接口技术[M]. 2 版. 北京:机械工业出版社,2009.
[23] 杨书华,霍孟友. 微机原理及软硬件接口技术[M]. 北京:机械工业出版社,2004.
[24] 余永权. 计算机接口与通信[M]. 广州:华南理工大学出版社,2004.
[25] 李肇庆,朱险峰. IEEE 1394 接口技术[M]. 北京:国防工业出版社,2004 .
[26] 陈启美,丁传锁. 计算机 USB 接口技术[M]. 南京:南京大学出版社,2003.
[27] 边海龙,贾少华. USB 2.0 设备的设计与开发[M]. 北京:人民邮电出版社,2004 .
[28] 仇梅. 单片机原理与应用[M]. 成都:电子科技大学出版社,1998.
[29] 赵佩华. 单片机接口技术及应用[M]. 北京:机械工业出版社,2003.
[30] 魏坚华,吕景瑜. 微型计算机与接口技术教程[M]. 北京:北京航空航天大学出版社,2003.
[31] 田辉,甘勇. 微型计算机技术——系统、接口与通信[M]. 北京:北京航空航天大学出版社,2001.
[32] 乔瑞萍,欧文.《微型计算机原理(第四版)》学习指导[M]. 西安:西安电子科技大学出版社,2003.